本书受云南省社科普及规划项目“环境、健康与法律”、中国科学院地理所委托项目“环境、健康与法律”和昆明理工大学生态环境治理制度创新团队项目的资助。

环境、健康与法律

吴满昌　王嘎利　胡学伟　杨莉娴　著

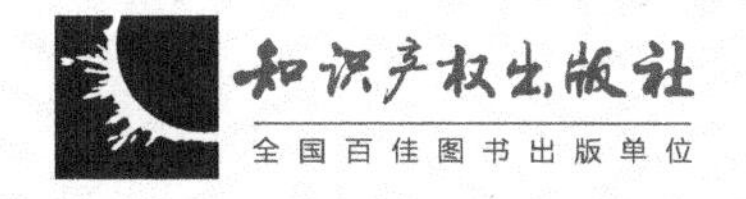

图书在版编目（CIP）数据

环境、健康与法律/吴满昌等著．—北京：知识产权出版社，2017.6

ISBN 978－7－5130－5023－4

Ⅰ.①环… Ⅱ.①吴… Ⅲ.①环境影响—健康—研究②环境保护法—研究
Ⅳ.①X503.1②D912.604

中国版本图书馆CIP数据核字（2017）第168672号

责任编辑：雷春丽　　　　责任出版：孙婷婷

封面设计：SUN工作室　韩建文

环境、健康与法律

吴满昌　王嘎利　胡学伟　杨莉娴　著

出版发行：知识产权出版社有限责任公司　　网　　址：http：//www.ipph.cn

社　　址：北京市海淀区气象路50号院　　邮　　编：100081

责编电话：010－82000860转8004　　责编邮箱：leichunli@cnipr.com

发行电话：010－82000860转8101/8102　　发行传真：010－82000893/82005070/82000270

印　　刷：北京中献拓方科技发展有限公司　　经　　销：各大网上书店、新华书店及相关专业书店

开　　本：720mm×1000mm　1/16　　印　　张：30.25

版　　次：2017年6月第1版　　印　　次：2017年6月第1次印刷

字　　数：456千字　　定　　价：76.00元

ISBN 978－7－5130－5023－4

前　言 PREFACE

随着中国环境污染程度的加剧，如雾霾、土壤污染、水污染、持久性有机污染、室内空气污染等环境问题受到公众强烈的关注，而这些问题都会影响到环境健康，因而环境健康风险的防范日益受到关注。然而，公众对于环境健康风险问题的专业性知识不足，不清楚如何进行防范和救济，为此，有必要对此进行深入的研究，并撰写相关的科普材料，向公众、社区、环保组织以及媒体介绍环境健康风险的基础知识及防范和救济途径等，提高公众的环境健康风险知识和防范能力。

本书的主要内容主要有三个方面：一是介绍环境科学和环境毒理学方面的基础知识，力图提高公众的背景知识和环境科学素养；二是介绍环境健康风险的防范，从环境标准、环境影响评价、环境监测和监察、环境风险评价和环境健康风险的共同治理等多个方面向公众介绍环境健康风险的防范知识；三是介绍救济机制，包括民事救济、行政救济、刑事救济、自力救济和社会救济等方面的知识，力图提高公众对环境健康权益受威胁或损害时的救济能力。

本书以《中华人民共和国环境保护法》《中华人民共和大气污染防治法》等环境法律实施为背景，融合环境科学、环境医学、环境法学和诉讼法学等学科的知识，期望给予读者系统的、有实用价值的环境科学、环境毒理学、环境健康风险管理和法律救济机制等方面的知识，以提高公众的环境素养、健康意识和法律维权意识，进一步维护公众的环境健康权益。

本书由胡学伟撰写第一至五章；吴满昌、杨莉娴撰写第六章；杨莉娴、吴满昌撰写第七章；王嘎利撰写第八至十一章以及附录。由吴满昌负责统稿。

本书在撰写过程中，昆明理工大学法学院的硕士生张彩云、余亚斌、辛欣等同学在收集资料、校对等方面给予帮助，在此一并感谢。

目　录 CONTENTS

Chapter 1
第一章

环境与健康问题概述

人与环境和谐共处是人类长期发展的必然要求。随着近百年来工业化速度的不断加快，人类对新产品需求的不断提高，导致工业生产规模的迅速扩大，同时污染物的排放量剧增，导致自然环境严重恶化。本章概述环境的基本概念、环境污染及类型以及环境污染与健康的关系。

第一节　环境的概念及组成

一、环境的概念

《中华人民共和国环境保护法》（以下简称《环境保护法》）第2条明确指出，环境是指影响人类生存和发展的各种天然的和经过人工改造的自然因素的总体，是指影响人类生存和发展的各种天然的和经过人工改造的自然因素的总体，包括大气、水、海洋、土地、矿藏、森林、草原、湿地、野生生物、自然遗迹、人文遗迹、自然保护区、风景名胜区、城市和乡村等。

这里所指的自然因素总体有两个制约条件：一是包括各种天然的和经过人工改造的自然因素的总体；二是并不泛指人类周围所有的自然因素（整个太阳系的，甚至银河系的），而是指对人类生存和发展有明显影响的自然因素总体。法律界定的环境，只是把整个环境中应当保护的要素或者对象界定为环境的一种工作定义，目的是从实际工作需要出发，对环境一词的法律适用对象或适用范围作出规定，以保证法律的准确实施。

二、环境的组成与分类

自然环境是指环绕人群的空间，可以直接、间接地影响人类生活、生产的一切自然形成的物质、能量的总体，包括空气、水、土壤、动植物、岩石、矿物、太阳辐射等。自然环境是人类发生和发展的重要物质基础，它不但为人类提供了生存和发展的空间，还提供了生命支持系统，更为重要的是为人类的生活和生产提供了食物、矿产、木材、能源等原材料和物质资源。通常将这些因素划分为大气圈、水圈、生物圈、土壤圈、岩石圈等五个自然圈。

按照环境的范围，也可将环境分为特定空间环境、车间环境、生活区环境、城市环境、区域环境、全球环境和星际环境等；按照人类利用的主导方式，环境可分为农业环境、林业环境、旅游环境、工业环境、城市环境、农村环境、居住环境和社会文化环境等；按照环境组成要素，环境可分为大气环境、水环境、土壤环境、生态环境、地质环境和地貌环境等。

三、环境的特性

（一）环境的变动性和稳定性

环境的变动性是指在自然和人类社会的共同作用下，环境的内部结构和外在状态始终处于不断地变化之中。宏观上看，当今的地球环境与原始的地球环境有很大的差别；微观上看，人类生活的区域环境的变化显而易见。环境的变动性是自然和人类共同作用的结果。

环境的稳定性是指在一定的时间尺度和条件下，环境系统具有一定的抗干扰和自我调节能力。当环境的结构与状态在自然或人类行为的作用下发生的变化不超过一定限度时，环境可以借助自身的调节功能减轻这些变化的影响，以保持环境在结构和功能上基本无变化或变化后仍可以恢复到变化前的状态，具有相对稳定性。

环境的变动性和稳定性是相辅相成的，变动是绝对的，稳定是相对的。环境承受干扰的限度是决定环境能否稳定的条件，而这种限度是由环境的结构和状态决定的。一般来说，环境组成越复杂，环境承受干扰的限度越大，环境的稳定性就越强。

（二）环境的资源性和价值性

环境的资源性是指环境是一种资源，环境可以提供人类生存与发展所必需的物质和能量。环境的价值可以分为使用价值、选择价值和存在价值三类。其中，使用价值可以分为直接使用价值和间接使用价值。如环境保存了基因和物种的完整性，其价值和意义不能低估。

（三）环境的综合性

环境的综合性表现在两个方面，一是任何环境问题的产生都是环境系统内多因素综合的结果，其中既有自然因素的作用，更有人为因素的作用，而且，这些因素之间相互影响，相互制约。二是解决环境问题需要多学科的综合，在实际工作中，为了解决某一环境问题，往往需要综合所涉及的各个领域学科，在一个总体目标和方案的构架之下，有针对性地将所涉及的学科问题逐一解决。

（四）环境的有限性

自然环境中蕴藏着大量的物质和能量，这些资源都是有限的，而且，环境对污染物的容纳量即环境容量也是有限的。环境的有限性提醒人类必须改变传统的生活与生产方式，提高资源的利用率，尽可能减少向环境排放废弃物，改善人与环境之间的关系，构建和谐的人居环境。

四、环境变化的滞后性

自然环境受到外界影响后，其变化及影响往往是滞后的，主要表现为：环境受到破坏后，其产生的后果很难及时反映出来，有些是难以预测的；环境一旦被破坏，所需的恢复时间较长，尤其是超过阈值以后，想要恢复难度很大。如森林被砍伐后，对区域的气候、生物多样性的影响可能反应明显，但对于水土保持的影响则可能是潜在的、滞后的。

许多化学物质的影响也是长期的。1984 年 4 月 26 日，位于乌克兰基辅市郊的切尔诺贝利核电站 4 号反应堆爆炸起火，致使大量放射性物质泄漏。西欧各国及世界大部分地区都测到了核电站泄漏出的放射性物质，事故导致

31 人当场死亡，273 人受到严重放射性伤害，13 万居民被紧急疏散，上万人由于放射性物质远期影响而致命或重病，至今仍有被放射线影响而导致畸形的胎儿出生。因事故导致直接或间接死亡的人数难以估算，且事故后的长期影响到目前为止仍是个未知数。

五、环境的功能

（一）服务功能

各种环境要素都是人类生存和发展所需要的资源，环境的功能首先是为人类生存提供所需要的资源，人们的衣、食、住、行和生产所需要的各种原料无一不取自自然资源。环境中的自然资源是人类从事生产的物质基础，也是各种生物生存的基本条件，所有经济活动都是以初始产品为原料或动力进行的。

（二）调节功能

经济活动在提供人类所需的产品时，也会产生一些副产品。限于经济、技术条件和人们的认识，许多副产品不能被利用而成为废弃物排入环境。环境通过各种物理、化学、生物反应，容纳、稀释、转化这些废弃物，并由大气、水体、土壤中的大量微生物将其中的一些有机物分解成为稳定的无机物，重新进入元素的循环中。

在自然环境的各要素中，无论是生物圈、水圈、大气圈还是岩石圈，都是变化着的动态系统和开放系统，各系统间都存在着物质和能量的变化和交换，都有外部物质的输入和内部物质的输出，环境的这种动态变化构成环境的系统性。在一定的空间尺度内，环境的输出和输入是一个动态的守恒过程。当输入和输出不平衡时，系统可通过自我调节能力使环境的正常功能不被破坏，这就是环境的调节作用，也称自净作用。但是，环境的自净能力是有限的，超过了环境容量，环境就会受到污染。

（三）文化功能

环境不仅能为经济活动提供物质资源，还能满足人们对舒适性的要求。清洁的空气和水既是工农业生产必需的要素，也是人们健康愉快生活的基本要求。人类文明的进步是物质文明与精神文明的统一，也是人与自然和谐的统一。人类的文化、艺术素质是对自然环境生态美的感受和反应。自然美比人类存在的更早，它是自然长期协同进化的结果，秀美的名川大山、众多的青山绿水、奇妙的自然事物，吸引着成千上万的游客，使人们领略到了自然界美妙的艺术和无限的科学规律，优美舒适的环境使人们心情愉快、精神放松、有利于提高人体素质。

（四）生命支持系统

自然界中，成千上万的生物物种及其生态群落和各种环境因素构成的系统正支持着人类的生存。美国位于亚利桑那州图森市以北沙漠中的一座微型人工生态循环系统——生物圈 2 号实验的失败说明，在已知的科学技术条件下，人类离开了地球将难以永续生存，地球目前仍是人类唯一能依赖与信赖的维生系统。

第二节　环境污染及类型

一、环境污染的概念

人类社会发展到今天，创造了前所未有的文明，但同时也带来了一系列的环境问题。随着工业的迅速发展和城市人口的集中，人们在生产和生活中排放的各种污染物越来越多，污染物对人类环境的影响日趋严重。我国现在正处于迅速推进工业化和城市化的发展阶段，对自然资源的开发强度不断加大，加之粗放型的经济增长方式，技术水平和管理水平比较落后，污染物排放量不断增加，使得生态破坏加剧、环境问题凸显。

环境污染是指由于人类活动或自然因素作用于周围环境，且超过环境的自我调节能力所引起的生态系统失调和环境质量变化。这种失调和变化反过来对人类的生存、生活和健康产生不利的影响。

环境污染的定义有广义与狭义之分。广义的环境污染是指自然变化或人类活动引起的环境破坏和环境质量变化，以及由此引发的对人类生存和发展不利的影响。狭义的环境污染则仅仅指的是由于人为的原因所导致的环境破坏和环境质量变化。环境污染包括环境污染问题，如水体污染、大气污染和土壤污染等，也包括环境破坏问题（也称非污染性环境问题），如水土流失，土地沙漠化，森林、草原退化，生物多样性减少等。

二、环境污染的分类

（一）按产生原因分类

依据环境污染产生的原因，可将环境污染问题分为原生环境问题和次生环境问题。由自然力引起的环境问题称为原生环境问题，也称第一环境问题，如火山喷发、地震、洪涝、干旱等引起的环境问题。这些问题的影响范围大、时间较长，往往是灾难性的，如印度尼西亚的坦博拉火山喷发，直接造成了9.2万人丧生，还有8万人死于由此引发的饥荒。这次火山爆发使北半球大部分地区的气候和农业受到严重影响。1976年7月28日，中国河北省唐山市发生震级为7.8级的大地震，直接经济损失100亿元以上，带来的次生灾害难以估计。

由于人类的生产和生活活动引起的生态系统破坏和环境污染称为次生环境问题，也称第二环境问题，一般可分为环境污染、资源短缺和生态破坏3种类型。如1986年瑞士巴塞尔市桑多兹化工厂仓库失火，近30吨剧毒的硫化物、磷化物与含有水银的化工产品随灭火剂和水流入莱茵河。顺流而下的150公里之内，60多万条鱼被毒死。靠近河边的自来水厂被迫关闭。有毒物沉积在河底，莱茵河因此而“死亡”20年。1948年，美国的宾夕法尼亚州多诺拉城大雾弥漫，受反气旋和逆温控制，许多大型炼铁厂、炼锌厂和硫酸厂排出的有害气体扩散不出去，全城14 000人中有6000人眼痛、喉咙痛、头痛胸闷、呕吐、腹泻，17人死亡。2005年，吉林石化公司双苯厂一车间发生爆炸，约100吨苯类物质（苯、硝基苯等）流入松花江，造成了江水严重污染，沿岸数百万居民的生活受到影响。

（二）按环境组成要素分类

环境污染按环境组成要素，可分为大气污染、水体污染、土壤污染和生物污染等。

大气污染是指空气中的污染物浓度达到或超过了有害程度，导致生态系统破坏和影响人类的正常生存和发展，对人和生物造成危害。大气污染可分为四类：(1) 局限于小环境大气污染，如某个烟囱排气所造成的污染；(2) 区域性大气污染，如工矿区及附近地区的污染；(3) 广域性大气污染，指更广泛地区或广阔地区的大气污染；(4) 全球性大气污染，指跨国界甚至全球范围内的大气污染，如温室效应、臭氧层破坏等。

水体污染指水体因某种物质的介入，而导致其化学、物理、生物或者放射性污染等方面特性的改变，从而影响水的有效利用，危害人体健康或者破坏生态环境，造成水质恶化的现象。水体污染主要分为化学性污染，如酸碱污染、重金属污染、需氧性有机物污染和营养物质污染等；物理性污染，如热污染、放射性污染等；生物性污染，如致病菌及病毒的污染。

土壤污染是指由于自然原因或人类活动产生的污染物质，通过各种途径进入土壤，累积到一定程度，超过土壤本身的自净能力，导致土壤形状改变，土壤质量下降，对农作物的正常生长发育和质量产生影响，进而对人畜健康造成危害。土壤污染物有下列四类：(1) 化学污染物，包括无机污染物和有机污染物。前者如汞、镉、铅、砷等重金属，过量的氮、磷植物营养元素以及氧化物和硫化物等；后者如各种化工、制药、煤化工、石油及其裂解产物，以及其他各类有机合成产物等。如常州外国语学校土壤污染事故、武汉农药厂等城市周边企业搬迁后土壤污染事故；(2) 物理污染物，指来自工厂、矿山的固体废弃物如尾矿、废石、粉煤灰和工业垃圾等；(3) 生物污染物，指带有各种病菌的城市垃圾和由卫生设施（包括医院）排出的废水、废物以及厩肥等；(4) 放射性污染物，主要存在于核原料开采和大气层核爆炸地区，以锶和铯等在土壤中生存期长的放射性元素为主。

生物污染是指导致人体疾病的各种生物，特别是寄生虫、细菌和病毒等可引起的环境和食品污染。生物污染主要危害生物多样性，危害人类健康及影响产生和经济发展。

（三）其他分类

环境污染按照污染物的性质，可分为化学污染、物理污染、生物污染；按污染物的形态可分为废气污染、废水污染、固体废弃物污染、噪声污染和放射性污染等。噪声污染是指所产生的环境噪声超过国家规定的环境噪声排放标准，并干扰他人正常工作、学习、生活的现象。放射性污染是指由于人类活动造成物料、人体、场所、环境介质表面或者内部出现超过国家标准的放射性物质或者射线。按污染产生的来源，可分为工业污染、农业污染、交通运输污染和生活污染等。

三、环境污染的特点

现代环境问题已经成为全人类所面临的最严峻的挑战之一，具有以下显著特点：（1）环境问题是当前全人类面临的共性问题；（2）环境问题已经从局部扩展至区域甚至全球，从地表延伸至高空及地下，呈立体状态；（3）环境问题的表现形式更为多样化；（4）环境问题具有明显的地域性；（5）环境问题严重损害人类的健康与福利，并威胁人类的生存与发展。

四、当今全球环境问题

（一）全球气候变化

在过去的一个世纪里，地球表面平均温度已经上升了0.3～0.6℃。全球海平面上升了10～25厘米。1996年，政府间气候变化小组发表的评估报告表明，如果世界能源消费的格局不发生根本性变化，到21世纪中叶，大气中的二氧化碳浓度将达到560ppm，全球平均温度可能上升1.5～4℃。

（二）臭氧层破坏和损耗

自1985年南极上空出现臭氧层空洞以来，地球上空臭氧层被损耗的现象一直有增无减。到1994年，南极上空的臭氧层破坏面积已达2400万平方公里。现在在美国、加拿大、西欧、俄罗斯、中国、日本等国的上空，臭氧层都开始变薄。

（三）酸雨污染

现在“酸雨”一词已用来泛指酸性物质以湿沉降（雨、雪）或干沉降（酸性颗粒物）的形式从大气转移到地面上。酸雨中绝大部分是硫酸和硝酸，主要来源于人类广泛使用的化石燃料，向大气排放大量的二氧化硫和氮氧化物。亚洲的酸雨主要集中在东亚，其中中国南方是酸雨最严重的地区，成为世界上又一大酸雨区。由于欧洲地区土壤缓冲酸性物质的能力弱，酸雨使欧洲 30% 的林区因酸雨的影响而退化。酸雨会使水体酸化，水体酸化会改变水生生态，而土壤酸化会使土壤贫瘠化，导致陆地生态系统的退化。

（四）土地荒漠化

荒漠化是当今世界最严重的环境与社会经济问题。1991 年，联合国环境规划署对全球荒漠化状况的评估是：全球荒漠化面积已近 36 亿公顷，约占全球陆地面积的 1/4，已影响到全世界 1/6 的人口（约 9 亿人），100 多个国家和地区。亚洲是世界上受荒漠化影响的人口分布最集中的地区，遭受荒漠化影响最严重的国家依次是中国、阿富汗、蒙古、巴基斯坦和印度。

（五）水资源危机

世界上许多地区面临着严重的水资源危机，目前世界上约有 20 个国家未达到淡水资源标准，受影响的总人口数已过亿。另外，由生活废水、工业废水、农业污水、固体废物渗漏、大气污染物等引起的水体污染，使全球可供淡水的资源量大大减少。世界银行的报告估计，由于水污染和缺少供水设施，全世界有 10 亿多人口无法得到安全的饮用水。水资源危机主要可分为资源型缺水、工程性缺水、水质性缺水。

（六）森林植被破坏

在工业化过程中，欧洲、北美等地的温带森林有 1/3 被砍伐掉了。近 30 年来，发达国家对全球的热带雨林进行了大规模地开发。欧洲国家进入非洲，美国进入中南美洲，日本进入东南亚，大量砍伐热带雨林，这些国家进口的热带木材增长了十几倍。森林大面积被毁引起了多种环境后果，主要有降雨分布变化，二氧化碳排放量增加，气候异常，水土流失，洪涝频发，生物多样性减少等。国内大规模破坏天然植被以种植橡胶林等。

（七）生物多样性锐减

当前地球上的生物多样性损失的速度比历史上任何时候都快，比如鸟类和哺乳动物现在的灭绝速度可能是它们在未受人类干扰的自然界中的 100 倍至 1000 倍。主要原因是森林、草地、湿地等生态环境的破坏，过度捕猎和利用野生物种资源，城市地域和工业区的大量发展，外来物种的引入或侵入毁掉了原有的生态系统，无控制地旅游以及全球气候变化。这些活动在累加的情况下，会成倍地加快生物物种灭绝的速度。

（八）海洋资源破坏和污染

近几十年来，人类对海洋生物资源的过度利用和对海洋日趋严重的污染，有可能使全球范围内的海洋生产力和海洋环境质量出现明显退化。全球每年有数十亿吨的淤泥、污水、工业垃圾和化工废物等被直接排入了海洋，河流每年也将近百亿吨淤泥和废水、废物带入沿海水域，引起沿海生境改变，使动物的栖息和繁殖地遭到破坏。由于中国近海受到污染，导致近年来渔获量大幅度下降，大量传统优势经济鱼类绝迹。

（九）持久性有机污染物的污染

全世界有约 1100 万种已知化学物，同时每年还有大量新的化学物进入市场。化学品是当今许多大规模生产所必需的原料，但这些化学品在制造、储存、运输、使用和废弃过程中常常危害环境和生态。现在，全世界每年产生的有毒有害化学废物达 3 亿 ~4 亿吨，其中对生态危害很大并在地球上扩散最广的是持久性有机污染物（POPs）。这类化学污染物从人类的工业和农业活动中释放，已广泛进入空气、土地、河流和海洋。通过食物链，这些毒素对海洋生态系统产生了强烈的干扰。持久性有机污染物对陆地生态系统也有很大的干扰和危害。

第三节 环境污染与健康的关系

对于健康，世界卫生组织（WHO）先后提出过两个不同阶段的概念。

1946 年，世界卫生组织对健康下了一个科学的定义："健康不仅是没有疾病或不虚弱，而是身体的、精神的健康和社会适应的完好状态。"

1986 年，世界卫生组织进一步定义健康为："人人能够实现愿望，满足需要，改变和适应环境。健康是每天生活的资源，并非生活的目的。健康是社会和个人的资源，是个人能力的体现。"

环境健康问题通常分为两类：一类是与贫困和发展不足有关的传统环境健康问题，如缺乏安全饮用水、基础卫生设施不足、病原体食物污染、燃烧和燃烧方式造成室内污染、自然灾害、传病媒介等。另一类是与不可持续发展、不可持续消费有关的现代环境健康问题，如城市人口密集，工业、农业造成水和空气污染，化学物质、放射性物质和重金属污染，重复出现的传染病，气候变化，臭氧层破坏，滥用环境激素引起的食品污染等。环境健康问题及相关健康风险已开始从传统型向现代型转变。

在快速推进全球工业化的同时发生了几件震惊全球的环境公害事件。

日本“四日市哮喘”事件是世界大气污染的一个著名公害事件。四日市位于日本东部海岸，是伊势湾的一个小城市，原有人口仅 25 万。1955 年开始，那里出现了利用战前盐滨地区旧海军燃料厂旧址建成的第一座炼油厂，由此奠定了其石油化学工业的基础。到 1958 年以后，这个所谓的“石油联合企业之城”成了占日本石油工业 1/4 产值的重要临海工业区。工厂每年排出的粉尘、二氧化硫总量达到 13 万吨，大气中二氧化硫浓度超过人体允许限度的五六倍，烟雾中飘着多种有毒气体和有毒铝、锰、钴等重金属粉尘。1961 年，呼吸系统疾病开始在这一带发生，患者中慢性支气管炎占 25%，哮喘病占 30%．肺气肿等占 15%。重金属微粒与二氧化硫形成烟雾，吸入肺中能导致癌症和逐步削弱肺部排除污染物的能力，形成支气管炎、支气管哮喘以及肺气肿等许多呼吸道疾病，这些疾病也被统称为“四日市哮喘”病。据四日市医师会调查资料证明，患支气管哮喘的人数在严重污染的盐滨地区比非污染的对照区高 2 ~3 倍。每年全市呼吸系统疾病死亡近千人。随着工业化进程的推进，“四日市哮喘”病也蔓延至全国，千叶、川崎、横滨、大阪、尼崎等地都随之迅速扩展，主要受害者是儿童和老人。而到 1979 年 10 月底时，仅四日市确认的患有大气污染性疾病的患者人数就高达 77. 5491 万人。

1984 年 12 月 3 日凌晨，设在印度中部博帕尔市北郊的美国联合碳化物公司印度公司的农药厂发生爆炸，引起异氰酸甲酯毒气泄漏，30 吨毒气化作浓重的烟雾以 5 千米/小时的速度迅速四处弥漫，很快就笼罩了 25 平方公里的地区，数百人在睡梦中就被悄然夺走了性命，直接导致 3150 人死亡，5 万多人失明，2 万多人受到严重毒害，近 8 万人终身残疾，15 万人接受治疗，受这起事件影响的人口多达 150 余万，约占博帕尔市人口的一半。

2005 年 11 月 13 日，中国石油吉林石化公司双苯厂胺苯车间发生爆炸事故，共造成 5 人死亡、1 人失踪，近 70 人受伤，上百吨硝基苯等有毒化学物质随消防用水排入松花江，造成重大水体污染。哈尔滨市创历史地宣布全市停水4天，沿江数百万群众的生产生活受到严重威胁。同时，江水顺势危及了邻国俄罗斯，造成恶劣的国际影响。

1930年，马斯河谷烟雾事件、1952年伦敦烟雾事件及1968年日本米糠油事件等重大环境污染事件均对生态环境和人类的生存和发展造成了巨大的危害，环境污染威胁着人们的生活和生产。

不同的环境污染会对人类的身体健康产生不同的影响。

大气污染对人体的危害显而易见。目前已知的大气污染物有100多种，我国城市大气污染目前以煤烟型和汽车尾气型污染为主。按其存在状态可分为2类：一类是颗粒状污染物。另一类是气态污染物。这两类污染物都会对人体健康构成威胁。

悬浮在空气中的粒径小于100纳米的颗粒物通称总悬浮颗粒物（TSP），其中粒径小于10纳米的称为可吸人颗粒物（PM_{10}）。粒径小于5纳米的能进入呼吸道深部，损伤肺泡，使肺部产生炎症。悬浮颗粒物还能直接接触皮肤和眼睛，阻塞皮肤的毛囊和汗腺，引起皮肤炎和眼结膜炎等。

空气中含氮的氧化物有一氧化二氮、一氧化氮、二氧化氮、三氧化二氮等，其中占主要成分的是一氧化氮和二氧化氮，以 NO_x（氮氧化物）表示。NO_x污染主要来源于生产、生活中所用的煤、石油等燃料燃烧的产物（包括汽车及一切内燃机燃烧排放的 NO_x）；其次是来自生产或使用硝酸的工厂排放的尾气。当 NO_x与碳氢化物共存于空气中时，经阳光紫外线照射，发生光化学反应，产生一种光化学烟雾，它是一种有毒性的二次污染物。二氧化氮比一氧化氮的毒性高4倍，可引起肺损害，甚至造成肺水肿。慢性中毒可致气管、肺病变。吸入 NO_x，可引起变性血红蛋白的形成并对中枢神经系统产生影响。

随着工业的发展，二氧化硫的污染和危害日趋严重。在世界范围内发生的八大公害事件中有四起（1961年的日本四日市哮喘事件、1948年的美国宾夕法尼亚州多诺拉事件、1930年的比利时马斯河谷事件、1952年的伦敦烟雾事件）是直接由二氧化硫污染引起的。二氧化硫对人体的结膜和上呼吸道黏膜有强烈刺激性，可损伤呼吸器官，可致支气管炎、肺炎，甚至肺水肿呼吸麻痹。短期接触二氧化硫浓度为0.5毫克/米^{3}空气的老年或慢性病人死亡率增高，浓度高于0.25毫克/米^3，可使呼吸道疾病患者病情恶化。长期接触浓度为0.1毫克/米^{3}空气的人群呼吸系统病症增加。

水体污染也威胁着人类的身体健康，未经处理或者处理不当的工业废水和生活污水排入水体，直接或间接危害人体健康。含有病原体的人畜粪便、污水污染水体后，可引起介水传染病的暴发和流行。水体中重金属对人体的危害，一方面通过直接饮用造成重金属中毒而损害人体健康；另一方面是间接污染农产品和水产品，通过食物链对人体健康构成威胁。重金属能抑制人体内酶的活动，使细胞质中毒从而伤害神经组织，还可导致直接的组织中毒损害人体具有解毒功能的关键器官肾、肝等组织。重金属通过水体直接或间接进入食物链后，能严重消耗体内储存的铁、维生素C和其他必需的营养物质，导致免疫系统防御能力下降，子宫内胚胎生长停滞和其他一些疾病。长期饮用被汞、铬、铅及非金属砷污染的水，会使人发生急、慢性中毒或导致机体癌变，危害严重。2009年，环境保护部接报的12起重金属、类金属污染事件，致使4035人血铅超标，182人镉超标。2010年1月，江苏大丰51名儿童被查出血铅超标。2011年3月中旬，在浙江台州市路桥区峰江街道，一座建在居民区中央的“台州市速起蓄电池有限公司”被曝出其引起的铅污染已致使当地168名村民血铅超标。

受污染的土壤中含有各种各样的污染物，这些污染物在多数情况下是通过间接途径严重危害人体健康的，但在某些情况下却可以对人体健康造成直接危害。

土壤通过间接途径对人体造成危害，包括通过生物链与食物链的迁移富集途径，通过迁移转化为大气污染或者是水体污染途径，通过使用被放射性污染的土壤所造建筑材料或装修材料的途径。通过食物链的迁移富集途径最终严重危害人体健康的最为常见，如土壤被铅等重金属污染后，通过种植在该受污染的土壤上的农作物根系吸收，并在植物的茎、叶、果实种子内富集，最终在人和动物体内积累导致铅中毒。近几年出现的由于水体和土壤污染导致的人类健康问题越来越引起人们的重视。全球每年有2.2万吨镉进入土壤，水稻是对镉吸收力最强的大宗谷类作物，其籽粒含镉量水平仅次于生菜。人食用含镉的稻米及蔬菜后，镉会在肝、肾部积累，并不会自然消失，经过数年甚至数十年慢性积累后，人体将会出现显著的镉中毒症状，损坏肾功能，导致人体骨骼生长代谢受阻，从而引发骨骼的各种病变。1955～1972年日本富山县神痛川流域，因锌、铅冶炼厂等排放的含镉废水污染了河水和稻米，居民食用后中毒，症状初始是腰、背、手、脚等各关节疼痛，随后遍及全身，有针刺般痛感，数年后骨骼严重畸形，骨脆易折，甚至轻微活动或咳嗽，都能引起多发性病理骨折，最后衰弱疼痛而死。1972年，患病者达258人，死亡128人。

物理污染也会对人们的身心构成伤害。近年来，对城市环境噪声的调查研究说明，老年耳聋等与城市噪声密切相关。噪声对心血管的影响也是明显的，它作用于交感神经，使交感神经紧张，出现心跳加速，心律不齐、血管痉挛、血压增高、心电图T波和ST－T段异常。噪声作用于人的中枢神经系统，使人的大脑皮层兴奋抑制平衡失调，导致条件反射异常，脑电位改变，脑血管受损伤。如果长期处于噪声环境，将形成牢固的兴奋灶，导致病理学影响，产生神经衰弱症候群。

光污染也威胁着人类健康，人体受光污染危害首先是眼睛，瞬间的强光照射会使人们出现短暂的失明。普通光污染可对人眼的角膜和虹膜造成伤害，抑制视网膜感光细胞功能的发挥，引起视疲劳和视力下降。长时间在白色光亮污染环境下工作和生活的人，白内障的发病率高达45%。白亮污染还会使人头昏心烦、甚至发生失眠、食欲下降、情绪低落、身体乏力等类似神经衰弱的症状。光污染不仅对人的生理有影响，对人心理也有影响。在缤纷多彩的环境里待的时间长一点，就会或多或少感觉到心理和情绪上的影响。如果所居住的环境夜晚过亮（如人工白昼），人们难以入睡，扰乱人体正常的生物钟，会使人头晕心烦、精神呈现抑郁状态。

参考文献

[1] 周培疆．现代环境科学概论．[M]．北京：科学出版社，2010.
[2] 王修智，张凯．人与环境 [M]．山东科学技出版社，2007.
[3] 方淑荣．环境科学概论 [M]．北京．清华大学出版社，2011.
[4] 仝川．环境科学概论 [M]．科学出版社，2010.
[5] 刘征涛．环境安全与健康 [M]．化学工业出版社，2005.
[6] 钟飞腾．万年天灾之最——坦博拉火山大喷发 [J]．世界博览．2004

(3)：70～71.

［7］沈清基，马继武．唐山地震灾后重建规划：回顾、分析及思考［J］.城市规划学刊．2008（4）：17～28.

［8］陈宝珠，刘金生．涅槃之美——写于唐山地震30周年际［J］. 城建档案研究，2006（07）：18～19.

［9］王明远，肖静．莱茵河化学污染事件及多边反应［J］. 环境保护，2006（01）：69～73.

［10］多诺拉烟雾事件［J］. 世界环境，2010（5）：7.

［11］刘景齐．大气污染控制工程［M］．北京：中国工农业出版社，2002.

［12］郝吉明，马广大，王书肖．大气污染控制工程：第二版［M］．北京：高等教育出版社，2002.

［13］高延耀，顾国维，周琪．水污染控制工程［M］．第三版．高等教育出版社，2007.

［14］周敏，王安群．土壤的重金属污染危害及防治措施［J］. 科技信息，2006（4）：120～121.

［15］左玉辉．环境学［M］．北京：高等教育出版社，2007.

［16］徐光炎．当前我国环境安全的主要问题及其对策［J］. 中国环境科学学会2002年学术年会，2002：158～161.

［17］张峻峰．健康与环境关系初探［J］. 2010年中国饮用水高层论坛论文集，2010：76～82.

［18］汪纪戎．环境，健康的保障［J］. 环境与健康杂志，2008（25）：1～2.

［19］“四日市哮喘”事件［J］. 世界环境，2011（4）：7～8.

［20］杨伟利．印度博帕尔毒气泄漏事件［J］. 环境，2006（1）：100～101.

［21］曾贤刚，吴雅玲．中国环境保护的四年巨变［J］. 环境保护，2010（1）：10～13.

［22］黄晓璐．谈谈大气污染的危害及防治措施［J］. 环境科技，2010（23）：136～137.

［23］刘颖．氮氧化物对环境的危害及污染控制技术［J］. 科技论坛，

2013 (7): 237 ~238.

[24] 刘玉香. SO_2的危害及其流行病学与毒理学研究 [J]. 生态毒理学报. 2007 (2): 225 ~231.

[25] 张伟勤. 酸雨的危害及其防治策略 [J]. 工程与建设, 2012 (26): 738 ~741.

[26] 于云江, 王菲菲, 房吉敦, 等. 环境砷污染对人体健康影响的研究进展 [J]. 环境与健康杂志, 2007 (24): 181 ~183.

[27] 邱小香, 朱海燕. 水体重金属的污染及其处理方法 [J]. 湖南农业科学, 2011 (14): 34 ~35.

[28] 袁学军. 大地之殇: "镉米" 再敲污染警钟 [J]. 生态经济, 2013 (9): 14 ~17.

[29] 柯灿. 该怎样对重金属污染说不? [J]. 环境保护, 2009 (17): 24 ~26.

[30] 方丹群, 张斌, 翟国庆. 环境物理污染、全球暖化与绿色环境产业 [J]. 西北大学学报 (自然科学版), 2011 (41): 189 ~200。

[31] 王亚军. 光污染及其防治 [J]. 安全与环境学报, 2004 (4): 56 ~58.

[32] 王新兰. 热污染的危害及管理建议 [J]. 环境保护科学, 2006 (32): 69 ~71.

Chapter 2
第二章 有机物污染与健康

第一节　有机物的来源与分类

一、营养型有机污染物

（一）耗氧及富营养有机污染物的定义

耗氧有机污染物包括碳水化合物、蛋白质、油脂、氨基酸、脂肪酸、酯类等。其浓度常用五日生化需氧量（BOD_5）来表示。也可用总需氧量（TOD）、总有机碳（TOC）、化学需氧量（COD）等指标结合起来评价。常用BOD_5与COD的比例来反映污水的可生化降解性，用微生物呼吸氧量随时间变化曲线来反映生化降解的快慢。城市污水BOD_5一般为每升300～500毫克，造纸、食品、纤维、化工等工业废水可高达每升数千甚至数万毫克。

富营养污染物（植物营养素），如生活污水、食品工业废水、城市地面径流污水中都含有植物的营养物质——氮和磷。城市污水中磷的含量原先每人每年不到1千克，近年来由于大量使用含磷洗涤剂，含量显著增加。来自洗涤剂的磷占生活污水中磷含量的30%～75%，占地面径流污水中磷含量的17%左右。氮素的主要来源是食品、化肥、焦化等工业的废水，以及城市地面径流和粪便。硝酸盐、亚硝酸盐、铵盐、磷酸盐和一些有机磷化合物都是植物营养素，能造成地面水体富营养化、海水赤潮和地下肥水。硝酸盐含量过高的饮水有一定的毒性，能在肠胃中还原成亚硝酸盐而引起肠原性青紫症。亚硝酸盐在人体内与仲胺合成亚硝胺类物质可能有致畸作用、致癌作用。

（二）耗氧及富营养有机污染物的来源及危害

在生活污水、食品加工和造纸等工业废水中，含有碳水化合物、蛋白质、油脂、木质素等有机物质。这些物质以悬浮或溶解状态存在于污水中，可通过微生物的生物化学作用而分解。在其分解过程中需要消耗氧气，因而被称为耗氧污染物。这种污染物可造成水中溶解氧减少，影响鱼类和其他水生生物的生长。水中溶解氧耗尽后，有机物进行厌氧分解，产生硫化氢、氨和硫醇等难闻气味，使水质进一步恶化。

含植物营养物质的废水进入天然水体，造成水体富营养化，藻类大量繁殖，耗去水中溶解氧，造成水中鱼类窒息而无法生存，水产资源遭到破坏。水中氮化合物的增加，对人畜健康带来很大危害，亚硝酸根与人体内血红蛋白反应，生成高铁血红蛋白，使血红蛋白丧失输氧能力，使人中毒。硝酸盐和亚硝酸盐等是形成亚硝胺的物质，而亚硝胺是致癌物质，在人体消化系统中可诱发食道癌、胃癌等。

（三）水体中的有机物

水体中的有机物大致可分为两类：一类是天然有机物（NOM），包括腐殖质、微生物分秘物、溶解的植物组织和动物的废弃物；另一类是人工合成的有机物（SOC），包括农药、商业用途的合成物及一些工业废弃物。

1. 天然有机污染物

天然有机物主要是指动植物在自然循环过程中经腐烂分解所产生的大分子有机物，其中腐殖质在地面水源中含量最高，是水体色度的主要成分，占有机物总量的60% ~90% 。

饮用水处理中，它是主要去除的对象。腐殖质是一类含酚羟基、羧基、醇羟基等多种官能团的大分子聚合物，分子量在 102 ~106 范围内，其中50% ~60% 是碳水化合物及其关联物质，10% ~30% 是木制素及其衍生物，1% ~3% 是蛋白质及其衍生物。腐殖质在水中的形态可分为酸不溶但碱溶的腐质酸（HA），酸溶但碱不溶的富里酸（FA），既不溶于酸也不溶于碱的胡敏酸，三种组分在结构上相似，但在分子量和官能团含量上有较大的区别。

腐殖质在天然水体中表现为带负电荷的大分子有机物，具有与水中大多数成分进行离子交换和络合的特性，这样使本来难溶于水的元素和微污染有机物在水环境中增大了溶解度，促使其迁移能力增强，分布范围更为广泛。另外，腐殖质已经被证明是多种消毒副产物（DBPS）的前体，是导致饮用水致突变活性增加的主要因素。去除腐殖质的主要方法有膜滤、混凝沉淀、臭氧氧化、活性炭（GAC）吸附及生物降解等。

水体中天然有机物中的非腐殖质部分，以前被引用水处理界所忽视，被认为对出水水质没有什么影响，但是近年来的研究表明，消毒副产物的前体中有相当一部分是来自水中的非腐殖质部分的天然有机物。按 DOC 计算，与腐殖质部分的天然有机物形成的消毒副产物相比，二者比例接近。贺北平博士的研究表明，水中的非腐殖质部分的天然有机物是主要的可生物降解部分，具有较强的亲水性和较低的芳香度，可能由亲水酸、蛋白质、氨基酸、糖类等组成。

2. 人工合成有机污染物

随着各国工业的发展，人工合成的有机物呈现越来越多的趋势，目前已知的有机物种类达 400 多万种，其中人工合成的有机物在 10 万种以上，且以每年 2000 种的速度递增。它们在生产、运输、使用过程中以各种途径进入环境。工业污染源主要来自化学化工、石油加工、制药、酿造、造纸等行业，例如淮河蚌埠段，造纸废水占每日 COD 排放总量的 52%，酿造（酿酒和味精）废水及化肥分别占 17.54% 和 11.24%。农业中使用的沙虫剂、肥料也是人工合成有机物在水体中的另一个主要来源。它们可以渗透入地下水中，或者通过地面径流进入水源水中。

1977 年，美国国家环保局（USEPA）根据有机污染物的毒性、生物降解的可能性以及在水体中出现的概率等因素，从 7 万种有机物化合物中筛选出 65 类 129 种优先控制的污染物，其中有机化合物 114 种，占总数的 88.4%，包括 21 种杀虫剂、26 种卤代脂肪烃、8 种多氯联苯、11 种酚、7 种亚硝酸及其他化合物。这些化合物本身有一定的生物积累性，有些本身有毒性，有些有三致作用。欧共体、国际卫生组织（WHO）、日本、中国等，也相继建立了各自的优先控制有机污染物的名单，并加强水源及饮用水制备过程中对这些指标的控制。

（四）耗氧及富营养有机污染物对黑臭水体产生的贡献

所谓黑臭是水体有机污染的一种极端现象，是由于水体缺氧、有机物腐败而造成的。水体黑臭的直接原因是由于水体中溶解氧含量不足造成的，而污染物的排放是造成水体黑臭的根源。

河流黑臭现象其实是一种生物化学现象，水体中的有机物质在分解过程中耗氧大于复氧，造成缺氧环境，厌氧微生物分解有机物产生大量的臭味气体（氨类、硫化氢、硫醇、硫醚类等）逸出水面进入大气，致使水体黑臭。有研究指出，表征水体黑臭的指示物质是由放线菌在有机污染物存在下所产生的乔司脒、萘烷醇类和 2 - MIB，而乔司脒的浓度可以定量描述水体黑臭的程度。

河流黑臭现象主要原因有：

（1）水体有机污染：城市河流不仅供水，同时也已成为城市工业废水、居民生活污水的主要排放场所。随着工业废水和生活污水的大量排放，河流中有机碳污染物（以 COD、BOD 为指标）、有机氮污染物（以 NH_3-N 为指标）以及含磷化合物等负荷不断加大。有机污染物在分解过程中耗氧大于复氧，造成水体缺氧，厌氧微生物大量繁殖并分解有机物，产生大量有臭气体如甲烷（CH_4）、硫化氢（H_2S）、氨（NH_3）等逸出水面进入大气使水体发臭。有机物主要是指糖类、蛋白质、油脂、氨基酸、酯类等。

这些物质以悬浮态或溶解态存在于污废水中。排入水体后能在微生物作用下分解成 CO_2和水等简单无机物，同时消耗大量的氧。除此之外，当水体受到有机碳与有机氮以及有机磷污染物污染时，无论其中是否有充分的 DO，在适合的水温下都将受到好氧放线菌或厌氧微生物的降解，排放出不同种类发臭物质，引起水体不同程度的黑臭。造成水体黑臭的根本原因是有机污染日益严重，河流湖泊的水体稀释自净能力的差距越来越大。

（2）氨氮、总磷污染：生活污水中各种有机还原氮磷物质在水体中缓慢地耗氧降解，导致水体 DO 降低。含氮有机物降解的耗氧远大于碳有机物降解的耗氧，氮磷物质与一般的碳水化合物一起参与耗氧过程，使水体中 DO

降低，导致水质恶化，发黑发臭。

（3）底泥以及底质的再悬浮：城市河流污染的特点就是不仅是其水质受到严重污染，而其底泥的污染也非常严重。水体中的大量污染物沉淀并累积在河流底泥中，某种意义上，底泥是排入河流中各种污染的主要归属之一。大量的污染严重的底泥在物理、化学和生物等作用下，吸附在底泥颗粒上的污染物与孔隙水发生交换，从而向水中释放污染物，造成水体二次污染，导致河道水体常年黑臭；大量的底泥也为微生物提供了繁殖的温床，在这些微生物中，放线菌和蓝藻类对水体黑臭贡献最大。沉积在河床底部的污泥，由于水流的冲刷、人为扰动，大型工程的建设以及生物活动均能引起底泥再悬浮。悬浮于水流中的底泥颗粒本身对水体也起着致黑的作用，应太林等研究得出，悬浮颗粒物中主要致黑成分为易被氧化的硫化亚铁和硫化亚锰，即本身有颜色的则参与致黑。1997 年，应太林等还在对不同扰动下底泥再悬浮对苏州河黑臭的影响研究中，得出随着扰动速度的增加可以加剧河流水质的黑臭程度的结论。

（4）不流动和水温升高的影响：丧失生态功能的水体，往往流动性降低或完全消失，直接导致水体复氧能力衰退，局部水域或水层亏氧问题严重，形成适宜蓝绿藻快速繁殖的水动力条件，增加水华暴发风险，引发水体水质恶化。此外，水温的升高将加快水体中的微生物和藻类残体分解有机物及氨氮速度，加速溶解氧消耗，加剧水体黑臭。

（五）黑臭水体防治的技术及管理对策

1. 黑臭水体防治的技术对策

城市河道的黑臭治理遵循“外源减排、内源清淤、水质净化、清水补给、生态恢复”的技术路线。其中外源减排和内源清淤是基础与前提，水质净化是阶段性手段，水动力改善技术和生态恢复是长效保障措施。

一是外源阻断技术。外源阻断包括城市截污纳管和面源控制两种情况。针对缺乏完善污水收集系统的水体，通过建设和改造水体沿岸的污水管道，将污水截流纳入污水收集和处理系统，从源头上削减污染物的直接排放。针对目前尚无条件进行截污纳管的污水，可在原位采用高效一级强化污水处理技术或工艺，快速高效去除水中的污染物，避免污水直排对水体的污染。

城市面源污染主要来源于雨水径流中含有的污染物，其控制技术主要包括各种城市低影响开发（如海绵城市）技术、初期雨水控制技术和生态护岸技术等。城市水体周边的垃圾等是面源污染物的重要来源，因此水体周边垃圾的清理是面源污染控制的重要措施。

二是内源控制技术。清淤疏浚技术通常有两种：一种是抽干湖/河水后清淤；另一种是用挖泥船直接从水中清除淤泥。后者的应用范围较广，江河湖库都可用之。清淤疏浚能相对快速地改善水质，但清淤过程因扰动易导致污染物大量进入水体，影响到水体生态系统的稳定，因而具有一定的生态风险性，不能作为一种污染水体的长效治理措施。

三是水质净化技术。城市黑臭水体的水质净化技术主要包括：人工曝气充氧（通入空气、纯氧或臭氧等），可以提高水体溶解氧浓度和氧化还原电位，缓解水体黑臭状况。德国萨尔河、英国泰晤士河、澳大利亚天鹅河、中国的苏州河等治理中都采用了曝气增氧的方法。絮凝沉淀技术是指向城市污染河流的水体中投加铁盐、钙盐、铝盐等药剂，使之与水体中溶解态磷酸盐形成不溶性固体沉淀至河床底泥中。但需要注意的是，化学絮凝法的费用较高，并且产生较多沉积物。某些化学药剂具有一定毒性，在环境条件改变时会形成二次污染。人工湿地技术是利用土壤—微生物—植物生态系统对营养盐进行去除的技术，多采用表面流湿地或潜流湿地。湿地植物可选择沉水植物或挺水植物。生态浮岛是一种经过人工设计建造、漂浮于水面上供动植物和微生物生长、繁衍、栖息的生物生态设施，通过构建水域生态系统对水体中的污染物摄食、消化、降解等，实现水质净化。稳定塘是一种人工强化措施与自然净化功能相结合的水质净化技术，如多水塘技术和水生植物塘技术等。可利用水体沿岸多个天然水塘或人工水塘对污染水体进行净化。

四是水动力改善技术。调水不仅可借助大量清洁水源稀释黑臭水体中污染物的浓度，而且可加强污染物的扩散、净化和输出，对于纳污负荷高、水动力不足、环境容量低的城市黑臭水体治理效果明显。但调用清洁水来改善河水水质是对水资源的浪费，应尽量采用非常规水源，如再生水和雨洪利用。同时在调水的过程中要防止引入新的污染源。

五是生态恢复技术。水体黑臭现象往往是由于水中氮磷浓度较高引起藻类暴发等次生问题，造成水质恶化、藻毒素问题和其他水生生物的大量死亡，继而导致黑臭复发。城市河道富营养化控制的关键是磷的控制，目前污水处理厂出水标准中磷的指标限值远高于地表水标准限值。因此，在有条件的地方实行区域限磷或提高污水总磷排放标准是十分有效的措施。进入水体的磷大多以磷酸盐形式沉淀在底泥中，因此保持水—泥界面弱碱性、有氧状态是河道富营养化控制的主要举措。藻类生长人工控制技术包括各种物理、化学和生物技术。物理控制技术包括藻类直接收集和紫外线杀藻等；化学控制技术包括投加无机或有机抑（杀）藻剂；生物控制技术包括种植抑藻水生植物或投放食藻鱼类等。这些措施一般在应急时采用。水生态修复包括水生植物和水生动物（如鱼类、底栖动物等）食物链的修复与水文生态系统构建。利用生态学原理构建的食物链，可以持续去除城市水体中污染物和营养物，改善水体生境。

2. 黑臭水体防治的管理对策

一是建立以溶解氧为核心指标的评价体系。黑臭水体治理的关键是改善水体的溶解氧状态，使水体由低氧/厌氧恢复到正常的好氧状态。国家重大水专项相关研究成果建议以溶解氧为核心，建立包括臭阈值、透明度、色度等4项指标黑臭水体评价体系。其阈值为：溶解氧1毫克/升、臭阈值100、透明度25厘米、色度20，当其中任意一个指标值超过阈值时，则可判定其为黑臭水体。按照《水污染防治行动计划》任务分解，评价体系将由住房城乡建设部门负责编制。

二是先截污后修复，综合手段治理黑臭水体。河流黑臭问题的本质是污染物输入超过河流水环境容量。在流域尺度上采取污染源工程治理等截污措施，能够大幅度削减入河污染负荷，是消除黑臭问题的首要举措。同时将河岸带修复、人工充氧等河道内工程措施作为污染负荷削减的重要补充手段，进一步降低污染水平。在河流水质得到有效改善的基础上，通过水生生物（如水生植物、鱼类、鸟类）等的恢复，逐步实现河流生态修复，达到消除黑臭的目的。

三是改善生态条件，让水流动起来。我国大多数城镇河流水深为1～3米，在一般条件下，大气氧可以穿透上覆水体到达河流沉积物表层。然而，由于排污加剧，大量COD和氨氮等耗氧污染物在水—沉积物界面累积，导致溶氧大量消耗而形成缺氧跃变层。增加河流水生态条件，可以改变城市水体水土界面亏氧状况。一般情况下，维持河流水体流速0.4米/秒~1.0米/秒，就可以打破溶氧跃变层形成的理化条件，使得水土界面层的溶氧维持在3毫克/升以上，可以有效控制水体底质污染。流水不腐，是缓减甚至基本消除河流黑臭的关键因素。

四是构建岸边绿化带，增强水体自净能力。治理黑臭水体的首要目的是为人民群众提供一个休闲娱乐的场所，因此必须彻底清除沿河垃圾，严格控制有色有味污染源直排，对岸边带进行绿化改造，恢复其自然状态，建立河道保洁的长效运行管理机制。同时，采用岸边植物、挺水植物和沉水植物搭配构筑的景观修复途径，有效改变水生态系统的能量和物质流动方式，形成具有自净功能的水体。

二、挥发性有机污染物

（一）挥发性有机物的定义

VOC是挥发性有机化合物（volatile organic compounds）的英文缩写。普通意义上的VOC就是指挥发性有机物；但是环保意义上的定义是指活泼的一类挥发性有机物，即会产生危害的那一类挥发性有机物。

美国ASTM D3960－98标准将VOC定义为任何能参加大气光化学反应的有机化合物。美国联邦环保署（EPA）的定义：挥发性有机化合物是除CO、CO_2、H_2CO_3、金属碳化物、金属碳酸盐和碳酸铵外，任何参加大气光化学反应的碳化合物。世界卫生组织（WHO，1989）对总挥发性有机化合物（TVOC）的定义为，熔点低于室温而沸点在50~260℃的挥发性有机化合物的总称。而最普遍的共识认为，VOC是指那些沸点等于或低于250℃的化学物质。所以沸点超过250℃的那些物质不归入VOC的范畴，往往被称为增塑剂。

美国的定义，对沸点初馏点不作限定，强调参加大气光化学反应。不参加大气光化学反应的就叫作豁免溶剂，如丙酮、四氯乙烷等。环保意义上的定义，也就是说，是活泼的那一类挥发性有机物，即会产生危害的那一类挥发性有机物。从环保意义上说，挥发和参加大气光化学反应这两点是十分重要的。不挥发或不参加大气光化学反应就不构成危害。这也就是欧洲将溶剂按光化臭氧产生潜力来分类的原因。

（二）挥发性有机物的来源及危害

VOC 室外主要来自燃料燃烧和交通运输；室内主要来自燃煤和天然气等燃烧产物、吸烟、采暖和烹调等的烟雾，建筑和装饰材料、家具、家用电器、清洁剂和人体本身的排放等。

烟草行业：油墨、有机溶剂；纺织品行业：鞋类制品所用的胶水等；玩具行业：涂改液、香味玩具等；家具装饰材料：涂料、油漆、胶黏剂等；汽车配件材料：胶水、油漆等；电子电气行业：在较高温度下使用时会挥发出 VOC、电子五金的清洁溶剂等；其他：洗涤剂、清洁剂、衣物柔顺剂、化妆品、办公用品、壁纸及其他装饰品。

VOC 的主要成分有：烃类、卤代烃、氧烃和氮烃，它包括：苯系物、有机氯化物、氟里昂系列、有机酮、胺、醇、醚、酯、酸和石油烃化合物等。当 VOC 达到一定浓度时，会引起头痛、恶心、呕吐、乏力等症状，严重时甚至引发抽搐、昏迷，伤害肝脏、肾脏、大脑和神经系统，造成记忆力减退等严重后果。

据世界卫生组织在 2005 年发布的《世界卫生组织甲醛致癌报告》中指出，我国因装修污染引起的年死亡人数为 11.1 万人，平均每天约 304 人，并有证据表示这个死亡人数仍在逐年攀升。

国家化学建筑专家组副组长石玉梅教授指出，VOC 是挥发性有机化合物的英文简称。众所周知，涂料是一种化学产品，其中含有很多能参加光学反应的有机化合物，也就是 VOC。当居室中的 VOC 超过一定浓度时，在短时间内人们会感到头痛、恶心、呕吐、四肢乏力。如不及时离开现场，会感到以上症状加剧，严重时会抽搐、昏迷，导致记忆力减退。VOC 伤害人的肝脏、肾脏、大脑和神经系统，甚至会导致人体血液出问题，患上白血病等其他严重的疾病。

中国环境科学院副院长兼总工程师夏青教授谈到 VOC 对人体的危害时认为：由于婴幼儿有 90% 的时间是在室内度过的，所以有毒涂料中的有害物质对儿童的侵害时间最长、最大，而儿童的身心特征又使得这种危害的后果要比成人更为严重。

（三）挥发性有机物对雾霾形成的“贡献”

人们将雾霾和 PM2.5 经常联系在一起，其实雾霾天的情况下 PM2.5 经常超标，PM2.5 是指大气中空气动力学直接小于或者等于 2.5 微米的颗粒物，也称之为可吸入颗粒物，可吸入颗粒物进入到人体系统以后可以进入到人体的血液参与全身的循环，对人体的健康有非常严重的影响。

空气中 PM2.5 的来源主要有两个：一是直接排放一次源。它有自然源，交通扬尘、农田扬尘，在风的扰动下造成排放。另外就是人为源，通常是固定源和移动源。固定源的来源通过燃烧、工业生产过程排放。移动源指机动车行驶过程中造成的排放。另外它是二次形成，通过排放到大气当中的二氧化硫、氮氧化物和 VOC 在空气当中满足一定条件发生一定的化学反应，形成硝酸盐、硫酸原和二次有机其溶剂造成 PM2.5 的升高。很多研究表明，VOC 是 PM2.5 非常重要的前驱物，作为涂料生产和使用是 VOC 最主要的贡献源之一。

按照世界卫生组织的定义，VOC 是指沸点在 50℃～250℃的化合物，室温下饱和蒸汽压超过 133.32Pa，在常温下以蒸汽形式存在于空气中的一类有机物。按其化学结构的不同，可以进一步分为八类：烷类、芳烃类、烯类、卤烃类、酯类、醛类、酮类和其他。VOC 的主要成分有：烃类、卤代烃、氧烃和氮烃，它包括：苯系物、有机氯化物、氟里昂系列、有机酮、胺、醇、醚、酯、酸和石油烃化合物等。VOC 的主要来源：在室外，主要来自燃料燃烧和交通运输产生的工业废气、汽车尾气、光化学污染等；而在室内，则主要来自燃煤和天然气等燃烧产物、吸烟、采暖和烹调等的烟雾，建筑和装饰材料、家具、家用电器、汽车内饰件生产、清洁剂和人体本身的排放等。在室内装饰过程中，VOC 主要来自油漆、涂料和胶粘剂、溶剂型脱模剂。一般油漆中 VOC 含量在 0.4～1.0 毫克/米^3。由于 VOC 具有强挥发性，一般情况下，油漆施工后的 10 小时内，可挥发出 90%，而溶剂中的 VOC 则在油漆风干过程中只释放总量的 25%。

VOC 排放的甲烷可以增加温室效应，还有 VOC 在大气当中和氮氧化物、二氧化硫、铵盐之类发生反应，形成二次有机溶剂，对 PM2.5 贡献非常大。VOC 排放到高空和臭氧发生反应，形成臭氧空洞，可以增加紫外线的辐射。

VOC 排放在近地面排放有可能形成臭氧，近地面臭氧对人体健康不利，在高空中可以加剧臭氧的消耗，VOC 的排放不管在近地面还是高空都是非常不好的一件事情。VOC 加强大气氧化活性，加强 PM2.5 形成，在反应过程中还能够形成臭氧，还可以和二氧化硫、氮氧化物发生反应形成二次有机溶剂。根据北京市的研究发展，二次有机溶剂在 PM2.5 成分占到 20% 左右的比例。VOC 现在在北京市的 PM2.5 和臭氧这两大空气质量难题中扮演非常重要的角色，而且 VOC 很多种类是有毒的，直接危害人体的健康。

目前 VOC 污染控制存在以下几个主要问题：

第一，VOC 排放底数不清。VOC 排放行业太多、企业数多，企业活动水平获取途径对我们来说还是比较欠缺。VOC 排放特征也不太明确，因为它存在排放环节比较多，不同装备和生产工艺水平造成 VOC 排放不一样。不同的排放源排放的组分也不一样，使用不同材料造成排放组分差别非常大。

另外，各个行业缺乏有效应对 VOC 污染的控制技术。整个生产活动当中 VOC 随着在产品里的残留进入流动渠道。生产过程中由于管理、工艺操作等方面会形成大组织泄漏和排放。管理比较好的企业对生产无组织环节进行一定的收集，再好一些的企业加装一定净化装置，对产生 VOC 销毁以后再排放。可能会有一些 VOC 进入到废水收集系统，随着残留物留在残留物和废弃物中。好的企业在生产供应环节使用溶剂进行回收，进行循环利用，所以它的排放特征还是成分复杂，排放环节多，影响因素也比较多。

（四）挥发性有机物的防控

国外对 VOC 污染管控的历程。美国在 1970 年清洁空气法案修正案中当中首次提出要控制 VOC 的排放，在 1990 年清洁空气法案修正案中明确提出到 2000 年 VOC 排放量比 1990 年减少 70%。如何达到减少 70%，主要是通过控制限定原辅材料和成品当中 VOC 的含量来控制 VOC 的排放，并且首次规定消费品和商业品必须遵守联邦的 VOC 标准。在 1990 年之前，主要通过采取末端治理的措施来控制 VOC 的排放。美国环保局也编制汽车行业、石化行业、彩钢板等重点 VOC 污染行业控制技术指南和可达控制技术来指导企业在生产过程当中控制 VOC 的排放。之后，美国对指南进行了修订，控制技术也从最初控制废气治理到控制原材料当中的 VOC 含量这项要求。另外，是对消费品和商业品 VOC 含量的控制。被限制的产品包括建筑和工业维护表面涂装产品，汽车维修产品、消费品，包括清洁产品和个人护理用品等三个领域 24 类，涵盖所有在美国使用的产品。限制要求有以下几个方面：

第一，注册管理。所有被限制对象都必须填写初始报告表，包括公司的信息和产品的信息。

第二，VOC 含量要满足标准的限值。

第三，产品包装贴上标签，部分产品标识 VOC 含量。这一条可能在未来制定北京标准时会被借鉴，即要求企业在产品包装上提供 VOC 含量。对溶剂使用设施和过程规定各种建筑涂料品种 VOC 的上限，对于金属部件和产品涂装使用要求使用高效涂装设备和低 VOC 含量的涂料，要提高治理设备的效率。对塑料、橡胶、玻璃使用低挥发 VOC 含量。要求使用水性、UV 或者活性稀释胶黏剂等。其他的措施包括低 VOC 消费品和清洁涂料认证，鼓励生产商和消费者使用低 VOC 产品。对 VOC 管控涉及到各个方面。

欧盟针对 VOC 污染控制发布一系列指令，管控 VOC 排放，规定汽油储备挥发性有机物排放控制，对有机溶剂使用装置和活动挥发性有机物排放限值有 199313AC 指令，对于涂料、汽车修理产品使用有机溶剂 VOC 排放限制 200442C1 指令。这些指令在使用过程当中还可以不断地加强。

在参考国外 VOC 污染控制历程过程当中，因为工业 VOC 污染源控制是一个系统的工程，具体实施过程当中，因为要结合各个行业自身的具体情况，从材料选择、生产设备、生产工艺、过程管理四个方面选择适合行业的技术、设备水平的控制措施来实现 VOC 的减排。国外的经验表明，从原料、工艺操作管理入手，可以有效降低 VOC 产生量。现在因为国内外有机类原辅材料替代涂装工艺这些方面，我国的装备水平和工艺水平跟国外有明显的差距，要尽快达到 VOC 达标排放减排的目标，目前来说末端处理是多数行业企业主要考虑的减排手段。

环保部制定了一系列相关政策法规。国家环境保护“十二五”科技发展规划里面也提到针对挥发性有机物要研发控制技术综合评价指标体系和定量评估方法。在国家环境保护“十二五”规划里面提出加强挥发性有机污染物和有毒废气的控制。在重点领域大气污染防治“十二五”规划里面提到完善挥发性有机物污染防治体系，完善重点行业挥发性有机物排放要求和政治体系。北京市国民经济和“十二五”规划纲要提到完善挥发性有机物产品准入标准和监控体系，要有效治理化工、涂料、家具制造、包装印刷等行业挥发性有机物的污染。北京市大气污染防治行动计划提到了推进挥发性有机物污染治理，加强挥发性有机物控制技术研发。北京市清洁空气行动计划加强挥发性有机物治理，不断推进重点行业挥发性有机物综合治理。所以，未来对VOC的治理会是我们各个行业、各个领域面临的一个很重要的问题。

三、持久性有机污染物

（一）持久性有机物的概念

持久性有机污染物（Persistent Organic Pollutants，简称POPs）指人类合成的能持久存在于环境中、通过生物食物链（网）累积、对人类健康造成有害影响的化学物质。它具备四种特性：高毒、持久、生物积累性、远距离迁移性，而位于生物链顶端的人类，则把这些毒性放大到了7万倍。

POPs的性质简单概括如下：

（1）高毒性：POPs物质在低浓度时也会对生物体造成伤害，例如，二噁英类物质中最毒者的毒性相当于氰化钾的1000倍以上，号称是世界上最毒的化合物之一。每人每日能容忍的二噁英摄入量为每千克体重1皮克。二噁英中的2，3，7，8-TCDD只需几十皮克就足以使豚鼠毙命。连续数天施以每千克体重若干皮克的喂量能使孕猴流产。POPs物质还具有生物放大效应，也可以通过生物链逐渐积聚成高浓度，从而造成更大的危害。

（2）持久性：POPs物质具有抗光解性、化学分解和生物降解性，例如，二噁英系列物质在气相中的半衰期为400天，在水相中为166天到21.9年，在土壤和沉积物中约17~273年，在人体中的半衰期为4.9~13.1年。

（3）积聚性：POPs具有高亲油性和高憎水性，其能在活的生物体的脂肪组织中进行生物积累，可通过食物链危害人类健康。

（4）流动性大：POPs可以通过风和水流传播到很远的距离。POPs物质一般是半挥发性物质，在室温下就能挥发进入大气层。因此，它们能从水体或土壤中以蒸气形式进入大气环境或者附在大气中的颗粒物上。由于其具有持久性，所以能在大气环境中远距离迁移而不会全部被降解，但半挥发性又使得它们不会永久停留在大气层中，它们会在一定条件下又沉降下来，然后在某些条件下挥发。这样的挥发和沉降重复多次就可以导致 POPs 分散到地球上各个地方。因为，POPs 容易从比较暖和的地方迁移到比较冷的地方，像北极圈这种远离污染源的地方也发现了 POPs 污染。

（二）持久性有机物的分类

1. 多环芳烃

近年来，我国也开展了水中优先污染物筛选工作，提出初筛名单 249 种，通过多次专家研讨会，初步提出我国的水中优先控制污染物黑名单 68 种。

多环芳烃（Polycyclic Aiomatic Hydrocarbons，PAHs）是一类由两个或两个以上芳环组成的稠环化合物，是广泛存在的有机污染物。由于含有 π 键共轭体系，多环芳烃具有很高的稳定性，因此可以长期存在于环境中而难以降解，因此已被列为持久性有机污染物（POPs）。多环芳烃具有高沸点、高辛醇水分配系数、低蒸汽压、低水溶性的特点。多环芳烃源于有机燃料的不完全燃烧，如火山爆发、森林火灾等自然过程和汽车尾气、家庭烹调、工业排污等人为过程都会造成环境 PAHs 污染。随着发达国家对中国、印度等国的化工产业转移，发达国家的多环芳烃排放量不断下降，而在我国多环芳烃的排放量却呈现出大幅度增加的趋势。环境中的多环芳烃主要是通过大气沉降、工业和生活污水排放、船只造成的石油污染以及地表径流等途径进入水体的。目前，在大气、土壤、水体、生物体等多种环境介质中均已发现 PAH_S存在。

低分子量的 PAHs（2 ~3 环）具有急性毒性，而高分子量的 PAHs（4 ~6 环）由于亲油疏水的性质极易在生物体内积累，且具有很强的致癌、致畸和致突变作用。分子量更大的 PAHs 由于水溶性极低，挥发性较强，通常不考虑其在水体中的毒性。美国环保署和世界卫生组织对环境水体中 BP 的浓度限值有规定，分别为 0.7 微克/升和 0.2 微克/升。环境中 PAHs 的半数致死剂量（LC_{50}）为 10 微克/升，此浓度也是判断水环境是否受 PAHs 污染的临界值。

2. 水环境中多环芳烃污染现状

由于来源方式广泛，多环芳烃在世界许多区域内均有检出。如在美国路易斯安那州的密西西比河中检出了 16 种 PAHs，其总含量为 62.9 ~ 144.7 纳克/升，该区域的多环芳烃主要受三环至四环的 PAHs 控制。此外，在法国塞纳河、斯里兰卡的 Bolgoda 和 BeiraLakes、巴西的 GuanabaraBay 等区域都曾有过检出 PAHs 的报道。在我国长江入海口，研究人员研究了消落带沉积物中 PAHs 的含量随深度的变化（1971 ~ 1996 年），发现随深度的增大 PAHs 含量逐渐增大，到大约 35 厘米（约 1980 年）达到最大值，然后又逐渐下降，说明 1980 年以后的污染明显比 1980 年之前大。对杭州水环境中多环芳烃的污染状况的研究发现水体中 PAHs 的含量为 4.7 ~ 67.7 纳克/升，且夏季含量明显高于冬季含量，土壤、地表径流、大气颗粒中 PAHs 的含量，分别为 224 ~ 4222 纳克/升、8.3 微克/升和 2.3 微克/米^3。闽江流域表层水、孔隙水、沉积物、土壤及蔬菜中 16 种优先控制的 PAHs 的含量，分别为 9.9 ~ 474 微克/升、52.1 ~ 239 纳克/升、112 ~ 877 纳克/克、128 ~ 465 纳克/升和 8600 ~ 111 000纳克/克。2005 年，分别在丰水期和枯水期在长江重庆段水体中检出了 9 种多环芳烃。单个 PAH 的浓度多在 0.01 ~ 0.10 微克/升，毒性最强的 BaP 未被检出。黄河中下游干流及支流、渤海及黄河的消落带、天津的再生水和表层水、珠江和澳门港、钱塘江等流域都有过水体中多环芳烃污染的相关报道。水体中 PAHs 的总含量也从几个纳克每升到几十微克每升不等，且在不同区域存在着明显的差别。

3. 多环芳烃在水体环境中的迁移行为

多环芳烃在水体中的迁移主要受其在各相间的分配控制。水体中的 PAHs 可以溶解态，与溶解有机质结合，与悬浮颗粒物结合以及与沉积物相结合等方式存在，并在各相之间迁移。由于低的水溶性和高的辛醇水分配系数，水体中的 PAHs 极易吸附到悬浮颗粒及沉积物上，或在生物体内富集，并随之迁移。此外，由于蒸汽压较低，PAHs 特别是低分子量的 PAHs 具有一定的挥发性，作为半挥发性污染物从水体迁移到大气中。这种在各相间分配受到 PAHs 多种物理化学性质（如溶解度、蒸汽压、吸附系数），吸附质的特征（如沉积物及颗粒物无机组成，有机质含量和成分）以及环境条件（温度、盐度）的影响。常州外国语学校污染事故，就是附近土壤中有机污染物挥发进入大气环境，造成学生大规模健康受损。

对法国塞纳河河口的研究发现，该区域水体中溶解态的 PAHs 的含量仅有 2.9 ~ 23.9 纳克/升，可视为未受，PAHs 的污染；然而在悬浮颗粒物中 PAHs 的含量为 499 ~ 5819 纳克/克，平均含量为 3866 纳克/克；而真宽水蚤体的 PAHs 负荷为 165 ~ 3866 纳克/克；结果表明 PAHs 易被水体中颗粒物吸附和被生物体富集；在颗粒物和真宽水蚤体内，呈季节性变化趋势，冬季含量最高，而其他季节较低。黄河中下游水体中检出了 15 种 PAHs。黄河干流 PAHs 的含量在 179 ~ 369 纳克/升之间，而支流的含量远远高于干流，为 185 纳克/升到 2182 纳克/升之间。而在悬浮颗粒中检出了 13 种 PAHs，含量为 54 微克/千克到 155 纳克/千克之间，大分子量的 PAHs 在悬浮物中的含量较高。水体中 PAHs 的含量与水体悬浮颗粒物含量及有机碳含量有关，长江中碳酸盐和有机质对沉物吸附五种多环芳烃行为的影响，发现这种吸附并非完全符合吸附或分配机理，且 PAHs 的解吸附是非常少的。

水环境中有机污染物的环境行为及其影响因素由于大量工业有机废水、生活污水的排放和过量农药的使用，不仅导致包括河流、湖泊、地下水等自然水体的生态系统受到严重污染，也可能对人体健康产生严重的危害。例如艾氏剂、狄氏剂、DDT、六六六等持久性有机污染物、酚类有机物、硝基芳香化合物等有机物具有水生生物毒性，其中一些有机物还可能成为癌症的诱导物。有机污染物在水环境中有包括迁移转化、降解、富集等的环境行为受到水环境中的多相体系的吸附和解吸，水生生物和微生物对有机污染物和氨氮的降解和释放的影响。

随着世界范围内工业化和城市化进程的加快，尤其是化学工业的快速发展，大量未经有效处理的有机废水向环境中排放，煤、石油等化石燃料的不完全燃烧，工业及运输车辆排放到大气中的有毒有害气体以及农田施用的农药等，通过大气沉降和地表径流等途径进入到水体中，并在土壤、底泥中富集，对生态环境和人体健康造成严重的危害和潜在风险。有机污染物在环境中的含量虽然相对较低，但在生理和生态方面的环境毒性很大，常规的生化需氧量、化学需氧量等环境监测指标不能反映其污染水平和环境风险。有机化合物对地表水、地下水、大气、土壤等造成的污染，对生态环境和人类健康构成重大威胁，越来越引起人们的关注和重视。

水环境中存在许多痕量有机污染物，虽然浓度极低，但因其特殊的理化性质，具有致癌、致畸、致突变或能生物富集等特性，对生态环境和人类健康都构成潜在的威胁。环境中的有机污染物归类为优先控制污染物，持久性有机物和内分泌干扰物等类型。

由于环境有毒物质品种繁多，不可能对每一种污染物都制定控制标准，因而从污染物中筛选出潜在危险较大的作为优先研究和控制的对象，称之为优先控制污染物（Priority Pollutant）。美国国家环保署最早提出的优先污染物中包括200余种有机物。我国环境保护部也提出了适合中国国情的“水中优先控制污染物黑名单”。

持久性有机污染物（Persistent Organic Pollutants，POPs）是一类具有环境持久性、生物累积性、长距离迁移能力和高生物毒性的特殊污染物。2001年，国际社会在瑞典首都共同签署了《关于持久性有机污染物的斯德哥尔摩公约》，又称“POPs”公约，将艾氏剂、氯丹、滴滴涕、狄氏剂、异狄氏剂、七氯、灭蚁灵、毒杀芬、六氯苯、多氯联苯、二噁英和呋喃12类有机污染物列为POPs。后来又陆续将多环芳烃、林丹等污染物列入了POPs名单中。

1996年3月，媒体报道了化学物质在环境和食品中的残留、积累以及对人类内分泌特别是生殖功能的干扰，引起了全球对内分泌干扰物（Environmental Endocrine Disruptors，简称EEDs）的重视。美国环境保护署将EEDs定义为：“对生物的繁殖、发育、行为及保持动态平衡的体内天然激素的合成、分泌、传输、结合和清除起干扰作用的外源物质。”常见的内分泌干扰物包括二噁英、多氯联苯、有机氯农药、邻苯二甲酸酯、多环芳烃、金属有机化合物等70余种。优先控制污染物、持久性有机物和内分泌干扰物并不是对有机污染物的简单分类，而是从不同角度对污染物的阐述。列出这些污染物的目的在于引起人们对环境污染问题的重视，加强对有毒有害物质使用、排放等过程的管理，以便更有效地控制和减少环境中的有害物质。

四、饮用水安全保障

（一）水环境中痕量有机污染物的污染现状

国内外目前关于流域中有机污染的报道很多，研究较集中的污染物有有机氯农药（OCPs）、多氯联苯（PCBs）和多环芳烃（PAHs），这说明此三类污染物在全球各地普遍存在，且受到了人们的广泛关注。另外一些毒性较大或对人体的潜在危害较大的物质如邻苯二甲酸酚（PAEs）、多溴联苯醚（PBEDs）、二噁英/呋喃（PeDDs/eDFs）、双酚 A（BPA）等也有许多文献报道。以下以有机氯农药和多氯联苯为例简单介绍其污染现状。

Jaffe 等测得牙买加海湾表层沉积物中 DDT 和狄氏剂的浓度分别为 0. 93 ~ 23 微克/千克和 0. 24 ~ 6. 13 微克/千克。在越南湄公河的沉积物、荷兰河流的沉积物、龙虾等样品中均发现了 OCPs 污染。云南省湖水中 PP – DDE，HCB 和 HCHs 的最高浓度分别为 1. 86 微克/升、0. 72 微克/升和 21. 95 微克/升；而在河水中分别为 0. 23 微克/升、2. 93 微克/升和 37. 56 微克/升，部分 OCPs 含量超过了美国国家推荐的水质标准。

天津海河沉积物中 HCH 和 DDT 的总含量分别为 1. 88 ~ 18. 76 纳克/克和 0. 32 ~ 80. 18 纳克/克，而大沽排污河的污染较之更为严重，HCH 总含量为 33. 24 ~ 141. 03 纳克/克，DDT 总含量为 3. 60 ~ 83. 49ng/g。此外，在北京通惠河水样及沉积物，广州海峡珠江和澳门港水体，香港近海海岸的海水及沉积物中也均发现不同程度的 OCPs 污染。

加拿大与美国间的 Niagara River 沉积物中 PCBs 的总浓度为 1. 7 ~ 124. 6 纳克/克，其中 PcBs138 和 PeBS153 在各样品中均有检出。波兰 Odra River 沿岸水体中 PCBs 的浓度为 0. 0 ~ 43. 4 纳克/升，沉积物中为 0. 0 ~ 349. 0 微克/千克。在北京通惠河的研究中发现 PCBs 在水中的浓度为 31. 58 ~ 344. 9 纳克/升，沉积物中的浓度为 0. 78 ~ 8. 47 纳克/克。研究发现黄海南部表层沉积物中 PCBs 的浓度较前一年有所下降，浓度范围为 518 ~ 5848 皮克/克。在天津海河干流及大沽排污河中也发现了 PCBS 污染的现象，在香港海岸同样也发现了 PCBs。

在实际环境样品的检测中，作为生产活动中的副产品却具有较强致癌、致畸和生理学毒性的二噁英/呋喃广泛应用于塑料制品中和精细化工产品中的邻苯二甲酸酯，来源广持久性强的多环芳烃（PAHs）、多嗅联苯醚（PBEns）、双酚 A（BPA）、农药（除草剂，杀菌剂等）以及药物和个人护理品等都是常被检测到的有机污染物。环境中这些物质的存在对生态系统和人体健康带来了潜在的威胁，其影响是不可忽视的。

（二）水环境中痕量有机污染物的环境行为

污染物的环境行为包括迁移和转化两种类型，它们的区别在于污染物是否发生结构上的变化。环境中的有机污染物广泛存在于大气、土壤、水体、悬浮颗粒、沉积物、生物体（动植物）包括人体等多种介质中，并在各环境介质间相互迁移和转化。水环境中有机污染物的环境行为主要包括：在气液界面间的交换行为；由于疏水作用或分配作用引起的在悬浮颗粒、沉积物等固体物上的吸附和解吸附行为等环境迁移行为；生物作用或其他化学作用引起的降解行为；被生物吸收后引起的在生物体内的富集和放大行为以及在光、生物等条件作用下的转化行为。在上述环境过程中，污染物在不同相间进行分配和交换，造成污染物在时间和空间上迁移，以及引起污染物在环境中进行转化，最终决定污染物的环境归宿。

五、水生生物对有机污染物迁移转化的影响

微生物能够将多种持久性有机污染物转化为二氧化碳、水或无害物质。能被降解的持久性有机污染物包括石油类、酚类，包括化工原料及废水中的苯胺等的芳香族化合物及其衍生物、硫化物、焦化废水中的喹啉及其衍生物等多种有机污染物。而目前主要报道的能够降解有机污染物的水生生物主要以细菌、真菌等微生物为主。微生物的活动对有机污染物的降解产物取决于包括基团的性质等的有机污染物的性质、微生物和酶的种类。例如，青霉菌和镰刀霉菌可以降解艾氏剂，而白腐真菌可以降解如 DDT 等多种持久性有机污染物。不同的有机污染物的生物降解需要不同的氧气条件。有机污染物被氧化的反应大多发生在有氧环境中。例如，PAHs 中的 C－C 键（PAHs）可被真菌等氧化成芳烃氧化物后失去氧原子变成酚，并在环氧化物水解酶的作用下形成醇类。有氧条件下 PAHs 也能在单加氧酶或双加氧酶的作用下，其 C－C键断裂，最后被分解为 CO_2、H_2O 等无害物质。但在厌氧环境中，有机污染物可被氧化也可被还原。例如，在厌氧条件下，2，4，6－三硝基甲苯中的硝基能被还原为氨基，吲哚可被降解为脂肪酸和一些长链物质。

生物扰动是指底栖动物通过摄食、建管、爬行、建穴等活动改变了沉积物的物理结构、化学组成以及泥水界面的外界环境，从而影响了泥—水层的物质交换和能量转化。天然水体沉积物即是底栖动物、微生物主要的活动场所，也是包括有机污染物、重金属、氮、磷等污染物的主要载体。由于目前水环境的富营养化现象十分普遍，很多水体容纳多种污染物，因而随着水环

境中鱼类和底栖动物捕食者的死亡和灭绝，颤蚓等大型底栖动物在沉积物中普遍存在并在极端条件下颇具竞争力。

因而在受到污染的水环境中，在大型生物（动物）的扰动下，水层和沉积层界面发生了复杂的物理和化学反应，同时底栖动物的摄食、呼吸作用和生物对沉积物垂直搬运和混合作用也加速了间隙水与水之间的物质交换。

目前，关于生物扰动对沉积层中污染物的释放机理有以下几种：（1）生物灌溉，大型动物的爬行和建管行为在沉积物表层和深层之间形成很多的洞穴和通道，使沉积层中的污染物以间隙水为载体渗透到水中。（2）再悬浮作用，底层生物的活动能使表层沉积物悬浮到水，同时吸附在固相物质中的污染物可能释放至水体中。（3）生物代谢，以颤蚓为代表的大型底栖动物以沉积物中的颗粒有机物为食，对沉积物的垂直扩散意义重大。它们对污染物的承受力强，一般采取头向下尾朝上的形态通过快速吞食和排除沉积物快速的生长。它们将沉积层深处较大的颗粒物搬运到沉积层表面，其排泄物也往往在沉积层表面形成堆积。因此，它们强烈的活动改变了沉积物的基本结构和污染物在沉积层中的分布和走向，影响了污染物在水环境中的迁移和转化过程。

六、多相体系对有机污染物迁移转化的影响

大部分有机污染物在进入水环境后能富集在悬浮颗粒、生物膜和沉积物等固相物质上。由悬浮颗粒物、生物膜和沉积物组成的多相体系对原油、包括苯酚和邻苯酚等的酚类化合物，包括 DDT 和六六六等的有机氯农药，菲等 PAHs 等多种有机污染物具有吸附作用。

在一定条件下，被吸附在固相物质上的有机污染物也能从固相物质中解吸出来。因而吸附和解吸间存在的动态平衡是多数持久性有机污染物在自然水体中的主要环境行为和归宿。一般来说，固相物质主要依靠其有机组分吸附有机污染物，即固相物质中有机组分与有机污染物间的作用力的类型主要决定了吸附的性质。在自然环境中，固相物质中的有机组分和水相中的有机污染物的种类繁多且结构复杂，因而在实际水体中可能存在多种吸附共存的现象。现在普遍认为，有机污染物的解吸并非完全是吸附的逆过程。对于吸附速率较快的物理吸附来说，吸附与解吸的过程是可逆的，但很多研究结果显示，很多有机污染物的解吸存在不同程度的滞后现象。

第二节 有机污染物的危害

由于农业发展的需要，每年有数以千计的新产品（其中包括化肥、杀虫剂、除草剂等）被投入使用；由于汽车、橡胶、染料、合成洗涤剂等工业的盲目发展，也使得大量的有毒化合物通过各种渠道被释放到环境当中。美国环保署规定的129种水中重点污染物中有机物就占了114种。许多有机物都是强烈的致癌、致畸、致突变物，它们存在于水中，对人类健康是一种潜在的威胁。

与无机污染物相比，有机污染物具有如下特征：

（1）含量甚微。绝大多数有机化合物难溶于水，在地下水中的含量多为$10^{-9}\sim10^{-12}$级，定量分析十分困难，测试价格也较昂贵。

（2）毒害很大。许多有机污染物是有毒物质，甚至是致癌、致畸型、致突变物。它们在水中的溶解度虽然很低，但足以引起各种健康问题。

（3）降解缓慢，中间产物复杂。由联合国环境规划署（UNEP）、联合国教科文组织（UNESCO）和世界卫生组织（WHO）共同制定的最新水质评价指南已突出强调了水体颗粒物的重要意义，颗粒物的质量评价和管理已被美国环境保护局列为21世纪水质研究和管理的最迫切的任务。

持久性有机污染物种类繁多，结构复杂，有毒的污染物进入有机体后损害机体的组织器官进而破坏机体的正常生理功能，引起机体功能病变。这种伤害对个体或者物种群来说往往难于恢复原来的状态或造成持久性不良危害。

一、酚类物质

酚类是水质污染的一个重要标志。含酚废水主要来自焦化厂、煤气厂、石油化工厂、绝缘材料厂等工业部门以及石油裂解制乙烯、合成苯酚、聚酰胺纤维、合成染料、有机农药和酚醛树脂生产过程。含酚废水中主要含有酚基化合物，如苯酚、甲酚、二甲酚和硝基甲酚等。

酚类对皮肤、黏膜有强烈的腐蚀作用，也可抑制中枢神经系统。低浓度酚能使蛋白变性。高浓度酚能使蛋白沉淀。吸入高浓度酚蒸气可引起急性中毒，其表现为头痛、头昏、乏力、视物模糊、肺水肿等。误服酚可引起消化道灼伤，出现烧灼痛，呼出气带酚气味，呕吐物或大便可带血，可发生胃肠道穿孔，并可出现休克、肺水肿、肝或肾损害。

2010 年 6 月，杭州水源污染事件就是由苯酚引起的。装有苯酚的车辆发生事故，导致 20 吨苯酚泄露，使得居民的自来水中有樟脑丸的味道，后才查证水源地中出现了约 10 种苯烯类物质。

二、甲醛

甲醛又称为蚁酸，为有刺激性气味的气体。医学上也用甲醛消毒。空气中的甲酸对人的皮肤、眼结膜、呼吸道黏膜等有刺激作用，也可经呼吸道吸收。甲醛在体内可转变为甲酸，有一定的麻醉作用。甲醛浓度高可导致流泪、头晕、头痛、乏力、视物模糊等症状，检查可见结膜、咽部明显充血，部分患者听诊呼吸音粗糙或有干性啰音。较重者可有持续咳嗽、声音嘶哑、胸痛、呼吸困难。甲醛具有强烈的致癌和促癌作用。大量文献记载，甲醛中毒对人体健康的影响主要表现在嗅觉异常、刺激、过敏、肺功能异常、肝功能异常和免疫功能异常等方面。

三、甲醇、乙醇及氯丙醇

甲醇急性中毒主要见于大量吸入甲醇蒸气或误饮所致。潜伏期为 8 ~ 36 小时，中毒早期呈酒醉状态，出现头昏、头痛、乏力、视力模糊和失眠等症状。严重时出现澹妄、意识模糊、昏迷等症状，甚至死亡。双眼可有疼痛、复视，甚至失明的症状。眼底可检查出视网膜充血、出血、视神经乳头苍白及视神经萎缩等症状。血液中甲醇、甲酸含量增高，个别有肝、肾损害。慢性中毒可出现视力减退、视野缺损、视神经萎缩，以及伴有神经衰弱综合征和植物神经功能紊乱等症状。

三氯丙醇（TCP）和二氯丙醇（DCP）是一类公认的食品污染物，国内外毒理数据显示其具有致癌作用，并造成肾脏和生殖系统损伤。食品工业中将这种富含氨基酸的酸水解植物蛋白液作为一种增鲜剂，添加到酱油、蚝油等调味品中以增加鲜度，从而造成了上述食品的污染。

四、含氮有机污染物

有机氮化合物是指分子中含有 C—N 键的有机化合物。有时分子中含有 C—O—N 的化合物，如硝酸酯、亚硝酸酯等也归入此类。许多有机氮化合物具有生物活性，如生物碱；有些是生命活动不可缺少的物质，如氨基酸等；不少药物、染料等也都是有机含氮化合物。各类有机氮化合物的化学性质各不相同，但一般都具有碱性，并可还原成胺类化合物。许多有机含氮化合物具有特殊气味，如吡啶、三乙胺等。有机氮化合物中有许多属于致癌物质，如芳香胺中的 2－萘胺、联苯胺等，偶氮化合物中的邻氨基偶氮甲苯等偶氮染料，脂肪胺中的乙烯亚胺、吡咯烷、氮芥等，某些生物碱如长春碱等，以及大多数亚硝基胺和亚硝基酰胺。

（一）亚硝基化合物

N－亚硝基化合物又名亚硝胺，是一类致癌性很强的化学物质，在已研究的 200 多种 N－亚硝基化合物中，有 80% 以上对动物有致癌性，可诱发动物的食道癌、胃癌、肝癌、结肠癌、膀胱癌、肺癌等各种癌瘤。尽管目前还不能完全证明亚硝基化合物与人类的肿瘤有关，但很多研究表明亚硝基化合物是引起人类胃、食道、肝和鼻咽癌的危险因素。

N－亚硝基化合物是由仲胺和酰胺（蛋白质的分解物）、硝酸盐和亚硝酸盐（俗称硝）这两类称为前体的化合物在人体内或体外于适合的条件下化合而成的。这两类前体广泛存在于各种食物中，蔬菜是硝酸盐的主要来源，很多蔬菜如萝卜、大白菜、芹菜、菠菜中含有较多的硝酸盐。亚硝酸盐主要存在于腌菜、泡菜及添加硝的香肠、火腿中。仲胺、酰胺主要来自动物性食品，如肉、鱼、虾等的蛋白质分解物，尤其当这些食品腐烂变质时，仲胺等可大量增加。这些前体进入胃中就可以合成亚硝基化合物，当患有慢性胃炎、萎缩性胃炎时，胃酸含量下降，胃内细菌繁殖，细菌可促进亚硝基化合物的合成。这些化合物可能是慢性胃炎、萎缩性胃炎患者容易发生癌变的重要原因。

（二）杂环芳胺

构成环状有机化合物的原子除碳原子外还含有其他原子的环状化合物称为杂环化合物。组成杂环的原子，除碳以外的都称为杂原子。常见的杂原子有氧、硫、氮、磷等。杂环化合物有芳香性杂环化合物和非芳香性杂环化合物两类。芳香性杂环化合物简称为芳杂环，是指环上存在着围绕环的环状共扼X键的化合物。熏制食品（熏鱼、熏香肠、火腿等）、烘烤食品（饼干、面包等）和煎炸食品（罐装鱼、方便面等）中主要的毒素和致癌物是多环芳烃（PAHs），具体来讲主要是3，4—苯并芘。稠环芳烃是在煤炭、汽油及木柴等物质燃烧过程中产生的烃的热解产物，其中以苯并芘的致癌性最强。食品若用烟熏、烧烤及烘焦等方法加工时，都会被苯并芘污染。此外，油脂在高温下热解，也会产生苯并芘，故食品最好不要直接用火焰烧烤。

（三）偶氮化合物

偶氮化合物是亲脂性化合物。偶氮基是一个发色团，偶氮染料是品种最多、应用最广的一类合成染料；有些偶氮化合物可用作分析化学中的酸碱指示剂和金属指示剂；有些偶氮化合物可用作聚合反应的引发剂，如偶氮二异丁腈等。

偶氮化合物类合成色素的致癌作用明显。偶氮化合物在体内分解可形成香胺化合物。芳香胺在体内经过代谢活动后与靶细胞作用而可能引起癌肿。此外，许多食用合成色素除本身或其代谢物有毒外，在生产过程中还可能混入砷和铅。过去用于人造奶油着色的奶油黄，早已被证实可以导致人和动物患上肝癌，而其合成色素如橙黄能导致皮下肉瘤、肝癌、肠癌和恶性淋巴癌等。苏丹红是一种人工合成的偶氮红色染料，常作为一种工业染料。进入体内的苏丹红主要通过胃肠道微生物还原酶、肝和肝外组织微粒体和细胞质的还原酶进行代谢，在体内代谢成相应的胺类物质。在多项体外致突变试验和动物致癌试验中发现苏丹红的突变性和致癌性与代谢生成的胺类物质有关。

（四）芳胺

涂料色浆中的主要禁用芳胺有三个，黄、橙色谱的3，3－二氯联苯胺（DCP）和3，3－二甲基联苯胺（DMB），红色谱的2－甲基－5－硝基苯胺，共涉及56个颜料品种。以DCP为原料的颜料产量约占有机颜料的30%，所以以DCP为原料的黄、橙色是需要密切注视的。

国际癌症研究事物局将化合物按其毒性分为三类，即1——对人类致癌，2A——对人类大概会致癌，2B——对人类有可能致癌。DCB属于最轻的2B

类致癌物质，且对人体是否有害国际上还有疑问。欧盟禁止使用了 24 种致癌芳胺。

五、有机氮农药

有机氮农药主要是氨基甲酸酯类化合物，也包括脒类、硫脲类、取代脲类和胺类等化合物。氨基甲酸酯类农药中有 N－甲基氨基甲酸酯类、N，N’二甲基氨甲酸酯类、苯基氨基甲酸酯类和硫代氨基甲酸酯类等化合物。N－甲基氨基甲酸酯类农药有很强的杀虫活性，如属于芳基“—甲基氨基甲酸酯类的西维因、速灭威扑威、残杀威、呋喃丹等；属于烷基甲基氨基甲酸酯类的涕灭威、灭多虫等。芳基”－甲基氨基甲酸酯类中也包含个别的除莠剂，如芽根灵。甲基氨基甲酸酯类农药主要也是一些杀虫剂，如异索威、吡唑威、敌蝇威、地麦威等。苯基氨基甲酸酯类农药主要是除莠剂，如苯胺灵、氯苯胺灵、燕麦灵等。硫代氨基甲酸酯类农药主要是除莠剂，如燕麦敌、草克死、草达灭等。代森类杀菌剂属于二硫代氨基甲酸盐类农药。

脒类化合物用作农药的品种不多，主要是杀虫脒。硫脲类化合物用作农药的有杀虫剂螟蛉畏。取代脲类农药的主要品种均系除莠剂，如利谷隆、非草隆、灭草隆、敌草隆、秀谷隆等。酰胺类农药主要也是除莠剂，如敌稗、克草尔等。在硫代氨基甲酷类农药中有著名的杀虫剂巴丹。

有机氮农药有下述特性：（1）大多数品种，尤其是氨基甲酸酯类农药在碱性条件下不很稳定；（2）水溶性一般比有机氯农药大；（3）氨基甲酸酯类农药中同氮原子相连的甲基能在羟化后被脱去，脒类、硫脲类农药同氮原子相连的碳原子能发生酰化；（4）一般有机氮农药在土壤中残留时间不长，半衰期多数仅数周。

有机氮农药对环境污染不像有机氯农药那样严重，但近年来也出现了有机氮农药残毒问题。例如：长期低剂量地用杀虫脒饲喂小白鼠，能使小白鼠的结缔组织产生恶性血管内皮瘤。动物实验还证明杀虫脒的代谢产物也有致癌作用，如 4－氯邻甲苯胺（也是杀虫脒工业产品中的杂质）的致癌阈值要比亲体强 10 倍左右。螟蛉畏对大白鼠的胎鼠有致畸作用；代森类杀菌剂在厌氧条件下产生的乙撑硫脲能使大、小白鼠产生甲状腺瘤，但并未发现代森类杀菌剂亲体有这种作用。氨基甲酸酯类经酶系代谢产生的羟基氨基甲酸酯化合物能抑制脱氧核糖核酸碱基对的交换，有致畸和致癌的潜在危险性。某些品种如西维因对小白鼠和猎犬也有实验性的致畸作用。在有机氮农药中，某些具内吸特性的品种，如杀虫脒、螟蛉畏、呋喃丹等在作物或环境中的残留时间也较长。

六、有机卤化合物

有机卤化合物大都具有毒性。目前，自然环境中存在的有机卤化合物大致可包括卤代烃、二噁英、多氯联苯和有机氯农药等。在《关于持久性有机污染物的斯德哥尔摩公约》中，决定在全世界范围内禁止或限制使用的12种持久性有机污染物均是有机卤化合物。有机卤化合物在人体中潜伏后将导致癌症，而且由于生物降解率很低，不易为生物所降解，排入废水中对环境造成污染，因此列为对人类和环境有害的化学品，禁止或限量使用。

（一）卤代烃

卤代烃包括卤代脂肪烃和卤代芳烃。2个碳原子或2个碳原子以下的卤代烃呈气态。卤代烃的主要人为源如三氯甲烷、二氯乙烷、四氯化碳、氯乙烯、氯氟甲烷等是重要的化学溶剂，也是有机合成工业的重要原料和中间体，在生产和使用过程中因挥发而进入大气。海洋也排放三氯甲烷。

卤代烃不溶于水，脂溶性强，具有破坏肝脏、诱发癌变的危害。三氯甲烷属中等毒类，主要作用于中枢神经系统，具麻醉作用，并可造成肝、肾损害。三氯乙烷对中枢神经系统有抑制作用，高浓度时能引起麻醉、遗忘症、痛觉和反射消失，和其他麻醉剂相比，其抑制循环的作用较强，致死浓度能导致延髓呼吸中枢或循环中枢麻醉。三氯乙烯有蓄积作用，对中枢神经系统有强烈的抑制作用，有副作用，对肝、肾和心脏器官有损害，对眼黏膜及皮肤有刺激作用，可以被皮肤吸收。

氯氟烷烃（CFCs）自1928年人类首次合成后被应用在许多方面，如冰箱、空调制冷剂，气雾剂制品中的推进剂，生产靠垫和垫子的软发泡剂，印刷线路板和其他设备的清洗剂等。含氢氯氟烷烃是一种过渡性替代品，因为含有氢，使得它在底层大气中易于分解，对臭氧层的破坏能力低于氯氟烷径，但长期和大量使用对臭氧层危害也很大。在工程和生产中作为溶剂的四氯化碳和甲基氯仿同样具有很强的破坏臭氧层的潜能，所以也被列为受控物质。

溴氟烷烃主要是哈龙 1211（CF_2BrCl）、哈龙 1310（CF_3Br）、哈龙 2420（$C_2F_4Br_2$），这些物质一般用作特殊场合的灭火剂。此类物质对臭氧层最具破坏性，比氯氟烷烃高 3～10 倍。1994 年发达国家已经停止这 3 种哈龙的生产。

近年来，主要用于土壤熏蒸和检疫的另一种破坏臭氧层的含溴化合物即甲基溴（CH_3Br）引起了人们的重视，它也被列为受控物质。

（二）二噁英

二噁英类是由氯苯氧基组成的三环芳香族有机化合物，包括多氯二苯并二噁英和多氯二苯并呋喃，共 210 种同类物。二噁英类存在众多的异构体/7 同类物，其中 PCDDS 有 75 种异构体/7 同类物，PCDDS 有 135 种异构体/7 同类物。

大气环境中的二噁英 90% 来源于城市和工业垃圾焚烧。含铅汽油、煤、防腐处理过的木材以及石油产品、各种废弃物特别是医疗废弃物在燃烧温度低于 300～400℃时容易产生二噁英。聚氯乙烯塑料、纸张、氯气以及某些农药的生产环节、钢铁冶炼、催化剂高温氯气活化等过程都可向环境中释放二噁英。二噁英还作为杂质存在于一些农药产品如五氯酚、2，4，5 三氯苯氧乙酸（一种农药）等中。大气中的二噁英浓度一般很低。与农村相比，城市、工业区或离污染源较近区域的大气中含有较高浓度的二噁英。一般人群通过呼吸途径暴露的二噁英量是很少的，即估计为经消化道摄入量的 1% 左右。在一些特殊情况下，经呼吸途径暴露的二噁英量也是不容忽视的。有调查显示，垃圾焚烧从业人员血液中的二噁英含量为 806pg TEQ/L（皮克毒性当量每升），是正常人群水平的 40 倍左右。排放到大气环境中的二噁英可以吸附在颗粒物上，沉降到水体和土壤中，然后通过食物链的富集作用进入人体。食物是人体内二噁英的主要来源。经胎盘和哺乳可以造成胎儿和婴幼儿的二噁英暴露。经常接触的人更容易得癌症。

（三）多氯联苯

多氯联苯有稳定的物理化学性质，属半挥发或不挥发物质，具有较强的腐蚀性。多氯联苯是一种无色或浅黄色的油状物质，难溶于水，但是易溶于脂肪和其他有机化合物中。多氯联苯具有良好的阻燃性、低电导率、良好的抗热解能力、良好的化学稳定性，抗多种氧化剂。1968 年，日本的米糠油事件就是由多氯联苯引起的。

由于多氯联苯难于分解，在环境中循环会造成广泛的危害。归纳起来，其生物毒性体现在以下四个方面：（1）致癌性。国际癌症研究中心已将多氯联苯列为人体致癌物质，“致癌性影响”代表了多氯联苯存在于人体内达到一定浓度后的主要毒性影响。（2）生殖毒性。多氯联苯能使人类精子数量减少、精子畸形的人数增加；女性的不孕现象明显上升；部分动物生育能力减弱。（3）神经毒性。多氯联苯能对人体造成脑损伤、抑制脑细胞合成、发育迟缓、降低智商。（4）干扰内分泌系统。多氯联苯使得儿童的行为怪异，使水生动物雌性化。

（四）有机氯农药

有机氯农药基本上分为以苯为原料的和以环戊二烯为原料的两大类化合物。氯苯结构较稳定，生物体内酶难以使其降解，所以积存在动、植物体内的有机氯农药分子消失缓慢。由于有机氯农药为脂溶性物质，故对富含脂肪的组织具有特殊亲和力，且可蓄积于脂肪组织中。蓄积的残留农药也能通过母乳排出，或转入卵蛋等组织，影响后代。有机氯农药的毒性机理一般认为是进入血液循环中有机氯分子（氯代烃）与基质中氧活性原子作用而发生去氯的链式反应，产生不稳定的含氧化合物，后者缓慢分解，形成新的活化中心，强烈作用于周围组织，引起严重的病理变化，主要表现在侵犯神经和实质性器官上。我国于 20 世纪 60 年代已开始禁止将滴滴涕、六六六应用于蔬菜、茶叶、烟草等作物。

七、有机硫污染物

有机硫化合物是指含 C—S 键的有机化合物，存在于石油和动植物体内，是仅次于含氧或含氮的第三大类有机化合物。有机硫化合物可分为含二价硫有机化合物和含高价（四价或六价）硫有机化合物两大类。第一类化合物多数与其相应的含氧化合物在结构和化学性质方面相似，个别的第二类化合物也有同样现象。橡胶加工、屠宰场、堆肥等企业会有大量的硫醇类恶臭产生。

（一）硫醇

氢硫基或巯基（—SH）与脂肪烃基相连的有机化合物称为硫醇，巯基与芳烃直接相连的有机化合物称为硫酚，它们存在于粗石油中，通常以乙硫醇为主。

硫醇、硫酚的性质与醇、酚相似，硫醇和硫酚都有强烈的臭味。在乙硫醇在空气中的相对浓度极低时，即可闻到臭味。

硫醇主要作用于中枢神经系统，吸入低浓度硫醇蒸气时可引起头痛、恶心；吸入较高浓度硫醇时出现麻醉作用；高浓度可引起呼吸麻痹致死。中毒者发生呕吐、腹泻，尿中出现蛋白、管型及血尿。

（二）硫醚

硫醚可看作是硫化氢分子中的两个氢原子都被烃基取代的化合物。硫醚的物理性质与硫醇相似，但臭味不如硫醇那样强烈。硫醚易被氧化，而使硫的化合价从二价变为四价或六价，即硫醚第一步可氧化成亚砜，亚砜又可进一步氧化成砜。

醚的衍生物是持久性的糜烂性毒剂，对皮肤有腐蚀作用，沾在皮肤上引起难以痊愈的溃疡。它的蒸气能透过衣服，对人类的黏膜组织及呼吸器官都有损害作用。芥子气（二氯硫醚）是无色油状液体，沸点为217℃，熔点为14℃。芥子气具有芥末的气味，不溶于水，易溶于乙醇、苯等有机溶剂。漂白粉能与芥子气起氧化、氯代反应，将芥子气变为毒性较小的亚砜等产物。

八、有机磷污染物

有机磷化合物是含C—P键的化合物或含有机基团的磷酸衍生物。有机磷化合物在核酸、辅酶、有机磷神经毒气、有机磷杀虫剂、有机磷杀菌剂、有机磷除草剂、化学治疗剂、增塑剂、抗氧化剂、表面活性剂、配合剂、有机磷萃取剂、浮选剂和阻燃剂等方面应用广泛。

有机磷农药属于有机磷酸酯类化合物，是使用最多的杀虫剂。它的种类较多，包括甲拌磷（3911）、内吸磷（0059）、对硫磷（1605）、特普、敌百虫、乐果、马拉松（4049）、甲基对硫磷（甲基1605）、二甲硫吸磷、敌敌畏、甲基内吸磷（甲基1605）、氧化乐果、久效磷等。有机磷杀虫药经皮肤、黏膜、消化道、呼吸道吸收后，很快分布于全身各脏器，以肝中浓度最高，肌肉和脑中最少。它主要抑制乙酰胆碱酯酶的活性，使乙酰胆碱不能水解，从而引起相应的中毒症状。

九、多环芳烃

多环芳烃（PAHS）在结构上可以分为三类。一类是苯环或其他芳烃之间直接相连的多环芳烃。另一类是多个苯环或其他芳烃通过一个碳原子或碳链连接起来形成的多芳环脂肪烃。第三类是每两个苯环以共用两个碳原子而连在一起形成的直线或非直线多端芳烃，俗称并环芳烃或稠环芳烃。

经常涉及的多环芳烃有联苯、萘、蒽和芘。多环芳烃是煤、石油、木材、烟草、有机高分子化合物等有机物不完全燃烧时产生的挥发性碳氢化合物，是重要的环境和食品污染物。迄今已发现有200多种多环芳烃，其中有相当部分具有致癌性，如苯并芘、苯并蒽等。多环芳烃广泛分布于环境中，任何有有机物加工、废弃、燃烧或使用的地方都有可能产生多环芳烃，例如：炼油厂、炼焦厂、橡胶厂和火电厂等工厂排放的烟尘，各种交通车辆排放的尾气以及煤气及其他取暖设施，甚至居民的炊烟中都含有多环芳烃。

多环芳烃化合物是一类具有较强致癌作用的食品化学污染物，目前已鉴定出数百种，其中苯并芘系多环芳烃是典型代表。食品中的多环芳烃和苯并芘的主要来源有：（1）食品在用煤炭和植物燃料烘烤或熏制时直接受到污染；（2）食品成分在高温烹调加工时发生热解或热聚反应所形成，这是食品中多环芳烃的主要来源；（3）植物性食品可吸收土壤、水和大气中污染的多环芳烃；（4）食品加工中受机油和食品包装材料等的污染，在柏油路上晒粮食使粮食受到污染；（5）污染的水可使水产品受到污染；（6）植物和微生物可合成微量多环芳烃。

第三节　有机污染重点关注行业

有机污染物的种类繁多，一般可分为以下几类：固体污染物、需氧污染物（一般情况下指有机污染物）、营养性污染物、酸碱污染物、有毒污染物、油类污染物、生物污染物、感官污染物和热污染物等。通常所说的难降解有机废水是指含有对微生物有毒害作用或化学结构稳定而不能被微生物降解的有机物。

近年来，随着人类环保意识的不断增强，对水环境的重视以及对有毒物在生物体内的富积认识，世界各国对排放到水体中有毒物的控制也越来越严。虽然目前已有不少基于物理、化学和生物原理的水处理技术应用于有机工业废水处理，但对有毒、生化难降解的有机废水，如制药、农药、造纸、印染等废水的处理至今仍缺乏经济而有效的技术手段。因此，对废水中难降解的有机污染物处理已成为一个重要的研究课题。

一、印染行业

纺织业是我国的传统优势行业。印染业是纺织品生产的核心部分，也是污染较为严重的行业之一。

印染行业高速发展的同时也给我国带来了沉重的水污染压力。由于印染加工工艺的要求，印染加工过程中要消耗大量的水，同时排放出大量的污染物。据不完全估计，我国印染废水日排放量可达300万～400万立方米。目前印染废水治理以集中处理为主，部分大的印染企业单独建有污水处理设施。但由于各地达标排放标准不同，水环境功能要求也不一样，经处理后排放的印染水对当地环境造成不同程度的影响。分析其原因，一是由于新工艺、新原料、新染料、新助剂的不断开发和应用，使得生产过程中排放的废水污染物变得越来越复杂，处理的难度也在不断增大；二是我国印染产品大多数属中档、低档产品，利润薄，难以保证废水处理设施的正常运行；三是不少企业一味追求废水治理设施的低价位，加上环境工程的不规范竞争，使污水处理工艺设计、施工质量低劣，处理效果不理想。

印染废水的水质复杂，污染物按来源可分为两类：一类来自纤维原料本身的夹带物；另一类是加工过程中所用的浆料、油剂、染料、化学助剂等。分析其废水特点，主要为以下方面：（1）水量大。（2）水质复杂。废水中含有残余染料（染色加工过程中的10%～20%染料排入废水）、浆料、助剂、纤维杂质及无机盐等。染料结构中硝基和胺基化合物及铜、铬、锌、砷等重金属元素具有较大的生物毒性，因为不同纤维原料需用不同的染料、助剂和染色方法，加上染料上色率的高低，染液浓度的不同，染色设备和规模的不同，所以废水水质变化很大。（3）印染废水有机物含量高，通常经调节后COD在800~1200毫克/升，COD的组成有残余染料、助剂、浆料等，碱减量废水COD高达10万毫克/升以上。（4）可生化性较差，废水BOD/COD值很低，一般在0.2左右。（5）印染废水通常碱性大，尤其是煮炼废水及碱减量废水。（6）印染废水色度高，有的废水色度可高达4000倍以上。（7）废水中含大量助剂及表面活性剂，除了难生物降解并污染水体外，在生物处理曝气时，产生泡沫，阻碍充氧。（8）有的废水温度高，不能直接进行生化处理。

二、农药行业

有机氯农药的历史可以追溯到1938年。瑞士科学家Muller发现了DDT的杀虫作用，并把它成功运用到杀灭马铃薯甲虫上，从那时起，有机氯农药开始被使用。在那个年代，DDT被认为是最有希望的农药，发明者Muller还因此获得了诺贝尔奖。而随着DDT的发明和使用的成功，也掀起了研制有机合成农药的热潮。到了1942年，英法等国又发明了另一种有机氯杀虫剂－六六六（HCH）。1945年氯丹被发明，1948年七氯、艾氏剂、狄氏剂和毒杀芬等有机氯农药也相继被发明出来。1950年发明了异狄氏剂和硫丹。1969年甲氧滴滴涕也被广泛地应用。由于有机氯农药具有高效、低毒、低成本、杀虫谱广、使用方便等特点，在有机氯农药被相继发明的几十年里，有机氯农药被大范围地运用。但随之而来的，有机氯农药的负面影响和作用也逐渐地显现出来。由于有机氯农药非常难于降解，在土壤中可以残留10年甚至更长的时间，且容易溶解在脂肪中。由于有机氯农药具有一系列的危害性，对人类会造成一定的危害。有机氯农药在给人类造福的同时，也给人类的生存及生命质量带来了不良影响。认识到了有机氯农药的危害以后，西方国家开始有限制地生产和使用有机氯农药。到1970年，瑞典、美国等国就已经先后停止生产和使用DDT。之后的几年里，其他发达国家也陆续停止了生产。但作为亚洲的农业大国，中国和印度直到1983年和1989年才禁止DDT在农田中使用。从有机氯农药在农田中使用直到被禁用的几十年中，全世界大约生产了150万吨DDT，970万吨六六六。

有机氯农药在我国的使用是自20世纪50年代开始的。自20世纪60年代至80年代初，有机氯农药的生产和使用量一直占我国农药总产量的50%

以上。20世纪70年代，有机氯农药的使用量达到高峰。而到80年代初，有机氯农药的使用量仍占总农药用量的78%。在我国曾经大量生产和使用过的有机氯农药主要有DDTs、HCHs、六氯苯、氯丹和硫丹等。其中以HCHs和DDTs使用最为广泛。20世纪70年代，这两种农药的总产量约占当时全部农药产量的一半以上。其中HCHs（混合异构体，包括四种主要成分，α-、β-、γ-、和δ-HCH），在我国的产量和使用量都居世界首位。到1983年止，累计产量达到了490万吨。1983年，HCHs在农业上禁止使用后，现在HCHs作为农药中间体仍然在国内生产，主要用于防治小麦吸浆虫、飞蝗、荒滩竹蝗等。而DDTs在我国的历史累计产量也达到了40多万吨。目前还有DDTs农药的生产，其主要用于三氯杀螨醇的中间体。

氯丹也是我国生产过的主要有机氯农药之一。它是一种杀虫剂，主要被用作白蚁预防药。它被广泛地用于预防房屋建筑危害、土质堤坝和电线电缆的白蚁。近年来，又将其用于绿地和草坪防治白蚁。人们将其撒在庄稼地、建筑物、林场和苗圃里，以控制白蚁和蚂蚁。1997年，人们就停止生产氯丹，但现在不排除有些人可能还在使用储备的氯丹。另一种仍在生产和使用的有机氯杀虫剂是硫丹。硫丹是一种高效广谱杀虫杀螨剂，对果树、蔬菜、茶树、棉花、大豆、花生等多种作物害虫害螨有良好防效。2002年，硫丹的年产量达到2400吨。艾氏剂、狄氏剂和异狄氏剂3种杀虫剂POPs或因未达工业生产规模，或因仅处于研制生产阶段，没有工业化生产。

国内外对于水体中有机氯农药的研究已经很广泛。但多为河流、河口和海洋区域，对湖泊方面的研究还比较缺乏。张祖麟等（2000年）对福建九龙江水库中15个站点的表层水与间隙水中的有机氯农药进行了分析，检出表层水中有机氯农药为15.3~2479纳克/升，间隙水中有机氯农药浓度为266~33355纳克/升，其污染基本在I类水质标准以内，部分站点超过I类标准。杨嘉漠等人对长江武汉段的有机氯农药残留进行了调查，结果显示在悬浮物和表层沉积物中均存在HCHs和DDTs类有机氯农药。HCHs在悬浮物中的含量为0.231纳克/克，在沉积物中为0.30~1.94纳克/克，而DDTs的含量则分别为0.18~4.67纳克/克和0.34~4.35纳克/克。Jiang等人对长江（南京段）中有机氯农药的分布进行了研究，发现水体中HCHs的总含量最高，占有机氯农药总含量的65%，DDTs和HCHs的溶解态含量比颗粒态含量略高。郁亚娟等人对淮河（江苏段）水体有机氯农药的污染水平进行过研究，研究发现水体中HCHs、DDTs、DDD、环氧七氯、艾氏剂、异狄氏剂、甲氧滴滴涕的存在比较普遍，丰水期有机氯农药总浓度为27.88～56.81纳克/升，枯水期总浓度为26.27～124.39纳克/升，农药残留的浓度范围为0.14～39.58纳克/升。

近年来，仍然有有机氯的污染输入，主要集中在六六六和滴滴涕上。夏凡、胡雄星等人用双柱GC－ECD对黄浦江表层水体中的20种有机氯农药（OCPs）进行了分析，发现水体中有机氯农药的浓度为87.28～148.97纳克/升，含量较高的组分有β－HCH，δ－HCH，α－HCH，4，4’－DDT和七氯等，ρ（HCHs）要高于ρ（DDTs），分别为42.13～75.47和3.83～20.90纳克/升。分析其分布特征表明，水体中HCHs主要为环境中的早期残留，在淀峰断面显示近期输入特征；水体中DDTs显示近期输入特征。

水体中有机氯农药呈现较明显的季节性变化，且丰水期含量高于枯水期。丰水期农田径流和土壤剥蚀作用的加强是导致水体中有机氯农药浓度升高的重要原因，说明黄浦江水体中有机氯农药的来源具有面源特征；水温升高加强了沉积物中有机氯农药的二次释放。与其他地区相比较，黄浦江表层水体中的有机氯农药浓度处于较低水平，其有机氯农药ρ（DDTs）和ρ（HCHs）的含量均未超过地表水环境质量标准限值。谭培功、赵仕兰发现莱州湾海域表层水体中有机氯农药浓度范围为ND到32.7纳克/升，底层水中的浓度范围为ND到11.7纳克/升。在该海域水体中共检出有机氯农药3种，主要的有机氯农药为β－HCH。该海域有机氯农药的分布特征是近岸高、离岸低，由近岸向湾外延伸方向依次递减。张菲娜、祁士华等对福建兴化湾河水和海水中的19种有机氯农药（HCHs、DDTs等）进行了分析，结果表明，尽管有机氯农药已停止生产多年，但在河水及海水中仍然检测出有残留。其中在丰水期河水中DDT的降解产物主要为DDE，海水中DDT的降解产物主要为DDD。对有机氯农药现状的分析表明，近年来仍然有有机氯农药污染的输入，其农药的使用主要集中在六六六和滴滴涕上。

刘华峰、祁士华等对海南岛东寨港区域水体中有机氯农药进行检测发现，地表水中ρ（OCPs）为2.53到241.97纳克/升，海水中ρ（OCPs）为3.60到28.30纳克/升；地表水中的ρ（OCPs）呈季节性分布，枯水期ρ（OCPs）高于丰水期；同时西南部三江水体中ρ（OCPs）最高。地表水中同时期的

ρ（DDTs）高于 ρ（HCHs），且地表水中 ρ（DDTs）呈现季节性分块分布，DDTs 组成随季节而变化，海水中 ρ（OCPs）分布规律为内外交接处大于外港，外港大于内港。地表水和海水中有机氯农药组成也有不同，地表水中有机氯农药是海水中有机氯农药的来源之一。与国内外河流相比较，有机氯农药含量处于中等偏低水平。张秀芳等调查了辽河中下游水体中多氯有机物（PCOCs）的污染残留，共检出 13 种有机氯农药和 4 种多氯联苯（PCBs）。在水中和沉积物中所检出的多氯有机物（PCOCs）浓度分别低于 91.3 纳克/升和 28.6 纳克/升。这一浓度低于 20 世纪七八十年代蓟运河（汉沽区段）和杜花江（哨口—松花江村段）水体中的 PCOCs 的检出浓度。与国外在 20 世纪 90 年代对部分水体的 PCOCs 的残留调查结果相比较，辽河中下游水中 PCOCs 的浓度要稍高。沉积物中 PCOCs 的浓度则与国外部分水体中的相应浓度接近。

王泰、余刚和张祖麟等人的研究结果表明，海河和渤海湾表层水中的 PCBs、六六六和滴滴涕的含量分别为 0.06 ~ 5.29 微克/升，0.05 ~ 6.07 微克/升和 0.01 ~ 1.21 微克/升。海河干流流域内的工业废水排放等陆源输入是渤海湾中 PCBs 和 OCPs 的重要来源，与国内外其他水体相比，海河中 PCBs 和 OCPs 污染情况较为严重，而渤海湾则处于中等水平。

三、煤化工行业

煤化工以煤为原料，经化学加工使煤转化为气体、液体和固体产品或半产品，而后进一步加工成化工、能源产品的过程。主要包括煤的气化、液化、干馏，以及焦油加工和电石乙炔化工等。随着世界石油资源不断减少，煤化工有着广阔的前景。

在煤化工可利用的生产技术中，炼焦是应用最早的工艺，并且至今仍然是化学工业的重要组成部分。煤的气化在煤化工中占有重要地位，用于生产各种气体燃料，是洁净的能源，有利于提高人民生活水平和环境保护；煤气化生产的合成气是合成液体燃料、化工原料等多种产品的原料。煤直接液化，即煤高压加氢液化可以生产人造石油和化学产品。在石油短缺时，煤的液化产品将替代天然石油。

（一）煤化工生产中的主要排污环节及主要污染物

1. 二氧化碳气体排放

在煤制油的生产和使用过程中二氧化碳排放量高于炼油生产 3 ~ 4 倍，每吨煤制产品油大约排放 9～12 吨二氧化碳，由天然石油制得的产品油一般每吨只排放 3 吨多二氧化碳，因此，煤制油将极大地增加温室气体二氧化碳的排放量，加剧温室效应，如果不采取相应的减排措施，将对地球的气候环境带来不利影响。

2. 工艺废气

在煤化工生产过程中，工艺废气的种类很多，主要有煤炭破碎筛分和转运中的煤尘、煤气化灰水处理低压闪蒸槽的闪蒸气、变换汽提的酸性尾气、低温甲醇洗尾气、硫回收冷凝器尾气、空分装置排放的污氮和分子筛吸附再生气、火炬燃烧废气、气化炉烘炉气和开车尾气等。

3. 工艺废水

煤化工生产过程中的工艺废水种类很多，主要有：（1）煤气化灰水槽排出的灰水，非溶解性固体和悬浮物浓度很高，并含有氨氮、硫化物、氰化物等气化生产的特征污染物；（2）变换废水；（3）酸性气体脱除废水；（4）硫回收废水；（5）氢气回收废水；（6）其他工艺废水等。

（二）煤化工生产中的主要污染物

1. 煤化工粉尘污染

备煤系统包括原煤卸料、原煤存贮、破碎筛分、气化上煤及锅炉上煤等设施。在备煤系统中，煤的运输、储存、破碎、筛分等过程均产生大量粉尘。

2. 煤化工的污水

煤气化排污水为煤转化中的主要工艺废水，污染组分为 COD、BOD5、总氨、总酚、挥发酚、石油类、氰化物、硫化物、SS 等。

煤气洗涤排水（含尘煤气水）是煤转化中的主要工艺废水，污染组分为 COD、BOD5、总氨、总酚、挥发酚、石油类、氰化物、硫化物、SS 等，水量大，具有一定的处理难度，是煤化工产业污染防治的重点对象。

变换工艺冷凝液为煤气冷却排水（含油煤气水），也是煤转化中的主要工艺废水，污染组分为 COD、BOD_5、总氨、总酚、挥发酚、石油类、氰化物、硫化物、SS 等。

煤化工废水的基本特点是煤化工企业排放废水以高浓度煤气洗涤废水为主，含有大量酚氰油氨氮等有毒有害物质综合废水中 CODcr，一般在 5000 毫克/升左右，氨氮在200～500毫克/升，废水所含有机污染物包括酚类多环芳香族化合物及含氮氧硫的杂环化合物等，是一种典型的含有难降解的有机化合物的工业废水。废水中的易降解有机物主要是酚类化合物和苯类化合物；砒咯萘呋喃眯唑类属于可降解类有机物；难降解的有机物主要有砒啶咔唑联苯三联苯等二煤化工废水的处理方法。目前国内处理煤化工废水的技术主要采用生化法。生化法对废水中的苯酚类及苯类物质有较好的去除作用，但对喹啉类、吲哚类、吡啶类、咔唑类等一些难降解有机物处理效果较差。这使得煤化工行业外排水CODcr难以达到一级标准，同时煤化工废水经生化处理后又存在色度和浊度很高的特点，因此，要将此类煤气化废水处理后达到回用或排放标准，主要是要进一步降低CODcr氨氮色度和浊度等指标。

焦化废水来源主要是炼焦煤中水分，是煤在高温干馏过程中，随煤气逸出、冷凝形成的。煤气中有成千上万种有机物，凡能溶于水或微溶于水的物质，均在冷凝液中形成极其复杂的剩余氨水，这是焦化废水中量最大的废水。其次是煤气净化过程中，如脱硫、除氨和提取精苯、萘和粗吡啶等过程中形成的废水。再次是焦油加工和粗苯精制中产生的废水，这股废水数量不大，但成分复杂。

焦化废水中污染物浓度高，难于降解。由于焦化废水中氮的存在，致使生物净化所需的氮源过剩，给处理达标带来较大困难；废水排放量大，每吨焦用水量大于2.5吨；废水危害大，焦化废水中多环芳烃不但难以降解，而且通常还是强致癌物质，对环境造成严重污染的同时也直接威胁到人类健康。

3. 煤化工工艺废气污染

煤气化过程中的产排污环节主要有煤锁卸压弛放气、煤气化排污水和气化灰渣。主要工艺废气，污染组分为粉尘、CO、苯并芘、CO_2、H_2、CH_4等，经旋风除尘后高空排放。

低温甲醇洗工艺尾气为煤转化中的主要工艺废气，污染组分为CO_2、甲醇、H_2S、N_2等。预洗闪蒸塔排放气和低温甲醇洗酸性气的污染物组分主要为CO_2、H_2S和CnHm，构成挥发性有机污染物，对雾霾及光化学烟雾形成提供物质来源。

四、石油化工行业

石油化工废水是用炼油生产的副产气体以及石脑油等轻油或重油为原料进行热裂解生产乙烯、丙烯、丁烯等化工原料，进一步反应合成各种有机化学产品，构成石油化工联合企业排出的废水。石化废水主要含油、氨氮、重金属、大分子有机物、环状难降解有机物等物质。其 COD 一般在 2500 ~ 15 000毫克/升，BOD5 在 1000 ~ 3000 毫克/升，如不经处理直接排放会造成很大的环境污染。

合成橡胶及合成塑料、纤维、洗涤剂等产品以及苯、萘、甲醇、甘油、乙醛等化工原料生产过程中排出的废水含有原料及产品、副产物，其有机物含量高并散发出有害气味，需要经过沉淀，并进行生化、臭氧化和活性炭吸附处理等。

五、精细化工行业

精细化工的典型产业，如染料、医药、化纤及农药等在生产过程中产生的有机废水具有组成成分复杂、污染物浓度高及对自然环境和人类健康产生严重危害等特征。

废水水质及特点：废水中污染物含量高，COD 值高、难生物降解的物质多、有色废水色度非常高等。精细化工废水中氨氮浓度高主要归因于在某些精细化工产品生产过程中作为原料、沉淀剂或洗涤剂等用途的氨水的大量使用及苯胺等含氮有机物的转化，高浓度的氨氮特别是游离氨会对生物系统产生毒性作用。

精细化工废水是一种典型的有毒/难降解工业有机废水，呈现高 COD、高氨氮及高色度等特征；精细化工废水中对微生物构成危害的主要成分有 COD、氨氮、部分重金属离子、染料及其分解物等，重点是有机污染物；精细化工废水中的有机成分大多属于有毒/难降解有机污染物，对生物系统存在严重的抑制作用，是造成出水不达标的主要原因。

精细化工废水中的污染物大多为结构复杂、有毒、有害和难于生物降解的有机物质，治理难度大且成本高。

六、制药行业

我国医药产业仍存在突出问题，首当其冲的就是增长方式的粗放式，即“高投入、高消耗、高污染、高排放；低产出、低效益、低集中度、低科技含量”，它在为国民经济带来巨大利润的同时，也为环境带来了很大的污染，特别是在医药制造过程中产生的大量污染物，对水体、大气都带来很大的污染和破坏。

（一）制药行业的水污染

制药工业污染中污水主要包括四大类型：抗菌素工业废水、合成药物生产废水、中成药生产废水、各类制剂生产过程的洗涤水和冲洗废水。

中药废水的水质特点是：含有糖类、苷类、有机色素类、蒽醌、鞣质体、生物碱、纤维素、木质素等多种有机物；废水 SS 高，含泥沙和药渣多，还含有大量的漂浮物；COD 浓度变化大，一般在 2000 ~ 6000 毫克/升，甚至在 100 ~ 11 000毫克/升变化；色度高，在 500 倍左右；水温波动大。

化学制药废水的水质特点是：废水组成复杂，除含有抗生素残留物、抗生素生产中间体、未反应的原料外，还含有少量合成过程中使用的有机溶剂；COD 浓度大，一般在 4000 ~4500 毫克/升。每吨抗生素平均耗水量在万吨以上，但 90% 以上是冷却用水，真正在生产工艺中不可避免产生的污染废水仅占 5%，这部分工艺废水有罐水、洗塔水、树脂再生液及洗涤水、地面冲洗水等，排放严重超标，主要是 COD、BOD，平均超标 100 倍以上，其他污染物还有氮、硫、磷、酸、碱、盐等。每吨抗生素产生的高浓度有机废水平均为 150 ~200 米^3，发酵单位低的品种，其废水量成倍增加，这种废水的 COD 含量平均为 15 000 毫克/升，抗生素行业废水排放量约为 350 万米^3，造成水环境的严重污染。

（二）制药行业的大气污染

制药企业生产过程中产生的大气污染物主要可分为两大类：一是产生于提取等生产工序中有机溶媒废气如挥发性有机污染物（VOC_S）和制药过程中产生的臭气；二是产品的粉碎、干燥、包装过程等制剂过程中产生的药尘。此外，在医药制造过程中还会产生发酵尾气、酸碱废气以及诸如药尘类的废气。这里将着重介绍 VOC_S 和臭气的产生及治理方法。

由于医药化工企业使用的有机溶剂种类多，使用量大，排放点分散，这使得挥发性有机废气（VOC 废气）的治理难度较大。由于原料药产品品种繁多，不同的原料药生产工艺各不相同。以较具代表性的原料药车间为例，其生产过程中排放主要途径有离心结晶、真空泵出口及干燥箱排气。在溶剂的运输、转运、储存等过程中有一部分为 VOC 无法集中收集，形成无组织排放。根据生产工艺，有机废气的排放量约占投入溶剂总量的 10% 左右。排放的废气中有机物的总浓度较高，高浓度排放时可高达 100 克/米^3；低的时候在 1000～2000 毫克/米^3。对厂区及周边环境造成了较大的污染，环境需要进行有效的治理，以达到国家规定的排放标准。排放有机气体种类根据不同产品的生产工艺有所区别，通常包括苯系物、醇类、酯类和酮类等。

由于经济及技术的客观现实，在废气治理方面也存在着很多不足，具体表现在：

（1）清洁生产总体水平较低。我国医药化工行业准入门槛较低，与国外同类企业相比，我国医药化工企业规模普遍偏小，技术、资金实力单薄，创新能力不强，一些清洁生产措施执行不到位，在生产管理、工艺技术水平、生产装备水平等方面存在较大差距。

（2）缺少经济、有效的非水溶性溶剂废气治理技术。目前比较完善的非水溶性溶剂废气治理技术有冷凝法、有机溶剂吸收法和碳纤维吸附法。在 3 种方法中，冷凝法系统简单，投资省，运行成本低，但冷凝效果不理想。有机溶剂吸收法和碳纤维吸附法处理效果较好，投资大，运行成本高，当前只用于具有回收价值的非水溶性溶剂废气处理场合。

（3）缺少专门的、有针对性的溶剂废气排放标准。由于医药化工行业排放的溶剂废气中有机污染物成分复杂，种类多，且当前医药化工行业执行的环保标准中尚无可以表征总有机污染物排放水平的污染控制指标，在一定程度上制约了医药化工行业废气整治工作的成效。尽管一些医药化工企业产生的废气能够达标排放，但总有机污染物排放浓度高，排放量大，环境污染较大。

参考文献

［1］ Cao Z. , Wang Y. , Ma Y. , et al. Occurrence and distribution of polycyclic aromatic hydrocarbons in reclaimed water and surface water of Tianjin, China ［J］. Journal of Hazardous Materials, 2005, 122 (1 -2): 51 -59.

［2］ Chen S. J. , Gao X. J. , Mai B. X. , et al. Polybrominated diphenyl ethers in surface sediments of the Yangtze River Delta: Levels, distribution and potential hydrodynamic influence ［J］. Environ Pollut, 2006, 144 (3): 951 -957.

［3］ Ding Xiang, Wang Xin-Ming, Xie Zhou-Qing, et al. Atmospheric polycyclic aromatic hydrocarbons observed over the North Pacific Ocean and the Arctic area: Spatial distribution and source identification ［J］. Atmospheric Environment, 2007, 41 (10): 2061 -2072.

［4］ Fallmann Hubert, Krutzler Thomas, Bauer Rupert, et al. Applicability of the Photo-Fenton method for treating water containing pesticides ［J］. Catalysis Today, 1999, 54: 309 -319.

［5］ Fang F. , Han H. , Zhao Q. , et al. Bioaugmentation of biological contact oxidation reactor (BCOR) with phenol-degrading bacteria for coal gasification wastewater (CGW) treatment ［J］. Bioresource Technology, 2013, 150: 314 -320.

［6］ Fernandez C. , Gonzalez-Doncel M. , Pro J. , et al. Occurrence of pharmaceutically active compounds in surface waters of the Henares-Jarama-Tajo River system (Madrid, Spain) and a potential risk characterization ［J］. The Science of the Total Environment, 2010, 408 (3): 543 -551.

［7］ Ferschl Andreas, Loidl Michael, Ditzelmiiller Giinther, et al. Continuous degradation of 3 -chloroaniline by calcium-alginate-entrapped cells of Pseudomonas acidovorans CA28: influence of additional substrates ［J］. Appl Microbiol Biotechnol, 1991, 35: 544 -550.

［8］ Fromme Hermann, Uchler Thomas K. , Otto Thomas, et al. Occurrence of phthalates and bisphenol A and Fin the environment ［J］. Water Research,

2002, 36: 1429 – 1438.

[9] Gogate Parag R., Pandit Aniruddha B. A review of imperative technologies for wastewater treatment II: hybrid methods [J]. Advances in Environmental Research, 2004, 8 (3 – 4): 553 – 597.

[10] Guo Zhifeng, Ma Ruixin, Li Guojun. Degradation of phenol by nanomaterial TiO2 in wastewater [J]. Chemical Engineering Journal, 2006, 119 (1): 55 – 59.

[11] Jaffé Rudolf, Gardinali Piero R., Cai Yong, et al. Organic compounds and trace metals of anthropogenic origin in sediments from Montego Bay, Jamaica: assessment of sources and distribution pathways [J]. Environmental Pollution, 2003, 123 (2): 291 – 299.

[12] Jusi Wang, Lihui Zhao. Analysis of organic compounds in coal gasification wastewater [J]. Journal of Environmental Sciences, 1992, 4 (01): 84 – 96.

[13] Latini G., Del Vecchio A., Massaro M., et al. Phthalate exposure and male infertility [J]. Toxicology, 2006, 226 (2 – 3): 90 – 98.

[14] Li H., Han H., Du M., et al. Inhibition and recovery of nitrification in treating real coal gasification wastewater with moving bed biofilm reactor [J]. Journal of Environmental Sciences, 2011, 23 (4): 568 – 574.

[15] Li H. Q., Han H. J., Du M. A., et al. Removal of phenols, thiocyanate and ammonium from coal gasification wastewater using moving bed biofilm reactor [J]. Bioresource Technology, 2011, 102 (7): 4667 – 4673.

[16] Lin Zhong-Ping, Ikonomou Michael G., Jing Hongwu, et al. Determination of Phthalate Ester Congeners and Mixtures byLC/ESI-MS in Sediments and Biotaof an Urbanized Marine Inlet [J]. Environ Sci Techno, 2003, 37: 2100 – 2108.

[17] Liu H., Zhang Q., Wang Y., et al. Occurrence of polychlorinated dibenzo-p-dioxins, dibenzofurans and biphenyls pollution in sediments from the Haihe River and Dagu Drainage River in Tianjin City, China [J]. Chemosphere, 2007, 68 (9): 1772 – 1778.

[18] Lohmann R., Breivik K., Dachs J., et al. Global fate of POPs: current and future research directions [J]. Environ Pollut, 2007, 150 (1): 150 – 165.

[19] Luo X., Mai B., Yang Q., et al. Polycyclic aromatic hydrocarbons (PAHs) and organochlorine pesticides in water columns from the Pearl River and the Macao harbor in the Pearl River Delta in South China [J]. Marine pollution bulletin, 2004, 48 (11 – 12): 1102 – 1115.

[20] Mcginnis B. Dietrick, Adams V. Dean, Middlebrooks E. Joe. Degradation Of Ethylene Glycol In Photo Enton Systems [J]. Wat Res, 2000, 34 (8): 2346 – 2354.

[21] Minh N. H., Minh T. B., Kajiwara N., et al. Pollution sources and occurrences of selected persistent organic pollutants (POPs) in sediments of the Mekong River delta, South Vietnam [J]. Chemosphere, 2007, 67 (9): 1794 – 1801.

[22] Modirshahla N., Behnajady M. A., Ghanbary F. Decolorization and mineralization of C. I. Acid Yellow 23 by Fenton and photo-Fenton processes [J]. Dyes and Pigments, 2007, 73 (3): 305 – 310.

[23] Motelay-Massei A., Ollivon D., Garban B., et al. PAHs in the bulk atmospheric deposition of the Seine river basin: source identification and apportionment by ratios, multivariate statistical techniques and scanning electron microscopy [J]. Chemosphere, 2007, 67 (2): 312 – 321.

[24] Oliveros Esther, Legrini Omar, Hohl Mathias, et al. Industrial waste water treatment: large scale development of a ight-enhanced Fenton reaction [J]. Chemical Engineering and Processing 1997, 36: 397 – 405.

[25] Pan J., Yang Y. L., Xu Q., et al. PCBs, PCNs and PBDEs in sediments and mussels from Qingdao coastal sea in the frame of current circulations and influence of sewage sludge [J]. Chemosphere, 2007, 66 (10): 1971 – 1982.

[26] Peijnenburg W. J., Struijs J. Occurrence of phthalate esters in the environment of the Netherlands [J]. Ecotoxicology and Environmental Safety,

2006, 63 (2): 204 -215.

[27] Peng X., Wang Z., Mai B., et al. Temporal trends of nonylphenol and bisphenol A contamination in the Pearl River Estuary and the adjacent South China Sea recorded by dated sedimentary cores [J]. The Science of the Total Environment, 2007, 384 (1 -3): 393 -400.

[28] Prasse Carsten, Schl¨ Michael P., Usener, et al. Antiviral drugs in wastewater and urface waters: A New harmaceutical Class of environmental Relevance [J]. Environ Sci Technol, 2010, 44: 1728 -1735.

[29] Samara F., Tsai C. W., Aga D. S. Determination of potential sources of PCBs and PBDEs in sediments of the Niagara River [J]. Environ Pollut, 2006, 139 (3): 489 -497.

[30] Schilderman P. A. E. L., Moonen E. J. C., Maas L. M., et al. Use of Crayfish in Biomonitoring Studies of Environmental Pollution of the River Meuse [J]. Ecotoxicology and Environmental Safety, 1999, 44 (241): 52.

[31] Schwarzbauer J., Heim S. Lipophilic organic contaminants in the Rhine river, Germany [J]. Water Research, 2005, 39 (19): 4735 -4748.

[32] Smolinski A., Stanczyk K., Kapusta K., et al. Chemometric study of the ex situ underground coal gasification wastewater experimental data [J]. Water, Air, and Soil Pollution, 2012, 223 (9): 5745 -5758.

[33] Suidan M. T., Siekerka G. L., Kao S. W., et al. Anaerobic filters for the treatment of coal gasification wastewater [J]. Biotechnology and Bioengineering, 1983, 25 (6): 1581 -1596.

[34] Vigano L., Farkas A., Guzzella L., et al. The accumulation levels of PAHs, PCBs and DDTs are related in an inverse way to the size of a benthic amphipod (Echinogammarus stammeri Karaman) in the River Po [J]. The Science of the toTal Environment, 2007, 373 (1): 131 -145.

[35] Vikelsøe Jørgen, Thomsen Marianne, Carlsen Lars. Phthalates and nonylphenols in profiles of differently dressed soils [J]. The Science of the Total Environment, 2002, 296: 105 -116.

[36] Villa S., Negrelli C., Finizio A., et al. Organochlorine compounds in

ice melt water from Italian Alpine rivers [J]. Ecotoxicology and Environmental Safety, 2006, 63 (1): 84-90.

[37] Walling Cheves, Amarnath Kalyani. Oxidation of mandelic acid by Fenton's Reagent [J]. J Am Chem SOC, 1981, 104: 1185-1189.

[38] Wang F., Xia X., Sha Y. Distribution of phthalic acid esters in Wuhan section of the Yangtze River, China [J]. Journal of Hazardous Materials, 2008, 154 (1-3): 317-324.

[39] Wang W., Han H. Recovery strategies for tackling the impact of phenolic compounds in a UASB reactor treating coal gasification wastewater [J]. Bioresource Technology, 2012, 103 (1): 95-100.

[40] Wang W., Han H., Yuan M., et al. Enhanced anaerobic biodegradability of real coal gasification wastewater with methanol addition [J]. Journal of Environmental Sciences, 2010, 22 (12): 1868-1874.

[41] Wang W., Han H., Yuan M., et al. Treatment of coal gasification wastewater by a two-continuous UASB system with step-feed for COD and phenols removal [J]. Bioresource Technology, 2011, 102 (9): 5454-5460.

[42] Wang W., Ma W., Han H., et al. Thermophilic anaerobic digestion of Lurgi coal gasification wastewater in a UASB reactor [J]. Bioresource Technology, 2011, 102 (3): 2441-2447.

[43] Wang Z., Xu X., Gong Z., et al. Removal of COD, phenols and ammonium from Lurgi coal gasification wastewater using A2O-MBR system [J]. Journal of Hazardous Materials, 2012, 235-236 (78-84).

[44] Wei S., Lau R. K., Fung C. N., et al. Trace organic contamination in biota collected from the Pearl River Estuary, China: a preliminary risk assessment [J]. Marine Pollution Bulletin, 2006, 52 (12): 1682-1694.

[45] Wolska Lidia, Zygmunt Bogdan, Namieśnik Jacek. Organic pollutants in the Odra river ecosystem [J]. Chemosphere, 2003, 53 (5): 561-569.

[46] Wu Kaiqun, Xie Yinde, Zhao Jincai, et al. Photo-Fenton degradation of a dye under visible lightirradiation [J]. Journal of Molecular Catalysis A:

Chemical, 1999, 144 (77 - 84).

[47] Wurl O. , Obbard J. P. , Lam P. K. Distribution of organochlorines in the dissolved and suspended phase of the sea-surface microlayer and seawater in Hong Kong, China [J]. Marine Pollution Bulletin, 2006, 52 (7): 768 - 777.

[48] Xian Q. , Ramu K. , Isobe T. , et al. Levels and body distribution of polybrominated diphenyl ethers (PBDEs) and hexabromocyclododecanes (HBCDs) in freshwater fishes from the Yangtze River, China [J]. Chemosphere, 2008, 71 (2): 268 - 276.

[49] Xie Zhiyong, Ebinghaus Ralf, Temme Christian, et al. Occurrence and Air-Sea Exchange of Phthalates in the Arctic [J]. Environ Sci Technol, 2007, 41: 4555 - 4560.

[50] Yang J. , Zhang W. , Shen Y. , et al. Monitoring of organochlorine pesticides using PFU systems in Yunnan lakes and rivers, China [J]. Chemosphere, 2007, 66 (2): 219 - 225.

[51] Yang R. Q. , Lv A. H. , Shi J. B. , et al. The levels and distribution of organochlorine pesticides (OCPs) in sediments from the Haihe River, China [J]. Chemosphere, 2005, 61 (3): 347 - 354.

[52] Yoon Y. , Ryu J. , Oh J. , et al. Occurrence of endocrine disrupting compounds, pharmaceuticals, and personal care products in the Han River (Seoul, South Korea) [J]. The Science of the Total Environment, 2010, 408 (3): 636 - 643.

[53] Zhang P. , Song J. , Liu Z. , et al. PCBs and its coupling with eco-environments in Southern Yellow Sea surface sediments [J]. Marine pollution Bulletin, 2007, 54 (8): 1105 - 1115.

[54] Zhang S. , Zhang Q. , Darisaw S. , et al. Simultaneous quantification of polycyclic aromatic hydrocarbons (PAHs), polychlorinated biphenyls (PCBs), and pharmaceuticals and personal care products (PPCPs) in Mississippi river water, in New Orleans, Louisiana, USA [J]. Chemosphere, 2007, 66 (6): 1057 - 1069.

[55] Zhang Z. , Huang J. , Yu G. , et al. Occurrence of PAHs, PCBs and

organochlorine pesticides in the Tonghui River of Beijing, China [J]. Environ Pollut, 2004, 130 (2): 249 -261.

[56] Zhao Q. , Han H. , Xu C. , et al. Effect of powdered activated carbon technology on short-cut nitrogen removal for coal gasification wastewater [J]. Bioresource technology, 2013, 142 (1): 79 -85.

[57] 李暮，钱飞跃，李欣珏，等．印染废水生化出水中有机污染物特性及在硫酸镁混凝过程中的去除行为 [J]. 环境化学，2012 (1) .

[58] 李欣珏，钱飞跃，李暮，等．活性炭吸附对印染废水生化出水中不同种类有机物的去除效果 [J]. 环境化学，2012 (3) .

[59] 李新，刘勇弟，孙贤波，等．UV/H_2O_2法对印染废水生化出水中不同种类有机物的去除效果 [J]. 环境科学，2012 (8) .

[60] 张润宇，吴丰昌，王立英，等．太湖北部沉积物不同形态磷提取液中有机质的特征 [J]. 环境科学，2009 (3).

Chapter 3 第三章

无机污染与健康

环境中化学因素成分复杂、种类繁多。大气、水、土壤中含有各种无机化学成分，其中许多成分含量适宜，是人类维持生存和身体健康必不可少的。但是，人类生产和生活活动将大量的化学物质排放到环境中可造成严重的环境污染。许多污染物具有“三致”作用，能诱发癌症和神经性疾病等多种病症。据大量资料统计分析，人类肿瘤病因大部分与环境污染有关，有人甚至估计与环境污染物有关的肿瘤至少占 90% 以上。自从 20 世纪中期西方工业化国家发生举世闻名的“八大公害”事件以后，欧美和日本已付出众多生命的代价，对有毒有害污染物进行大量研究，制定了一系列环境控制标准和法规。美国是最早开展毒害污染物监测的国家，早在 20 世纪 70 年代中期就在《清洁水法》中公布了 129 种优先检测和严格控制的“优先污染物”。这些污染物中最引人注目的要数金属类污染物以及一些无机污染组分。被美国环境保护署（USEPA）列入优先污染物表中的金属和无机物总数共有 15 种。其中 12 种金属及其化合物（砷、铍、镉、铬、铜、铅、汞、镍、硒、银、铊及锌）可以积累在底泥和生物体中。另外 3 种化合物分别为氰化物、石棉和锑。

本章主要介绍无机污染物的分类与来源、危害以及对其的防范途径。

第一节　无机污染物的分类与来源

金属类污染物由于其有别于其他污染物的独特性，因此将其作为无机污染物分类依据，主要分为金属类污染物和非金属无机污染物。

一、重金属污染物

环境污染方面指的重金属，实际上主要指汞、镉、铅、铬，以及类金属砷等生物毒性显著的重金属，也指具有一定毒性的一般金属，如锌、铜、钴、镍、硒等。重金属随废水排出时，即使浓度很小也可能造成严重危害，由重金属造成的污染称为重金属污染。

重金属是指密度大于 4 或 5 的金属，约有 45 种，如铜、铅、铬、铁、镉、汞、金、银等。尽管锰、铜、锌等重金属是生命活动所需要的微量元素，但是大部分重金属如汞、铅、镉等并非生命活动所必须，而且所有重金属超过一定浓度都对人体有毒。重金属污染是指由重金属或其化合物造成的环境污染。主要是由于采矿、废气排放、污水灌溉和使用重金属制品等人为因素所致。日常生活中重金属多通过大气、水和食物进入人体，从而引起人体的慢性中毒。

大气中的重金属主要来源于工业生产（冶金、电镀、鞣革等）、汽车尾气排放等产生的含重金属的有害气体和粉尘等。它们主要分布在工厂、矿山的周围、公路、铁路的两侧。大气的大多数重金属是经自然沉降和雨淋沉降进入土壤的，如瑞典中部 Falun 市区的铅污染。它主要来自于市区铜矿工业厂、硫酸厂、油漆厂、采矿和化学工业等产生的大量废物。由于风的输送，这些细微颗粒的铅，从工业废物堆扩散至周围地区。南京某生产铬的重工业厂铬污染叠加已超过当地背景值 4.4 倍，污染以车间烟囱为中心，范围达 1.5 平方千米，污染范围最大延伸下限 1.38 平方千米。俄罗斯的一个硫酸生产厂也是由工厂烟囱排放造成钒、砷的污染。

土壤中的重金属污染主要来自于施用含有铅、汞、镉、砷等的农药和不合理地施用化肥，用含有重金属离子的污水灌溉土壤，含有大量的重金属的市政污泥进入农田以及含重金属废弃物的堆积等。

水体中重金属离子的来源主要包括自然过程与人类活动两个方面。自然过程主要是重金属离子附着在岩石分化产生的碎屑物上进入水体，一般不会造成水体的污染；人类活动排放的重金属离子主要来自三个方面：（1）工业生产过程；（2）农业生产过程；（3）交通运输。其中，工业生产过程与交通运输是重金属污染的主要来源。含重金属的工业废水主要来自采矿和矿物加工业、机械加工业、钢铁及有色金属冶炼业和部分化工企业。

金属开采及冶炼过程排放的废水中重金属离子成分比较复杂，因为大部分矿石中有伴生元素存在，所以废水中一般都含有铜、汞、镉、铅、锌、砷、铍、氰、氟等。如铅锌矿区土壤和水体中铅、铜、锌等重金属的含量相当高，尾矿中的重金属元素也会经雨水淋溶进入水体，从而造成水体的重金属污染。各种金属制品加工业所排出的废液和冲洗废水，都含有各种重金属离子，对环境的污染很大。其中又以电镀废水的涉及面最广，污染性最大。据估计，电镀行业每年排放的含重金属废水高达 4 亿吨，有关研究人员对桂北某电镀厂附近水体、植物和土壤中的重金属含量进行了调查，结果表明，受纳水体中铜和镍分别超标 9.6 和 531.5 倍，其底泥中的重金属含量超出农用污泥标准，并且这些受污染的河水为该区农田的主要灌溉水源，因此农田土壤中的重金属含量逐年上升，导致该区农田中水稻重金属含量超标，其中铬超出标准 45.1 倍，严重威胁人体健康。其他化工行业生产过程中产生的含重金属离子废水和垃圾渗滤液直接排入水体，也会使水体中重金属浓度升高。纺织工业产生含锌、锰、钛、锡废水，塑料工业产生含钴、铬、镉、汞等的废水，微电子业产生含铜、镍、镉、锌、锑等的废水。交通活动产生的石油类、悬浮固体及重金属等污染物因城市道路雨水径流进入水体，亦会破坏受纳水体的水质和影响受纳水体的水生生态。

（一）汞

汞（Hg）又称为水银，为银白色液态金属，熔点为 -38.9℃，在常温下既能蒸发，随着温度升高，蒸发量也增大。汞在自然界里大部分以硫化汞（HgS，亦称“辰砂”或“朱砂”）形式分布在地壳表层。来自氯碱、塑料、电池、电子等工业排放的废水造成水体汞污染。据调查，1970~1979 年全世界由于人类活动直接向水体排放汞的总量约1.6万吨；排气的总汞量达10万吨左右；排入土壤的总汞量约为10万吨，而排向大气和土壤的汞也将随着水循环回归水体。

煤和石油的燃烧、含汞金属矿物的冶炼和以汞为原料的工业生产所排放的废气，是大气中汞污染的主要来源。土壤中的汞的含量来源则是施用含汞农药和含汞污泥肥料；氨碱、塑料、电池和电子等工业排放的废水则是水体中汞及其化合物的主要来源。土壤中的汞亦可挥发进入大气，由降水淋洗进入地面水和地下水中。地面水中的汞也可部分挥发进入大气，大部分则沉积在底泥。底泥中的汞不论呈何种形态，都会直接或间接地在微生物的作用下转化为甲基汞或二甲基汞。二甲基汞在酸性条件下分解为甲基汞。甲基汞溶于水，可从底泥重新进入到河水中。水生生物摄入的甲基汞，可以在体内积累，并通过食物链不断富集。受汞污染水体中的鱼，体内甲基汞浓度可比水中高上万倍，危及鱼类并通过食物链危害人体。而甲基汞进入人体很容易被吸收，不易降解，排泄很慢，特别是容易在脑中积累，毒性最大。

“我国作为全球汞使用量和排放量最大的国家，在‘全球汞文书’谈判中面临着巨大的汞减量减排压力。”节能灯的发光原理就是汞蒸气受激发而发光，所以每支节能灯都含汞。即便按欧洲最新环保标准，一支节能灯的汞含量为3~5毫克。一旦破碎，仅3毫克就会污染约1000吨水、300立方米的空气。

在节能灯逐步替代白炽灯成为趋势之际，节能灯汞污染引发社会各方关注。细管径的T5、T8等直管荧光灯和环形荧光灯由于使用手工注汞工艺，更容易出现汞含量超标。环保部正在筹划制定加强添汞产品及相关行业汞污染防治工作的政策，拟禁止批复使用液态汞和手动注汞的荧光灯生产新建、改建、扩建项目。

中国市场节能灯的年需求量可达20亿只左右，按照500万只废弃灯管中有一半的汞废物可浸入地下来计算，也会形成每年约4.5亿吨水的污染潜能，这一数字远远超过北京所有家庭一年的用水总量。那么，20亿支相当于每年约1800亿吨水的污染潜能，相当于污染400个规模等同于北京城市所有家庭一年的用水总量。

汞虽然是一种累积性毒物，但人体对汞具有一定的排泄能力。试验表明，成年人每天摄入0.025毫克的甲基汞，由于人体排泄能力使之不会在身体内累积，若摄入量超过人体的排泄能力，就会在体内累积。日本的水俣病就是在大脑中累积了甲基汞，损害脑组织所致。在人体其他组织中的金属汞，可能氧化成离子状态，并转移到肾中蓄积起来。人体受汞慢性中毒的临床表现主要是神经性症状，有头痛、头晕、肢体麻木和疼痛、肌肉震颤、运动失调等。大量吸入汞蒸汽会出现急性汞中毒，其症候为肝炎、肾炎、蛋白尿和尿毒症等。这类病有严重的后遗症和较高的死亡率，还可以通过母体遗传给婴儿。在我国松花江和蓟河流域的一些渔民体内有明显的汞积累，而且已经出现了“拟似水俣病”的病人。由于汞的毒性强，产生中毒的剂量就小，因此我国饮水、农田灌溉都要求汞的含量不得超过0.001毫克/升，渔业用水要求汞不得超过0.005毫克/升。

常见与汞污染有关的作业如表3-1所示。

表3-1　与汞污染有关的作业

工业名称	汞的用途	工业名称	汞的用途
氯碱工厂	电解槽阳极	农业制造	杀虫剂、杀菌剂
汞冶炼厂	冶炼金属汞	造纸工业	杀菌剂、黏絮去除剂
金属冶炼厂	汞齐法回收贵重金属	药品工业	防霉剂、牙科填料
涂料工业	防霉漆	化学工业	催化剂
电气生产	电池、汞灯、电弧整流	军火工业	炸药
仪表生产	温度计、汞仪表		

（二）镉

镉（Cd）是银白色有光泽的金属，熔点320.9℃，沸点765℃，质地柔软，比锡稍硬，比锌软，有韧性和延展性，抗腐蚀，耐磨。镉在干燥的空气中很稳定，湿空气中表面覆盖氧化膜形成氧化镉，氧化镉在水中不易溶解。金属镉本身无毒，但其蒸汽有毒，化合物中镉的氧化物毒性最大，而且具有累积性。

镉在自然界多以化合物存在，含量极低。大气中的含镉量一般不超过3.0×10^{-3}克/米^3，水中不超过1.0×10^{-5}克/升，每千克土壤中不超过0.5毫克。环境受到镉污染后，镉可在生物体内富集，通过食物链富集在其他生物体内，进而通过食物、水、吸烟或其他途径，进入人体。

自20世纪初发现镉以来，镉的产量逐年增加，镉广泛应用在电镀行业、化工业、电子业和核工业等领域。镉是炼锌业的副产品，主要用于电池、染料或塑料稳定剂方面。含镉工业废气扩散、矿山开采以及煤和石油燃烧的过程，甚至城市垃圾废弃物的燃烧都能造成镉对大气的污染。铅锌矿的选矿废水和上述有关工业的废水排入地表水或渗入地下水导致水污染。硫铁矿石制取硫酸和由磷矿石制取磷肥时排出的废水含镉量较高，每升废水含镉可达数十至数百微克。大气中的铅锌矿以及有色金属冶炼、燃烧以及塑料制品焚烧形成的镉颗粒都有可能进入水中。而镉对土壤的污染主要来源于工业废气中的镉和灌溉农田所用的含镉废水。另外，土壤还可以受到合成肥料和含镉农药的污染。事实上，土壤、大气和水体中的镉含量密切相关，它们之间维持着动态平衡。

2012年，广西龙江河镉污染事件，是由于广西金河矿业股份有限公司和金城江鸿泉立德粉厂等企业，没有建设污染防治设施，利用地下溶洞恶意排放高浓度镉污染物的废水，造成龙江河镉污染事故。最终导致龙江河宜州市拉浪乡码头前200米水质重金属超标80倍，龙江与融江汇合处下游3公里处水体中镉的浓度超出国家标准1.14倍，严重威胁人民群众的生命安全。

排放的镉主要污染水源和土壤，经过动植物吸收富集最终进入人体。镉逐渐积累引起镉中毒，危害肾出现蛋白尿，阻碍钙、磷在骨质中的贮存。因为镉与钙具有类似的原子半径，进入人体后，会和钙发生竞争扰乱细胞正常的生理活动，诱导细胞凋亡，发生骨软化，关节疼痛，骨骼变形等。

（三）铅

铅（Pb）是柔软、延展性强的金属，有毒、抗腐蚀。铅的本色为青白色，在空气中表面很快被一层暗灰色的氧化物覆盖。铅主要存在方铅矿（PbS）及白铅矿（$PbCO_3$）中，经煅烧得到硫酸铅和氧化铅，再还原即得到金属铅。

铅污染的来源主要有：汽车尾气；工业污染（如矿山开采、蓄电池、冶炼、燃煤、橡胶生产、印刷、陶瓷、铅玻璃、焊锡、电缆、铅管等）；油漆和染料（如颜色比较鲜艳的红、黄、白等）；现代装修、装饰材料，色彩鲜艳的玩具、学习用品（铅笔的外皮、书、本等）；化妆品（口红、增白霜、染发剂等）以及食品（爆米花、松花蛋等）；铅作业人员的服装、身体对家庭的污染等。

铅主要通过大气污染环境，对水体和土壤的污染比例较大气要小。据统计，我国近十年来已累计有 15 000 吨铅排入大气、水环境中去。大气铅污染对城乡居民，尤其是儿童的健康产生了不良的影响。调查显示，我国城市儿童血铅的平均水平为 88.3 微克/升。大气中铅浓度和血铅浓度关系密切，据估计，大气中铅浓度每升高 1 微克/米^3，血铅浓度将升高 50 微克/升。

2009 年，陕西发生铅污染事件。陕西凤翔东岭集团在铅锌冶炼过程中存在“三废”排放不达标，导致周边村庄水源、土壤被铅污染以致儿童群体性血铅超标，人数多达几百人。环保部门判定是东岭集团铅污染所导致。

人体血液含铅量 0.3 毫克是中毒的最低值。铅含量 0.4 毫克是严重中毒的临界值。空气中的铅通过呼吸进入人体，形成磷酸铅沉积在骨骼中，危害造血系统和神经系统，引起贫血、记忆力减退、失眠、休克甚至死亡。

（四）铬

铬（Cr）呈钢灰色，有光泽，有延展性，含杂质时脆而硬。金属铬的还原能力相当强。具有很高的耐腐蚀性，在空气中，即便是在赤热的状态下，氧化也很慢。自然界没有游离状态的铬，它主要存在的矿物是铬铁矿（$Fe_3O_4 \cdot MgO \cdot Cr_2O_4$）。

铬广泛存在于自然界，其自然来源是岩石风化，大多呈三价；人为污染来源主要是工业含铬废气和废水的排放。工业废水中主要是六价铬的化合物，常以铬酸根离子（CrO_4^{2-}）存在。铬的污染来源与铬铁冶炼、耐火材料、电镀、制革、颜料和化工等工业生产以及燃料燃烧排出的含铬废气、废水和废渣等，煤和石油燃烧的废气中含有颗粒态铬。环境中的铬只有在严重污染下才会显著提高。

铬在环境中不同条件下有不同的价态，其化学行为和毒性大小亦有所不同。如水体中三价铬可吸附在固体物质表面而存在与沉积物（底泥）中；六价铬则多溶于水中，比较稳定，但在厌氧条件下可还原为三价铬。三价铬的盐类可在中性或弱碱性的水中水解，生成不溶于水的氢氧化铬而沉在水底。受人类活动影响，局部地下水中六价铬的浓度逐渐升高，通过对岩溶地下水中六价铬污染来源进行调查发现，地下水中六价铬含量升高与粉煤灰有关，主要污染过程为含铬粉煤灰的灰分渗滤液，沿地壳裂缝进入地下水发生污染。

东北某市铁合金厂是一家大型金属冶炼企业，自 1962 年正式生产铬以来，已经排放的铬渣等固体废弃物在百万吨以上，这些固体废弃物由于常年在露天堆放，经过大气降水的浸淋、冲洗等作用，使其中的六价铬与其排放的含六价铬的废水等汇入地下水径流，对附近地区的地下水及周围的农田、菜地造成了污染，该地区有 44% 的农田铬含量超过了国家规定允许的标准。

2011 年 8 月 12 日，云南曲靖陆良化工实业有限公司将 5000 多吨工业废料铬渣非法倾倒，污染珠江源南盘江，致使水里致命六价铬超标 2000 倍。当地大批牲畜死亡，严重威胁当地人的生命安全。

铬是变价元素，六价铬的毒性比三价铬高，可经呼吸系统进入体内致癌。经呼吸道侵入人体时，开始侵害上呼吸道，引起鼻炎、咽炎和喉炎。长期职业接触、空气污染或接触铬的灰尘，可引起皮肤过敏和溃疡，鼻腔的炎症、坏死，甚至肺癌。经口摄入可引起胃肠道损伤，循环障碍、肾衰竭等疾病。

（五）铜

2010 年，福建省上杭县紫金山（金）铜矿湿法厂污水池突发渗漏环保事故。事故起因是由于连续降雨使厂区溶液池区底部黏土层掏空，污水池防渗膜多处开裂，造成渗漏，9100 立方米的污水顺着排洪涵洞流入汀江，导致汀江部分河段污染及大量网箱养鱼死亡。9 天后，紫金矿业披露了此次污染事件状况，当时已导致当地棉花滩库区死鱼和鱼中毒约达 189 万千克。

铜的湿法浸出中含铜酸性溶液外流后经过水源、土壤等富集，最终导致人重金属中毒。中毒可引起坏死性肝炎和溶血性贫血。铜尘可致接触性和致敏性皮肤病变，局部皮肤发红、水肿、溃疡。

二、非金属无机污染物

非金属无机污染物主要包括含碳、硅的无机污染物，含氮、砷的无机污染物，含氧、硫、硒的无机污染物和含氟、溴的无机污染物等。

（一）含氮、砷的无机污染物

1. 氮氧化物

NO_x种类很多，包括 NO、NO_2、N_2O_3、N_2O 和 N_2O_5 等多种化合物。除 N_2O_5为固体外，其余均为气体。除 NO_2以外，其他氮氧化物都不稳定，遇光、湿或热容易变成 NO_2及 NO，其中 NO 的量随火焰的温度和燃烧产物冷却的速度而变化，温度越高则 NO 的浓度越大，NO 进入大气后和氧原子结合而形成 NO_2。因此，NO 和 NO_2是 NO_x造成大气污染的主要因素，对人类健康和环境危害很大。其中 NO 是一种无色、无味、难溶于水的有毒气体，性质极不稳定，在空气中容易氧化生成 NO_2。NO_2是一种红棕色、带有刺激性气味的气体，微溶于水，性质比较稳定。近年来，研究还发现笑气（N_2O）也成为一种新的污染物。N_2O 在大气中的浓度虽然只有 CO 的 0.1%，但它引起温室效应的能力却比 CO 强 300 倍，其对臭氧层的破坏作用也要比氟利昂更为严重。而且 N_2O 在大气层中滞留的时间很长，一旦产生后就很难消失，因此它对大气的污染也不容忽视。

NO_x主要来源于自然界和人类活动。N_2和 O_2是天然大气中的重要组成成分，当空气混合燃烧时，特别是在高温下，N_2和 O_2就会生成氮的各种氧化物。此外，NO_x的自然源还主要来自生物圈中 NH_3的氧化、生物质的燃烧、土壤中微生物的硝化作用、闪电的形成物及平流层进入物等。人为源主要来自生产、生活中所用的煤、石油、天然气等燃料燃烧的产物（包括汽车等交通工具尾气中 NO_x的排放等）；其次是来自硝酸及使用硝酸等的生产过程，如氮肥厂、化工厂、有色及黑色金属冶炼厂等生产过程中也会产生大量 NO_x。汽车尾气是大气中氮氧化合物污染的另一个重要来源，但低速行驶时或空挡行驶时浓度很低。喷气飞机排气中所含的氮氧化物也不可忽视。

2. 砷

砷（As）是广泛分布于自然界的非金属元素，属于“类金属”。元素砷不溶于水和强酸，几乎没有毒性，但砷的氧化物却又有剧毒。常见的有三氧化二砷，俗称砒霜。

砷在化工、含砷工业品（如陶瓷、制革、玻璃等）、合金等各方面的广泛使用使得工农业生产中每年需要大量的砷元素及其化合物，这都需要有与之相应的大规模开采、冶炼和产品制造。这个过程的每一个环节砷都可能通过排气、排尘和排渣以及最终产品的应用扩散到环境中去。砷与许多有色金属元素伴生在矿石中，矿山的开发和利用也会使砷扩散；有色金属在冶炼过程中，以废渣或废气的形式向环境中排放含砷污染物。在少数土法炼砷比较集中的地方，以选矿、洗矿产生的废水和冶炼过程排放的烟气及废渣的形式排放的砷更加严重。农业上大量使用含砷农药，造成水体及土壤污染，砷污染水体和土壤后被动植物摄取、吸收，并在体内累积，产生生物蓄积效应。

近年来，由于我国不少饲料厂家片面强调有机砷制剂的促生长作用和防病效果，加上有机砷制剂可使动物产品皮肤红润，易误导购买者认为该动物非常健康而掩盖其病态，同时由于有机砷制剂价格低廉，致使有机砷的应用泛滥成灾。在饲料中添加砷制剂以后，砷不仅会残留在动物体内，随着畜禽排泄物进入到周围的环境中，它们也会富集在植物，特别是水生生物（鱼类、贝类）中，最后转移到人类食物链中，危害人类健康。此外，含砷化妆品的使用也增加了环境中的砷污染量；煤的燃烧也能导致不同程度的砷污染。

2008 年 6 月以来，云南九大高原湖泊之一的阳宗海水体中的砷浓度超出饮用水安全标准，导致严重污染，其受污染程度相当于投放了几十千克纯砷，砷浓度值竟高达 0.128 毫克/升，直接危及 2 万人的饮水安全。从 7 月 8 日起，沿湖周边人民群众及相关企业全面停止从中取水作为生活饮用水。

1955～1956 年，日本发生的森永奶粉中毒事件，是因含三氧化二砷达 25～28ppm 引起的。日本森永奶粉公司因使用含砷中和剂引起 12 100 多人中毒，130 人因脑麻痹而死亡。典型的慢性砷中毒事件发生在日本宫崎县吕久砷矿附近，因土壤中含砷量高达 300～838 毫克/千克，致使该地区小学生慢性中毒。

石门砷污染事件。在湖南省常德市石门县鹤山村，1956 年国家建矿开始用土法人工烧制雄磺炼制砒霜，直到 2011 年企业关闭，砒灰漫天飞扬，矿渣直接流入河里，以致土壤砷超标 19 倍，水含砷量超标上千倍。鹤山村全村 700 多人中有近一半的人都是砷中毒患者，因砷中毒致癌死亡的已有

157 人。

（二）含氧、硫、硒的无机污染物

1. 臭氧

大气中臭氧层对地球生物的保护作用已广为人知——它吸收太阳释放出来的绝大部分紫外线，使动植物免遭这种射线的危害。为了弥补日渐稀薄的臭氧层乃至臭氧层空洞，人们想尽一切办法，比如推广使用无氟制冷剂以减少氟利昂等物质对臭氧的破坏。如果大气中的臭氧，尤其是地面附近的大气中的臭氧聚集过多，对人类来说臭氧浓度过高反而具有危害性。

大气中 90% 以上的臭氧存在于大气层的上部或平流层，离地面有 10 ~ 50 千米，这才是需要人类保护的大气臭氧层。还有少部分的臭氧分子徘徊在近地面，仍然对阻挡紫外线有一定作用。但是，近年发现地面附近大气中的臭氧浓度有快速增高的趋势。

同铅污染等一样，臭氧源于人类活动，汽车尾气、燃料燃烧等是重要的臭氧污染源。在车水马龙的街上行走，常常看到空气略带浅棕色，又有一股辛辣刺激的气味，这就是通常所称的光化学烟雾。臭氧就是光化学烟雾的主要成分，它不是直接被排放的，而是转化而成的，比如汽车排放的氮氧化物，只要在阳光辐射及适合的气象条件下就可以生成臭氧。随着汽车和工业排放的增加，地面臭氧污染在欧洲、北美、日本以及我国的许多城市中成为普遍现象。

2. 二氧化硫

二氧化硫或称亚硫酸酐，是一种常见的硫氧化物，为无色气体，有刺激气味，易溶于水而部分成为亚硫酸，亦可溶于乙醇和乙醚。

作为大气中的主要污染物之一，二氧化硫的产生既有自然因素，也有人为因素。自然因素主要有海洋雾沫、微生物对土壤中有机物的分解作用、火山爆发以及雷电和干热引起的森林火灾等。二氧化硫的自然排放大约占大气中二氧化硫总量的一半，但由于自然循环过程，自然排放的硫基本上是平衡的，不会对环境造成污染。而人为排放的二氧化硫主要来源于生活污染源和工业污染源两种，既包括人们在做饭、取暖、沐浴等过程中燃料燃烧产生的煤烟，也包括钢铁、化工、煤炭、火电、水泥等工矿企业燃料燃烧和生产过程中所排放的烟尘。据统计，我国二氧化硫的主要来源有50%左右来自于燃煤。目前，煤炭在我国能源消费中的比例占70%左右。各种有色金属的冶炼、石油精制、焦化、硫酸制造、硫磺精制及造纸等也是大气中二氧化硫污染的主要来源。因此，二氧化硫带来的大气污染主要是由人为因素引起的。

二氧化硫在大气中可被氧化成二氧化硫，还可转化为硫酸雾，最终可形成酸雨。它们都是二氧化硫的二次污染物，危害更大。

（三）含氟、溴的无机污染物

1. 氟

氟（F）常温下为淡黄色气体，有刺激性臭味。氟在自然界中主要以萤石（CaF_2）、氟磷灰石［Ca_5（PO_4）F］、冰晶石（Na_3AlF）、氟镁石（MgF_2）、氟化钠（NaF）、氟碳铈矿［（CeLa）（CO_3）F］等形式广泛存在，其中最重要的矿物是萤石。

单质氟主要用作氟化剂，以制取各种有用的氟化物。氟化物通常具有比较良好的性质。单质氟对人体具有较强刺激性。

氟化物主要以气体和含氟飘尘形式污染大气。电镀、金属加工等工业的含氟废水，以及用洗涤法处理含氟废气的洗涤水，排放后可造成水污染。用含氟废水灌溉，含氟尘埃的沉降，以及土壤中的空气与受氟污染的大气的交换，使土壤和地下水受到污染。

土壤中的氟化物能逐渐积累。氟化氢气体能很快与大气中的水分结合，形成氢氟酸气溶胶。四氟化硅在大气中与水蒸气反应形成水合氟化硅和易溶于水的氟硅酸。与大气中含有二氧化硫等酸性污染物所引起的污染则相反，许多种无机氟化物在大气中都能很快被水解，并通过冷凝或成核过程而降落下来。碱性金属氧化物与氟化物作用能降低氟化物的溶解度，从而减小毒性。无机氟化物还能被一些植物转化为毒性更大的有机氟化物，如氟乙酸盐和氟柠檬酸盐。

2. 溴

多溴联苯（polybrominated biphenyls，简称PBBs），包括四溴代、五溴代、六溴代、八溴代、十溴代等209种同系物，市场上一般以一组不同溴代原子数的联苯混合物作为商品出售，总称为多溴联苯。

多溴联苯和多溴联苯醚都属于溴化阻燃剂（brominated flame retandants, BFRs），溴化阻燃剂是普遍使用的工业化学制剂，被广泛用于印刷电路板、塑料、涂层、电线电缆及树脂类电子元件中。多溴联苯也属于持久性有机污染物的一种，它在环境中的残留周期长，难分解，不易挥发，易在生物以及人体脂肪中蓄积，对人体的主要危害为影响免疫系统、致癌、损害大脑及神经组织等，光化学降解是环境中多溴联苯的重要归宿之一。

由于多溴联苯具有持久性有机污染物的特征，全球研究人员对其越来越重视，对其源汇、残留含量、存在形式、发展趋势以及环境行为、对人类健康和环境的影响、排放量的减少和消除等问题的研究已成为当前环境科学的一大热点。2009 年 5 月，联合国环境规划署正式将六溴联苯增列《斯德哥尔摩公约》，使得所列入禁止生产和使用的持久性有机污染物数量增加到 21 种。

污染途径可分为直接接触和间接接触两种。能直接接触多溴联苯的主要是生产工人，每日接触到的多溴联苯粉尘绝大多数被排出体外；但逐日积累，体内储积量会逐渐增多。大气、水体、土壤中痕量的多溴联苯可通过食物链最终进入人类的食物，或者多溴联苯附着在大气颗粒物上，特别是 PM10 和 PM2. 5，随着呼吸进入人体内。因此，大多数人接触多溴联苯的方式是通过食物获得。

第二节　无机污染物的危害

一、重金属污染的危害

重金属元素中许多是生物体正常生长不可缺少的微量元素，但大多数具有毒性和致癌作用，过量排放到水体中易造成生态平衡的破坏，且重金属具有不可生物降解性、持久性和生物富集放大等特性，即使在水体中的浓度较小，也会威胁到水体 - 植物 - 动物生态系统，并进一步通过食物链富集影响人类健康。

（一）重金属对植物的危害

重金属对植物的毒害作用主要表现为改变植物细胞膜透性和细胞微观结构，紊乱代谢过程，抑制光合作用、呼吸作用，争夺核酸、蛋白质等大分子物质的结合位点，降低酶活性，影响植物的生长和发育等。研究表明，锌、铜、铅和镉等能引起植物的细胞膜质和叶绿体膜质的过氧化作用，改变膜的性质，从而致植物生长不良。有研究证明，水中的锌、铜和锰抑制月形藻的生长。还有研究证明，镉、锌、镍等重金属离子对藻类的生长具有抑制作用。在相同条件下，不同种类重金属对植物的毒性作用不同。镉（II）浓度为3毫克/升时抑制藻的生长，而锌（II）为1毫克/升时就开始抑制藻的生长。而且，同一种重金属元素以不同价态存在时对植物的毒性作用不同，研究发现水体中铬（VI）对动植物的毒性远远大于铬（III）。

（二）重金属对动物的危害

重金属进入水体影响水生动物的生长发育，抑制酶活性，妨碍水生动物的代谢过程。许多研究结果表明，当水体中重金属达到一定浓度时，会严重影响鱼类的生长发育，并存在种间差异。Cu^{2+}、Cd^{2+}、Zn^{2+}、Cr^{6+}和Pb^{2+}五种重金属离子均会延迟胚胎发育，并且会导致胚胎畸形发育，如胚胎尾巴弯曲、胚胎死亡、仔鱼不能出膜等。对早繁鲶鱼仔鱼的毒性大小依次为：$Cu^{2+} > Cd^{2+} > Pb^{2+} > Zn^{2+} > Cr^{6+}$。关于$Hg^{2+}$、$Cu^{2+}$、$Cd^{2+}$三种重金属对中华鳑鲏鱼的毒性作用研究结果表明，对中华鳑鲏鱼的毒性大小依次为：$Hg^{2+} > Cu^{2+} > Cd^{2+}$，它们对中华鳑鲏鱼96小时的LC50分别为0.193、0.236和7.270毫克/升。金属离子的积累会造成鱼体内如过氧化氢、超氧自由基、羟基自由基等活性氧自由基的增加，引起细胞的氧化应激，从而导致组织损伤。

（三）重金属对人体的危害

近年来，关于重金属污染事件屡见不鲜，如日本由含汞废水污染引起的“水俣病”、含镉废水污染造成的“痛痛病”、湖南儿童血铅超标事件、陕西凤翔数百儿童铅超标等。重金属离子主要是通过食物链威胁人体的健康。人类直接饮用被重金属离子污染的水或间接食用富集了重金属离子的农产品和水产品，致使重金属离子进入人体并积累在人体内。当重金属离子达到一定浓度时，就会威胁到人体健康。

重金属对人体的毒害作用主要体现在影响胚胎发育，造成生长障碍，损坏人体健康，降低人体素质等方面。研究表明长期生活在铅污染地区的孕妇胎儿的成活率明显低于非污染区。过量重金属会引起人胃部痉挛、反胃、呕吐、呼吸困难、器官病变、神经损伤等，甚至导致死亡。有研究证实，镍离子过量会引起肠胃痛疼、肺纤维化和皮炎。汞对人体的危害主要症状有肾、肺功能的损害，呼吸困难，且汞是神经毒素，会损害中枢神经系统。

（四）重金属废水对微生物的危害

重金属对微生物的影响主要表现为抑制微生物的呼吸作用。它们与酶的活性中心结合，从而使其失去活性，如重金属离子与酶分子上的 SH 基结合而使酶的活性下降（Cu^{2+}即可与 SH 基结合）、降低微生物脱氢酶活性等。

重金属对微生物群体的影响主要有：抑制微生物生长；导致群体数量减少，微生物种群组成和数量变化；破坏微生物群体的稳定性。

低浓度的重金属可以刺激微生物生长，高浓度的重金属可以抑制微生物的生长繁殖，损害其呼吸作用及细胞内外的物质传输，导致细胞形态异常，甚至被裂解死亡。受重金属影响的方面包括：生长动力学、抗生素活性、孢子萌发、孢子形成、光合作用、转录、翻译、转化、适应、病毒和植物之间的关系、真菌和植物之间的关系、细菌和植物之间的关系、细菌和真菌之间的关系、土壤微生物的活性等。不同种属的微生物对重金属的敏感性引起不同的生理特性而不同，同种微生物的不同发育阶段对重金属敏感性也不同。一般细菌对重金属比真菌敏感，对微生物毒性最强的是汞，其次是镉、铅、铜、锌等。

许多重金属元素对微生物的毒性相应较低，与有机基团结合后毒性有明显的增强。这和与金属结合的有机基团的类型和数量有关。如甲基汞、甲基镉、甲基铅的毒性就较强。金属离子镉、锌、镍、汞和它们的四氰盐化合物对非适应的活性污泥的毒性研究中发现，镉和锌的化合物的毒性高于相应的金属。

重金属对活的微生物作用分两个阶段进行，第一是伴随着离子结合和 ζ 电势增加的生化吸附，第二是离子被吸附在随着电荷减少而发生阴性改变的细胞表面。重金属对微生物的最重要毒性作用是使带有机能基团硫氢基的酶的失活。许多重金属表现出对其他生物配位体如磷酸、嘌呤、嘧啶和核酸的强烈亲和力，有的还可以作为抗代谢物，或成为与细胞膜结合的物质，汞对微生物的毒性主要是能损害三羧酸循环和呼吸链，进行氧化磷酸化。细胞膜是绿藻汞中毒的主要位置，光合作用是毒性最敏感的指示系统，进入细胞内的汞与许多酶系相互作用，能抑制化合物的转移和色素的合成，还抑制光合作用的电子传递和许多酶的活性。对乙炔还原的毒性原理可能是：（1）直接作用于固N酶的复合物；（2）影响提供三磷酸腺苷和还原剂（光合作用是三磷酸腺苷和还原剂的主要来源，这个过程的抑制减少了三磷酸腺苷和还原剂）；（3）细胞裂解增加了溶解氧使酶失活。

重金属对微生物的毒性受到环境中许多物理的、化学的以及生物的因素影响，包括pH值、黏土物质、可溶性有机物、无机阴离子、水的硬度、金属离子、络合物、其他污染物、细胞浓度及微生物的自身物质等。如在酸性条件下（pH值5~6），铅的毒性增强，是由于减少了质子和重金属对细胞表面位置的竞争；Cd对真菌（黑曲霉、绿色木霉）和细菌的毒性在碱性条件下增强。黏土包括高岭土和胶岭石可以降低重金属对微生物的毒性作用，这是由于重金属和粘土中的阳离子（氢、钾、钙、钠、镁等离子）的置换作用，粘土可以从溶液中去除有毒离子，因此，减少了微生物对重金属的吸附和摄取可溶性有机物。可能是由于形成难溶的铅盐的结果，磷酸盐能降低铅的毒性。重金属和其他污染物，如二氧化硫、氧化氮产生相互协同作用，提高相应重金属的毒性，限制生长营养物也影响重金属对微生物的毒性。

（五）重金属污染的危害案例

1. 汞

金属汞主要以蒸汽或粉尘形态经呼吸道进入人体，侵入呼吸道后被肺泡完全吸收并经血液运至全身。金属汞可通过血脑屏障进入脑组织，在脑组织中被氧化成汞离子。由于汞离子不易从脑内排除，逐渐蓄积而损害脑组织。汞蒸气易透过肺泡壁吸收，占吸收量的75%~85%。金属汞经皮肤吸收仅在皮肤破损、溃烂或使用含汞油膏等药物时遇到。金属汞经消化道吸收的量极少，有机汞有90%经肠道吸收。其他组织中的汞，也能被氧化成离子状态转移到肾脏中蓄积。

汞对健康的危害与其化学形态、环境条件和侵入人体的途径、方式有关。

汞与体内的巯基有很强的亲和力，能与体内含巯基最多的蛋白质，以及参与代谢的重要酶类如细胞色素氧化酶、琥珀酸脱氢酶、乳酸脱氢酶等结合，从而破坏细胞的功能和代谢，破坏肝细胞的解毒功能。另外，甲基汞能使细胞膜的通透性发生改变，从而破坏细胞的离子平衡，导致细胞坏死。由环境因素导致的多为慢性汞中毒。慢性汞中毒的临床表现主要是神经系统的症状。早期以头昏为多，其次为乏力，失眠健忘、心烦、食欲减退等，并伴有植物神经功能紊乱；随之进一步继续接触，患者出现头痛、头晕、肢体麻木和疼痛、肌肉震颤、运动失调等。大量吸入汞蒸气会出现急性汞中毒，其症候为肝炎、肾炎、蛋白尿和尿毒症等。这类疾病有严重的后遗症，还可以通过母体遗传给婴儿。

水俣病是世界上第一个出现的由环境污染所致的公害病。水俣病是由于长期摄入富集有甲基汞的鱼、贝类而引起的神经系统疾病，因最早在日本熊本县水俣湾附近的渔村发现而得名。

1956 年 8 月，主要由熊本大学医学院有关人员组成的水俣病研究组，对本病进行调查。研究人员经过反复调查，从环境调查、临床表现、病理改变和动物试验等方面进行了研究，发现人们的中毒与水俣化工厂排放的污水有关。该化工厂废水排放渠中汞含量达 2020 毫克/升，且随着排水渠距离的延长污泥中汞含量降低。1958 年，水俣化工厂废水排放渠改道，直接将废水排入水俟河，导致汞污染范围进一步扩大。1959 年 11 月，熊本大学水俣病研究组得出结论，水俣病是由于水俣化工厂废水中所含甲基汞引起的慢性中毒，患者多为长期食用含甲基汞甚高的鱼贝类所致。

表 3－2　日本水俣弯内外某些样品的含甲基汞量

（毫克/升）

样品名称	水俣湾内	湾外海域
鱼	1.0～36.0	1.0～13.5
贝	11.4～39.0	2.4～20.4
蟹虾	1.0～36.0	1.0～13.5
底质	40.0～59.0（中心） 12.2～22.2（湾口）	0.4～3.4

世界卫生组织（WHO）提出，能引起成人甲基汞中毒神经症状的最低汞量，发汞为 50 毫克/克，血汞为 0.4 毫克/克，据此推出每人每周的甲基汞摄入量不得超过 0.2 微克。日本则提出，甲基汞的周摄入限量为 17 微克（按成人体重 50 千克计）。根据日本国民营养调查的资料，一日平均吃鱼量为 108.9 克，经计算，甲基汞限量/周平均摄鱼量 = 170/108.9 × 7 = 0.223 微克/克，所以确定 0.3 微克/克为鱼体甲基汞限量标准值。鱼体甲基汞含量如按总汞量的 75% 计算，则鱼体总汞的限量值应为 0.4 微克/克。从发现水俣病以来，世界各地对发汞做了大量的调查工作。发汞含量可反映体内汞的负荷水平和甲基汞的蓄积情况。关于发汞正常值，目前尚无统一规定。一般认为，超过 30 ~ 50 微克/克认为有明显的汞蓄积，也可检查出阳性体征；超过 50 微克/克可出现汞中毒。发汞值已成为估计一个地区居民受汞污染程度和范围的常规指标。

根据国内的研究结果及国外的资料，我国于 1986 年 11 月颁布了《水体污染慢性甲基汞中毒诊断标准及处理原则》的国家标准（GB 6989 - 86），在标准中将慢性甲基汞中毒的诊断分为三段：（1）甲基汞吸收头发总汞值大于 10 微克/克，其中甲基汞值大于 5 微克/克，即为甲基汞吸收；（2）观察对象在汞吸收的基础上，出现下列 3 项体征中的 1 ~ 2 项阳性体征者即为观察对象：①四肢周围型（手套、袜子型）感觉减退；②向心性视野缩小 150° ~ 300°；③高频部感音神经性听力减退 11 ~ 30dB。我国饮用水中汞的限值为 0.001 克/升，对甲基汞的卫生标准，我国目前尚未制定。

2. 铅

从 1995 ~ 2000 年我国有近 20 个城市对 14 000 名 1 ~ 12 岁儿童进行了血铅水平的调查，这些城市包括：北京、上海、重庆、广州、武汉、沈阳、长春、太原、兰州、郑州、杭州、无锡、徐州、克拉玛依等。其结果不容乐观。

（1）在工业区内儿童血铅平均水平多在 163.7 ~ 450 微克/升，儿童铅中毒流行率多在 50% ~ 85%。有的城市工业区内儿童血铅平均值大于 450 微克/升；有的城市几乎所有工业区内的儿童都已有铅中毒。（2）即使是没有明显工业污染的普通市区，儿童血铅的平均水平也在 100 微克/升左右。只有 7 个城市儿童平均血铅水平低于 100 微克/升，大部分城市儿童血铅水平在

120～160 微克/升，这是一个很严重的事实。（3）有些城市儿童血铅水平堪忧。太原市 5 所幼儿园进行血铅筛查，时间为 1999 年 12 月～2000 年 1 月，调查对象为2～6岁儿童 639 人。结果儿童血铅平均含量在 132.0～287.6 微克/升，超标率在 63%～92%，也就是 60% 以上的儿童存在不同程度的铅中毒。（4）太原市学校的在校生血铅平均含量为 153.3 微克/升，也达到二级铅中毒。（5）更为严重的是有两个城市新生儿血铅平均水平，超过最低标准（100 微克/升）。如按美国辛辛那提医疗中心所属儿童医院兰费尔博士最新的研究成果，血铅标准定为每升血液 50 微克铅的话，那么，这两个城市新生儿的血铅水平均已超过这一新标准。将危害 21 世纪年轻的一代和我国的发展。（6）我国儿童铅中毒状况已远远超过工业发达的国家。无论是平均血铅水平还是铅中毒的流行率均已明显超过美国儿童。

我国儿童铅中毒是普遍存在的，但报道的大多数数据仅存在调查研究阶段，并没有真正开展血铅的筛选和门诊的检查。为了保护儿童的健康，免受铅毒的危害，我们应该尽快在全国开展血铅门诊，使受铅毒危害的儿童尽早得到医治。

铅及其化合物可以粉尘、烟或蒸气等形式经呼吸道进入人体，但主要见于职业暴露。铅进入一般人群体内的主要途径是消化道。铅从消化道的吸收较呼吸道慢．据估计成人吸收率为 10%～15%，婴儿和儿童为 50%，在饥饿状态下以及食物中缺少钙、磷、铁时吸收更快。铅一般不会经过完整的皮肤吸收。铅可以随大气中的降尘进入土壤和水体，通过水生和陆生生物链蓄积放大，并进入人体；此外，铅还可以通过重金属农药的残留及食品加工、贮存过程污染食品。儿童除经食物、水及空气吸收铅外，还通过啃咬涂有油漆的学习用品和玩具摄入铅。母亲孕期的铅暴露和哺乳也可以造成儿童额外的铅吸收。吸收的铅约 90% 贮存于骨骼中，主要经尿（占 76%）和粪排出。血铅值可以反映近期的铅摄入量，常作为儿童铅暴露评价的指标；尿铅还能反映体内铅的负荷情况。

不同血铅水平下儿童神经系统、血液系统的生理、病理改变见下表：

表 3－3　不同血铅水平下儿童神经、血液系统的改变

血铅浓度/毫克/升	生化、生理改变
100	δ－氨基乙酰丙酸脱水酶（δ－ALAD）活性抑制、听力损伤
100～150	维生素 D3 降低、认知功能受损
150～200	红细胞原卟啉升高
250～300	红蛋白合成减少
400	尿 δ－氨基乙酷丙酸（δ－ALA）和粪卟啉增加
700	贫血
800～1000	铅性脑病

铅是有毒金属，尤其可以破坏儿童的神经系统，可以导致血液循环系统和脑疾病。长期接触铅和它的盐（尤其是可溶的和强氧化性的 PbO_2）可以导致肾病和类似绞痛的腹痛。有人认为，许多古罗马皇帝的老年痴呆是由于当时铅用来作为水管（以及铅盐被用来作为加入酒中的甜物）造成的。而且，铅在人体积蓄后很难自动排除，只能通过某些药物来清除。铅由于被怀疑导致儿童智力衰退而被限制使用。美国有统计研究显示，有城市禁用含铅油漆后，暴力犯罪也减少了。在经济发达国家，含铅的油漆不再被出售。医学研究显示，给体内铅含量较高的肾脏疾病患者注射除铅剂，能减慢肾病的恶化速度，至少能延后洗肾四年。含铅盐陶瓷制品有可能导致中毒，尤其是容器内的溶液是酸性时（比如果汁），这些溶液可以溶解陶瓷的铅离子，尤其对女孩和年轻妇女的害处可能非常大。

铅与颗粒物一起被风从城市输送到郊区，从一个省输送到另一个省，甚至到国外，影响其他地区，成了世界公害。科学家在北美格陵兰地区的冰山上逐年积冰的地区打钻钻取冰柱，下层的年头久远，顶层的年头较近，在不同层次测定冰的铅含量。结果表明：1750 年以前铅含量仅为 20 微克/吨；1860 年为 50 微克/吨；1950 年上升为 120 微克/吨；1965 年剧增到 210 微克/吨。随着近代工业的发展，全球范围的污染日趋严重。据加拿大渥太华国立研究理事会 1978 年对铅在全世界环境中迁移的研究，全世界海水中铅的浓度均值为 0.03 微克/升，淡水 0.5 微克/升。全世界乡村大气中铅含量均值为 0.1 微克/米^3，城市大气中铅的浓度范围为 1～10 微克/米^3。世界土壤和岩石中铅的本底值平均为 13 微克/千克。铅在世界土壤的环境转移情况是：每年

从空气到土壤15万吨，从空气转移到海洋25万吨，从土壤到海洋41.6万吨。每年从海水转移到底泥为40万~60万吨。由于水体、土壤、空气中的铅被生物吸收而向生物体转移，造成全世界各种植物性食物中含铅量均值范围为0.1~1微克/千克（干重），食物制品中的铅含量均值为2.5微克/千克，鱼体含铅均值范围0.6微克/千克，部分沿海受污染地区甲壳动物和软体动物体内含铅量甚至高达3000微克/千克以上。

（1）人体血铅标准。

国际血铅诊断标准：等于或大于100微克/升，为铅中毒。

正常血铅水平：0~99微克/升；

100~199微克/升为铅中毒；

200~249微克/升为轻度中毒；

250~449微克/升为中度中毒。

等于或高于450微克/升为重度中毒。

而儿童血铅标准如下：

儿童高铅血症和铅中毒要依据儿童静脉血铅水平进行诊断。

高铅血症：连续两次静脉血铅水平为100~199微克/升；

铅中毒：连续两次静脉血铅水平等于或高于200微克/升；并依据血铅水平分为轻、中、重度铅中毒。

轻度铅中毒：血铅水平为200~249微克/升；

中度铅中毒：血铅水平为250~449微克/升；

重度铅中毒：血铅水平等于或高于450微克/升。

（2）血铅症状。

铅通过呼吸道和消化道吸收进入人体后，对机体的影响是全身性的和多系统的。根据临床表现的存在与否，儿童铅中毒分为症状性铅中毒和无症状性铅中毒（或亚临床型铅中毒）两种。

①神经系统：易激惹、多动、注意力短暂、攻击性行为、反应迟钝、嗜睡、运动失调。严重者有狂躁、谵妄（神志错乱、迷惑、语无伦次、不安宁、激动等特征并时常带有妄想或幻觉的暂时性神经失常）、视觉障碍、颅神经瘫痪等。血铅水平在1000微克/升左右时，可出现头疼、呕吐、惊厥、昏迷等铅性脑病的表现，甚至死亡。

②消化系统：腹痛、便秘、腹泻、恶心、呕吐等。

③血液系统：小细胞低色素性贫血等。

④心血管系统：高血压和心律失常。

⑤泌尿系统：早期氨基酸尿、糖尿、高磷尿，在晚期病人可见到氮质血症等肾功能衰竭的表现。

亚临床性铅中毒主要影响儿童的智能行为发育和体格生长。由于缺乏足以引起家长和儿科医生注意的临床表现，往往容易被忽视，待发现时，铅毒性作用已难逆转。其隐匿渐进的病理特点使其对儿童健康的危害性更大，因此，是儿童铅中毒研究的重点。

（3）驱铅食品。

由于铅在体内的吸收途径与钙、铁、锌、硒可发生竞争，所以儿童膳食中含钙、铁、锌、硒丰富，就可以减少铅的吸收。特别是牛奶，其所含蛋白质能与体内铅结合成一种不溶性化合物，从而使肌体对铅的吸收量大大减少。另外，维生素 C 可在肠道与铅形成溶解度较低的抗坏血酸铅盐，随粪便排出体外，以减少铅在肠道的吸收。所以，多吃含维生素 C 丰富的蔬菜、水果也有助于体内铅的排出。

含铁和锌丰富的食物有：海带、动物肝脏、动物血、肉类、蛋类等。

甲壳素是自然界唯一带正荷的物质，也是比较理想的驱铅食品。

含维生素 C 丰富的食物有油菜、卷心菜、苦瓜、猕猴桃、沙棘、枣、芦柑等。

（4）排铅治疗。

①排毒。

阻止铅吸收——生物多糖黏合游离铅形成凝胶 + 矿物质竞争性抑制铅吸收；

促进铅排除——肠道透析 + 肝胆分泌 + 肾脏滤过；

解除铅毒性——活性巯基促铅解离 + 黄酮络合 + 亚硒酸和 Vc 保护。

②强身。

补充气血——纠正锌、硒、铁和维生素缺乏，促进生长发育，益智明目；

抗氧化——捕抓自由基，保护大脑和视神经膜稳定和功能完整性；

增强免疫——激活细胞和体液免疫，提高机体抗病能力。

③调理。

健脾益肝肾、补充维生素和微量元素，激活机体多种生物酶、信使、受体和通道的生物活性，恢复神经——免疫——内分泌网络系统的调节功能。

④预防。

平时家中可安装带有除铅功能的专用滤水器或滤水壶，将饮用水质进行除铅。防止铅经由自来水进入婴幼儿体内。

3. 镉

有研究表明，镉进入人体后可首先造成对肾功能的损伤，进而引起肺、肝、骨、脏器的损伤，严重时可导致癌症的产生。

（1）对肾的毒害作用。肾脏是分泌尿液，排泄废物、毒物的重要器官。由于镉的累积性，使肾脏成为镉慢性毒作用的重要的蓄积部位，因此镉对人体的主要损害首先表现为肾脏损伤，而且这种损伤是不可逆的，由于这种损伤的不可逆性导致与其相关的其他身体功能也受到损害。

（2）对肺的毒害作用。最早发现镉对人体的伤害是肺损伤。大量吸入镉蒸气，在4～10小时出现呼吸道刺激症，如咽喉干痛、流涕、干咳、胸闷、呼吸困难，还可有头晕、乏力、关节酸痛、寒战、发热等类似流感的表现，严重者出现气管肺炎、肺水肿。吸烟可引发肺癌，是因为烟草中含有重金属等有害物质，其中镉是导致这一病症的原因之一。

（3）对骨的损伤。十大公害之一的“痛痛病”事件就是由于镉对骨骼造成的损伤引起的。它的致病机理为：首先是引起肾功能障碍。镉使肾中维生素的活性受到抑制，进而妨碍十二指肠中钙结合蛋白的生成，干扰钙在骨质上的正常沉积。因此，缺钙会使肠道对镉的吸收率增高，加重骨质软化和疏松。另一原因是镉影响骨胶原的正常代谢。关节、韧带等是联系各个骨块的结缔组织，有润滑、保护、强化的功能，它们主要由胶原蛋白和弹性蛋白组成。这些蛋白的形成要通过许多以锌和铜为活性中心的酶促反应完成。当镉中毒后，它取代了这些酶的中心原子，使它们失活：例如赖氨酸氧化酶的活性中心是铜，是形成胶原纤维的基础。当被镉毒化，此酶的活性降低，影响胶原蛋白质的形成。因此“痛痛病”表现为骨骼软化、萎缩，四肢弯曲、脊柱变形、骨质松脆等现象。

（4）镉的致癌作用。1987年，镉被国际抗癌联盟（IARC）定为ⅡA级致癌物，镉可引起肺、前列腺和睾丸的肿瘤。

（5）遗传毒性作用。高浓度的镉对 DNA 具有损伤作用；而在较低浓度下，镉干扰 DNA 修复过程的作用较明显。这种直接和间接的遗传毒作用可能是镉引起的原因之一。

4. 铬

铬是人体必需的微量元素，在肌体的糖代谢和脂代谢中发挥特殊作用。三价的铬是对人体有益的元素，而六价铬是有毒的。人体对无机铬的吸收利用率极低，不到1%。人体对有机铬的利用率可达 10% ~25%。铬在天然食品中的含量较低，均以三价的形式存在。确切地说，铬的生理功能是与其他控制代谢的物质一起配合起作用，如激素、胰岛素、各种酶类、细胞的基因物质（DNA 和 RNA）等。铬的生理功能主要有：葡萄糖耐量因子的组成部分，对调节体内糖代谢、维持体内正常的葡萄糖耐量起重要作用；影响机体的脂质代谢，降低血中胆固醇和甘油三酯的含量，预防心血管疾病；是核酸类（DNA 和 RNA）的稳定剂，可防止细胞内某些基因物质的突变并预防癌症。正常健康成人每天尿里流失约 1 微克铬。啤酒酵母、废糖蜜、干酪、蛋、肝、苹果皮、香蕉、牛肉、面粉、鸡以及马铃薯等食物中也含有少量铬。

铬通过皮肤接触和呼吸道吸入等方式对人体发生作用。

与皮肤接触时，铬化合物并不损伤完整的皮肤，但当皮肤擦伤后接触铬化合物时即可发生伤害作用。临床表现为手、臂及足部，擦伤部位接触铬后伤口发生脓疮，称之为铬性皮肤溃疡。这种皮肤病的偶发性很高，其受害程度与接触时间长度、个人皮肤的过敏程度及个人卫生习惯有关。最初，皮肤只是出现红肿，有瘙痒感，随后形成硬痂，四周隆起，中间有腐肉并有分泌物排出。周边皮肤呈灰红色，局部疼痛，溃疡面较小，一般不超过 3 毫米，有时也可大至 12 ~30 毫米，或小至针尖般大小，若忽视治疗，疼痛感剧烈，伤口愈合甚慢。铬与皮肤接触，发生铬中毒时，要迅速脱去被污染的衣着，用流动清水冲洗皮肤。眼皮及角膜接触铬化合物可能引起刺激及溃疡，症状为眼球结膜充血、有异物感、流泪刺痛、视力减弱，严重时可导致角膜上皮脱落，偶然会发生溃疡。眼睛混入铬化合物后，要迅速用大量流动清水冲洗眼睛，再用氯霉素眼药水或用磺胺钠眼药滴眼，并使用抗菌眼膏每日三次，严重时立刻就医。

接触铬盐常见的呼吸道职业病是铬性鼻炎。该病早期症状为鼻黏膜充血、肿胀、鼻腔干燥、骚痒、出血，嗅觉减退，黏液分泌增多，常打喷嚏等，继而发生鼻中隔溃疹。溃疹部位一般在鼻中隔软骨前下端 1.5 厘米处，无明显疼痛感。当鼻腔中呼入含有铬化合物的颗粒时，应迅速离开现场至空气新鲜处，严重时立刻就医。

误食入六价铬化合物可引起口腔黏膜增厚、水肿形成黄色痂皮，反胃呕吐，有时带血，剧烈腹痛，肝肿大，严重时使循环衰竭，失去知觉，甚至死亡。六价铬化合物在吸入时是有致癌性的，会造成肺癌。不慎食入时，立即用亚硫酸钠溶液洗胃解，口服 1% 氧化镁稀释溶液、喝牛奶和蛋清等，严重时就医。

发生全身中毒的情况甚少，症状是：头痛消瘦，肠胃失调，肝功能衰竭，肾脏损，单接血球增多，血钙增多及血磷增多等。

铬在植物中的存在具有普遍性。通过对叶绿蛋白、叶绿素中铬的研究证明，一定形式、一定数量的铬有促进植物生长的作用，能增强光合作用并提高产量。植物中铬的含量不仅反映其生长环境的状况，而且反映它富集铬的能力。但过量的铬将引起花叶症、黄瓜癌、蕹菜瘤、菠萝瘤、柑橘瘤等；过量的铬会抑制水稻、玉米、棉花、油菜、萝卜等作物的生长。铬对作物的养分吸收和代谢具有重要的影响。例如，铬可以抑制作物吸收铁、锌而引起失绿；铬抑制矮菜豆、黄豆等对锌的摄取，抑制水稻对锰，水稻、黄豆等对镁的摄取。

环境中三价铬与六价铬会互相转化，所以近年来倾向于用铬的总含量而不是用六价铬含量来规定水质标准。三价和六价铬对人体都有害。六价铬的毒性比三价铬要高 100 倍，是强致突变物质，可诱发肺癌和鼻咽癌。三价铬也有致畸作用。铬渣（含铬固体废物）已成为铬污染的重要环境问题。例如，湖南某厂铬渣堆场周围，土壤、大气和水体中的铬含量都超标，尤其是地下水严重超标 48.4 倍。厂区内六价铬污染比较明显，堆场附近的农田作物当中，以白菜、莴笋和芹菜为例，芹菜叶、芹菜根、白菜叶、白菜根、莴笋叶、莴笋根中重金属铬的平均含量分别是国家蔬菜卫生标准的 13.8 倍、28.3 倍、30.6 倍、43.4 倍、29.2 倍和 26.9 倍。

铬渣即铬渗出渣，是金属铬和铬盐生产过程中的渗滤工序滤出的不溶于水的固体废弃物，除部分返回焙烧料中再用外，其余堆存待处理。铬渗出渣为浅黄绿色粉状固体，呈碱性。每生产 1 吨重铬酸钠约产生 1.8 ~ 3.0 吨铬渣。每生产 1 吨金属铬产生 12.0 ~ 13.0 吨铬渣。由于历史的原因，我国许多地方都存在过铬渣污染。早年，各地生产铬酸钠的化工厂历年会随生产排放铬废渣。截至 2005 年，全国各地堆存下来的含铬废料约 300 万吨。其堆存地点分布于 20 多个省、市、区。我国因铬污染被迫先后关闭的 30 多个铬化工厂遍及全国各地。这些工厂倒闭后，遗留下来数百万吨铬废料堆积在当地，也成为污染当地环境的毒瘤。

由于倒渣驾驶员的非法丢放，云南省曲靖市麒麟区越州镇有总量 5000 余吨的重毒化工废料铬渣倒入水库，导致水体中致命六价铬超标 2000 倍；经雨水冲刷和渗透，逐渐把容量 20 万立方的水库变成恐怖的“毒源”。

二、非金属类无机污染的危害

（一）氮氧化物

一氧化氮引起人中毒的资料较少，对呼吸器官的作用比二氧化氮弱得多。它能造成实验动物血液中高铁血红蛋白含量增高，导致血液携氧能力的下降；一氧化氮还可以引起明显的神经系统症状。汽车尾气、水泥、冶金、火力发电厂等都是氮氧化物排放大户。

二氧化氮的毒性比一氧化氮高 4 ~ 5 倍。世界卫生组织推荐的日平均允许质量浓度为 1.5×10^{-6} 克/米^3。慢性中毒主要表现为神经衰弱症侯群。二氧化氮对健康的影响主要表现在以下几个方面。

（1）对呼吸系统的影响。二氧化氮较难溶于水，故对上呼吸道和眼睛的刺激作用较小，主要作用于深部呼吸道、细支气管及肺泡。吸入高浓度的二氧化氮可以引起肺水肿。长期吸入低浓度二氧化氮可以造成呼吸道阻力增加，肺功能下降；对感染的敏感性增加，引起慢性呼吸道和慢性支气管炎症；流行病学研究表明，二氧化氮还与婴儿和儿童的急性支气管炎的发病有关。

（2）对血液及全身的影响。吸入的二氧化氮以亚硝酸根和硝酸根的形式进入血液，最终由尿排出。因此，二氧化氮可以造成肾脏、肝脏、心脏等其他器官的继发性病变。进入血液的亚硝酸和硝酸与碱结合后可以生成盐，亚硝酸盐造成高铁血红蛋白含量升高，继而导致组织缺氧。动物实验和流行病学调查都显示二氧化氮对血液有影响。

（3）动物实验表明，二氧化氮具有促癌作用。

（4）二氧化氮的靶器官虽然不是神经系统，但是有研究发现它可以引起实验物的神经行为功能改变。妊娠大鼠暴露于二氧化氮可以导致仔鼠早期神经运动发生改变，协调能力受损，活动和反应能力降低。

（5）二氧化氮与大气中的二氧化硫和臭氧分别具有叠加和协同作用，造成抵抗力下降；与烃类共存时，在强烈的日光照射下，可以形成光化学烟雾；与 PAHs 发生硝基化作用，形成硝基 PAH。

（6）二氧化氮对植物具有损害作用。

（二）二氧化硫

二氧化硫是窒息性气体，有腐蚀作用。燃煤火力发电厂、钢铁有色冶金等行业在生产过程中会产生大量二氧化硫。它能刺激眼结膜和鼻咽等黏膜，在潮湿或有雾的空气中，能与水分结合，形成亚硫酸，并缓慢地形成硫酸，使其刺激作用加强。当空气中浓度为（0.3～1）$\times 10^{-6}$时，健康人可由嗅觉感知，当浓度为（6～12）$\times 10^{-6}$时，则对鼻咽及呼吸道黏膜有强烈刺激作用。

二氧化硫易溶于水，吸入时易被上呼吸道和支气管黏膜的富水性黏液吸收，因而它主要作用于上呼吸道。但当空气中含有各种微粒，则可以吸附于微粒的表面而进入呼吸道深部发生作用。如尘粒表面有亚铁、锰或钒化合物等催化剂，能使二氧化硫氧化成硫酸，而加强其作用。

吸入含高浓度二氧化硫的空气，可引起支气管炎，极高浓度时则可发生声门水肿或肺水肿和呼吸道麻痹，达到（400～500）$\times 10^{-6}$时可立即危及生命。低浓度二氧化硫吸入时，主要作用为使呼吸道轻度收缩，呼吸时空气流通受阻。

吸附着二氧化硫的颗粒物被认为是变态反应原，能引起支气管哮喘。还有人认为二氧化硫有促癌作用，可以加强苯并芘的致癌作用。二氧化硫被吸收后，可以分布到全身器官，与血液中的维生素 B1 结合，破坏其与维生素 C 的正常结合，使体内维生素 C 失去平衡，从而影响新陈代谢和生长发育。

二氧化硫对多种植物如林木、谷物及蔬菜等均可造成损害，使之不能正常生长甚至死亡。对于各种动物如牛、马、猪、羊、狗等均可引起疾病或致死。此外它对于建筑物、桥梁及其他暴露于大气中的物体，亦有腐蚀作用。

（三）氰化物

大多数无机氰化物属剧毒、高毒物质，极少量的氰化物就会使人、畜在很短的时间内中毒死亡，还会造成农作物减产。氰化物污染水体引起鱼类、家畜及致人群急性中毒的事例国内外均有报道。目前在煤焦化、石油化工、黄金提取等生产过程中会有氰化物产生及使用。

1. 氰化物对人的毒性

氰化物对温血动物和人的危害较大，特点是毒性大、作用快。氰离子进入人体后便生成氰化氢，它的作用极为迅速，在含有很低浓度（0.005 毫克/升）氰化氢的空气中，很短时间内就会引起人头痛、不适、心悸等症状；在高浓度（大于 0.1 毫克/升）氰化氢的空气中能使人在很短的时间内死亡；在中等浓度时人体就会出现初期症状，大多数情况下，在 1 小时内死亡。

氰化物刺激皮肤并能通过皮肤吸收，亦有生命危险。在高温下，特别是和刺激性气体混合而使皮肤血管扩张时被容易被吸收，所以更危险。氰化物对人的致死量从中毒病人的临床资料看，氰化钠的平均致死量为 150 毫克、氰化钾 200 毫克、氰化氢 100 毫克左右；人一次服氢氰酸和氰化物的平均致死量为50～60 毫克或 0.7～3.5 毫克/千克体重。

2. 氰化物对水生生物的毒性

氰化物对水生物的毒性很大。当氰离子浓度为 0.02～1.0 毫克/升时（24 小时内），就会使鱼类致死。氰化物对鱼类的毒性与环境有关，这是因为氰化物的毒性主要是由于氢氰酸的形成而产生的。因此，pH 值的变化能影响毒性，在碱性条件下氰化物的毒性较弱，而 pH 值低于 6 时则毒性增大。另外，水中溶氧的浓度也能影响氰化物的毒性。为了防止中毒，国家规定渔业水体总氰化物浓度不得超过 0.005 毫克/升。

水中微生物可破坏低浓度（小于 2 毫克/升）的氰化物，使其成为无毒的简单物质，但要消耗水中溶解的氧，使生化需氧量减少，消化作用降低，还会产生一系列的水质问题。

3. 氰化物对植物的作用

灌溉水中氰化物的浓度在1毫克/升以下时，小麦、水稻生长发育正常；浓度为10毫克/升时水稻开始受害，产量为对照组的78%，小麦受害不明显；浓度为50毫克/升时，水稻和小麦都明显受害，但水稻受害更为严重。含氰废水污染严重的土地，果树产量降低，果实变小。另外，用含氰废水灌溉水稻、小麦和果树时，其果实中会含有一定量的氰化物。

（四）砷

当人类摄入被砷污染的食品后，人体摄入砷化合物量超过自身排泄量时，会在组织中产生积累，引起急性或慢性砷中毒，从而对人体健康产生危害效应。其主要表现在：急性砷中毒的患者往往出现全身不适、疲乏、无力、头痛、头昏等前期症状，接着表现出肠胃炎症状，如恶心、呕吐、腹胀、咽部及胃有烧灼感，大量呕吐米汤样物，重度的水样腹泻，其后可发展到血性腹泻。重者因高度脱水，引起休克、少尿、蛋白尿，直至昏睡、痉挛。砷中毒的急性期很少有特异症状，所以很容易误诊。渡过急性期，可出现多发性神经炎、脊髓炎及再生不良性贫血等后遗症。

慢性砷中毒的症状、体征除有一般自主神经衰弱症外，较为特殊的有：皮肤色素沉着、过度角化、末梢神经炎、肢体血管痉挛以至坏疽等改变。

（1）对皮肤的损害。砷对皮肤的损害主要是慢性砷暴露所致，是发现最早、研究较多的危害之一，主要包括色素沉着或脱失、角化过度和细胞癌变。

（2）砷对循环系统的影响。砷吸收后通过循环系统分布到全身各组织、器官，对循环系统的危害首当其冲。临床上主要表现为与心肌损害有关的心电图异常和局部微循环障碍导致的雷诺氏综合征、球结膜循环异常、心脑血管疾病等。

（3）砷对神经系统的影响。砷具有神经毒性，长期砷暴露可观察到中枢神经系统抑制症状，包括头痛、嗜睡、烦躁、记忆力下降、惊厥甚至昏迷和外周神经炎伴随的肌无力、疼痛等。

（4）导致癌症。据报道，暴露于饮水砷水平大于等于150毫克/升的人群，其癌症风险高达1/100。当饮水砷含量在50毫克/升时，能引发人体多部位癌症，如皮肤癌和肝脏、肾脏、肺和膀胱肿瘤等，并发现长期暴露在含砷环境中会明显影响人的寿命。

（5）危害生殖发育。由于男女在砷的生物代谢（甲基化）方面存在差异，导致妇女和儿童更易受到砷的危害，尤其是砷对母体及其胚胎产生的双重毒害将影响子代的健康。砷可通过母体胎儿屏障进入胚胎产生胚胎毒性，且砷可导致新生儿体重减轻，甚至畸形和死亡，具有潜在的发育毒性。

（6）其他影响。糖皮质激素与许多基因有关，这些基因可抑制癌症和调节血糖，而砷有干扰糖皮质激素的作用，从而导致癌症和血糖异常。慢性砷中毒者还有呼吸系统炎症、鼻黏膜萎缩、嗅觉减退、听力障碍、视野异常等症状。

（五）氟

氟是人体必需的微量元素之一。微量氟能促进骨骼和牙齿的钙化，因此，许多国家或地区常用自来水加氟以防龋齿。但多数实践表明，加氟后对健康的损害程度大大超过了它带来的益处，因为长期过量摄入氟化物可导致慢性氟中毒。氟化物通过空气经呼吸道吸收，也可随食物和饮水经消化道吸收，还可通过皮肤吸收。氟对呼吸道黏膜及眼结膜有刺激作用，长期吸入或摄入被氟污染的大气、水和食物，可使氟在体内蓄积。氟能引起体内的钙磷代谢失调，造成体内缺钙，发生氟骨症。特别是需要较多钙的妊娠妇女更易出现氟骨症。儿童的斑釉牙（黄板牙）的发生是由于饮水中的氟含量增高所致。但饮水中含氟量太低时，儿童易患龋牙，因氟有明显的防龋作用。从流行病学的调查结果发现，当水中含氟量低于 5.0×10^{-5} 克/升时，儿童的斑釉牙发病率显著减少，但龋齿的发病率却迅速增加。为防止儿童的斑釉牙和龋齿的发生，许多国家将饮水的含氟量定在 $(0.5\sim1.0)\times10^{-6}$ 克/升的范围内。

三、无机污染的防范途径

由上述无机污染物的危害来看，重金属污染的危害更为显著，本小结以重金属污染的防范措施为主要介绍对象，对其进行重点阐述。

（一）防治技术

重金属污染的治理一直是引起人们重视的问题，也是研究的热点之一。重金属污染按其来源分类，可分为大气重金属污染、土壤重金属污染以及水体重金属污染。由于大气的扩散作用，进入大气的重金属离子通过沉降和淋洗可以进入水体和土壤，因此对含有重金属离子废水的处理以及修复含有重金属土壤的技术方法受到了人们的广泛关注。

关于土壤重金属污染物的研究，国外始于20世纪六七十年代，如澳大利亚、美国、德国等国家对土壤重金属的研究较深入。我国近年来也对土壤污染做了大量研究。总的来说，目前大致有以下几种治理措施：

生物治理是指利用生物的某些习性来适应、抑制和改良重金属污染。主要有：动物治理是利用土壤中的某些低等动物如蚯蚓、鼠类等吸收土壤中的重金属；微生物治理是利用土壤中的某些微生物等对重金属具有吸收、沉淀、氧化和还原等作用，降低土壤中重金属的毒性，如 Citrobacter sp 产生的酶能使铀、铅、镉形成难溶磷酸盐；原核生物（如：细菌、放线菌、真菌等）对重金属更敏感。格兰氏阳性菌可吸收镉、铜、镍、铅等。植物治理是利用某些植物能忍耐和超量积累某种重金属的特性来清除土壤中的重金属。重金属的植物吸收淋溶和无效态数量将只依赖于它们的有效态的多少。超积累植物可吸收积累大量的重金属，目前已发现400多种，超积累植物积累铬、钴、镍、铜、铅的含量一般在0.1%以上，积累锰、锌含量一般在1%以上。

化学治理就是向污染土壤投人改良剂、抑制剂，增加土壤有机质、阳离子代换量和粘粒的含量，改变pH值、Eh和电导等理化性质，使土壤重金属发生氧化、还原、沉淀、吸附、抑制和拮抗等作用，以降低金属的生物有效性。

农业治理是因地制宜地改变一些耕作管理制度来减轻重金属的危害，在污染土壤上种植不进入食物链的植物。如在含镉100毫克/千克的土壤上种苎麻。五年后，土壤含镉平均降低27.6%；因地制宜地种植年叶，种植玉米、水稻、大豆、小麦等。水稻根系吸收重金属的含量占整个作物吸收量的58%～99%。玉米茎叶吸收重金属的含量占整个作物吸收量的20%～40%。玉米籽实吸收量最少，重金属在作物体内分配规律是根大于茎叶，茎叶大于籽实。

（二）规避措施

1. 汞

调整排汞企业的不合理布局，改革落后的生产工艺，尽量减少含汞废水的排放。对含汞废水，还可采用除汞方法将其清除。

定期对被汞污染的水体水质、底泥及鱼体内的汞含量进行检测，掌握汞在水体食物链中的动态变化和蓄积情况，预防汞对人群的暴露和危害。

2. 铅

控制工业污染源，推广使用无铅汽油，降低大气中铅的污染程度。室内装修时应尽量使用不含铅的涂料，并加强通风换气。制定环境介质和食品中铅的允许浓度及每天摄入量的限值，加强饮用水和食品中铅污染的监督监测，防止人体过量的铅吸收。加强健康教育，保护儿童和孕妇等高危险人群。在铅污染地区注意发现儿童铅中毒，并及时进行药物驱铅治疗。

3. 镉

坚持环境监测，严格控制“三废”排放。加强对工业三废中含镉污染物的治理，合理采矿和冶炼；对被镉污染的土壤，可采取一定的改良措施，如在土壤中施用磷酸盐类肥料，使其生成磷酸镉沉淀，从而减少植物对镉的吸收。

在土壤中加入石灰，以提高土壤 pH 值；在受镉污染的土壤和水中加入具有良好吸附作用的吸附剂，如活性炭、蒙脱石、高岭土、膨润土、风化煤、磺化煤、高温矿渣、沸石、壳聚糖、羧甲基壳聚糖、硅藻土、改良纤维、蛋壳、活性氧化铝、腐殖质、纳米材料等，以减少土壤中的镉含量；在熔炼、使用镉及其化合物的场所，应具有良好的通风和密闭装置，焊接和电镀工艺除应有必要的排风设备外，操作时应戴个人防毒面具，不应在生产场所进食和吸烟；对于动物再次喂含镉量较高的饲料时，可以添加与镉有拮抗作用的元素，如锌、铁、铜、钙、硒、维生素 C，降低镉对动物的毒性；要尽量减少食用含镉量较高的贝类、海鲜，不吸烟或少吸烟；不在镀镉器皿存放食品，特别是醋类等酸性食品。

4. 砷

严格控制含砷“三废”（废水、废气、废渣）的排放量，并对其进行定期监测。对含砷污水采用混凝、沉淀、过滤等工艺进行处理。减少大气砷污染的最好方法是在冶金工艺过程中将砷尽可能完全地进行回收；给予地方性砷污染地区高度重视，有计划地控制和改变地方性砷污染地区的状态；对食品中的砷添加剂进行严格控制，并鼓励少用或不用此添加剂，积极寻找新的办法。

第三节　无机污染重点关注行业

《重金属污染综合防治规划》指出，国家总量控制的重金属主要有五种，即汞、铬、镉、铅和类金属砷，重点区域铅、汞、铬、镉和类金属砷等重金属污染物的排放要大幅削减，包括铅蓄电池制造业在内的五大行业成为重点防控对象。

这五大重点防控行业是重有色金属矿（含伴生矿）采选业（铜矿采选、铅锌矿采选、镍钴矿采选、锡矿采选、锑矿采选和汞矿采选业等）、重有色金属冶炼业（铜冶炼、铅锌冶炼、镍钴冶炼、锡冶炼、锑冶炼和汞冶炼等）、铅蓄电池制造业、皮革及其制品业（皮革鞣制加工等）、化学原料及化学制品制造业（基础化学原料制造和涂料、油墨、颜料及类似产品制造等）。

由于重金属污染排放的区域性非常明显，所以在总量控制指标上区分为重点区域与非重点区域。重点区域包括内蒙古、江苏、浙江、江西、河南、湖北、湖南、广东、广西、四川、云南、陕西、甘肃、青海等14个重点省份和138个重点防护区。

一、化工行业

化学原料及化学制品制造业（基础化学原料制造、涂料、油墨、颜料及类似产品制造）均为重金属污染防治的重点行业。

（一）聚氯乙烯行业的汞污染

聚氯乙烯行业在我国石化产品中占据十分重要的地位。富煤贫油少气的资源禀赋，使得电石法聚氯乙烯成为中国聚氯乙烯工业的主流工艺，但该工艺中重金属汞的排放是行业必须面临的巨大挑战。

电石法聚氯乙烯合成过程要采用氯化汞触媒作为催化剂，通常采用汞触媒以活性炭为载体。氯化汞含量在10.5%～12%，失活后的汞触媒氯化汞含量在4%，大量的氯化汞随氯乙烯升华后损失（主要在水洗、碱洗、触媒翻到等工序）。目前，我国每吨聚氯乙烯消耗氯化汞触媒平均约为1.2kg，以

2009年我国电石法聚氯乙烯产量580万吨计算，使用汞触媒7000吨，氯化汞的使用量约770吨，汞的使用量约570吨。电石法聚氯乙烯行业汞的使用量约占全国汞消费量的60%，成为国内外高度关注的行业。

聚氯乙烯工业涉汞主要污染物有废汞触媒、含汞盐酸、含汞废活性炭和含汞废碱液等。

（二）铬盐行业

重铬酸钠，俗称红矾钠，广泛应用于印染、制革、化学、医药、电镀等，世界消费品总类10%与铬系列产品有关。我国铬盐生产量已达30万吨，占全世界总量85万吨的1/3左右。国内铬盐的生产工艺主要有钙焙烧法、无钙焙烧法、液相氧化法三种，其中钙焙烧法占主要地位。

含铬废渣的产生主要有浸取洗涤后的外排铬渣（吨产品排渣0.65吨~0.8吨）、中和除铝后的含铬铝渣（吨产品排渣0.3吨）、蒸发浓缩后产生的含铬芒硝（吨产品排放1吨）等三种含铬废渣及少量的钒渣和处理硫酸氢钠产生的铬酸铬渣及含铬酸泥。

目前，我国铬盐行业均采用传统1200℃高温有钙焙烧传统工艺，其关键技术问题是主金属铬转化率仅为75%，资源利用率仅为20%。每生产1吨铬盐同时产生2吨~2.5吨高毒性铬馇，渣中含六价铬（以红矾钠计算）3%~4%，所含六价铬为国家排放标准的700~900倍。目前，我国尚积存有400多万吨有毒铬馇亟待处理，每年还在以超过60万吨的数量增加。

二、有色金属采选冶行业

在重金属矿山开采过程中将井下矿石搬运到地表，并通过选矿和冶炼使地下一定深度的矿物暴露于地表，使矿物的化学组成和物理状态发生改变，从而使重金属元素向生态环境释放和迁移。随着矿山开采年份的增加，矿区环境中重金属不断积累，使矿区重金属污染日趋严重。矿区土壤是重金属污染的最严重环境介质，因此可以认为土壤最具有潜在的危险来源。土壤重金属污染是一种不可逆的污染过程。重金属污染不仅对植物的生长造成影响，还通过食物链在人体内富集，引发癌症和其他疾病等，影响人体健康。

近年来，众多学者对南方重金属矿区重金属污染进行了大量的研究，发现南方重金属矿区重金属污染十分严重。王庆仁等相关学者对我国重工业区、矿区、开发区及污灌区土壤重金属污染状况的调查表明，土壤重金属含量绝大部分高于土壤背景值，Cd、Zn 等明显超标。金属冶炼厂附近土壤中 Pb、Zn、Cd 含量皆与离污染源的距离相关。

据不完全统计，我国金属矿山积存尾矿约 40 多亿吨，并以每年 1 亿多吨的速度在增加。这些尾矿中含有大量的有用组分。如云锡公司现有累计尾矿 1 亿多吨，含锡达 20 多万吨，还有伴生的铅、锌、铟、铋、铜、铁、砷等。八家子铅锌矿从 1969 年投产至 1990 年已堆存尾矿 260 万吨，该尾矿含 6.994×10^{-5}（质量分数）Ag、2.335%（质量分数）S、0.19%（质量分数）Pb、0.187%（质量分数）Zn、0.027%（质量分数）Cu。铜官山铜矿的响水冲尾矿库从 1952 年到 1967 年共堆存尾矿 860 万吨，尾矿平均含 5.82%（质量分数）S、含 28.73%（质量分数）Fe。

农业部最近几年的典型调查和定位监测表明，全国耕地重金属污染面积在 16% 以上，如广州有 50% 耕地遭受镉、砷、汞等重金属污染；辽宁省八家子铅锌矿区周边耕地镉、铅含量超标都在 60% 以上。尤其是近期媒体报道了有关大米镉超标事件，引起了人们的高度关注。重金属污染使得农产品质量安全堪忧，对“餐桌安全”构成了威胁。

有色金属在冶炼过程中，主要包括铜冶炼、铅锌冶炼、镍钴冶炼、锡冶炼、锑冶炼和汞冶炼等，其中铅污染的重点防控工序为备料工序、熔炼工序、还原工序、烟化工序、火法工序、火法烧结、浸出渣处理、精炼工序、制酸工序等工序；砷污染的重点防控工序在淋滤水、尾矿水、尾砂、矿坑涌水、熔炼工序、焙烧工序等；镉污染的主要防控重点行业为铅锌采选及冶炼业。

重有色金属冶炼污染的特征在于：原料中的有毒组分一般以化合物存在，酸性废水中以离子形态存在。在焙烧、熔炼、精炼过程中，原料中的砷、汞、铅、硫等氧化升华进入烟气（烟尘）或污酸、废渣中；冶炼废水排放污酸和酸性废水，含有多种一类重金属；冶炼废渣成分复杂，有多种危险废物。

以 2008 年为例，工业吨金属的废水排放量为 38.8 吨，年废水排放量达到 7.5 亿吨，占全国工业行业废水排放总量的 10% ~12%；我国有色行业废气排放总量为 1.92 万亿标方，有色冶炼就排放了 1.86 万亿标方的废气，占 97%；我国工业固废排放总量为 17.7 亿吨，其中有色行业为 3 亿吨，其中有色采选业占 77%，有色冶炼废渣排放比例 23%。从污染源强度上分析，有色采选应以废水、废渣为重点，有色冶炼以废气、废渣为重点。

三、皮革鞣制

我国是皮革及其制品生产、出口大国，传统的鞣制工艺及加工过程中使用的鞣剂、染料、颜料和助剂，会使皮革和毛皮中含有一定量的重金属元素，其中铅、镉、镍、铬、钴、铜、锑、砷、汞等可通过汗液的浸渍经皮肤侵入人体，严重危害人体健康；生产过程中没有被裸皮吸收的重金属元素通过工业废水、废弃物的排放对生态环境造成污染。

皮革及其制品中重金属元素的来源为：含有重金属元素的鞣剂、染料、颜料和助剂（抗菌剂、防水剂等），被广泛应用于皮革和毛皮生产、加工的各道工序，使得皮革及其制品中被引入某些重金属元素。

根据化学成分鞣剂可分为两大类：无机鞣剂和有机鞣剂。无机鞣剂包括铬鞣、锆鞣、铝鞣、钛鞣、铁鞣等，其中应用最广的是铬盐鞣剂。铬盐用于鞣制已有百余年的历史。20 世纪初，由于铬鞣具有独特的实用价值，不仅省时、经济，而且耐湿热、稳定性强、机械强度高、染色性能好、手感柔软丰满，使之大规模取代传统的植物鞣制，用以生产不同类型的皮革，尤其是轻革。从离子结构上看，三价铬是典型的八面体内轨型配合物，离子势较大，极化能力较强，配位场稳定化能高，配位键共价性显著。用铬盐鞣制时，三价铬配合物与胶原活性基结合牢固，成革的收缩温度高，耐水洗能力强。但是，随着铬鞣剂的普遍使用，其中的六价铬对人体的安全性遭到质疑，并被认为是一种必须治理的污染源。

使用金属络合染料进行染色，对于提高成革色泽的鲜艳度、耐晒及耐水洗牢度起着重要的作用。从理论上讲，凡在元素周期表中属于副族的过渡元素都有可能进行络合，但实际生产中最常用的是铬、钴、铜，其次为铁、镍、锌、锰。金属络合染料的稳定与否，染料中游离重金属量多或少，这些都是影响皮革成品中重金属含量的关键因素。

皮革加工过程中排放大量含有重金属元素的废水、固体废弃物，对生态环境造成污染及皮革制品中的重金属元素，通过皮肤侵入人体威胁健康。随着皮革产量的快速增长，制革工业排放的废水、固体废弃物也在不断增加。在皮革加工过程中使用的大量含重金属元素的化工材料、助剂、染料、颜料及有机溶剂，一部分被裸皮吸收利用，另一部分则随废水被排放，易造成环境污染。以铬元素为例，在世界范围内，生产皮革的主鞣剂中铬鞣剂占70% ~80% ，全球每年铬鞣剂的消耗量为40 万吨。由于鞣制是在湿环境中进行，其中的铬配合物不可能完全被裸皮吸收。研究表明，主鞣中有近30% ~40% 的铬鞣剂未被充分利用，如果随废水排放，就意味着全世界每年要有12 万吨 ~16 万吨的铬鞣剂被浪费掉。

除了废水污染，还有来自不同工艺阶段的固体废弃物（如毛渣、碎皮、修边下角料、磨革产生的革屑以及制革污泥和沉渣）。据统计，全世界每年产生60 万吨 ~80 万吨的皮革固体废弃物，其中75% 是含铬的铬革屑；在我国，皮革固体废弃物年排放量为25 万吨左右，其中70% 为含铬废弃物。将未经处理的固体废弃物堆放或填埋在土壤中，造成土壤中的铬化物及其他金属离子浓度过高，导致农作物生长异常。

四、金属表面处理及热加工行业

（一）电镀行业

在机械加工中常需要进行电镀处理，既可以防锈、防腐蚀，又可以使产品美观漂亮。电镀工艺原理是将被镀工件作为阴极，放在含有某种金属离子的电解质溶液中，通电时金属离子沉积在工件表面。我国一般将转化膜生产也归属电镀范畴，转化膜包括氧化、磷化、发黑、钝化等工艺。电镀生产分布多个行业部门，其中机械工业占30% 、轻工业占20% ，其余分布在其他行业。我国电镀加工主要是镀锌、镀铜、镀镍、镀铬，其中镀锌占50% ，镀铜、铬、镍占30% ，转化膜占15% 。有关资料显示：电镀工业水耗的国内平均水平为3.0t/m^2镀件，镀铜的物料利用率为65% ，镀镍的物料利用率为75% ，镀铬的物料利用率为10.5% 。

电镀工业的主要污染是废水污染，电镀废水主要是酸洗废水、电镀漂洗废水、钝化废水和刷洗地面产生的废水。电镀工艺流程中有多次清洗、碱洗、酸洗、滚洗等产生大量清洗废水。由于用过的清洗水和废弃的电镀液及生产过程中的泄漏，会排出多种有毒的重金属元素，对环境造成严重污染。电镀污水的水质复杂，其中可能含有铬、锌、镉、镍、铜等重金属和氰化钠等剧毒污染物，同时，由于有机溶剂和氢氟酸的使用又会产生化学物质和氟的污染。

电镀废水主要污染物质为金属离子，其次是酸、碱类物质，还有镀件基体预处理过程漂洗下来的氧化皮、油污，还有使用表面活性剂、有机材料产生的有机物。但电镀主要污染还是重金属离子、酸、碱和有机物污染。

（二）金属加工的酸洗处理污染

不锈钢酸洗过程是不锈钢生产的表面处理工序。带材、管材、线材的不锈钢酸洗的生产线产生的废水和废气对环境的污染都十分严重。

不锈钢生产中酸洗是必不可少的工艺。与碳钢酸洗不同，不锈钢酸洗是在一定温度下，采用硝酸和氢氟酸混酸进行酸洗，后再用清水进行冲洗。在生产过程中废水含各种重金属离子和氟离子、pH 值显酸性。废气含有氢氟酸、氮氧化物。废水、废气污染物毒性极大，对环境影响极大。

废水中主要成分如下：酸、悬浮物、六价铬、二价镍离子、氟。其中六价铬、二价镍离子都是国家严格控制排放的一类毒物。机械加工过程中有电洗镀工序，就包含了电镀的一切污染。在有电镀车间机械加工的废水中，还可能含有重金属离子和氰化物。

参考文献

[1] 林肇信，刘天齐，刘逸农．环境保护概论［M］．北京：高等教育出版社，1999.

[2] 卢荣，王毅，李闻欣，等．化学与环境［M］．武汉：华中科技大学出版社，2008.

[3] 石碧青．环境污染与人类健康［M］．北京：中国环境科学出版社，2006.

[4] 刘发欣，高怀友．镉的食物链迁移及其污染防治对策研究［J］．农业环境科学学报，2006，25（增刊）：805.

[5] 宋波，陈同斌，等. 北京市菜地土壤和蔬菜镉含量及其健康风险分析 [J]. 环境科学学报，2006，26 (9)：1343~1353.

[6] 肖小云，郭学谋. 铬渣堆场周围环境污染现状研究 [J]. 湖南农业科学，2008，(3)：102~103，107.

[7] 江澜，王小兰. 铬的生物作用及污染治理 [J]. 重庆工商大学学报（自然科学版），2004，21 (4)：325~328.

[8] 张东，朱丽霞，尹国勋. 焦作地区岩溶地下水铬污染过程 [J]. 地球与环境，2009，37 (3)：237~241.

[9] 塞东，敖拉哈，王贵琛，等. 某铁合金厂铬污染对人体健康影响的调查研究 [J]. 中国职业医学，2008，35 (3)：214-216.

[10] 荣宏伟，李建中，张可方. 铜对活性污泥微生物活性影响研究 [J]. 环境工程学报，2010，4 (8)：1709~1713.

[11] Levent A. Inhibitory effect of heavy metals on methane-producing anaerobic granular sludge [J]. Journal of Hazardous Materials，2009，162：1551~1556.

[12] 李英娟，赵庆祥，王静，等. 重金属对活性污泥微生物毒性比较研究 [J]. 环境污染与防治，2009，31 (11)：17~20，25.

[13] Pamukoglu MY，Kargi E. Copper (11) Ion toxicity in activated sludge processes as function of operating parameters [J]. Enzyme and Microbial Technology，2007，40：1228~1233

[14] 仲崇波，王成功，陈炳辰. 氰化物的危害及其处理方法综述 [J]. 金属矿山，2001 (5)：44~47.

[15] 康家琪，等. 砷对健康危害的研究进展 [J]. 卫生研究，2004，33 (3)：373~375.

[16] 孟紫强. 环境毒理学：第二版 [M]. 北京：中国环境科学出版社，2003：110~113.

[17] 周正立. 反渗透水处理用技术及膜水处理剂 [M]. 北京：化学工业出版社，2005.

[18] Qdais H A，Moussa H. Removal of heavy metals from wastewater by membrane processes：a comparative study [J]. Desalination，2004，164 (2)：

105～110.

[19] 吴昊，张盼月，蒋剑虹．反渗透技术在重金属废水处理与回用中的应用 [J]．工业水处理，2007，27 (6)：6～8.

[20] 黄万抚，徐洁．反渗透法处理矿山含重金属离子废水的试验研究 [J]．矿业工程，2005，3 (4)：36～37.

[21] Tae-Hyoung Eom，Chang-Hwan Lee，Jun-Ho Kim，et al. Development of an ion exchange system for plating wastewater treatment [J]. Desalination，2005，(180)：163～172.

[22] 何仕均，赵漩．利用弱碱阴离子交换树脂去除饮用水源中微量铬(VI) [J]．清华大学学报，2002，42 (51)：662～666.

[23] 唐树和，徐芳，王京平．离子交换法处理含 Cr (VI) 废水的研究 [J]．应用化工，2007，36 (1)：22～24.

[24] 吴克明，石瑛，王俊，等．离子交换树脂处理钢铁钝化含铬废水的研究 [J]．工业安全与环保，2005，31 (4)：22～23.

[25] 刘恢，柴立元．活性污泥处理重金属废水的研究进展 [J]．工业用水与废水，2004，35 (4)：9～12.

[26] 王士龙，张虹，张长，等．用活性污泥处理含铬废水的试验研究 [J]．贵州环保科技，2002 (3)：33－35，38。

[27] 何宝燕，尹华，彭辉，等．酵母菌吸附重金属铬的生理代谢机理及细胞形貌分析 [J]．环境科学学报，2007，28 (1)：194～198.

[28] 叶锦韶，尹华，彭辉，等．高效生物吸附剂处理含铬废水 [J]．中国环境科学，2005 (2)：118～121

[29] 李书鼎．土壤植物系统重金属长期行为的研究 [J]．环境科学学报，2000. 20 (1)：76～80.

[30] 蒋先军．重金属污染土壤的植物修复研究 [J]．土壤，2000. 32 (2)：71～74.

[31] 杨海琳．土壤重金属污染修复的研究 [J]．环境科学与管理，2009，34 (6)：130～135.

[32] 陈锋，刘红瑛，曹阳．某钢铁企业周边土壤重金属污染状况调查与评价 [J]．四川环境，2010，29 (2)：52～54.

[33] 程金平，胡卫萱，等．贵州万山汞矿汞污染生物健康效应 [J]. 上海交通大学学报，2005，39 (11)：1909～1912.

[34] 胡月红．国内外汞污染分布状况研究综述 [J]. 环境保护科，2008，34 (1)：38～40.

[35] 张晓健，陈超，米子龙，王成坤．饮用水应急除镉净水技术与广西龙江河突发环境事件应急处置 [J]. 给水排水，2013，39 (1)：24～32.

Chapter 4 第四章

物理性污染与健康

人类生活在一个物理、化学和生物的交叉环境中。物理性污染是指由噪声、电磁辐射、放射性辐射、热辐射或光辐射等物理因素引起的环境污染。随着现代城市化建设的加速，物理污染已经成为继化学污染和生物污染之后的又一大环境污染，它对人类的健康造成了严重的危害。

第一节　噪声污染与人体健康

一、噪声的定义及分类

（一）噪声的定义

目前对噪声的定义，从不同角度看存在不同的理解和认识。物理学上将由不同振幅和频率组成的不和谐的声音称之为噪声。从生理学角度来看，凡是妨碍人们学习、工作和休息并使人产生不舒适感觉的声音，即人们不需要的声音，统称为噪声。《中华人民共和国环境噪声污染防治法》（以下简称《环境噪声污染防治法》）对环境噪声和噪声污染的定义如下：环境噪声是指在工业生产、建筑施工、交通运输和社会生活中所产生的干扰周围生活环境的声音；噪声污染是指所产生的环境噪声超过国家规定的环境噪声排放标准，并干扰他人正常生活、工作和学习的现象。

随着现代交通运输业和工业的发展，噪声污染已经成为世界的一大公害，并严重威胁着人类的生存。

（二）噪声的分类

噪声的分类方法有多种。按声音的频率特点可分为低频噪声（小于500Hz）、中频噪声（500Hz~1000Hz）和高频噪声（大于1000Hz），按噪声随时间的变化可分为稳态噪声、非稳态噪声和瞬时噪声。

噪声按产生的机理可分为机械噪声、空气动力性噪声和电磁噪声。机械噪声是由于机械设备运行时部件间的摩擦力、撞击力或非平衡力，使设备内部产生振动而发出的噪声，例如球磨机、织布机和车床等工作时发出的噪声；空气动力性噪声是由于气体流动过程中的相互作用，或气流与介质间相互作用而产生的噪声，例如风机噪声、内燃机排气噪声和喷气发动机噪声；电磁噪声是由于电磁场发生变化引起机械部件振动而产生的，典型的电磁噪声有电动机、发电机、变压器以及霓虹灯镇流器发出的噪声。

噪声按来源不同可分为交通噪声、工业噪声、建筑噪声和社会生活噪声四种。交通噪声包括机动车辆、船舶、地铁、火车和飞机等各种交通工具带来的噪声，当前交通噪声已经成为城市的主要噪声源；工业噪声是指工厂的各种设备产生的噪声，其声级一般较高，对工人及周围居民带来较大的影响；建筑噪声主要来源于城市大规模的建设施工，其特点是强度较大且大多发生在人口密集地区，因此严重影响居民的生活；社会生活噪声来自人们的社会活动，例如家用电器、音响设备、饭店、歌舞厅等发出的噪声，社会生活噪声的声级虽然不高，但由于和人们的日常生活联系密切，使人们在休息时得不到安静，尤为让人烦恼。

二、噪声对人体的危害

噪声污染对人体的危害是多方面的，它不仅损害人的听觉、视觉、神经系统、心血管系统、内分泌系统、消化系统以及智力等，而且影响人们的正常生活和工作。

（一）噪声对听觉的影响

噪声对人体最直接的危害是听力损伤。人们在强噪声环境中呆上一段时间就会感到耳鸣，甚至会出现头痛等感觉，此时离开噪声环境到安静的场所休息数小时或十几小时，听力就会逐渐恢复正常，这种现象叫暂时性听阈偏移，亦称听觉疲劳。

如果人们长期处在90dB（A）以上的强噪声环境中，听觉疲劳不能得到及时恢复，就会形成永久性听阈偏移，即噪声性耳聋，噪声性耳聋是不能治愈的，因此预防噪声性耳聋首先要防止听觉疲劳的发生。

如果人突然暴露于噪声超过140dB（A）的环境中，听觉器官会发生急剧外伤，引起鼓膜破裂出血等症状，这会使人耳一次性完全失去听力能力，称为暴震性耳聋。

国际标准化组织规定，用500Hz、1000Hz和2000Hz三个频率上的听力平均值来表示听力损失。听力损失在15dB以下属于正常水平，15～25dB属于接近正常水平，25～40dB为轻度耳聋，40～65dB为中度耳聋，65dB以上为重度耳聋。一般来说，噪声性耳聋是指平均听力损失超过25dB。

大量的统计资料表明，不超过80dB的噪声级才能保证人们长期工作不致耳聋。噪声级在85dB左右，会有10%的人可能产生噪声性耳聋；在90dB以下只能保证80%的人工作40年后不会耳聋；而长期生活和工作在95dB的噪声环境中，近30%的人会丧失听力。

（二）噪声可能诱发疾病

噪声可能会诱发人体的某些疾病，这与人的体质、噪声的频率和强度及暴露时间等因素有关。

噪声会通过听觉器官作用于大脑的中枢神经系统，以致条件反射异常，从而产生头痛、脑胀、头晕、失眠、全身疲乏无力以及记忆力减退等神经衰弱症状。噪声还可使交感神经紧张，从而使人心跳加快、心律不齐、血管痉挛和血压波动，容易导致心脏病等。

调查显示，长期在高噪声环境下工作的人与低噪声环境下的情况相比，高血压、动脉硬化和冠心病的发病率要高2～3倍。另外，噪声可使人唾液、胃液分泌减少，易引起胃功能紊乱症，表现为消化不良、食欲不振、恶心呕吐，导致十二指肠溃疡和胃溃疡等肠胃病的发病率升高。此外，噪声对视觉器官、内分泌机能以及胎儿的正常发育等方面也会产生不良影响。营养学家研究发现，噪声还能使人体中的维生素、氨基酸、谷氨酸、赖氨酸等必须的营养物质的消耗量增加，从而影响人体健康。

（三）噪声影响正常生活和工作

噪声对人的睡眠会产生极大的影响。研究结果表明，连续噪声可以加快熟睡到轻睡的回转，使人多梦，睡眠质量下降；突然的噪声可以使人惊醒。一般来说，40dB 连续噪声可使 10% 的人受到影响，70dB 可影响 50% 的人，而突然而至的噪声达到 40dB 时，也使近 10% 的人惊醒，达到 60dB 时，会惊醒 70% 的人。由此可见，突然的噪声对睡眠的影响更为突出。

噪声还会干扰人的谈话、工作和学习。人们普通谈话的 A 声级约 60dB，当噪声级达到 65dB 以上时就会影响人们之间的正常交谈。据统计，噪声会使劳动生产率降低 10% ~50%，随着噪声的增加，差错率上升。实验表明，当人受到突然而至的噪声一次干扰，就要丧失 4 秒钟的思想集中。由此可见，噪声会分散人的注意力，导致反应迟钝，使工作和学习效率下降。此外，噪声还会掩蔽安全信号，例如报警信号和车辆行驶信号，以致造成事故。

三、噪声污染的防治

噪声污染的形成过程一般由三个环节组成，即声源、传播途径和接受者。因此，控制噪声污染必须从这三个环节中找到解决方法。此外，加强对噪声的管理是控制噪声污染的重要基础。

（一）噪声控制的基本原则

1. 声源控制

控制噪声污染最彻底、最有效的措施是控制声源。通过提高设备的加工和安装精度、改进机械设计以及优化工艺流程，使声源大大降低声强度甚至变为不发声体，就可以从源头上解决噪声污染。

设备运行中，由于机件间的碰撞、摩擦等作用，都会使噪声增大，此时可提高设备的加工和安装精度来降低噪声。实测结果显示，在齿轮转速为 1000r/min 的前提条件下，齿形误差从 17μm 降至 5μm 时，其噪声值可减少 8dB，而将轴承滚珠的加工精度提高一级，轴承的噪声可减少 10dB。

在研制设备时，选用发声小的材料、结构形式或传动方式都能降低噪声。

例如，用材料内耗大的高分子材料或高阻尼合金都会使噪声大大降低；风机叶片由直片形改成后弯形，会降低噪声约10dB；改用斜齿轮或漩涡齿轮，可降低噪声3～10dB。

2. 传播途径控制

由于技术或经济上的种种原因，很难从声源上控制噪声，此时就要在传播途径上控制噪声污染，通常采用以下几种方法。

（1）总体设计布局要合理。对整个城市来说，尽量把高噪声的工厂与居民区分区建立，工业园区应与居民区有一定距离；就工厂而言，应把噪声强的车间及一般车间与职工的住宅区保持一定距离。

（2）可以改变声源方向。例如，鼓风机、高压锅炉工作时会发出高强度的噪声，如果将它们的排放口朝上空或朝野外，其可以产生比朝向生活区低5～10dB的效果。

（3）采用局部声学技术控制措施。当采用上述两种措施仍不能满足要求时，消声、隔声、吸声和减振等局部声学控制技术就可以派上用场了。在实践应用中，需要根据噪声传播的具体情况，采用达到控制治理的预期效果。

3. 接收者的防护

当在声源和传播途径上的控制措施仍然无法达到预期的效果时，就要对噪声的接收者进行防护。为了保护接收者免受噪声的危害，我们可以让接收者佩戴耳塞、耳罩和帽盔等防噪声用品。

耳塞是插入外耳道的护耳器。国产耳研－5型耳塞的低频、中频和高频隔声量分别为10～15dB、20～30dB和30dB以上。对于球磨机车间、铆焊车间和织布车间等会产生刺耳高频声的地方，上述耳机有着明显的隔声效果。

耳罩是封闭整个耳廓的护耳器。耳罩的高频隔声量比耳塞要小，通常为15～30dB。由此可见，在某些高频声的场合，耳塞比耳罩表现出更好的防护效果。

帽盔又叫航空帽，它通过戴在整个头颅上从而对接收者进行防护。其特点是隔声量大，对头部有防振和保护作用，但是体积较大、价格昂贵、操作不便。

（二）噪声管理

自20世纪70年代以来，我国已经制定了一系列噪声标准。许多地方政府，根据国家声环境质量标准，划定其行政区域内各类声环境质量标准的适用区域，并进行管理。

声环境质量标准的顺利实施，有利于防治噪声污染，保证人民群众在适宜的声环境中生活和工作。1989 年，国务院颁布了《中华人民共和国环境噪声污染防治条例》（以下简称《环境噪声污染防治条例》），1996 年，全国人大通过了《环境噪声污染防治法》，该法中明确规定所谓“环境噪声污染，是指产生的环境噪声超过国家规定的环境噪声排放标准，并干扰他人正常生活、工作、学习的现象”。有关的主要规定有：

（1）城市规划部门在确定建设布局时应当依据国家声环境质量和民用建筑隔声设计规范，合理规定建筑物与交通干线的防噪声距离，并提出相应的规划设计要求。

（2）建设项目可能产生环境噪声污染的，建设单位必须提出环境影响报告书，规定环境噪声污染的防治措施，并按国家规定的程序报环境保护行政主管部门批准。

（3）建设项目的环境污染防治设施必须与主体工程同时设计、同时施工、同时投入使用。建设项目在投入生产或使用之前，其环境噪声污染防治措施必须经原审批环境影响报告书的环境保护行政和管理部门验收，达不到国家规定要求的，该建设项目不得投入生产或者使用。

（4）产生环境噪声污染的企业事业单位必须保持防治环境噪声污染的设施的正常使用，拆除或者闲置环境噪声污染防治设施的，必须事先报经所在地的县级以上地方人民政府环境保护行政主管部门批准。

（5）对于在噪声敏感建筑物集中区域内造成严重环境噪声污染的企业事业单位，实行限期治理。限期治理的单位必须按期完成任务。

（6）国家对环境噪声污染严重的落后设备实行淘汰制。

（7）在城市范围内从事生产活动确需排放偶发强噪声的须事先向当地公安机关提出申请，经批准后方可进行。

（8）在城市范围内向周围生活环境排放工业噪声的，应当符合国家规定的工业企业厂界环境噪声排放标准。

（9）在城市市区范围内向周围生活环境排放建筑施工噪声的，应当符合国家规定的建筑施工场界环境噪声排放标准。

（10）建设经过已有的噪声敏感建筑物区域的高速公路和城市高架、轻轨道路，有可能造成环境噪声污染的，应当设置声屏障或者采取其他有效的控制环境噪声污染的措施。

（11）在已有的城市交通干线的两侧建设噪声敏感建筑物的，建设单位应当按国家规定隔定的距离，并采取减轻、避免交通噪声影响的措施。

（12）新建营业性文化娱乐场所的边界噪声必须符合国家规定的环境噪声排放标推，不符合国家规定的环境噪声排放标准的，文化行政主管部门不得核发文化经营许可证，工商行政管理部门不得核发营业执照。

（13）禁止任何单位和个人在城市市区噪声敏感建筑物集中区域内使用高音广播喇叭。在城市市区街道、广场、公园等公共场所组织娱乐、集会等活动，使用音响器材可能产生干扰周围生活环境的高噪声的，必须遵守当地公安机关的规定。

一些城市和地区根据当地情况，还制定了适用于本地区的标准和条例，例如，许多城市规定市区内禁放鞭炮，主要街道或市区内所有街道、机动车辆禁鸣喇叭。

第二节　电磁辐射与人体健康

能量以电磁波形式从辐射源发射到空间的现象称为电磁辐射，而过量的电磁辐射会对人们的生活环境以及身体健康形成负面影响，这样就形成了电磁辐射污染。目前，电磁辐射污染已经成为危害人类健康的一大致病源。

一、电磁辐射的定义及分类

电磁辐射按其来源可以分为天然电磁辐射和人为电磁辐射两种。由自然现象如闪电、太阳黑子活动等引起的电磁辐射属于天然电磁辐射，而人为电磁辐射污染则主要包括脉冲放电、工频交变电磁场、射频电磁辐射和微波等，如家用电器、电视广播发射机和通讯基站等产生的辐射，其中射频电磁辐射由于其频率范围广和影响区域大的特点，已经成为目前电磁辐射污染环境的重要因素。

电磁辐射根据频率或波长特点可以分为两大类，一类是由短波长的 χ 射线和 γ 射线引起的能够使被激发物质产生自由电子，又使原子成为带电离子的辐射，即电离辐射。这两种射线虽然具有医学用途，但过量的照射会损害人体的健康；另一类是射频、无线电波和微波等，它们一般只发生电子能级的跃迁而吸收能量，因而称之为非电离辐射。当射频电磁波超过 $20\mu W/cm^2$ 时就属于严重超标。

二、电磁辐射对人体的危害

研究表明，当电磁辐射的频率在 100kHz 以上时，就会对人体健康构成潜在的威胁。

（一）电磁辐射对人体的作用机制

电磁辐射是电场和磁场交互变化产生的电磁波。当人体生命活动内的分子、离子、生物电和微弱电磁场等受到外界电磁波辐射后，会改变人体内部的微环境，继而影响人体健康。电磁辐射对人体的作用机制，大体上表现为热效应和非热效应两大方面。当人体受到强功率电磁波辐射时，主要表现为热效应，而长期的低强度电磁辐射主要引起非热效应。

热效应主要是人体内的水分子等极性分子受到电磁波影响后相互摩擦，从而引起机体升温，此外，体内离子在电磁辐射作用下的振动以及一般分子对电磁波的吸收都会使人体热能增加。当电磁辐射在一定的低强度范围内，人体组织会吸收较少的电磁波能量，局部组织的温热作用将产生一系列有利于人体健康的生理反应，例如会使局部血管扩张，促进血循环加速，增强组织代谢作用，并促进病理产物的吸收和消散等。然而，当电磁波的功率超过一定限值时，人体吸收的能量会大大超过其能散发的能量，这将使人体体温或局部组织的温度急剧增加，破坏机体热平衡从而对人体健康造成威胁。

电磁辐射引起的非热效应是指除热效应以外的其他效应，如化学效应、电效应和磁效应。一方面，电场辐射作用会使人体内的一些分子产生变形和振动，从而干扰生物电（如细胞活动膜电位、神经传导电位、心电和脑电等）的节律，最终影响人体的正常功能；另一方面，人体被低频电磁波照射后，体温并未明显发生变化，但已经干扰了人体固有的微弱电磁场，使血液、淋巴液和细胞原生质等发生改变，进而对人体造成严重危害。

当电磁辐射的热效应和非热效应作用于人体后，对人体的伤害尚未来得及自我修复之前，若再次受到电磁波的辐射，其对机体的伤害就会产生累积作用，久而久之就会成为永久性病态，最终危及生命。也就是说，对于长期接触电磁波辐射的群体，即使功率和频率再小，也有可能会诱发意想不到的病变。

（二）电磁辐射的具体危害

一般而言，电磁波的波长越短，其对人体的作用就越强。研究发现，电磁场对人体的生物学活性及危害程度都与其频率呈正相关，即微波作用最突出，其他依次为超短波＞短波＞中波＞长波。下面讲述不同频段的电磁辐射在长期高强度作用下对人体造成的不良影响。

中波、短波电磁辐射的作用会引起神经衰弱症候群和表现在心血管系统的植物神经功能紊乱，主要表现为口干舌燥、头痛头晕、全身不适、疲倦无力、失眠多梦、记忆力衰退；部分人员存在发热、多汗、麻木、胸闷、心悸和嗜睡等症状；女性人员有月经周期紊乱现象发生。体检结果显示，少数人的皮肤感觉迟钝、血压和心动发生变化以及心电图窦性心律不齐等，还有少部分人有脱发现象。中波、短波电磁场对人体的影响程度与人们的性别和年龄有关，一般来说，女性人员和儿童比较敏感。

中波、短波电磁辐射对机体的影响属于可逆作用。人体脱离电磁波作用后，经过一定时间的休息或治疗后，之前的症状会消失，而且一般不会造成永久性损伤。

长期的微波辐射会破坏脑细胞，从而减弱大脑皮质细胞的活动能力，使已经形成的条件反射受到抑制，除引起神经系统机能紊乱外，还会造成植物神经功能失调，如心动过缓或过速、血压变化。心电图显示窦性心律不齐、窦性心动过缓和T波下降等变化。部分人会产生轻度的白细胞减少以及白细胞吞噬能力下降等症状。

微波辐射还会引起人体视力的损伤。眼睛是人体对微波辐射比较敏感且易受伤害的器官。眼睛的晶状体内较多水分和较少的血管分布，使得其能够吸收较多的能量而散发较少的热量。在低强度微波辐射下，眼睛的角膜等表层组织还没有出现损伤，但其晶状体可能已经水肿。在长期的大强度辐射作用下，会造成晶状体的浑浊，从而导致白内障。更高强度的辐射可能使角膜、虹膜、前房和晶状体都受到损伤，以致完全失明。

微波会对人体生殖系统造成严重伤害。微波辐射的作用会使睾丸的温度升高，从而抑制精子的生长并降低精子的质量。受到微波的辐射伤害后，一般只出现暂时性不育现象，但是更高强度的辐射将导致永久性的不育。

三、电磁污染的防治

电磁辐射污染就其产生根源来说，主要有：广播、电视、雷达等大功率发射设备的电磁场对人体健康的影响及对环境的污染；工业、科研、医疗卫生系统使用的射频设备的强辐射对人体健康的危害及对环境的污染；高压、超高压输电线路的电力系统强辐射对人体健康的危害及对环境的污染；电气化铁道电力供电线路的交通运输系统强辐射对人体健康的危害及对环境的污染；各类家用电器产生的电磁泄漏对人体健康的危害及对环境的污染；事故产生的电磁污染对人体健康的危害及对环境的污染。

为防止上述如此多的电磁辐射污染源带给我们的危害，我们必须做好充分的防护措施以及做好电磁辐射的管理工作。

（一）电磁辐射的主要防护措施

我们必须从产品设备的设计、电磁屏蔽、接地技术、吸收防护及个人防护等措施入手，采取治本与治表相结合的策略，来防止电磁辐射污染的危害。

在产品的设计之前，我们需要对设备加强电磁兼容性审查与管理，并认真做好模拟预测与危害分析等预防工作。

1. 合理设计设备

对于滤波度不高的产品，会产生串频现象并造成强烈的谐波辐射，还会影响产品的正常运行，因此，在设计设备的槽路时，必须尽力提高其滤波度；设备的元件和布线不合理，也会造成电磁泄漏与辐射，为此，在设计线路时，必须合理安装元件及布线，例如，尽量多采用垂直交叉布线或高频、低频线路远距离布设等方案能够避免设备的电磁泄漏；此外，设备的屏蔽体也要合理设计，例如，设备机壳的边框用小圆弧代替直角过渡，可以避免其引起尖端辐射。

2. 电磁屏蔽

一般地说，电磁屏蔽就是利用屏蔽材料制成一个封闭的物体。封闭体对来自导线、元件等外部和内部电磁波起吸收、反射和抵消作用，使封闭体内外部均不受到电磁场的影响。电磁屏蔽中的抵消作用主要利用了电磁感应原理：在外界交变电磁场作用下，由于电磁感应，会在屏蔽体内产生感应电流。感应电流又会在屏蔽空间产生与外界电磁场方向相反的电磁场，它会抵消部分外界电磁波，从而达到屏蔽作用。

电磁屏蔽按照不同外界电磁场可分为三种。第一种是对静电场（包括变化很慢的交变电场）的屏蔽：在外界静电场作用下，屏蔽物导体表面的电荷会重新分布，最后屏蔽物的内部电场会变为零。高压带电作业工人穿的工作服就是基于此原理制成的。第二种则是对静磁场（包括变化很慢的交变磁场）的屏蔽：静磁场屏蔽同静电屏蔽相似，不同的是，其采用的是磁性材料，如有防磁功能的手表。第三种屏蔽是对高频、微波电磁场的屏蔽：对于超过百万赫兹频率的电磁波，其很难穿过屏蔽体，绝大部分的电磁波能量会被反射回来，同理，屏蔽体内的电磁波也很难穿透出去。

电磁屏蔽的效果除了与辐射源距离、频率等有关系，还与屏蔽体的材料、尺寸和结构有关。屏蔽体的设计一般要求如下：（1）屏蔽材料一般选用导电性好和透磁性高的材料，如铜、铝、铁。对于超短波和微波，可以将吸收材料和屏蔽材料制成复合材料；（2）在设计屏蔽体结构时，尽量减少开孔、缝隙和尖端突出物；（3）一般认为，接地良好时，屏蔽厚度越大，屏蔽效果则越好；（4）对于中波、短波来说，较小目数的屏蔽金属网基本可以保证良好的屏蔽效果；而对于超短波、微波，屏蔽网孔目数必须要大（网眼要小）。

3. 接地技术

接地是指通过低电阻的导体将设备屏蔽体与大地相连形成电气通路，将屏蔽体及其部件内产生的感应电流进行迅速引流，造成屏蔽系统与大地之间等电势分布的措施。

接地包括高频设备外壳接地和屏蔽接地。高频接地的地线不宜过长，其长度最好控制在1/4波长以内。屏蔽接地一般采用单点接地，其对中波频段的屏蔽效果较好。随着电磁波频率的增高，对地线的要求就显得不太严格，微波频段甚至不需要接地。

接地系统情况的好坏，对电磁场防护效果的好坏有直接影响。接地技术的要求有：接地线要有足够的表面积，要尽可能地短，其电阻要尽量小；接地线与接地极的材料尽量选用铜材；接地极一般埋设在接地井内，其环境条件要适当。

4. 吸收防护

利用匹配原理和谐振原理可以制成吸收材料，其可以将电磁场发出的波能转化为热能或其他能量，从而达到吸收防护的目的。采用吸收材料对高频段的电磁辐射，尤其微波辐射的防护效果较好。吸收材料多用于设备及系统的参数测试，也可用于个人防护。

5. 个人防护

对于电磁辐射污染的个人防护有两条原则：第一，尽量远离发射源；第二，由于工作需要不能远离发射源的，必须采取屏蔽防护的措施。

我们在日常的生活和工作中，要自觉采取措施，减轻电磁辐射污染的危害。如在机房等较强电磁场场所工作的人员，应特别注意休息，可远离电磁场进行适当的活动；家用电器不宜集中放置，电冰箱、微波炉不宜靠近使用；观看电视的距离应至少大于 2 米；电热毯预热后应切断电源；孕妇和儿童尽量不要使用电热毯；平时可通过适当的饮食，如多吃新鲜蔬菜与水果，以增强人体抵抗电磁辐射的能力。

6. 其他措施

除了上述防护电磁辐射污染的措施外，还可采取以下措施：（1）采用机械化与自动化作业，减少工作人员进入强电磁场区域的次数或工作时间；（2）采用电磁辐射阻波抑制器，在一定程度上对无用的电磁波辐射进行抑制；（3）在新产品设备的设计制造时，尽量采用低辐射的元件和产品；（4）当产品设备投入使用前，应正确调整好各项参数，以保证产品处于优良的运行状态。此外，应加强对设备的管理、维护和保养。

（二）广播、电视发射台的电磁辐射防护

广播、电视发射台的项目建设之前，应以《电磁辐射防护规定》（GB 8702－1988）为标准，对其进行电磁辐射环境影响评价，提出预防性的监督

和措施。对于业已建成的广播、电视发射台，可以考虑的防护措施有：(1) 可以采取改变发射天线的结构和方向角等措施，来减轻其对人群密集居住方位的辐射危害；(2) 在中波发射天线周围场强约为 15V/m，或短波场强约 6V/m 的范围设置绿化带；(3) 将在中波发射天线周围场强约为 10V/m 或短波场强约 4V/m 的范围内的住房改为非生活居住用房；(4) 用钢筋混凝土作为建筑材料或用金属材料覆盖建筑物，利用材料的吸收和反射特性可以使电磁辐射特别对于较高频段的辐射得以衰减。

（三）电磁辐射的管理

为了保护好环境、保护好人群健康，实现社会经济的可持续发展，我们必须制定一系列防治对策，加强对电磁辐射的管理工作。

1. 健全法规和标准

我们必须依靠法律、法规和标准对电磁辐射进行管理。《环境保护法》第 24 条明确提出了电磁辐射污染的危害，制定了与电磁辐射相关的标准、法律、法规和监测方法等。为了满足国民经济的发展需要，必须努力完善我国电磁辐射的有关标准、法律法规等。

2. 建立高素质专业队伍

建立高素质的专业队伍对我国电磁辐射的管理是非常重要的。目前，我们的专业队伍力量还比较薄弱，主要表现在人员的素质较低，且掌握的技术方法和仪器设备等较匮乏。对此，我们必须加强在职培训以及培养高素质专业人才。

3. 建立科学的管理体系

电磁辐射环境管理需要建立健全科学的管理体系，我们应当做到以下几点：(1) 监督管理。监督是实现科学管理的重要手段，对拥有电磁辐射设备的单位，不仅要进行环境影响评价和审批验收，还要在设备的运行期间进行监督。(2) 监测管理。通过对公众及作业场所进行环境监测，可以获得有关电磁辐射的真实数据与资料。有了电磁辐射监测，才有了辐射管理的科学化、定量化和法制化。(3) 建立档案和数据资料库。应将电磁辐射设备或设施建立完善的档案和数据资料库，这有利于电磁辐射的科学管理。

第三节　放射性污染与人体健康

随着核科学技术研究的不断深入，核技术得到了快速发展，核能给人类带来巨大利益的同时，也给人类和环境带来了新的问题，即放射性污染。

一、放射性污染的定义及分类

在自然界和人工生产的元素中，有一些能自动发生衰变并释放出射线的现象称为放射性衰变。这些元素称为放射性元素或放射性物质。放射性衰变可分为 α 衰变、β 衰变和 γ 衰变等。

放射性元素的原子核衰变释放出 α 粒子而变为另一种核素的过程叫作 α 衰变。α 粒子其实就是高速运动的氦原子核，其由两个质子和两个中子组成，且带两个单位的正电荷。α 粒子的穿透能力虽然较弱，但其电离能力很强。

放射性核素的原子核自发地放射出 β 粒子或俘获一个核外电子而发生的转变称为 β 衰变。放出电子的衰变过程称为 β^- 衰变；放出正电子的衰变过程称为 β^+ 衰变；原子核从核外电子壳层中俘获一个轨道电子的衰变过程称为电子俘获。β 粒子的体积比 α 粒子小得多，但其穿透能力则比 α 粒子要强。

处于激发态的原子核，从激发态向较低能态或基态跃迁时发射出光子的过程，称为 γ 跃迁，也叫作 γ 衰变。在 γ 跃迁过程中，通常伴随着 α 射线、β 射线或其他射线的产生。γ 射线是一种强电磁波，它的波长一般小于 10^{-10}cm。

二、环境中的放射性污染源

随着科学技术的快速发展，人们对放射性辐射有了更为深入的认识。环境中的放射性污染源主要分为两大类，即天然放射源和人工放射源。

（一）天然放射源

天然本底的辐射源主要有宇宙射线、地球表面的放射性物质、空气中存在的放射性物质、地表水系含有的放射性物质以及人体内的放射性物质（表

4－1)。人类所接受的辐射剂量的绝大部分来自天然本底辐射，因此研究天然本底辐射与人体健康的关系具有十分重要的意义。

表4－1　环境放射性污染的天然放射源

来源	放射性物质
宇宙射线	主要为质子或氢原子核，少部分为α粒子和β粒子，极少部分为γ射线和超高能中微子
岩石土壤	原子系数小于83的中等质量放射性同位素（如^{40}K），重天然放射性同位素（铀镭系和钍系）
空气	主要为氡和钍
地表水系	海水中含大量^{40}K，内陆河水中有铀、钍和镭等
人体内	^{3}H、^{7}Be、^{14}C、^{22}Na和^{40}K等，还可能含铀、钍、镭及氡等

（二）人工放射源

环境中的人工放射性污染源主要是原子能工业、科研和医疗单位等产生的放射性物质，如表4－2所示。其中对环境和人类健康造成严重危害的当属核爆炸及核事故。

表4－2　环境放射性污染的人工放射源

来源	放射性物质
铀、钍矿的开采冶炼，核燃料加工厂	氡、钍射气及其产物，含铀、钍、镭的废水
核反应堆、核发电站、核潜艇	^{3}H、^{85}Kr、^{85}Br、^{131}I和^{133}Xe等气体及其他含感生放射性和核裂变产物的废水、废物
科研、医疗等部门	含^{32}P、^{65}Zn、^{131}I和^{198}Au等的废物
核武器爆炸、核事故等	含感生放射性和核裂变产物的气溶胶、沉降物

核武器利用重核裂变或轻核聚变时释放出巨大能量而造成杀伤和破坏作用。从1945年至1980年，全世界共进行了超过800次的核试验，核试验中产生的裂变产物已经成为世界环境人工放射性污染的主要来源。核爆炸产生的大量放射性沉降物，首先会与空气混合，造成空气污染，此后，由于重力作用、大气垂直运动以及降水冲刷作用，沉降物会降落至地表，从而造成对土壤及水体的严重污染。

核事故是指大型核设施（如核燃料生产厂、核反应堆、核电站、核潜艇等），出现异常情况而引起核损害的事故。为了准确评估核事故的危害及影响程度，国际原子能机构将核事故分为七个等级。

一级核事件：对外部环境没有任何影响，仅为内部操作违反安全准则，如2010年11月16日在大亚湾核电站发生的事件。

二级核事件：对外部环境没有影响，但是内部可能有核物质污染扩散，或者员工受到直接过量辐射，如2010年11月16日在大亚湾核电站发生的事件。

三级核事件：外部放射剂量在允许的范围之内，或者至少1名工作人员受到内部核污染影响，如1989年西班牙Vandellos核事件。

四级核事故：明显高于正常标准但非常有限的核物质泄漏至设施外，工厂内部人员遭受严重辐射。如1999年9月30日在日本发生的核泄漏事故。

五级核事故：危险主要在设施外，有限的核污染泄漏至设施外，需要采取一定措施。如1979年发生在美国的三里岛核事故。

六级核事故：属于重大事故，相当数量的核物质泄漏到工厂外，需要实施全面的应急计划，1957年苏联发生的Kyshtym核事故。

七级核事故：属于特大事故，大量核裂变产物泄露到设施以外，对人类健康和环境造成广泛且长期的影响。如1986年在苏联发生的切尔诺贝利核电站事故，以及2011年3月11日地震海啸引起的日本福岛第一核电站事故。

三、放射性污染对人体的危害

放射性污染的危害主要体现在对人体健康的危害。无论是短时间还是长期，或者体外还是体内的放射性核素的污染，都会导致人体不同程度的损害。

（一）放射性物质进入人体的途径

细谈起放射性污染对人体的危害，则要从放射性物质进入人体的途径开始说起。环境中放射性物质主要通过呼吸道、消化道和皮肤或黏膜等途径进入人体。

（1）呼吸道进入。从呼吸道吸入的放射性物质的吸收程度与其气态物质的性质和状态有关。难溶性气溶胶吸收较慢，可溶性较快；气溶胶粒径越大，在肺部的沉积越少。气溶胶被肺泡膜吸收后，可直接进入血液流向全身。

（2）消化道食入。消化道食入是放射性物质进入人体的重要途径。自然界中的放射性物质既能被人体直接摄入，也能通过动植物，经食物链途径进入体内。

（3）皮肤或黏膜侵入。皮肤对放射性物质的吸收能力一般在 1% 左右，经由皮肤侵入的放射性污染物，能随血液直接输送到全身。然而由伤口进入的放射性物质吸收率较皮肤要高。

无论以哪种方式进入人体，某些放射性物质会选择性地分布在某些器官或组织内，这些器官或组织无疑将受到较大的损伤，如会导致肺癌。但也有些放射性物质在人体内的分布无特异性，参与机体的代谢过程而广泛存在于各组织和器官中。

（二）放射性辐射对人体的作用机制

细胞是构成人体的基本单元，其中的细胞核含有 23 对染色体。染色体是生物遗传变异的物质基础，它由脱氧核糖核酸（DNA）和蛋白质组成。

放射性污染对人体产生的效应主要由于人体细胞受到损伤所致。放射性辐射作用于人体后，会使细胞内的水分子引起电离和激发，产生对染色体有害的物质，继而引起染色体畸变。辐射作用使细胞的结构和功能发生变化，对人体健康产生不利影响，使人体表现出各种病症。

放射性辐射对人体细胞的作用过程，分为物理、物理化学、化学和生物学四个阶段。

（1）物理阶段。在此阶段，辐射会使能量在细胞内聚集并引起电离。

（2）物理化学阶段。水分子的电离产物分解或与其他水分子作用产生新的物质，新产物中的自由基 H · 与 OH · 都有很强的化学活性。此外，两个 OH · 可以生成强氧化性的过氧化氢。

（3）化学阶段。在化学阶段，自由基与强氧化剂都会与 DNA、蛋白质等有机大分子发生作用，影响染色体的正常结构和功能。

（4）生物阶段。需要指出的是，前三个阶段的作用发生在瞬间，而生物阶段相对比较长，从几秒钟到几十年。此阶段主要导致细胞的早期死亡，或影响细胞分裂，使细胞永久变态，并影响到子代细胞。

（三）放射性辐射对人体的具体危害

放射性物质对人体造成的具体损伤主要表现在三方面，即早期效应、晚期效应和遗传效应。

（1）早期效应。在大剂量放射性物质的照射后，受照人员在短期（数小时或数周）内出现的效应称为早期效应。例如，在1945年，在日本长崎和广岛的原子弹爆炸后的一小时，有病员就出现了恶心、呕吐、头晕及全身乏力等症状。有关全身急性放射性照射的效应可见表4－3。

表4－3 全身急性放射性照射后引起的症状

照射量/C·kg^{-1}	临床症状
0～25	无明显的临床症状
25～50	极个别有轻度恶心、乏力等感觉，血相有轻度变化
50～100	极少数人员有轻度短暂的恶心、乏力、呕吐等情况
100～150	部分人出现恶心、呕吐、食欲减退、头晕乏力，少数人暂时失去工作能力
150～200	半数人员出现恶心、呕吐、食欲减退、头晕乏力，少数人的症状较严重，半数人员暂时失去工作能力
200～400	大部分人出现恶心、呕吐、食欲减退、头晕乏力，不少人的症状很严重，少数人可能死亡
400～600	全部人员出现以上症状，半数人员死亡
>800	死亡率可能达100%

（2）晚期效应。放射性辐射引起的晚期效应是指人员在受照后数年所出现的症状。当受照人员经早期效应恢复后或长期处于超标的低剂量辐射中，就有可能产生晚期效应，主要包括辐射致癌、白血病及寿命缩短等。

辐射致癌的潜伏期从几年到几十年。潜伏期的长短与受照剂量多少、剂量率大小、受照时间长短和辐射种类等有关。

白血病的发生率也与受照剂量和剂量率等有关。例如，对在日本的原子弹爆炸受害者的研究观察发现，受照者白血病的发病率要明显高于未受照的人员，其最高发病率比未受照人员的发病率要高至少十倍。

辐射致使寿命减短指的是由于放射性辐射所引起的过早衰老和提前死亡，

而非因癌症等疾病引起的寿命损失。目前，人们对于晚期效应中有关寿命缩短的本质还需进一步的研究和探索。

（3）遗传效应。遗传效应是指放射性辐射作用损伤母代生殖细胞中的DNA，引起基因突变，使得后代出现某种程度的遗传疾病的现象。遗传效应的程度与辐射剂量有关。根据医学界的有关研究发现，受放射线诊断的孕妇生的孩子小时候患癌和白血病的比例有所增加。

四、放射性污染的防治

随着社会经济的快速发展，放射性物质除了在核工业、核试验和医疗等领域得到广泛使用，而且已经涉及金属冶炼、建材、地质勘探以及环境保护等贴近民生的领域。因此，为了工作人员和广大居民的身体健康，我们必须掌握一定的辐射防护知识和措施，并对放射性废物进行科学的处理和管理。

（一）放射性辐射的防护措施

根据在人体内外的不同放射性源，可以将辐射防护分为外照射防护和内照射防护。

（1）外照射防护。外照射防护方法包括时间防护、距离防护和屏蔽防护。

时间防护是指通过减短受照时间，以达到防护目的的措施。由于人体所受辐射的危害程度与受照射的时间呈现正相关，因此缩短受照时间，能够有效地实现防护目的。

距离防护是指通过增大与放射源的距离，以达到防护目的的方法。研究发现，点状放射源的辐射剂量与离放射源距离的平方呈反比，因此尽可能地远离放射源可以有效减少吸收辐射。

屏蔽防护主要通过在放射源与人体间放置能够减弱辐射强度的材料来达到防护目的。屏蔽材料的选择和厚度等与放射源的性质有关。例如，对于具有强透射能力的X射线和γ射线，屏蔽材料的密度和厚度越大，屏蔽效果越好，其常用的屏蔽材料有水、水泥、铁和铅等。

（2）内照射防护。对于内照射的防护，可以采取以下措施：制定相关规章制度；工作场所常通风换气，并且严禁吸烟、进食和饮水；加强对放射性物质的管理；合理进行布局设计，防止交叉污染等。

（二）放射性废物的处理

目前，主要根据废物的不同形态，即废水、废气和固体废物，分别对放射性污染物进行处理。放射性废物处理的基本方法有稀释分散、浓缩贮存以及回收利用。放射性废物前处理后贮存只是暂时性措施，存在着不安全因素，必须将其固化，成为稳定的固化体，才能安全地贮存、转运和处置。

放射性废物的处置是废物处理过程的最后工序，所有的处理步骤都应为废物的最终处置创造有利条件。需要指出的是，对放射性污染不能仅在废物治理端做工作，更应该强调在生产工艺中减少放射性废物的产生，从源头上控制放射性污染。

现在，很多有效的废液处理技术已经被开发出来，如化学处理、离子交换、膜分离法、蒸发浓缩。对于不同水质、水量及放射性比活度的废水，采用上述一种或几种方法联合使用可以达到理想的处理效果。

放射性污染物在废气中的存在形态有气体、气溶胶和粉尘。放射性气体常用的处理方法是，选用对放射性气体有吸附能力的材料所制成的吸附塔对气体进行净化。经过吸附处理后的气体再进入高烟囱排放，可以借助大气的稀释作用使放射性气体的浓度变得更小。采用各种高效过滤器对气溶胶粒子进行捕集可以有效处理放射性气溶胶。

对于采矿中产生的核工业废渣的处理方法是将它们回填到废弃的矿坑，或者筑坝堆放，用土壤或岩石掩埋，再覆盖上植被；对于中低放射性废液处理后产生的残渣，可以用水泥、沥青及陶瓷固化的方法将其变成固化块，然后将这些固化块进行浅地层埋藏；对于核电站乏燃料和后处理厂废液固化块等高放固体废物，必须将它们与生物圈完全隔离，目前的深地层埋藏、投放至深海等处置方法或者成本太高，或者可能造成新的污染，总之，高放固体废物的最终处置是人们亟待解决的重大问题。

（三）放射性废物的管理

1995年，国际原子能机构发布了放射性废物管理的九条基本原则，即保护人类健康，保护环境，超越国界的保护，保护后代，不给后代造成不适当负担，纳入国家法律框架，控制放射性废物的产生，兼顾放射性废物产生和管理各阶段间的相依性及保证废物管理设施的安全。以上九条基本原则，是我们必须长期坚持的放射性废物管理原则，其对保护环境及人类健康具有十分重要的意义。

放射性废物的产生单位、营运单位以及有关审管部门都应对放射性废物进行安全管理。各单位部门应严格履行各自的职责，但相互之间又要密切合作。

放射性废物产生单位可以从加强员工培训、采用先进工艺设备及流程、实行分区管理等方面着手，实现废物的最少化。放射性废物营运单位要严格管理城市放射性废物的收集、贮存等过程，这是避免事故发生的重要环节，也是废物最终能得到科学、有效处置的前提。有关审管部门必须以制定政策、标准及监督执行为主要职责，并对城市放射性废物加强监控、建立档案和数据库等。

第四节　光污染与人体健康

近年来，玻璃墙建筑、夜景照明等新技术给城市带来美丽的同时，也产生了新的环境问题——光污染。光污染已经成为现代社会的公害之一，其对人类健康和生态环境造成的负面影响已经引起人们越来越多的关注。

一、光污染的概念及分类

20 世纪 30 年代，国际天文界首次提出了光污染问题。他们认为光污染是城市室外照明使天空发亮并严重影响天文观测的现象，后来英美等国称之为“干扰光”，在日本则称为“光害”。

现代意义上的光污染分为狭义光污染和广义光污染。狭义的光污染是指干扰光造成的不利影响，即“已形成的良好的照明环境，由于逸散光产生被损害状况而形成的有害影响”。广义的光污染指由人工光源导致的违背人的生理与心理需求，或有损于生理与心理健康的现象，包括眩光污染、射线污染、光泛滥、视单调、视屏蔽和频闪等，如在日常生活中常见的由镜面建筑反光造成行人和司机的眩晕感，以及夜晚不合理灯光所引起的人体不适等。

一般认为，光污染是指现代城市建筑和夜间照明等引起的溢散光、反射光和眩光等对人、动物、植物造成干扰或负面影响的现象。光污染根据不同的分类原则可以分为不同的类型。

按照光的波长不同，光污染可以分为可见光污染、红外光污染和紫外光污染。可见光的波长范围在 390 ~ 760nm 的电磁波，是自然光的主要部分；红外线辐射是波长范围在 760 ~ 106nm 的电磁波，也称为热辐射；波长范围在 10 ~ 390nm 的电磁辐射就是紫外线辐射，其频率很高，一般为（0.7 ~ 3）$\times 10^{15}$ Hz。

国际上则一般将光污染分为白亮污染、人工白昼和彩光污染三类。

强烈的光照射时，城市建筑物的玻璃幕墙、釉面砖墙、磨光大理石和各种涂料等装饰会反射光线，明晃白亮、眩眼夺目，引起白光污染。光学专家研究表明，镜面建筑物玻璃的反射光比阳光照射更强烈，其反射率高达 82% ~90%，光几乎全被反射。夏天，玻璃幕墙强烈的反射光进入附近居民楼房内，会使室温平均升高 4℃ ~6℃，影响人们正常的生活。

夜间大城市商场的广告灯、霓虹灯闪烁夺目，令人眼花缭乱，有些强光束甚至直冲云霄，使得夜晚如同白天一样，以致看不见星星，还影响了天文观测、航空等，这就是人工白昼。

舞厅、夜总会里的黑光灯、旋转灯、荧光灯以及闪烁的彩色光源构成了彩光污染。据测定，黑光灯所产生的紫外线强度远高于太阳光中的紫外线强度，且对人体有害影响持续时间长。

二、光污染对人体的危害

（一）光污染对视觉的影响

在照明良好的城市大街上开着远光灯会使对面行人或者驾驶员出现短暂性“视觉丧失”，从而引发交通事故，并且在防护不当的情况下，这种眩光还会伤害人的视力。

在白亮污染环境下长时间生活和工作的人，视网膜和虹膜都会受到程度不同的损害，视力急剧下降，白内障的发病率高达 45%。

红外线辐射会对人眼底视网膜、角膜、虹膜产生伤害，长期辐射可能会引起白内障；较强的紫外线辐射对人眼睛的急性效应会引起结膜炎的发生，慢性效应则表现为白内障和结膜鳞状细胞癌的发生。

具有高强度和亮度特点的激光，通过人体眼睛晶状体的聚集后，到达眼底时增强上百甚至上万倍，这样就会对机体组织造成巨大伤害。

（二）光污染可能诱发疾病

紫外辐射会对人体皮肤产生急性和慢性效应。紫外辐射对皮肤的急性效应可引起水泡等皮表损伤，继发感染和全身效应；紫外辐射对皮肤的慢性效应可引起慢性皮肤病变，甚至导致恶性皮肤肿瘤。

某些彩色光源，如舞厅里的黑光灯，会产生较高强度的紫外线，人如果长期处于这种照射环境，会感到头晕目眩，出现恶心呕吐、全身无力、失眠等症状，还可能诱发流鼻血、脱牙、白内障，甚至导致白血病和其他癌变。

许多研究指出，夜班工作与乳腺癌和前列腺癌发病率的增加具有相关性。美国西雅图一家癌症研究中心对1606名妇女调查后发现，夜班妇女患乳腺癌的概率比常人高60%；上夜班时间越长，患病可能性越大。2008年《国际生物钟学》杂志的报道证实了这一说法。科学家对以色列147个社区调查后，发现光污染越严重的地方，妇女罹患乳腺癌的概率大大增加。研究得到的原因可能是非自然光抑制了人体的免疫系统，影响激素的产生，内分泌平衡遭破坏而导致癌变。

（三）光污染影响正常生活和工作

夏天由于玻璃幕墙强烈反射光的作用，可使室温上升5℃左右，破坏室内原有的良好气氛，从而影响人们的正常生活和工作。

不同种类的光源混杂在一起形成的混光，将严重影响被动接受者，例如对于夜间飞行的飞行员，需要花精力在这些各式各样的光芒中寻找和辨认航空信号灯。

人工白昼会影响人们的正常休息，使人在夜晚难以入睡，扰乱人体正常的生物钟，导致白天工作效率低下。

长时间在白亮污染环境下工作和生活的人，除了视力受损外，还会产生头昏目眩、失眠、心悸、食欲下降及情绪低落等类似神经衰弱的症状，使人的正常生理及心理发生变化，长期下去会诱发某些疾病。

三、光污染的防治

对于光污染的控制和预防，我们可以对不同波长的光采用不同的防治技术，并加强对光污染的管理。

（一）可见光污染防治

可见光污染中的眩光污染，作为影响照明质量的主要因素和城市光污染的最主要形式，已经成为危害人类健康的最大“杀手”。

1. 直接眩光的限制

在视线方向上或视线附近存在的发光体所产生的眩光称为直接眩光。控制光源入射角在45°~90°内的亮度就能较好地限制直接眩光。限制直接眩光的方法主要有以下几种。

利用透光材料控制法，如采用透明、半透明或不透明的隔栅或棱镜等，控制可见亮度就可以减弱眩光。该方法适用于对小功率光源的控制。

利用灯具的保护角控制光源的直射光，如将灯安装在梁背后或嵌入建筑物等，可以做到完全看不到光源。此方法除了可以限制小功率光源外，还可以对大功率光源进行有效控制。

除上述方法外，还可以采用增加眩光源背景亮度或作业亮度的方法。当周围背景亮度较低时，即使是低亮度的眩光，也会很明显，此时增大环境亮度，眩光作用就会减弱；但是当眩光亮度非常大时，增大背景亮度就不会起作用，反而会成为新的眩光源。因此，适当降低眩光光源与背景之间的亮度对比度，建议采用具有高反射比表面特点的灯棚，如倒伞形悬挂式灯具，可以实现间接照明的效果，经过一次反射后就可以使室内亮度均匀分布。

2. 反射眩光的限制

反射眩光是指较强的光线投射到表面光滑的物体产生反射而干扰目标物观察的现象。在目标物体方向或附近出现的光滑面有墙面、顶棚、桌面和地板等，反射眩光的亮度几乎与光源亮度一致。限制反射眩光的一般方法如下。

首先，光源的亮度应比较低，且应与周围环境相适应，使反射影像的亮度处于容许范围，可采用在视线方向上反射光通量小的特殊配光灯具。如果光源或灯具亮度不能降到理想的程度，可根据光的定向反射原理，妥善地布置灯具，将灯具布置在反射眩光区以外。

其次，不宜把灯具布置在与观察者的视线相同的垂直平面内，力求使工作照明来自适宜的方向。如果灯具的位置无法改变可以采取变换工作面的位置，使反射角不处于视线内。

再次，可增加光源的数量来提高亮度，使得引起反射光源在工作面上形成的照度在总照度中所占的比例减小。

最后，适当提高环境亮度，减少亮度对比也是有效的措施。对反射眩光单靠光源解决有困难时，可精心设计反射物体使地板、家具或办公用品的表面材料无光泽。

3. 光幕反射的限制

光幕反射是指在光环境中由于减少了亮度对比使本来呈现漫反射的表面上又附加了镜面反射，以致眼睛难以看清物体细部或整个部分。光幕反射的形成与光源亮度、光源面积、反射物体表面以及光源、反射面、观察者三者之间的相互位置有关。

限制光幕反射的措施有：墙面尽量不使用反光太强的材料；在干扰区内，光源发射的光线经由作业表面规则反射后均可能进入观察者的视野内，因此应尽可能减少干扰区来的光，加强干扰区以外的光，以增强有效照明。

（二）红外线、紫外线污染防治

对有红外线和紫外线污染的区域采取必要的安全防护措施。应加强管理和制度建设，对紫外线消毒设施要定期检查，发现灯罩破损要立即更换，并确保在无人状态下进行消毒，更要杜绝将紫外灯作为照明灯使用。对能够产生紫外线的设备，也要定期维护，严防误照。

加强个人防护措施，如佩戴个人防护眼镜和面罩。对于从事会产生强烈眩光、红外线和紫外线的电焊、玻璃加工、冶炼等工作的人员，应十分注意个人防护工作，可根据具体情况佩戴反射型、光化学反应型、反射—吸收型、爆炸型、吸收型、光电型和变色微晶玻璃型等防护镜。

（三）光污染的管理

治理光污染，仅有各种防治技术是远远不够的，只有得到政府部门的足够支持和协助，才能够更好地解决光污染问题。

从政府管理的角度来说，光污染的防治需要做好以下两点：

其一，要尽快制定光污染防治的法律法规。目前，我国还没有出台专门防治光污染的法律法规，而国外的很多国家早已经有了针对光污染的一些法律条文，如表4－4所示。《环境保护法》第24条规定，产生环境污染和其他公害的单位，必须把环境保护工作纳入计划，建立环境保护责任制度，采取有效措施，防治在生产或者其他活动中产生的废气、废水、废渣、粉尘、恶臭气体、放射性物质以及噪声、振动、电磁波辐射等对环境的污染和危害。该条列举了废气、废水等众多的环境污染类型，但是对“光的有意图的侵入”是否是一种环境污染未作出明文规定。总之，填补某些法律法规中光污染防治的空白以及专门制定光污染防治的法律法规，已经刻不容缓。

表4－4　国外光污染立法简表

国家	出台时间	颁布法令
法国	1804年	《民法典》
德国	1896年	《民法典》（1998年修订）
瑞典	1969年	《环境保护法》（1995年修订）
日本	1989年	《防止光害，保护美丽的星空条例》
美国新墨西哥州	2000年	《夜空保护法》
捷克	2002年	《保护黑夜环境法》
美国 康涅狄格州 犹他州 阿肯色州 印第安纳州	2003年	《黑夜天空法》 《光污染防治法》 《夜间天空保护法》 《户外照明污染防治法》
英国	2005年	《邻里和环境净化法案》

其二，要加强城市规划和管理。防治光污染应做到事前合理规划，事后加强管理。合理的城市规划和建设设计可以有效地减少光污染。限建或少建带有玻璃幕墙的建筑并尽可能远离住宅区；装饰高楼建筑的外墙或装饰室内环境时应尽量选用不刺眼的颜色，并选择反射系数较小的材料；对夜景照明，应加强城市绿化等生态设计，并加强灯火管制。如区分生活区和商业区，关掉非必要的户外照明系统，如电影院、广场、广告牌等的照明，减少过渡照

明，降低光污染。

参考文献

[1] 洪宗辉，潘仲麟．环境噪声控制工程［M］．北京：高等教育出版社，2002.

[2] 蒋展鹏．环境工程学［M］．北京：高等教育出版社，1992.

[3] 张邦俊，等．环境噪声学［M］．杭州：浙江大学出版社，2001.

[4] 郑长聚，等．环境噪声控制工程［M］．北京：高等教育出版社，1988.

[5] 高艳玲，张继有．物理污染控制［M］．北京：中国建材工业出版社，2005.

[6] 杜翠凤，宋波，蒋仲安．物理污染控制工程［M］．北京：冶金工业出版社，2010.

[7] 张宝杰，乔英杰，赵志伟．环境物理性污染控制［M］．北京：化学工业出版社，2003.

[8] 陈亢利，钱先友，许浩瀚．物理性污染与防治［M］．北京：化学工业出版社，2006.

[9] 张振家．环境工程学基础［M］．北京：化学工业出版社，2006.

[10] 李星洪．辐射防护基础［M］．北京：原子能出版社，1982.

[11] 刘文魁，庞龙．电磁辐射的污染及防护与治理［M］．北京：科学出版社，2003.

[12] 傅桃生．环境应急与典型案例［M］．北京：中国环境科学出版社，1993.

[13] 张式军．光污染：一种新型的环境污染［J］．城市问题，2004，(6)：31～34.

[14] 蒋云．城市放射性废物安全管理的探讨［J］．中国辐射卫生，2007，16（1)：80～82.

[15] 李奇伟，王超，彭本利，等．放射性废物管理的国际法制度：《乏燃料管理安全和放射性废物管理安全联合公约》的视角［J］．风险管理，2006，2（5)：41～44.

[16] 兰花，白永旺．环境法律案例．山西教育出版社，2004.

［17］田连锋．省城首例“光污染”案居民败诉．生活日报，2005－04－09.

［18］段德臣．光污染侵权损害探析．宿州教育学院学报，2006，（9）3：42～45.

［19］肖小生．若干光污染侵权案的法律分析［D］．湖南大学2012年硕士学位论文.

Chapter 5

第五章

环境污染的迁移和转化

第一节　环境污染的迁移和转化概述

一、污染物的迁移和转化的定义及其研究意义

（一）污染物的迁移和转化的定义

污染物在环境中发生的各种变化的过程称之为污染物的迁移和转化，有时也称之为污染物的环境行为或环境转归。

（二）研究污染物在环境中迁移和转化过程及其规律性的意义

研究污染物在环境中的迁移和转化的过程及其规律性，对于了解人类在环境中接触的什么污染物，接触的浓度、时间、途径、方式和条件等都具有十分重要的环境毒理学意义。

环境毒理学的许多基本问题在一定程度上取决于对污染物在环境中的迁移和转化规律的认识。例如，污染物的物质形态、联合作用、毒作用的影响因素、剂量效应关系等，都要视接触污染物的真实情况而定。

二、环境污染物的迁移

（一）概念

污染物的迁移是指污染物在环境中所发生的空间位置的相对移动和空间范围的相对变化及其所引起的富集、分散和消失

的过程。迁移的结果导致局部环境中污染物的种类、数量和综合毒性的强度发生变化。污染物迁移的方式主要有机械性迁移、物理化学迁移和生物性迁移。

（二）机械性迁移

根据污染物在环境中发生机械性迁移的作用力，可以将其分为气的、水的和重力的机械性迁移三种作用。

（1）气的机械性迁移作用包括污染物在大气中的自由扩散作用和被气流搬运的作用。其影响因素有：气象条件、地形地貌特征、排放浓度和排放高度等。一般规律：与污染物在大气中的排放量成正比，与平均风速和垂直混合高度成反比。

（2）水的机械性迁移作用包括污染物在水中的自由扩散作用和被水流的搬运作用。其影响因素有：水文条件、排放浓度和距排放口距离的远近等。一般规律：与污染物在水体中的浓度与污染源的排放量成正比，与平均流速和距污染源的距离成反比。

（3）重力的机械迁移作用主要包括悬浮污染物的沉降作用以及人为的搬运作用。一般规律：粒径比较大的颗粒状污染物通常会发生重力的机械迁移作用。

（三）物理化学迁移

物理化学迁移是污染物在环境中最基本的迁移过程。对无机污染物而言，是以简单的离子、络离子或可溶性分子的形式在环境中通过一系列物理化学作用，如溶解—沉淀作用、氧化—还原作用、水解作用、络合和螯合作用、吸附—解吸作用等所实现的迁移。对有机污染物而言，除上述作用外，还有通过化学分解、光化学分解和生物化学分解等作用所实现的迁移。

（1）风化淋溶作用。风化淋溶作用是指环境中的水在重力作用下运动时通过水解作用使岩石、矿物中的化学元素溶入水中的过程，其作用的结果是产生游离态的元素离子。

（2）溶解挥发作用。溶解挥发作用指降水、固体废弃物水溶性成分的溶解。

（3）酸碱作用（常表现为环境 pH 值的变化）。

①酸性环境促进了污染物的迁移，使大多数污染物形成易溶性化学物质，如酸雨，加速岩石和矿物风化、淋溶的速度，促使土壤中铝的活化。

②当环境 pH 值偏高时，许多污染物就可能沉淀下来，在沉积物中，形成相对富集。

（4）络合作用。络合物的形成大大地改变了污染物的迁移能力和归宿。例如，当含有 Hg^{2+} 的河水流入海洋时，水中氯离子浓度逐渐增高，河口水体中的 Hg^{2+} 逐次形成 $Hg(OH)_2 \rightarrow Hg(OH)Cl \rightarrow HgCl_2 \rightarrow HgCl_3^- \rightarrow HgCl_4^{2-}$。其中的 Hg（OH）Cl 与水体中的悬浮态黏土矿物和氧化物吸附力最强，而 $HgCl_2$ 的吸附力最差。因此，Hg（OH）Cl 部分的汞大量转移到悬浮态固相或沉积物中，而部分的汞仍留在水体中。

（5）吸附作用。吸附是发生在固体或液体表面对其他物质的一种附着作用。重金属和有机污染物常常会吸附于胶体或颗粒物上，随之迁移。

（6）氧化还原作用。有机污染物在游离氧占优势时会逐步被氧化，可彻底分解为二氧化碳和水；在厌氧条件下则形成一系列还原产物，如硫化氢、甲烷和氢气。一些元素如铬、钒、硫、硒等在氧化条件下形成易溶性化合物铬酸盐、钒酸盐、硫酸盐、硒酸盐等，具有较强迁移能力；在还原环境中，这些元素变成难溶的化合物而不能迁移。

（四）生物性迁移

生物性迁移是指污染物通过生物体的吸附、吸收、代谢、死亡等过程而实现的迁移，包括生物浓缩、生物累积、生物放大。

1. 生物浓缩

生物浓缩是指生物体从环境中蓄积某种元素或难分解化合物，出现生物体中该物质的浓度超过环境中该物质的浓度的现象。生物浓缩的程度用生物浓缩系数（BCF）表示：

$$BCF = \frac{\text{生物体内污染物的浓度}(\times 10^{-6})}{\text{环境中该污染物的浓度}(\times 10^{-6})}$$

2. 生物累积

生物累积是指同一个生物个体随其整个生长发育的不同阶段从环境中蓄积某种元素或难分解化合物，从而使机体内来自环境的元素或难分解化合物的浓缩系数不断增大的现象。生物累积程度用生物累积系数（BAF）表示：

$$BAF = \frac{\text{生物个体生长发育较后阶段体内蓄积污染物的浓度}(\times 10^{-6})}{\text{该生物个体生长发育较前阶段体内蓄积污染物的浓度}(\times 10^{-6})}$$

生物累积某种元素或难分解化合物的浓度水平取决于该生物摄取和消除该某种元素或难分解化合物的速率之比，摄取大于消除则发生生物积累。

3. 生物放大

生物放大是指在生态系统的同一食物链上，某种元素或难分解化合物在生物体内的浓度随着生物的营养级的提高而逐步增大的现象。生物放大的程度用生物放大系数（BMF）表示：

$$BMF = \frac{\text{较高营养级生物体内污染物的浓度}(\times 10^{-6})}{\text{较低营养级生物体内该污染物的浓度}(\times 10^{-6})}$$

（五）污染物迁移的制约因素

污染物在环境中的迁移受到两方面因素的制约：污染物自身的物理化学性质（内因）、外界环境的物理化学条件和区域自然地理条件（外因）。

1. 内因（主要影响因素）

由于物理化学性质的差异决定了物质的电离能力、水解能力、形成络合物能力等的不同。原子的电负性、离子半径、电价、离子电位（电价与离子半径的比值）以及化合物的键性和溶解度是影响污染物迁移的重要化学参数。有如下规律：

（1）共价键组成的污染物易进行气的迁移（如 H_2S、CH_4）；

（2）离子键化合的污染物易进行水的迁移（如 NaCl、Na_2SO_4）；

（3）低价离子的水迁移能力大于高价离子的迁移能力（如 $Na^+ > Ca^{2+} > Al^{3+}$）；

（4）离子半径差别大的离子构成的化合物迁移能力较大（如 Ba^{2+}、Pb^{2+}、Sr^{2+} 与 $SO_4{}^{2-}$ 构成的化合物较难迁移，而 Mg^{2+} 与 $SO_4{}^{2-}$ 组成的化合物易于迁移）；

（5）重金属离子由于有较高的离子电位，因而具有较强的水解能力。

2. 外因（环境条件）

（1）酸碱条件（pH）。大多数重金属在强酸性环境中形成易溶性化合物，有较高的迁移能力，而在碱性环境中则形成难溶化合物，难以迁移。因此，酸性环境有利于钙、锶、钡、镭、铜、锌、镉、二价铁、二价锰和二价镍的迁移。碱性环境有利于硒、钼和五价钒的迁移。

（2）氧化还原条件（Eh）。有些污染物在氧化环境中有较高的迁移能力，而有些污染物在还原环境中有较高的迁移能力。氧化环境有利于铬、钒、硫的迁移；还原环境有利于铁、锰等的迁移。

（3）配位体的种类及数量。无机配位体包括 Cl^-、I^-、F^-、SO_4^{2-}、S^{2-}、PO_4^{3-}等。当环境中存在大量无机，特别是有大量 Cl^-、SO_4^{2-}时可大大促进汞、锌、镉、铅的迁移。环境中的无机配位体有蒙脱石、高岭石、伊利石等粘土矿物和硅、铝、铁的水合氧化物。

有机配位体包括腐殖质、氨基酸等化合物。环境中的有机配位体主要是腐殖质物质。当环境中有大量难溶性胡敏酸时可大大阻止上述金属的迁移。

（4）区域自然地理条件（气候、地形、水文、土壤等）的制约。气候条件对污染物迁移的影响最为明显，主要表现为两个最重要的因子——热量和水分之间的配合状况，直接影响污染物在环境中化学变化的强度和速度。另外，不同区域的土壤和水体具有不同的酸碱条件和氧化还原条件，具有不同种类和数量的胶体和络合配位体。

（六）污染物迁移的环境影响

污染物在环境中的迁移会直接影响到环境质量，在有些情况下起好的作用，在有些情况下起坏的作用。

简单的需氧有机污染物和酚、氰等毒物在迁移过程中被水流稀释扩散和被微生物分解、转化，终至消失，就是起好的作用。

重金属（汞、镉等）和稳定的有机有毒物质在迁移过程中，或富集于底泥成为具有长期潜在危害的污染源，或通过食物链富集于动植物体内，对人体产生慢性积累性危害，就是起坏的作用。

三、环境污染物的转化

（一）概念

污染物在环境中通过物理的、化学的或生物的作用改变形态或者转变成另一种物质的过程叫作污染物的转化（transformation of pollutants）（一次污染物，二次污染物）。污染物的转化与迁移不同，迁移只是空间位置的相对移动。不过，环境污染物的迁移和转化往往是伴随进行的。各种污染物转化的过程取决于它们的物理化学性质和所处的环境条件。大多数情况下，在污染物的转化中化学转化是主要的、大量的。根据其转化形式，污染物的转化可分为物理转化、化学转化和生物转化作用三种。

（二）物理转化作用

物理转化作用是指污染物通过蒸发、渗透、凝聚、吸附以及放射性元素的蜕变等一种或几种过程实现的转化。

（三）化学转化作用

化学转化作用是指污染物通过各种化学反应过程发生的变化，如氧化还原反应、水解反应、络合反应、光化学反应。

（1）在大气中，污染物的化学转化以光化学氧化和催化反应为主。大气中氮氧化物、碳氢化合物等气体污染物（一次污染物）通过光化学氧化作用生成臭氧、过氧乙酰硝酸酯及其他类似的氧化性物质（统称为光化学氧化剂）。气体污染物二氧化硫经光化学氧化作用或在催化氧化作用后转化为硫酸或硫酸盐。DDT在大气中受日光辐射很易光解为DDE和DDD。

（2）在水体中，污染物的化学转化主要是氧化还原反应和络合水解和生物降解等作用。环境中的重金属在一定的氧化还原条件下，很容易发生接受电子或失去电子的过程，而出现价态的变化。其结果不仅是化学性质（如毒性）发生变化，而且迁移能力也会发生变化。环境中的三价铬和六价铬、三价砷和五价砷就是比较突出的例子。水解是有害物质（盐类）同水发生反应，不仅使有害物的性质发生变化，而且也促使这些物质进一步分解和转化。水中含有各种无机和有机配位体或螯合剂，都可以与水中的有害物质发生络合反应而改变它们的存在状态。在水体底泥中的厌氧性细菌作用下，无机汞会转化为一甲基汞或二甲基汞。

（3）污染物在土壤中的转化及其行为取决于污染物和土壤的物理化学性质。土壤是自然环境中微生物最活跃的场所，所以生物降解在这里起重要的作用。土壤中的固、液、气三相的分布是控制污染物运动和微生物活动的重要因素。土壤的pH值、湿度、温度、通气、离子交换的能力和微生物的种类等是污染物转化的依存条件。如水田土壤中缺乏空气，故大都处于还原状态；旱地土壤因通气性能较好，一般都处于氧化状态。土壤的这种氧化或还原条件控制着土壤中污染物的转化状况和存在状态。例如，砷在旱地氧化条件下为五价（As^{5+}），在水田还原条件下则为三价（As^{3+}，毒性大）。金属离子的转化受土壤pH值的影响或控制：pH值小于7时，金属溶于水而呈离子状态；pH值大于7时，金属易与碱性物质化合呈不溶态的盐类。有机氯农药如DDT的转化受微生物的代谢作用和降解作用的影响较大。许多有机物通过微生物作用分解转化为其他衍生物或二氧化碳和水等无害物。微生物在合适的环境条件下能使含氮、硫、磷的污染物转化为其他无毒或毒性不大的化合物。如有机氮可被微生物转化为氨态氮或硝态氮。磷酸（H_3PO_4）在强还原条件下通过厌氧性细菌的脱氧作用，可转化为亚磷酸（H_3PO_3）、次磷酸（H_3PO_2）及磷化氢（PH_3）等。硫酸盐还原菌可使土壤中的硫酸盐还原成硫化氢进入大气。

（四）生物转化作用

生物转化作用是指污染物通过生物的吸收和代谢作用而发生的变化。污染物在有关的酶系统的催化作用下，通过各种生物化学反应改变其的化学结构和理化性质的过程。一般情况下，生物转化多数是对污染物的降解，或毒性的降低。

（五）污染物生物转化的结果

污染物生物转化的结果，一方面可使大部分有机污染物毒性降低，或者形成更易降解的分子结构；另一方面可使一部分有机污染物毒性增强，或者形成更难降解的分子结构。

第二节　大气污染的迁移和转化

一、概述

污染物在大气中的迁移是指由污染源排放出来的污染物由于空气的运动使其传输和分散的过程。迁移过程可使污染物浓度降低。大气圈中空气的运动主要是由于温度差异而引起的。大气中的污染物要受到各种因素的影响，主要有空气的机械运动，如风和大气湍流运动的影响，由于天气形势和地理形势造成的逆温现象的影响以及污染源本身的特性的影响等。

大气中的污染物的迁移过程只是使污染物在大气中的空间分布发生变化，但是它们的化学组成不变。大气中污染物的转化是污染物在大气中经过化学反应，如光解、氧化、还原、酸碱中和以及聚合等反应，转化成为无毒化合物，从而去除污染；或者转化成具有更大毒性的二次污染物，加剧污染。

二、案例分析

（一）伦敦烟雾事件

伦敦烟雾事件是指1952年12月发生在英国首都伦敦的一次严重大气污染事件，这次事件造成多达12 000人因为空气污染而丧生。具体表现为浓重的黄色烟雾笼罩了英国首都伦敦，能见度突然间变得极差，人们走在大街上，无法看清自己的双脚，室内音乐会也被取消，因为人们看不见舞台。大批航班取消，白天汽车在路上行驶都要靠打着手电筒缓缓前行，整座城市弥漫着浓烈的“臭鸡蛋”气味。

12月5~8日这短短的4天里，伦敦市死亡人数达4000人；在发生烟雾事件的一周中，48岁以上人群死亡率为平时的3倍；1岁以下人群的死亡率为平时的2倍；在这一周内，伦敦市因支气管炎死亡704人，冠心病死亡281人，心脏衰竭死亡244人，结核病死亡77人，分别为前一周的9.5、2.4、2.8和5.5倍，此外肺炎、肺癌、流行性感冒等呼吸系统疾病的发病率也有显著性增加。之后两个月内，由于又有近8000人死于呼吸系统疾病，大雾所造成的慢性死亡人数达8000人，与历年同期相比，多死亡3000~4000人。此后的1956年、1957年和1962年又连续发生了多达12次严重的烟雾事件，直到1965年后有毒烟雾才从伦敦销声匿迹。

科研人员通过检查当年病人肺的样本，发现其中有许多重金属、碳和其他有毒元素，而这些均来自燃料，就在这一年英国的公交车正好换成燃油的汽车，而且冬季的冷空气使人们家家户户都燃起了壁炉。1952年的事件引起了民众和政府当局的注意，使人们意识到控制大气污染的重要意义，并且直接推动了1956年英国洁净空气法案的通过。

伦敦烟雾事件的直接原因是燃煤产生的二氧化硫和粉尘污染，间接原因是逆温层所造成的大气污染物蓄积，地处泰晤士河河谷地带的伦敦城市上空处于高压中心，逆温层笼罩伦敦，一连几日无风，垂直和水平的空气流动均停止，连续数日空气寂静无风。当时，伦敦冬季多使用燃煤采暖，市区内还分布有许多以煤为主要能源的火力发电站。由于逆温层的作用，煤炭燃烧产生的二氧化碳（CO_2）、一氧化碳（CO）、二氧化硫（SO_2）、粉尘等气体与污染物在城市上空不断蓄积，不能扩散，粉尘表面会大量吸附水，成为形成烟雾的凝聚核，这样便形成了浓雾，引发了连续数日的大雾天气。另外，燃煤粉尘中含有三氧化二铁（Fe_2O_3）成分，可以催化二氧化硫（SO_2）氧化生成三氧化硫（SO_3），进而与吸附在粉尘表面的水化合生成硫酸雾滴。这些硫酸雾滴吸入呼吸系统后会产生强烈的刺激作用，使体弱者发病甚至死亡。

在某些天气条件下，大气结构会出现气温随高度增加而升高的反常现象，从而导致大气层结“脚重头轻”，气象学家们称之为“逆温”，发生逆温现象的大气层称为“逆温层”。逆温条件下，上下层空气减少流动，近地面层大气污染物原地不动，越积越多，空气污染势必加重。伦敦烟雾事件中，“逆温层”的出现影响了正常的大气迁移运动，使得污染物在城市上空不断蓄积，不能扩散，最终酿成悲剧。

伦敦烟雾事件中，燃煤粉尘中的三氧化二铁（Fe_2O_3）成分，催化另一种来自燃煤的污染物二氧化硫（SO_2）氧化生成三氧化硫（SO_3），再与吸附在粉尘表面的水化合生成的物质就是硫酸雾滴。上述过程就是一个大气中的污染物转化的过程，生成的硫酸雾滴（三氧化硫）是比三氧化二铁和二氧化硫毒性大得多的“二次污染物”，所以这是一个使污染加剧的大气污染物转化过程。

（二）洛杉矶光化学烟雾事件

美国洛杉矶光化学烟雾事件是世界有名的公害事件之一。从 1943 年开始，洛杉矶每年从夏季至早秋，只要是晴朗的日子，城市上空就会出现一种弥漫天空的浅蓝色烟雾，使整座城市上空变得浑浊不清，洛杉矶市被称为“美国的烟雾城”。在 1952 年 12 月的一次光化学烟雾事件中，洛杉矶市 65 岁以上的老人死亡 400 多人。许多人出现眼睛痛、头痛、呼吸困难等症状。研究发现，烟雾是大量碳氢化合物在阳光作用下与空气中其他成分起化学作用而产生的。这种烟雾中含有臭氧、氧化氮、乙醛和其他氧化剂，滞留市区久久不散，对人体健康产生严重的不良影响。这种烟雾被命名为“光化学烟雾”，又称“洛杉矶型烟雾”。

洛杉矶烟雾产生的原因在于，石油挥发物（碳氢化合物）同二氧化氮或空气中的其他成份一起，在阳光（紫外线）作用下，产生一种有刺激性的有机化合物，这就是洛杉矶烟雾。当时的250万辆各种型号的汽车，每天消耗1600万升汽油。由于汽车汽化器的汽化率低，使得每天有1000多吨碳氢化合物进入大气。汽车尾气中的烯烃类碳氢化合物和二氧化氮（NO_2）被排放到大气中后，在强烈的阳光紫外线照射下，会吸收太阳光所具有的能量。这些物质的分子在吸收了太阳光的能量后，会变得不稳定，原有的化学链遭到破坏，形成新的物质。这种化学反应被称为光化学反应，其产物为一种新型的刺激性强的含剧毒的光化学烟雾。

光化学烟雾可以说是工业发达、汽车拥挤的大城市的一个隐患。20世纪50年代以来，世界上很多城市都不断发生光化学烟雾事件。人们现主要在改善城市交通结构、改进汽车燃料、安装汽车排气系统催化装置等方面做着积极的努力，以防患于未然。

洛杉矶光化学烟雾，其特征是烟雾呈蓝色，具有强氧化性，能使橡胶开裂，刺激人的眼睛，伤害植物的叶子，并使大气能见度降低。其刺激物浓度的高峰在中午和午后，污染区域往往在污染源的下风向几十到几百公里。光化学烟雾的形成条件是大气中有氮氧化合物和碳氢化合物存在，大气温度较低，而且有强的阳光照射，在大气中就会发生一系列复杂的光化学反应，生成一些二次污染物，如臭氧、醛、酮、酸、过氧化氢以及过氧乙酰硝酸酯。这便形成了光化学污染，是典型的大气污染物发生转化产生二次污染物加剧污染的现象。

（三）中国雾霾

雾霾天气是雾和霾的混合产物，两者的主要区别在于：出现雾时，空气相对湿度很大、水汽充足，风速较小且能见度小于1千米而出现霾时，其相对湿度一般小于60%，天气较为干燥且能见度小于10千米时。雾霾现象是在不同的天气条件下形成的。它与空气湿度、水平能见度和凝结核半径有着直接的关系。另外，雾霾主要是由氮氧化合物、二氧化硫以及可吸入颗粒物这三项组成，前两者为气态污染物，而颗粒危害物才是加重雾霾天气污染的罪魁祸首。一般逆温现象与雾霾之间具有高度相关性，逆温现象的出现不一定会导致空气污染，但是每次空气污染必然会有逆温现象的出现。

雾霾天气是一种大气污染状态。雾霾是对大气中各种悬浮颗粒物含量超标的笼统表述，尤其是 PM2.5（空气动力学当量直径小于等于 2.5 微米的颗粒物）被认为是造成雾霾天气的“元凶”。随着空气质量的恶化，阴霾天气现象出现增多，危害加重。中国不少地区把阴霾天气现象并入雾一起作为灾害性天气预警预报。统称为“雾霾天气”。

霾是由空气中的灰尘、硫酸、硝酸、有机碳氢化合物等粒子组成的。它也能使大气浑浊、视野模糊并导致能见度恶化。如果水平能见度小于 1 万米时，将这种非水成物组成的气溶胶系统造成的视程障碍称为霾（haze）或灰霾（dust-haze），香港天文台称烟霞（haze）。

二氧化硫、氮氧化物以及可吸入颗粒物这三项是雾霾主要组成，前两者为气态污染物，最后一项颗粒物才是加重雾霾天气污染的罪魁祸首。它们与雾气结合在一起，让天空瞬间变得灰蒙蒙的。颗粒物的英文缩写为 PM，北京监测的是 PM2.5，也就是空气动力学当量直径小于等于 2.5 微米的污染物颗粒。

雾霾主要由二氧化硫、氮氧化物和可吸入颗粒物这三项组成，它们与雾气结合在一起，让天空瞬间变得阴沉灰暗。颗粒物的英文缩写为 PM，北京监测的是细颗粒物（PM2.5），也就是空气动力学当量直径小于等于 2.5 微米的污染物颗粒。这种颗粒本身既是一种污染物，又是重金属、多环芳烃等有毒物质的载体。

霾粒子的分布比较均匀，而且灰霾粒子的尺度比较小，从 0.001 微米到 10 微米，平均直径在 1 ~2 微米，肉眼看不到空中飘浮的颗粒物。由于灰尘、硫酸、硝酸等粒子组成的霾，其散射波长较长的光比较多，因而霾看起来呈黄色或橙灰色。

雾霾是指各种源排放的污染物（气体和颗粒物），在特定的大气流场条件下，经过一系列物理化学过程，形成的细粒子，并与水汽相互作用导致的大气消光现象。大气污染中涉及的颗粒物，一般指粒径介于0.01～100微米的粒子。PM2.5是指空气动力学直径小于或者等于2.5微米的大气颗粒物（气溶胶）的总称，学名为大气细粒子。PM2.5组成极其复杂，几乎包含元素周期表中所有元素，涉及3万种以上有机和无机化合物（包括硫酸盐、硝酸盐、氨盐、有机物、碳黑、重金属等），真是“小粒子、大世界”。PM2.5直接排放少，以排放源一次排放的气体通过物理和光化学过程生成的二次粒子为主。

雾霾中PM1～2.5影响较大，PM2.5～10即出现沙尘。雾霾会造成气候、环境、健康等方面的负面影响。

PM2.5浓度的增加可能是极端天气事件增加的原因。PM2.5影响大气辐射平衡，导致地面越来越冷、大气越来越热，严重影响区域和全球气候变化，可能加剧区域大气层加热效应、增加极端气候事件。

细粒子污染是全球性重要环境问题之一，从1975年以来，全球范围内除欧洲以外，细粒子浓度都在明显上升。PM2.5浓度的增加会引起城市大气酸雨、光化学烟雾现象，导致大气能见度下降，阻碍空中、水面和陆面交通。

霾含湿度比较高，可以直接传染细菌和病毒。PM2.5又称为可入肺颗粒，能够直接进入人体肺泡甚至血液系统中，导致心血管病等疾病。PM2.5的表面积比较大，通常富集各种重金属元素和有机污染物，这些多为致癌物质和基因毒性诱变物质，危害极大。PM2.5污染会增加重病及慢性病患者的死亡率，使呼吸系统及心脏系统疾病恶化，改变肺功能及结构，改变人体免疫结构。中国科学院研究已经基本证明，大气污染与呼吸道疾病死亡率正相关。北京市近年肺癌患病率显著提高，2012年平均每天确诊104个肺癌病人。对广州市肺癌致死率与灰霾关系的研究表明，考虑7年滞后期，肺癌致死率和气溶胶消光系数的相关系数高达0.97。

雾气看似温和，里面却含有各种对人体有害的细颗粒、有毒物质达20多种，包括了酸、碱、盐、胺、酚等，以及尘埃、花粉、螨虫、流感病毒、结核杆菌、肺炎球菌等，其含量是普通大气水滴的几十倍。与雾相比，霾对人的身体健康的危害更大。由于霾中细小粉粒状的飘浮颗粒物直径一般在0.01微米以下，可直接通过呼吸系统进入支气管，甚至肺部。所以，霾影响最大的就是人的呼吸系统，造成的疾病主要为呼吸道疾病、脑血管疾病、鼻腔炎症等病种。同时，灰霾天气时，气压降低、空气中可吸入颗粒物骤增、空气流动性差，有害细菌和病毒向周围扩散的速度变慢，导致空气中病毒浓度增高，疾病传播的风险很高。

第三节　地下水污染的迁移和转化

一、概述

水环境中污染物的迁移与转化可以根据污染物的不同性质分为无机污染物的迁移转化和有机污染物的迁移转化两种。

无机污染物，特别是重金属和准重金属等污染物，一旦进入水环境，均不能被生物降解，主要通过沉淀—溶解、氧化还原、配合作用、胶体形成、吸附—解吸等一系列物理化学作用进行迁移转化，参与和干扰各种环境化学过程和物质循环过程，最终以一种或多种形态长期存留在环境中，造成永久性的潜在危害。

有机污染物在水环境中的迁移转化主要取决于有机污染物本身的性质以及水体的环境条件。有机污染物一般通过吸附作用、挥发作用、水解作用、光解作用、生物富集和生物降解作用等过程进行迁移转化。

地下水污染物的迁移与转化主要是指，污染物进入包气带中和含水层中将发生机械过滤、溶解和沉淀、氧化和还原、吸附和解吸、对流和弥散等一系列物理、化学和生物过程。

（1）机械过滤。机械过滤作用是指污染物经过包气带和含水层介质过程中，一些颗粒较大的物质团因不能通过介质空隙，而被阻挡在介质中的现象。机械过滤作用只能使污染物部分停留在介质中，而不能从根本上消除污染物。

（2）溶解和沉淀。溶解和沉淀是水—岩相互作用的一种，存在于包气带的污染物在大气降水入渗作用下，包气带水在向下渗透时，会将污染物或由其转化产生的可溶物质溶解出来，下渗进入地下水。某些污染物的 pH 值、氧化还原电位发生变化，水中的污染物浓度大于饱和度，一些已经溶解的污染物会沉淀析出。溶解与沉淀实质上是强极性水分子和固体盐类表面离子产生了较强的相互作用。如果这种作用的强度超过了盐类离子间的内聚力，就会生成水合离子。这种水合离子逐层从盐类表面进入水溶液，扩散到整个溶液中去，并随着水分向下或向上运动而迁移。化合物的溶解和沉淀主要取决于其组成的离子半径、电价、极化性能、化学键的类型及其他物理化学性质；此外，它与环境条件如温度、压力、水中其他离子浓度、水的 pH 值和 Eh 条件密切相关。

（3）氧化和还原。氧化与还原反应是指污染物中的元素或化合物发生转移，导致化合价态改变的过程。氧化与还原作用受 pH 值影响，并与地下水所处的氧化还原环境有关。例如，元素 Cr，在还原条件下，以 Cr^{3+} 的化合物形式存在，不易迁移；而在氧化环境下，以 Cr^{6+} 的化合物形式存在，则很容易迁移。

（4）吸附和解吸。吸附和解吸是污染物在土壤或包气带与水相、气相介质之间发生的重要的物理化学过程，吸附为污染物由液相或气相进入固相的过程，解吸过程则相反。吸附和解吸影响着污染物与地下水、空气之间的迁移或富集，也影响着污染物的化学反应和有机物的微生物降解过程。物质的吸附有两种机理：分配作用和表面吸附作用。

在给定的污染物质与固相介质情况下，污染物质的吸附和解吸主要与污染物在水中的浓度和污染物质被吸附在固体介质上的固相浓度有关。液相浓度和固相浓度的数学表达式称为吸附模式，其相应的吸附等温线通常是一定温度下吸附达到动态平衡时吸附质在固—液两相中浓度的关系曲线。

（5）对流和弥散。污染质在地下水中的迁移受地下水的对流、水动力弥散和化学反应等的影响。污染质随地下水的运动而产生的问题，即为对流问题。地下水中的污染质运移还存在着水动力弥散，水动力弥散使污染质点的运移偏离了地下水流的平均速度。

这种污染质点偏离了地下水流的平均速度有如下原因：首先，浓度场的作用存在着质点的分子扩散；其次，在微观上，孔隙结构的非均质性和孔隙通道的弯曲性导致了污染质点的弥散现象；最后，是宏观上所有孔隙介质都存在着的非均质性。

二、案例分析

（一）地下排污

地下水作为重要的供水水源，在保证居民生活用水、社会经济发展生态环境平衡等方面起到不可替代的作用；地下水作为地球上的水资源的重要组成部分，它不仅具有很高的经济价值而且具有极其重要的生态价值。经济价值体现在因其具有优良的水质和便于开采的特点，可以成为满足特定需求的独立水源，也可以作为一种正规的补充水源地。生态价值主要体现在它具有良好的调蓄功能，可以平衡丰枯年水资源的利用，地下水环境一旦受到污染，后果不堪设想。

近年，国内多家化工厂、酒精厂、造纸厂等高污染行业被曝出将高浓度污水通过高压水井压到地下以逃避监管，严重、大范围地污染地下水。早在2010年，有媒体报道华北地区地下排污的问题，有印染厂、浆纱厂、纺纱厂，在这些厂房的隐秘处，有三个简易的大土坑，里面积满了黑褐色的污水。大土坑没有进行任何防渗处理，每个坑之间都有一道豁口相接。企业这样做有两方面的“好处”：其一，污水会自己往地下渗透，达到排放的效果；其二，就算不能完全渗透，经过沉淀的水至少看上去要好很多，再往外排，比较隐蔽。现在整个社会的环保意识都增强了，如果直接外排污水，不仅环保部门要查处，农村老百姓也会不同意。因此，如果企业能找个隐蔽的渗坑，把污水往那里存放，就算不能全部渗下去，经过沉淀的水至少看上去要好很多，再往外排，群众的意见也不会那么大。

在河南省新乡县某造纸厂有20口40米深的井（实际上起到的就是渗坑的作用），造纸厂直接把废液用渗井的方法，将污水排到了地下。由于地下水超采严重，使得我国形成了许多地下水漏斗，地表水极易下渗，为渗坑、渗井排放污水提供了可乘之机。

根据2010年的报道，仅在辽宁省沈阳市就有60多家企业采用天然渗坑和渗井排放未处理的污水，严重污染了地下水。一些地区的企业采取渗坑、渗井方式向地下强制、恶意排放工业废水，已成蔓延之势。而2013年潍坊再次被报道出地下排污事件，说明这种现象在我国还远远没有消失。

这些年来，随着各地工业、农业的大规模发展，污染也随之加剧，对地下水造成了更严重的污染。目前，我国地下水污染表现为两个恶劣趋势：一是地下水污染范围日益扩大，城市地下水水质普遍下降，局部地段水质恶化，多个城市由于地下水污染造成供水紧张；二是地下水检出的污染成分越来越多、越来越复杂，污染程度和深度也在不断增加。

地下水的污染是从浅层开始的，所以这部分的污染最严重。多年来，很多地区并没有重视地下水的保护，也没有采取保护措施，导致深层地下水也受到污染。由于各城市地下水受到的污染程度不同，所以无法统一说地下水污染已经到了哪层。容易被污染的是地表近层的地下水，但深层的污染也在扩大。由于地下水开采施加压力，地下水储水层已经变成漏斗状，污染的地下水将渗透到深层。

农业上，过量使用化肥农药和城市污水灌溉，让土壤受到污染，形成面状污染源，被污染的河流湖泊也会直接将污染物渗透到地下水中；工业上，各地发展不均衡，环保设备标准不一，工业废水的直排严重污染地下水，冶金厂、造纸厂、化工厂、纺织厂都是高排污企业。加油站和垃圾填埋场污染地下水的问题十分严重。由于年久失修，一些加油站的地下油管早已生锈，漏油情况普遍存在，直接污染地下水。下雨时，雨水携带含有不少有毒物质的垃圾渗液渗透到地下，污染地下水。

受到污染的地下水正侵蚀着每个国人的健康。2004 年，国家多个部委联合发布的《全国重点地方病防治规划》就曾明确指出，氟牙症、氟骨症、大骨节病等多种疾病均与地下水污染有直接关系。

中国式的地下排污只是将污染物从地表转移到地下而已，从看得见的地方转移到看不见的地方，从较好治理的地方转移到了难以治理的地方。由于污染物在地下水中的迁移，进入地下水的污染物会迅速污染整个当地的地下水层。

（二）垃圾填埋场

污染地下水的主要来源为生活污水、生活垃圾、工业废水、工业废物、农业施用的化肥和粪肥以及石油和石油化工产品等。而这其中离我们最近的污染物主要来自遍布每个城镇的垃圾填埋场，这是 2001 年赵章元先生经过实地考察后所提出的判断。

目前，我国已经是世界上垃圾包袱最重的国家，全国 668 座城市垃圾年产量达到 1.8 亿吨，而且每年以 8% 的速度增长。中国的垃圾已占到全世界年产垃圾的 1/4 以上。全国几乎所有城镇均陷入垃圾重围之中，形成了垃圾包围城市的态势。而对于如此之多的垃圾，我国目前主要是依靠填埋的方式解决“垃圾围城”。截至“十一五”，北京市靠填埋技术处理的垃圾仍占 73%，而全国平均水平为 77%。垃圾填埋场污染地下水主要是通过工业垃圾中有毒有害物质、生活垃圾中有机物经过液氧发酵后形成的渗沥液透过隔膜进入地下水源。经过检测，垃圾渗沥液中含有大量难降解的有毒污染物，并能产生不安全的累积效应，在局部富集起来。虽然各地政府都号称采用了卫生填埋方式，但是仍然不能阻止垃圾渗沥液的渗漏。

“国内外再好的卫生填埋场都会渗漏，这只是年限的问题。防渗漏的隔膜内部结构会随时间发生变化。国内赵章元团队在中国地质大学的帮助下，利用原本用于勘探地矿的环境地球物理技术方法，开始以北京为例对垃圾填埋场地面进行扫描，并第一次发出声音：垃圾填埋场对地下水有污染，北京市地下水严重超标，多年超标率较高的为氨氮、硝氮、铬和汞等，地下水有机污染严重。地球物理学最早开始应用于工程地质勘探、工程监测，后来应用于环境探测以及环境保护，称为环境地球物理学。它是根据污染物与其周围介质在物理或者化学性质上的差异，借助像扫描仪一样的装置直接在地面上测量其污染物物理场的分布状态，通过分析和研究物理场的变化规律，掌握污染物在地下运移过程和空间分布规律。目前普遍的做法是在垃圾填埋场附近设置污染检测井对地下水进行监测，然而由于井深有限，再加上近年来地下水水位不断下降，影响了监测的准确性。

2002 年，北京市市政管委会对北京市的阿苏卫、北神树等几个大型垃圾填埋场周边的地下水质进行检测，结果发现由垃圾填埋场渗漏出来的有毒物质已经污染到了地表 30 米以下的地下水。另外，高浓度点主要集中在潜水层中。氯代烃污染多呈点状分布，且中部、西南郊已形成重污染区。主要分布在丰台潜水区和中部天坛、广安门一带潜水、承压水过渡带上。南郊大部分地区地下 100 米以上的潜水层地下水早已超标。2002 年，赵章元团队通过对全国 300 多个重点城市的垃圾填埋场对地下水污染的资料得出结论：我国的垃圾填埋场普遍发生渗漏！这就意味着这些垃圾填埋场所处的地区的地下水很可能已经遭受污染。

地下水和土壤一旦受到污染，修复起来是相当困难的，有些甚至是不可逆转的。而如果无法修复，填埋场附近的居民将何去何从，地下水和土壤的污染可以直接毁掉一整片区域的生态环境，随着污染物的扩散甚至可能影响到整座城市的地下水环境。

第四节　环境污染的生物富集

一、概述

生物富集是指生物通过非吞食的方式，从周围环境（大气、水、土壤）蓄积某种元素或难降解的物质，使其在机体内浓度超过周围环境中浓度的现象。生物体吸收环境中物质的情况一般有三种：第一种是藻类植物、原生动物和多种微生物等，它们主要靠体表直接吸收；第二种是高等植物，它们主要靠根系吸收；第三种是大多数动物，它们主要靠吞食进行吸收。在上述三种情况中，前两种属于直接从环境中摄取，后一种则需要通过食物链进行摄取。环境中的各种物质进入生物体后，立即参加到新陈代谢的各项活动中。其中，一部分生命必需的物质参加到生物体的组成中，多余的以及非生命必需的物质则很快地分解掉并且排出体外，只有少数不容易分解的物质（如DDT）长期残留在生物体内。

二、案例分析

本节主要通过三个案例来说明污染事件中的生物富集现象。

（一）水俣病事件

水俣是日本熊本县水俣湾东边的小渔村。日本氮肥公司自1932年起在氮肥生产中使用含汞催化剂，工厂把没有经过任何处理的废水排放到水俣湾中。1950年，有大量的海鱼成群在水俣湾海面游水，任人网捕，海面上常见死鱼、海鸟尸体，水俣市的渔获量开始锐减。1956 年，水俣湾附近发现了一种奇怪的病。这种病症最初出现在猫身上，病猫步态不稳，抽搐，甚至跳海“自杀”，因此被称为“猫舞蹈症”。但是不久之后，当地发现了有人患有类似病状，患者轻者口齿不清、步履蹒跚、面部痴呆、手足麻痹、知觉出现障碍、手足变形，重者神经失常，直至死亡。

1959 年，熊本大学医学部水俣病研究班发表研究报告指出，水俣病原因为当地企业所排出的有机水银，1932～1966 年有数百吨的汞被排入水俣湾。1960 年，正式将“甲基汞中毒”所引起的工业公害病定名为“水俣病”。该事件被认为是一起重大的工业灾难。水俣病严重危害了当地人的健康和家庭幸福，使很多人身心受到摧残，甚至家破人亡。水俣湾的鱼虾不能再捕捞食用，当地渔民的生活失去了依赖，很多家庭陷于贫困之中。截至 1997 年 10 月，由官方所认定的受害者高达 12 615 人，当中有 1 246 人已死亡。

日本的“水俣病”事件，就是指排入水体中的无机汞经微生物转化为有机汞后，通过水域食物链的生物富集，最后进入人体，最终引起著名的有机汞中毒事例。研究表明，企业排放的废水中含有大量的汞，当汞离子在水中被鱼虾摄入体内后转化成甲基汞（一种主要侵犯神经系统的有毒物质）。水俣湾里的鱼虾因为工业废水被污染，而这些被污染的鱼虾又被动物和人类食用。甲基汞进入人体后，会导致神经衰弱综合征，精神障碍、昏迷、瘫痪、震颤等，并可导致发生肾脏损害，重者可致急性肾功能衰竭，此外还可以致心脏、肝脏损害。据统计，有数十万人食用了水俣湾中被甲基汞污染的鱼虾。

甲基汞会致毒是因为甲基汞具有脂溶性、原形蓄积和高神经毒三项特性。首先甲基汞进入胃与胃酸作用，产生氯化甲基汞，经肠道几乎全部吸收进入血液；然后在红细胞内与血红蛋白中的巯基结合，随血液输送到各器官。人体为了保护自己的大脑，为防止病毒入侵，专设了血脑屏障。但氯化甲基汞血脑屏障不识，故能顺利通过，进入脑细胞，还能透过胎盘，进入胎儿脑中。脑细胞富含类脂质，而脂溶性的甲基汞对类脂质具有很高的亲和力。所以很容易蓄积在脑细胞内。甲基汞分子结构 $CH_3-Hg-Cl$ 中的 $C-Hg$ 键结合得很牢固，不易断开，在细胞中呈原形蓄积，以整个分子损害脑细胞，这种损害的表现具有进行性和不可恢复性。因此，水俣病是环境污染中有毒微量元素造成的最严重的公害病之一。

（二）痛痛病事件

日本富山“痛痛病”事件是世界有名的公害事件之一，于1956~1972年发生在日本富山县神通川流域，病因主要是重金属尤其是镉中毒。1972年，患病者达258人，死亡128人。

由于工业的发展，富山县神通川上游的神冈矿山从19世纪80年代成为日本铝矿、锌矿的生产基地。神冈的矿产企业长期将没有处理的废水排放注入神通川，致使高浓度的含镉废水污染了水源。20世纪初期开始，人们发现该地区的水稻生长不良。1931年，又出现了一种怪病，患者大多是妇女，病症表现为腰、手、脚等关节疼痛。病症持续几年后．患者全身各部位会发生神经痛、骨痛现象，行动困难，甚至连呼吸都会带来难以忍受的痛苦。到了患病后期，患者骨骼软化、萎缩，口肢弯曲，脊柱变形，骨质松脆，就连咳嗽都能引起骨折。患者不能进食，疼痛无比，有的人因为无法忍受痛苦而自杀。这种病由此得名为“痛痛病”或“骨癌病”。

1946~1960年，日本医学界从事综合临床、病理、流行病学、动物实验和分析化学的人员经过长期研究后发现，“痛痛病”是由于神通川上游的神冈矿山废水引起的镉中毒。镉广泛地存在于环境中，可以通过食物、水、吸烟或其他途径进入人体，镉在人体内的生物半衰期长达10~30年，为已知的最易在体内蓄积的有毒物质。由于镉中毒，河里的鱼类开始死亡，而用河水灌溉的水稻长势不佳。镉和其他重金属沉积在河底及河水里，当这河水用于灌溉稻田，禾稻便吸收所有的重金属，但尤以镉为甚。人食用受污染的稻米后，镉便积聚在人体内。人体中的镉主要是由于被污染的水、食物、空气通过消化道与呼吸道摄入体内的，大量积蓄就会造成镉中毒。

镉中毒首先是引起肾功能障碍，特别是缺钙等生理或生活因素诱使软骨症出现。镉使肾中维生素D的活性受到抑制，进而妨碍十二指肠中钙结合蛋白的生成，干扰在骨质上钙的正常沉积，缺钙会使肠道对镉的吸收率增高，加重骨质软化和疏松。此外，镉影响骨胶原的正常代谢。关节、韧带等是联系各个骨块的结缔组织，同时又有润滑、保护、强化的功能，它们主要由胶原蛋白和弹性蛋白组成。这些蛋白的形成要通过许多以锌和铜为活性中心的酶促反应。当镉中毒后，它取代了这些酶的中心原子，使它们失活。例如赖氨酸氧化酶的活性中心是铜，是形成胶原纤维的基础；当被镉毒化时，此酶的活性降低，影响胶原蛋白质的形成。

参考文献

[1] 陈世训．气象学［M］．北京：农业出版社，1981.

[2] 唐孝炎．大气环境化学［M］．北京：高等教育出版社，1990.

[3] 穆光照．自由基反应［M］．北京：高等教育出版社，1985.

[4] 方精云．全球生态学气候变化与生态响应［M］．北京：高等教育出版社，2000.

[5] 王晓蓉．环境化学［M］．南京：南京大学出版社，1993.

[6] 戴树桂．环境化学［M］．北京：高等教育出版社，2006.

[7] 岳贵春．环境化学［M］．长春：吉林大学出版社，1991.

[8] 莫天麟．大气化学基础［M］．北京：气象出版社，1988.

[9] 冈田秀雄．小分子光化学［M］．长春：吉林人民出版社，1982.

[10] 铃木伸．大气之光化学［M］．东京：东京大学出版社，1983.

[11] Williamson S T. Fundamentals of Air Pollution. Addison Wesley Publishing Company, 1972.

[12] Manahan S E. Environmental Chemistry. Boston: Willard Grant Press, 1984.

[13] Seinfeld J H. Atomspheric Chemistry and Physics of Air Pollution. John Willey & Sons, 1986.

[14] Stern A C. Air Pollution. Academic Press, Inc., 1986.

[15] Wark K. Air Pollution. It's Oringin and Control. Harper and Row, Publishers, 1981.

[16] Bailey. Chemistry of the Environment. Academic Press, Inc., 1978.

[17] Heecklen J. Atmospheric Chemistry. Academic Press, Inc., 1976.

[18] Bailey. Chemistry of the Environment. Academic Press, Inc., 1978.

[19] 黄晓璐．谈谈大气污染的危害及防治措施［J］．环境科技，2010 (23)：136～137.

[20] 袁学军．大地之殇："镉米"再敲污染警钟［J］．生态经济，2013

(9): 14 ~ 17.

[21] 王亚军. 光污染及其防治 [J]. 安全与环境学报, 2004 (4): 56 ~ 58.

[22] 刘景齐. 大气污染控制工程 [M]. 北京: 中国工农业出版社, 2002.

[23] 郝吉明, 马广大, 王书肖. 大气污染控制工程: 第二版 [M]. 北京: 高等教育出版社, 2002.

[24] 胡月红. 国内外汞污染分布状况研究综述 [J]. 环境保护科, 2008, 34 (1): 38 ~ 40.

[25] 叶常明, 王春霞, 金龙珠. 21 世纪的环境化学. 北京: 科学出版社, 2004.

[26] 戴树桂. 环境化学进展. 北京: 化学工业出版社, 2005.

[27] 陈静生. 水环境化学 [M]. 北京: 高等教育出版社, 1987.

[28] 赫茨英格·O. 环境化学手册第四分册: 反应和过程 (二) [M]. 北京: 中国环境科学出版社, 1989.

[29] Stumm W, Morgan J J. Aquatic Chemistry. John Willey & Sons. Inc., 1981.

[30] Manahan S E. Environmental Chemistry. 4th ed. Boston: Willard Grant Press, 1984.

[31] Zeep R G, Cline D M. Rates of Direct Photolysis in Aquatic Environmental. Environmental Science & Technology, 1977. 11 (4): 359 ~ 366.

[32] Stumm W. Chemistry of the Solid-Water interface. John Willey & Sons. Inc., 1992: 243 ~ 288.

[33] Stumm W, Morgan J J. Aquatic Chemistry. John Willey & Sons, 1981.

[34] 王俊主. 化学污染物与生态效应 [M]. 北京: 中国环境科学出版社, 1993.

[35] 沈同等. 生物化学 [M]. 北京: 人民教育出版社, 1980.

[36] Conn & Stumpt. 生物化学纲要 [M]. 刘俪生, 等, 译. 北京: 人民教育出版社, 1982.

[37] 张毓琪. 环境生物毒理学 [M]. 天津: 天津大学出版社, 1993.

[38] Manahan S E. 环境化学 [M]. 陈甫华，等，译. 戴树桂，校. 天津：南开大学出版社，1993.

[39] 曲格平. 环境科学基础知识（中国大百科全书环境科学卷选编）[M]. 北京：中国环境科学出版社，1984.

[40] Robert V T. Bioaccumalation Model of Organic Chemical Distribution in Aquatic Food Chains. Environ. Sci. Technol., 1989, 23: 699 ~ 707.

[41] Bodek I. Environmental Inoganic Chemistry. Pergamon Press Inc., 1988.

[42] Tyagi O D. Environmental Chemistry. Anmol Publications, 1990.

Chapter 6
第六章
环境与健康的监管制度

第一节 环境法律制度与环境健康风险

一、环境与健康

人类与环境的关系如同鱼与水的关系，环境是人类赖以生存的基础，而人类活动反过来也会对环境产生直接或间接的影响，彼此之间相互制约、影响。环境健康是指在人类与环境相互作用的过程中，环境系统功能正常、环境质量良好、人类身心健康、生命质量有保障。自古以来，人们就非常重视环境对于人类健康的影响，《黄帝内经》中有明确记载："一州之气，生化寿夭不同，其故何也?"岐伯回答说："高下之理，地势使然也。崇高则阴气治之，污下则阳气治之，阳胜者先天，阴胜者后天，此地理之常，生化之道也……高者其气寿，下者其气夭，地之大小异也。"认为居住在空气清新、气候寒冷的高山地区可长寿，居住在空气污浊、气候炎热的低洼地区则会寿命短。可见，气候环境对人体的健康长寿非常重要。[①] 出现环境问题是人类和地球环境演变到一定阶段的必然产物，当人类在生产活动中排入环境的废弃物超过环境的自净能力时，造成环境质量下降，就可能引起相应的健康效应，从而破坏和损伤人与环

① 柳丹，叶正钱，俞益武．环境健康学概论［M］．北京：北京大学出版社，2012. 9. p2.

境的和谐关系。

（一）原生环境问题与健康

原生环境指天然形成的基本上未受人为活动影响的环境。原生环境问题是环境中原来就存在的不利于人类活动与生存的因素，如虫灾、流行病等引起的环境问题。原生环境问题的健康影响的主要表现是地方病，包括化学性地方病和生物性地方病，如地方性甲状腺肿大、地方性砷中毒、克山病、大骨节病。环境与地方病的关系非常密切，人类不能脱离其周围的环境而独立存在，必须同周围自然环境中的理化因素、生物因素相互作用，建立一种动态平衡。在地球演变过程中，由于自然和人为的种种原因，使这一平衡遭到破坏，就会出现一些特异性的带有地域特色的疾病，即地方病。[①]

（二）环境污染与健康

环境污染是对环境健康的直接威胁，严重影响着环境质量和人类健康。当环境污染物通过大气、土壤、水和食物等多种介质进入人体后，对人群的机体和精神状态产生了直接的、间接的或者潜在的有害影响。一般生活环境中的环境污染物的水平很低，但人群长期生活在这样的环境中，累积暴露量大，会出现慢性中毒。环境中的污染物种类很多，可同时进入人体，产生联合作用。此外，污染物在环境中可通过生物学或理化作用发生转化、增毒、降解或富集，从而改变原有的性状、浓度和毒性，产生不同的危害作用。

二、科学技术与环境健康问题

（一）科学的自信与风险

1. 科技进步与环境问题

科学技术作为对自然、社会进行控制、改造、协调、利用的知识、技能、手段和方法的中介，在人与自然的关系中扮演着十分重要的角色。尤其是20世纪以来，现代技术飞速发展，科技的发展已经不断渗透到人类生活的各个领域，为人们带来舒适、便利的生活环境。科学技术的进步，促进了现代工业的发展，提高了人类利用自然、战胜自然的能力。但是，人类对技术的不

① 左玉辉，等．环境学原理［M］．北京：科学出版社，2010：129～132．

适当应用，对自然资源的过度开发以及不适当的生产手段和消费方式，使自然环境遭到了严重的破坏，产生了诸多的环境问题，[①] 比如，杀虫剂在短期内会杀死一些害虫，同时也会杀死一些益虫，使得害虫和益虫的数量同时减少；长期而言，杀虫剂会使得害虫的耐药性增强，使其丧失功用。而且，杀虫剂还可能降低农作物的品质，影响到人体健康。自从环境问题经典著作《寂静的春天》发表之后，DDT 已成为人类滥用杀虫剂而造成环境问题的罪魁祸首。随着科学对 DDT 的生态环境危害性的认识不断深化，终于，人们形成统一认识，并最终禁止了 DDT 的使用。

2. 科技发展与环境健康风险

随着经济的发展和社会的推动，科学技术的发展速度将会更快，应用强度和规模更大，应用时间更为短暂。但是，它们所带来的健康风险也可能更大。例如，现在争议非常大的转基因生物技术。有人认为转基因生物技术不会给人类带来特殊的环境健康风险。人类自从开始进行农作物的种植就未停止过作物的遗传改良。传统的改良方式主要是对自然突变产生的优良基因和重组体进行选择和利用。后来，又利用孟德尔的遗传定律，利用杂交育种和诱变育种等方式改造生物。转基因技术与传统技术是一脉相承的，都是根据生物遗传学规律来实现遗传改良。因此，不会产生新的环境风险。甚至，转基因生物技术因为其可控性，比传统的育种技术更加安全和可靠。转基因技术可以准确地针对某一基因组进行操作和选择，其后果可以更为精准的预测，在应用上也更加安全。[②] 而有的科学家则认为转基因技术的新颖性会导致转基因生物产生特殊性的风险。转基因技术和传统育种技术虽然都是对基因进行重组或转换，但是，传统育种技术的基因重组是在自然界中进行的，即便是人工诱变，也仅局限于近缘种属。而转基因技术是在分子水平上提取（或合成）不同生物的遗传物质，在体外切割，再和一定的载体拼接重组，然后将重组的 DNA 分子引入细胞或生物体内，使这种外源 DNA 在受体细胞中进行复制和表达，按人们的需要繁殖扩增基因或生产不同产物或定向地创造生

---

① 金丽．简论科学技术进步与环境问题［J］．科学观察天津科技，2005（2）．

② 贾士荣．转基因植物的环境及食品安全性［J］．生物工程进展，1997，17（6）：38．

物的新性状。①

据统计，1996年全球生产转基因作物的面积为280万亩，2001年增加到4000多万亩。1997~1999年，我国批准商品化转基因食品植物5项，包括耐储藏番茄、抗黄瓜花叶病甜椒、抗黄瓜花叶病番茄；批准中间试验转基因植物48项，涉及食品植物9项；批准环境释放的转基因食品植物7项（水稻、玉米、大豆、马铃薯、番茄、甜椒、线辣椒）。② 2009年，全球25个国家种植了1.34亿公顷的转基因作物，其中我国排在第六位，约370万公顷。目前，转基因大豆、豆油已占据我国约50%的市场份额。③ 可见，我国的主要粮食都已经有转基因技术渗透其中。而转基因作物带来的环境问题、转基因食品对人体健康的影响已经有所体现。据美国研究人员在《自然》杂志上发表论文，他们首先发现转基因作物产生的杀虫用毒素可由根部渗入周围土壤，而且保持了很强的活性，仍然能够杀虫。研究人员认为，渗入土壤的毒素可能助长一些害虫对杀虫剂产生抗药性，对土壤生态环境产生长远的负面影响。另外，在美国的《科学》杂志和欧洲的一些学术刊物上，也分别报道了两例转基因病毒外壳蛋白基因的植物，导致了病毒的突变和新病毒毒株系的形成。目前，还不能确定的转基因生物释放或逃逸产生环境后果包括：（1）人类、动物或植物受到寄生、受体或带菌生物的感染；（2）因转基因生物、其组分或代谢产物而产生的毒性或过敏反应；（3）由转基因生物所代表的产品产出的毒性或过敏反应；（4）因意外释放转基因生物而产生的环境影响；（5）产生更多具有传染性或抗药性的微生物；（6）将有害的基因物质（例如与抗癌有关的物质）通过转基因生物传给人类；（7）会侵占周围环境，取代原来生长的原生物种；（8）转基因物质可能会转移至其他杂草类的植物中；（9）营养物质在环境中的自然循环受到转基因微生物的干扰等。④

---

① 肖显静．环境·科学——非自然、反自然与回归自然［M］．北京：化学工业出版社，2009，7：150.

② 周生贤．领导干部环境保护知识读本［M］．北京：中国环境科学出版社，2009，6：184~185.

③ 曾娜，郑晓琴．转基因食品风险规制：制度模式与改进方向［J］．科技与法律，2011（3）.

④ 周生贤．领导干部环境保护知识读本［M］．北京：中国环境科学出版社，2009，6：185~186.

（二）科学的局限与决策

科技的应用对于环境问题的认识是有限的，一方面，在很长的一段时期，科技的应用主要是从经济角度来衡量其是否具有可行性，而不考虑其对生态环境的影响。因此，科技的应用可能在经济上可行，却会导致环境污染或破坏，尤其在一些发展中国家，片面强调其民众的发展权而牺牲环境。另一方面，对于某些科学和技术的认知是有限的，尤其对于其应用后会产生何种环境影响是不确定的。

环境问题的产生不同于经济问题，其复杂性体现为显现的延迟性、因果关系的不确定性等。以大气臭氧层物质氯氟烃类物质（CFCs）为例，研究者最初发现，氯氟烃类物质的化学惰性非常强，几乎不和其他物质发生化学或生物反应，因此被认为是无毒的物质，在20世纪20~30年代被广泛应用并逐渐取代其他相关的有毒有害物质。然而，很不幸的是，随着人们对地表同温层化学的研究的深入，发现此类物质会破坏大气的臭氧层，而臭氧层的破坏会降低大气对太阳紫外线的吸收，导致人类产生一系列的环境健康风险，如患皮肤癌。这就体现为环境问题出现的延迟性，因此科技应用会对环境破坏产生间接的效应。

现在，一种观点认为，由于科技应用而产生的环境问题必然要通过科技进步来解决。然而，即使是科学已经认识到某种环境问题，真正要得到应用还会受到其他因素如科学的认识水平、环境损害程度、政府的投入、管制政策的制定和实施、公众的环境意识等影响。如前述的大气臭氧层空洞问题，1974年发现氯氟烃类物质对臭氧层破坏之后的十几二十年之后，才签订国际条约，并根据条约和国际行动逐步削减，直至停止使用破坏臭氧层的物质。又如，煤烟对健康的影响在英国的维多利亚时代就得到了认真的研究，但是，直到1952年伦敦“烟雾”事件发生后，有关当局才制定政策，进行污染治理。

环境问题的复杂性也表明了应用科技解决的困难和不确定性。甚至，一些决策还会起到反作用。例如，我国的水污染问题如太湖、滇池、洞庭湖的污染治理问题，政府投入巨资，应用多项治理技术，制定综合的治理政策和方案进行治理，但收效甚微。以滇池污染治理为例，从1996年开始，国家对滇池的投入已达40多亿元，但滇池的水质仍无明显好转，有些局部区域甚至还在继续恶化。滇池的环境问题既是由于长期的污染导致水环境和生态功能的严重退化的结果，也是由于决策不当导致湖泊面积减少、水量减少的结果。决策不当最明显的一个例子是当年由水利部门主导治理滇池，为了减少水浪的冲击和防止人们继续蚕食滇池，于1982～1984年，在滇池沿岸带修建了一条近两千米的防浪堤，隔开了滇池水体和陆地的交错联系，破坏了滇池的湿地生态系统，使得滇池周边湿地对水体的自净能力几乎丧失殆尽，严重影响了滇池的自净和再生能力，造成了滇池生态环境的持续恶化。滇池生态环境的破坏的持续事件不长，但要恢复却是一个漫长的过程，也是一个非常复杂的系统工程，付出的代价远高于当时所得的利益。

综上所述，科技的进步虽然能为国家带来经济的腾飞，但是也带来更为严重的环境问题，鉴于环境问题产生的复杂性与科学技术的局限性，单纯的想要依靠科学技术进行环境治理是不现实的，环境保护是一个复杂的全社会的生态系统工程，要正确认识和处理科技发展与环境问题之间的关系，结合政府立法与社会的全民参与，找到治理环境问题的解决之道。

（三）日本应对公害的经验与教训

20世纪50～60年代，日本工业和经济快速发展，但由于没有相应的环境保护和公害治理措施，致使工业污染和各种公害病随之泛滥成灾。当时著名的世界“八大公害事件”中有四大公害事件都是在这个时期的日本发生，为此，日本的政府和企业都付出了惨重的代价，开始积极寻求解决保护环境问题和公害治理的有效措施。

经过政府官员和专家的努力，1969年12月，日本制定了《公害健康受损救济特别措施法》，该法具有日本独有的特点。首先，该法认为“公害”是指人为的行为，即“由于工业或人类其他活动”所造成的相当范围的“大气污染、水质污染（包括水质、水的其他情况和水底底质恶化）、土壤污染、噪声、振动、地面沉降（矿井钻掘所造成的沉降除外）和恶臭气味，以致危害人体健康的生活环境的状况（第2条第1款）”。其次，日本的《公害健康受损救济特别措施法》强调通过行政调解来解决公害纠纷，这与很多国家通过诉讼来解决的路径不同。日本学者金泽良雄认为，“通过诉讼解决既费时又耗钱，而且解决公害纠纷这类问题，必须依据充分科学性的说明才能解释清楚其因果关系。因此，与其通过诉讼，倒不如由当事人协商，反而能更好地解决问题。所以在日本通过行政委员会来解决公害纠纷，已成为当事人的希望所在，因而形成一种制度。”① 最后，完善了防治公害的基本对策。法律规定了环境标准、国家对策（关于排放等控制、关于土地利用及设置设施的控制、关于促进防治公害设施的修建、监视和测定等制度的建立、考察与调查的进行、促进科学技术的发展等，对大气、水、土壤等在基本法中都详细的规定了关于排放等采取的限制措施。另外，还强化了“公害保健医疗研究费辅助金”制度，该制度是一种补充社会保障制度。应该深刻反省以往行政和政治的错误认识，即以医学上因果关系没有得到完全证明为理由，推迟执行公害对策，以至于造成水俣病反复发病的严重失误。②

日本2011年3月发生的核泄漏事件至今令人们记忆深刻，日本福岛第一核电站多台机组完全丧失冷却功能，进而导致部分堆芯熔化、氢气爆炸和大量放射性物质向外释放，并最终将事故等级定为最高核事故级别7级。也许可怕的不是核泄漏本身，而是相关信息不公开、不透明条件下引发的公众恐慌。③ 福岛核电站一号机组已满一般设定的40年寿命而“老朽化”，尽管受到应当废弃的批判，东京电力公司却坚称可以“确保安全”运转60年，原子能保安院予以认可并延长10年。著名反核纪实作家广濑隆出版的《核反应堆定时炸弹》中曾警告说：核电站会由于地震而失控，核辐射向周边扩散，形成“核电站震灾”。福岛应验后，他痛批政府、企业、媒体和御用学者隐瞒事实，最终酿成悲剧。④ 因此，政府如何建立自己的公信力，如何保障公众的环境健康权益，如何保障信息的及时公开与透明，以避免此类悲剧的再次发生，这个问题仍值得我们深思。

---

① [日] 金泽良雄. 日本施行公害对策基本法的十二年——法的完备与今后的课题. 康复，译.

② [日] 桥本道夫. 日本环保行政亲历记 [M]. 冯叶，译. 北京：中信出版社，2006，12：115.

③ 陈开琦. 由日本核泄漏引发的公民环境安全权思考 [J]. 云南师范大学学报（哲学社会科学版），2011 (9).

④ 刘建平. 福岛核电站“泄漏”了什么？ [EB]. 环球时报. http://opinion.china.com.cn/opinion_62_14662.html.

三、我国环保制度应对健康风险的亮点与不足

十二届全国人大常委会第八次会议于2014年4月24日表决通过了新修改的《环境保护法》，并于2015年1月1日起施行。随后，与修改的《环境保护法》相衔接，相继修改了《大气污染防治法》《野生动物保护法》和《环境影响评价法》，我国在新修订的法律中对于环境健康风险的预防与应对都体现出新的特点与制度，但是在实施过程中，依然存在着不尽如人意的地方，也有其缺陷所在。

（一）我国环保制度应对环境健康风险的亮点

1. 突出生态文明建设

在《环境保护法》中将“保障公众健康，推进生态文明建设，促进经济社会可持续发展”列入立法目的，并强调“使经济社会发展与环境保护相协调”的环境保护优先的理念。建立“生态保护红线”制度，国家在重点生态功能区、生态环境敏感区和脆弱区等区域划定生态保护红线，实行严格保护。对地方政府的经济开发规划设定了不可逾越的空间界限。[①] 强调建立健全生态保护补偿制度。这些规范对于保障国家生态安全，实现我国经济社会的可持续发展，具有重要的战略意义。

2. 突出强调政府的监管责任，同时加强对政府的监督

一是在《环境保护法》进一步明确政府的环保责任，不仅在总则部分突出地方各级政府应当对本地环境质量负责，而且增加对政府实行环保目标责任制和考核评价制度的规定，并要求各级政府制定限期达标规划。还要求考核结果向社会公开。通过行政考核将环境保护监督管理的工作业绩和官员的政治前途挂钩，有助于转变官员尤其是地方官员重视经济发展而忽视环境保护的观念。[②] 在《大气污染防治法》中以改善大气环境质量为目标，也强化了地方政府的责任，加强了对地方政府的监督。

二是设立人大监督机制。《环境保护法》第27条规定：“县级以上人民

---

① 王曦. 新《环境保护法》的制度创新：规范和制约有关环境的政府行为［J］. 环境保护，2014（10）：40~43.

② 常纪文. 新《环境保护法》：史上最严但实施最难［J］. 环境保护，2014（10）：23~28.

政府应当每年向本级人民代表大会或者人民代表大会常务委员会报告环境状况和环境保护目标完成情况，对发生的重大环境事件应当及时向本级人民代表大会常务委员会报告，依法接受监督。”人大监督机制的设立将促使同级人民政府认真履责，加强环境保护工作。

三是强化了公众的举报制度。《环境保护法》第57条第1款规定：“公民、法人和其他组织发现任何单位和个人有污染环境和破坏生态行为的，有权向环境保护主管部门或者其他负有环境保护监督管理职责的部门举报。”同时，强调了接受举报的机关应当对举报人的信息予以保密，保护举报人的合法权益。此制度增强了公众的参与度，环境问题的产生与公众的环境健康权益有直接的利害关系，强化公众对政府工作的监督，使政府部门的环境保护工作能更加落实。

四是确立了新闻媒体对环境违法行为的舆论监督制度。《环境保护法》第9条第3款规定：“新闻媒体应当开展环境保护法律法规和环境保护知识的宣传，对环境违法行为进行舆论监督。”在《野生动物保护法》中，第8条也强调：“新闻媒体应当开展野生动物保护法律法规和保护知识的宣传，对违法行为进行舆论监督。”当代新媒体的发展，不仅扮演信息提供者的角色，还承担环境教育者的功能。新闻媒体提高了环境健康风险的社会能见度，以新闻舆论的影响力推动环境风险的治理，对促进社会的可持续发展的作用不容小觑。①

五是确立了行政官员的行政处分和引咎辞职制度。《环境保护法》第68条规定了行政官员的行政处分和一些造成严重后果的地方人民政府、县级以上人民政府环境保护主管部门及其他相关部门的主要负责人的行政处分和引咎辞职的情形。通过一系列细化的规定，针对政府行政官员的不作为及违法问题的追责将更加到位。

3. 突出预防为主的环保理念

对环境影响评价制度作了重大的完善：（1）明确国务院有关部门和省、自治区、直辖市人民政府组织指定经济、技术政策时，应当充分考虑对环境

① 郭小平. 环境传播——话语变迁、风险议题构建与路径选择［M］. 武汉：华中科技大学出版社，2013：10.

的影响。这可以认为是“政策环评”制度的雏形。首次将环评制度的适用范围从建设项目和规划扩大到政府的经济、技术政策，把更多的有关环境的政府行为纳入了法律调整的范围。[①]（2）强化了规划环评，明确了对于未依法进行环评的开发利用规划，不得组织实施。规划环评将是项目环评的重要依据。新修改的《环境影响评价法》规定：“已经进行了环境影响评价的规划包含具体建设项目的，规划的环境影响评价结论应当作为建设项目环境影响评价的重要依据，建设项目环境影响评价的内容应当根据规划的环境影响评价审查意见予以简化。”（3）对当前环评未批先建等违法行为加大了处罚力度。《环境保护法》规定了对于未批先建的行为，环境保护行政主管部门处以责令停止建设，处以罚款，并可以责令恢复原状。新修订的《环境影响评价法》更是将处罚金额与总投资额挂钩，课以比例罚。（4）简化了部分项目的环评行政审批程序，简政放权，优化审批流程。《环境影响评价法》修改后，不再将行政主管部门对水土保持方案的审批作为环境影响评价的前置条件。进一步体现了环评审批简化事前、强化事中和事后监管的改革思路，有助于提升行政管理效能，发挥宏观控制作用。（5）将环评“区域限批”制度化。《环境保护法》第44条第2款规定“对超过国家重点污染物排放总量控制指标或者未完成国家确定的环境质量目标的地区，省级以上人民政府环境保护主管部门应当暂停审批其新增重点污染物排放总量的建设项目环境影响评价文件”。

通过一系列的修改，严格贯彻落实好《环境影响评价法》的实施，发挥好战略环评的作用，落实政府责任，做好相关部门的协调配合，进一步促进我国生态文明的建设，促进环境健康风险的积极预防及防范的发展理念。

建立环境资源承载能力监测预警机制。《环境保护法》第18条规定：“省级以上人民政府应当组织有关部门或者委托专业机构，对环境状况进行调查、评价，建立环境资源承载能力监测预警机制。”环境的资源承载能力是在自然生态环境不受危害，维系良好的生态系统的前提下，一定地域和空间可以最大承载资源的开发利用和容纳环境污染排放量的能力。我国建立环

① 王曦．新《环境保护法》的制度创新：规范和制约有关环境的政府行为［J］．环境保护，2014（10）：40～43．

境资源承载能力监测预警机制，明确资源的利用上限，环境容量底线和生态保护红线，有效地控制开发强度，缓解人类生存发展与环境保护的矛盾，促进人类与自然的和谐共生。

建立环境与健康监测、调查和风险评估制度。在《环境保护法》第39条规定国家建立、健全环境与健康监测、调查和风险评估制度；鼓励和组织开展环境质量对公众健康影响的研究，采取措施预防和控制与环境污染有关的疾病。国家加强对大气、水、土壤等的保护，建立和完善相应的调查、监测、评估和修复制度。大气、水、土壤与人类的生产生活息息相关，我们国家制定有《大气污染防治法》《水污染防治法》。新修订的《大气污染防治法》规定建立重污染天气监测预警体系。对于可能发生严重雾霾等重污染天气时，省级人民政府需适时发出预警，县级以上地方人民政府将依据重污染天气预警启动应急响应，采取责令有关企业停产限产、限制部分机动车行驶等应对措施。《水污染防治法（修订草案）》也强化了对风险的监控，加强前期对风险监测的重视。土壤污染一般是以大气和水质污染作为媒介发生，因此相较于大气、水的防治工作，对于土壤防治工作稍显落后。在《土壤污染防治法（草案征求意见稿）》中依然重视对环境健康风险的预防和保护、管控和修复、经济措施、监督检查等问题。

4. 突出环境监管制度的创新和完善

修订后的《环境保护法》在对原有制度加以不断完善的同时，还确立了许多新的制度或者将已经在运行的现有制度确立在本法之中，并在大气、水等单项法律规定中也有相应的体现。

一是建立跨行政区域环境污染的联合防治协调机制。《环境保护法》第20条规定："国家建立跨行政区域的重点区域、流域环境污染和生态破坏联合防治协调机制，实行统一规划、统一标准、统一监测、统一的防治措施。前款规定以外的跨行政区域的环境污染和生态破坏的防治，由上级人民政府协调解决，或者由有关地方人民政府协商解决。"面对严重的大气污染，任何一个人、任何一个地区都不可能独善其身。自2013年以来，京津冀、长三角、珠三角分别建立了区域大气污染防治协作机制，《大气污染防治法》中明确规定由国家建立重点区域大气污染联防联控机制，统筹协调区域内大气污染防治工作。

二是建立、健全环境监测制度。针对实践中环境监测缺乏规划、重复建设、规范不一致、信息发布不统一的情况，《环境保护法》第17条规定：(1) 建立环境监测数据共享机制；(2) 有关行业、专业等各类环境质量监测站（点）的设置应当符合法律规定和监测规范；(3) 监测机构应当使用符合国家标准的监测设备，遵守监测规范；(4) 监测机构及其负责人对监测数据的真实性和准确性负责。①

三是明确排污许可制度，建立环境信用制度。《环境保护法》将排污许可证管理制度作为一项基本管理制度明确下来，规定企业事业单位和其他生产经营者应当按照排污许可证的要求排放污染物。《环境保护法》第54条第3款还规定了环境信用制度，“县级以上地方人民政府环境保护主管部门和其他负有环境保护监督管理职责的部门，应当将企业事业单位和其他生产经营者的环境违法信息记入社会诚信档案，及时向社会公布违法者名单”。将企业遵守各项环境保护制度的情况纳入信用管理，而违规违法企业将可能被纳入“黑名单”，从而影响其在银行、证券等系统的信用评级。②《大气污染防治法》第19条规定：“排放工业废气或者本法第七十八条规定名录中所列有毒有害大气污染物的企业事业单位、集中供热设施的燃煤热源生产运营单位以及其他依法实行排污许可管理的单位，应当取得排污许可证。排污许可的具体办法和实施步骤由国务院规定。”《水污染防治法（修订草案）》中同样制定了对水污染有毒有害物质的名录，确立由排污许可制为核心的监管体系，强调通过水污染总量控制改善水环境质量。

四是明确了环境应急制度。《环境保护法》第47条根据《中华人民共和国突发事件应对法》的规定，进一步明确和细化了环境应急制度：(1) 县级以上人民政府应当建立环境污染公共监测预警机制，组织制定预警方案；环境受到污染，可能影响公众健康和环境安全时，依法及时公布预警信息，启动应急措施。(2) 企业事业单位应当按照国家有关规定制定突发环境事件应急预案，报环境保护主管部门和有关部门备案。在发生或者可能发生突发环

① 李庆瑞. 新《环境保护法》：环境领域的基础性、综合性法律——新《环境保护法》解读[J]. 环境保护，2014 (10)：14~17.

② 常纪文. 新《环境保护法》：史上最严但实施最难 [J]. 环境保护，2014 (10)：23~28.

境事件时，企业事业单位应当立即采取措施处理，及时通报可能受到危害的单位和居民，并向环境保护主管部门和有关部门报告。（3）人民政府应当及时组织评估事件造成的环境影响和损失，并公布结果。

5. 构建环境保护信息公开制度，保障公众参与环境保护

《环境保护法》增加了第五章专门规定信息公开和公众参与，赋予了公众环境知情权、参与权、举报权和监督权，加强公众对政府和排污单位的监督。其亮点主要体现在：

一是明确了各级政府应当公开的信息范围及方式。新法规定国务院环境保护主管部门统一发布国家环境质量、重点污染源监测信息及其他重大环境信息。

二是明确排污单位的信息公开责任。新法规定重点排污单位应当主动公开环境信息，规定重点排污单位应当如实向社会公开其主要污染物的名称、排放方式、排放浓度和总量、超标排放情况以及防治污染设施的建设和运行情况，接受社会监督（第55条），并规定了相应的法律责任。

三是完善建设项目环境影响评价的公众参与。新《环境保护法》第56条第1款规定："对依法应当编制环境影响报告书的建设项目，建设单位应当在编制时向公众说明情况，充分征求意见。"第56条第2款规定："负责审批建设项目环境影响评价文件的部门在收到建设项目环境影响报告书后，除涉及国家秘密和商业秘密的事项外，应当全文公开；发现建设项目未充分征求公众意见的，应当责成建设单位征求公众意见。"由于2002年制定的《环境影响评价法》以及1998年实施的《建设项目环境管理条例》等法律法规均未规定建设项目环境影响报告书的公开与否，公开程度等问题，建设单位和政府部门以各种理由推托公开其环境影响报告书文本，导致了公众在环境影响评价公众参与过程中，难以获取有效的信息。至2006年实施的《环境影响评价公众参与暂行办法》才规定了可以公开环评报告书的简本，但仍然难以解决公众的信息获取问题。新《环境保护法》的规定解决了公众获取环境影响评价报告书的难题，使得公众更好地了解建设项目的环境影响，并理性地提出自己的诉求。新的《大气污染防治法》第31条规定："环境保护主管部门和其他负有大气环境保护监督管理职责的部门应当公布举报电话、电子邮箱等，方便公众的举报。"为公众参与监督大气环境状况提供渠道。环境

的信息公开可以有效保障公民的参与权和监督环境保护的权利，为公众参与提供便利渠道，政府的相关环境信息能够处在“阳光下”。

四是明确规定环境公益诉讼原告主体资格。关于环境公益诉讼的规定是修订后的《环境保护法》的一大亮点。该法第58条规定：“对污染环境、破坏生态，损害社会公共利益的行为，符合下列条件的社会组织可以向人民法院提起诉讼：（一）依法在设区的市级以上人民政府民政部门登记；（二）专门从事环境保护公益活动连续五年以上且无违法记录。符合前款规定的社会组织向人民法院提起诉讼，人民法院应当依法受理。提起诉讼的社会组织不得通过诉讼牟取经济利益。”该条规定是构建我国环境公益诉讼制度的基本依据和基础，必将对我国今后环境公益诉讼的发展产生深远影响。①

6. 加大环境污染处罚力度，提高环境违法行为成本

一直以来，环境污染“违法成本低，守法成本高”，导致环保法形同虚设、执行不力。这主要是因为过去在治理环境污染时，往往用行政罚款方式，结果企业交完钱，还接着排放污染。因此，在新修订的法律中都加大了处罚力度。

首先，对逃避监管排污适用行政拘留。在现实生活中，众多企业负责人或法人代表或者是其他生产经营管理人员并不害怕罚款，但却害怕行政拘留。为此，《环境保护法》第63条对以下四种情形规定了行政拘留强制措施：（1）建设项目未依法进行环境影响评价，被责令停止建设，拒不执行的；（2）违反法律规定，未取得排污许可证排放污染物，被责令停止排污，拒不执行的；（3）通过暗管、渗井、渗坑、灌注或者篡改、伪造监测数据，或者不正常运行防治污染设施等逃避监管的方式违法排放污染物的；（4）生产、使用国家明令禁止生产、使用的农药，被责令改正，拒不改正的。可见，行政拘留一般针对的是拒不改正或者比较严重的环境违法行为。

其次，建立按日计罚制度，加大了行政罚款的力度。为督促企业改变连续违法的行为，《环境保护法》第59条第1款规定：“企业事业单位和其他生产经营者违法排放污染物，受到罚款处罚，被责令改正，拒不改正的，依

---

① 王灿发，程多威. 新《环境保护法》规范下环境公益诉讼制度的构建［J］. 环境保护，2014（14）：35～39.

法作出处罚决定的行政机关可以自责令改正之日的次日起，按照原处罚数额按日连续处罚。”新修订的《大气污染防治法》中也同样强化了“按日计罚”的规定。在修订后的《大气污染防治法》中取消了之前对造成大气污染事故企业事业单位罚款“最高不超过50万元”的封顶限额。还增加了其他罚款新规定。例如第122条规定，造成大气污染事故的，视情节轻重，对企业直接负责的主管人员和其他直接责任人员可以处上一年度的从本企业事业单位取得收入的50%以下的罚款；对企业事业单位处以一至五倍的罚款。这是重点治霾的具体体现，必将对污染企业事业单位产生极大的震慑作用。

再次，赋予环境保护部门委托的环境监察机构现场检查权和环保部门查封、扣押的行政强制权，规定环保部门有权责令超标或超总量排污的企事业单位限制性生产、停产整治等。《环境保护法》第25条规定：“企业事业单位和其他生产经营者违反法律法规规定排放污染物，造成或者可能造成严重污染的，县级以上人民政府环境保护主管部门和其他负有环境保护监督管理职责的部门，可以查封、扣押造成污染物排放的设施、设备。”这一措施不仅有利于有效制约流动环境污染行为，还有利于及时制止固定污染源的污染排放行为。

最后，确立了环境监测机构和环评机构等环境服务机构的连带责任。《环境保护法》第65条规定：“环境影响评价机构、环境监测机构以及从事环境监测设备和防治污染设施维护、运营的机构，在有关环境活动服务中弄虚作假。对造成的环境污染和生态破坏负有责任的，除依照有关法律法规规定予以处罚外。还应当与造成环境污染和生态破坏的其他责任者承担连带责任。”确立连带责任，可以对一些中介服务机构在工作实践中与排污单位相互勾结，弄虚作假的行为追究其法律责任。

7. 突出农村环境保护工作，促进生态文明的全面建设

《环境保护法》的修改突出体现了国家对于农村环境保护工作的重视，要求各级人民政府应当加强对农业环境的保护，促进农业环境保护新技术的使用，加强对农业污染源的监测预警。《环境保护法》第49条提出了合理使用化肥农药、保护农田、畜禽养殖区合理选址等规定。第50条作出了安排专项资金支持“农村饮用水水源地保护、生活污水和其他废弃物处理、畜禽养殖和屠宰污染防治、土壤污染防治和农村工矿污染治理等环境保护工作”等

保障农村生活环境和农民健康的具体规定。这些规定尽管在形式上较为分散，但在内容上涵盖了对农业环境、农村环境和农民健康生活环境的保护，摒弃了“经济发展优于环境保护”的理念，实现了污染防治、自然资源利用、生态保护、公众健康保护的一体化。①

8. 突出各类规划在环境保护领域中的地位

一是确立各级政府的环境保护工作规划制度。新法规定县级以上人民政府应当将环境保护工作纳入国民经济和社会发展规划。二是确立环境在各类政策制定过程中的地位。新法规定国务院有关部门和省、自治区、直辖市人民政府组织制定经济、技术政策，应当充分考虑对环境的影响，听取有关方面和专家的意见。此外，《大气污染防治法》第3条规定：“县级以上人民政府应当将大气污染防治工作纳入国民经济和社会发展规划，加大对大气污染防治的财政投入。”

（二）我国环境保护制度应对环境健康风险存在的不足

《环境保护法》《大气污染防治法》的成功修订并不意味着会得到有效实施，因为其在实施过程中必然会受到来自各个方面的阻力。按照逻辑，越严格的法律实施起来难度越大，阻力也越大。②

1. 《环境保护法》关于生态和自然资源保护领域的立法依然不足，环境基本法的地位不够

根据党的十八大报告和党的十八届三中全会关于推进生态文明制度建设的决定，《环境保护法》应当是陆空一体、海陆一体统筹规范，而现实是，此次修订侧重于污染防治，对于生态保护方面的新内容明显不足。③ 关于生态环境的保护如划定生态红线、保护自然生态区域、保护生态安全、加强生态修复、开展生态补偿、重视农业生态保护等规定，和污染防治的规定相比仍显粗糙，过于原则且缺乏具体措施，可操作性不强。因此，修订后的《环境保护法》仍然是环保部门的部门法。④ 另外，环境保护法的效力等级仍然

---

① 王树义，周迪. 回归城乡正义：新《环境保护法》加强对农村环境的保护［J］. 环境保护，2014（10）：29～34.

② 常纪文. 新《环境保护法》：史上最严但实施最难［J］. 环境保护，2014（10）：23～28.

③ 孙佑海. 新《环境保护法》：怎么看？怎么办？［J］. 环境保护，2014（14）：18～22.

④ 常纪文. 新《环境保护法》：史上最严但实施最难［J］. 环境保护，2014（10）：23～28.

不够。在我国，一部法律要成为基本法的必要条件之一就是该法必须是由全国人大通过，而此次《环境保护法》的修订仍然是由全国人大常委会审议通过，其作为环境领域基本法的地位仍然不具备，而生态和自然资源保护领域的补强还需要在今后的环境立法中加紧进行。

2. 环境公益诉讼的规定仍然没有满足社会的要求和期盼

关于环境民事公益诉讼除了要明确原告资格外，还需要制定具体的规范程序，如环境公益诉讼在诉讼管辖、起诉资格认定、起诉主体顺位、诉讼请求范围、举证责任分配、证明规则、禁止令适用、诉讼费用负担、被告反诉、当事人和解、法院调解、赔偿金归属、裁判效力范围等方面都需要有具体的规则，但修改后的《环境保护法》对这些问题并没有规定。缺乏上述的具体规则，一方面，可能为一些法院拒绝受理环境公益诉讼案件提供借口；另一方面，可能使人民法院在审理环境公益诉讼案件时无所适从，导致在诉讼管辖、举证责任、证明规则等方面的混乱。① 而且对于环境行政公益诉讼问题无从开展。一般而言，环境公益诉讼包括环境民事公益诉讼和环境行政公益诉讼两种类型。前者在新修订的《民事诉讼法》第55条有所规范，而后者在刚刚通过修订的《行政诉讼法》中并没有涉及。现实中，负有环境保护法定职责的行政机关违法作出环境行政决策、环境行政许可或者怠于履行环境行政管理、监督和执法职责，其对环境公共利益的侵害较民事主体的违法行为有过之而无不及。② 而从域外，如美国的公民诉讼的实践看，环境行政公益诉讼和环境民事公益诉讼属于环境公益诉讼的“一体两翼”，而且强化对行政机关的监管力度堪称各国建立环境公益诉讼制度的首要目标。《环境保护法》第58条规定中关于“污染环境、破坏生态，损害社会公共利益的行为”是否包括行政机关违法审批、怠于履职导致环境污染和生态破坏，还需要通过具体立法或者司法解释加以明确。

3. 《环境保护法》《大气污染防治法》中的新规定操作性不强

例如，《环境保护法》对于大气污染物、水污染物的联防联控作出了规

---

① 王灿发，程多威. 新《环境保护法》规范下环境公益诉讼制度的构建［J］. 环境保护，2014(14)：35~39.

② 王灿发，程多威. 新《环境保护法》规范下环境公益诉讼制度的构建［J］. 环境保护，2014(14)：35~39.

定，提出了“统一规划、统一标准、统一监测、统一防治措施”的要求。《大气污染防治法》在第五章规定了重点区域大气污染联合防治。“按照统一规划、统一标准、统一监测、统一防治措施的要求，开展大气污染联合防治，落实大气污染防治目标责任。”但是，如何保障这些规定的实施，尤其是地方政府违背了上述四个统一的要求，由哪个机构作出违法的认定、根据哪个条款进行处罚、由哪个机构如何进行处罚。[①] 建立和划定生态红线十分重要，但对于破坏生态红线的行为，涉及当地经济发展和生态保护的利益冲突时如何进行调整和协调，如果不作出细化的配套规定，就难以将保护生态红线的规定落到实处，从而使法律的实施效果大打折扣。

4. 许多规定缺乏法律责任相配套

制定和设计法律条文时，在提出规范要求时必须设计出对违法行为的制裁条款，否则所有的规范要求形同虚设。仔细研究新《环境保护法》，对人民政府提出的义务性规定达 50 多处，对环境保护部门和有关部门提出的义务性规定达 30 多处，但是在法律责任部分，只有 10 项规定是指向政府以及有关部门的。可见，对政府而言，多数还是宣示性的条款，对政府和有关部门没有真正的约束力。比如，新《环境保护法》第 19 条第 2 款用同样的语句规定了未依法进行环境影响评价的规划和建设项目，均不得实施。但是，第 61 条仅规范了建设项目环评的违法责任，而整部法律并未对违反规划环评的违法行为承担何种责任、如何进行处罚进行规定。故关于规划环评的强制性规定最终可能落空。

5. 实施新法的体制机制保障依然缺乏

《环境保护法》的修订在环境管理体制改革方面并没有很多亮点。比如，环境保护部门如何“统一监督管理”？其他负有环境保护监督管理职责的部门如何“监督管理”？由于规定的空泛，在实际工作中，各部门继续强化本部门的资源保护和污染防治工作，不可避免地对环保部门的统一指导和监督持抵触甚至否定的态度。例如，《环境保护法》赋予环保部门的查封、扣押等执法权力，对于小企业行使这些权力阻力一般不会很大，但对于大型企业特别是大型国有企业，由于他们的上级主管部门是国务院，地方环保部门执

---

① 孙佑海. 新《环境保护法》：怎么看？怎么办？[J]. 环境保护，2014（14）：18～22.

行起来会有很大的难度。再如，责令无人企业“限制生产、停产整治”的权力赋予环保部门，实践中对违法的大型企业特别是大型国有企业是否敢于采取相应的措施，也有很大的疑问。因此，如何在体制机制上加强和保障环保部门依法独立行使执法权力便显得尤其重要。

6. 环境监管体制的变革与环境立法的滞后

中共中央办公厅、国务院办公厅出台的《关于省以下环保机构监测监察执法垂直管理制度改革试点工作的指导意见》正式开启了地方环境管理体制改革的进程，这是我国环境保护工作体制的重大变革。全面落实环保垂直管理制度改革要求，大大推动了地方环境监测和监察执法队伍的体制改革，将有力推动地方环保管理体制的创新、明晰职责、完善制度、配套政策，提高环境管理的整体效能，同时提升生态环境治理体系和治理能力的现代化水平，推进环保垂直管理改革对持续改善环境质量具有重要的现实意义。然而，在“实行最严格的环境保护制度”的前提下，环境监管体系的变革与我国环境立法的滞后性存在衔接矛盾。现行环境监管体制由相应的组织法和相关的部门法所确立，前者解决机构设置问题，后者则解决具体制度的安排和运行等问题，主要集中在《环境保护法》中，并未与相关单行法一道形成合力，规定过于简单，缺乏明确性和可操作性，彼此之间缺乏配合衔接。①

此外，随着环境管理制度改革的不断深入，环境影响评价制度及排污许可证制度的改革与衔接也变得越来越重要。环境影响评价制度及排污许可证制度是我国环境保护中的两项重要制度，分别在建设项目事前、事中、事后环境监管中发挥了不可替代的作用。环境影响评价是事前许可，不仅关注污染物的末端治理措施及排放情况，也关注影响污染物排放的其他方面，将源头预防作为了一项重要的指导思想，明确废水、废气、固废、噪声等的源头、治理方案、排放情况等。因环境影响评价是一种预测性评价，对污染物的排放情况预测仅能根据可行性研究报告及相关类比数据进行推算，导致环评报告的预测数据与实际排放情况产生一定偏差。而排污许可证是一种事中、事后许可，但在实际操作过程中，两项制度存在衔接不紧密，彼此不反馈、不

① 熊晓青. 建立系统、超脱和灵活的环境监管体制——以《环境保护法》的修改为契机 [J]. 郑州大学学报（哲学社会科学版），2013 (7).

互动等问题。在排污许可证发放时，很多时候又不会按环评阶段的技术方法对监测数据。我国尚未对环境影响评价与排污许可制度如何融合出台明确的政策，其制度体系的构建还处于探讨阶段，其合理性有待进一步验证。[①]

其次，中央印发了《生态环境损害赔偿制度改革试点方案》。方案指出，2015～2017年，选择部分省份开展生态环境损害赔偿制度改革试点。从2018年开始，在全国试行生态环境损害赔偿制度。[②] 但是从目前我国环境立法来看，关于生态损害责任还未给出一个清晰的界定，生态损害责任承担问题的立法研究还有待进一步的探讨。没有制定一部专门的“生态环境损害赔偿法”，并配套相应的建立生态环境损害赔偿协商、诉讼、协商与诉讼衔接的制度以及损害评估、资金保障和公众参与监督制度等。因此，要力争在全国范围内初步构建责任明确、途径畅通、技术规范、保障有力、赔偿到位、修复有效的生态环境损害赔偿制度。

第二节　环境标准制度

一、环境标准制度的起源与发展

（一）环境标准的起源

1847年，英国颁布了《河道法令》。这可以看作人类第一部具有环境标准意义的法律文件。20世纪50年代，各种污染物排放量急剧增加，环境质量状况日趋恶化，为了保护人类健康和赖以生存的自然和生活环境，各国政府陆续制定控制污染的法规和标准。1973年，我国颁布了第一个环境保护标准《工业“三废”排放试行标准》（GBJ 4－73）。该标准是全国环境保护会议筹备小组办公室组织当时的国家基本建设委员会、农林部、卫生部、燃料化学工业部、冶金工业部、轻工业部、水利电力部、中国科学院和北京市、

① 易玉敏，陈晨．我国环境影响评价制度与排污许可制度整合和拓展过程中的问题解析及解决途径［J］．环境科学导刊，2016（4）．

② 生态环境损害赔偿制度改革试点方案公布［J］．中国财政，2015（24）．

上海市、黑龙江省、吉林省等有关单位共同编制，并提交8月召开的第一次全国环境保护会议进行讨论。1973年11月17日，该标准由国家计划委员会、国家基本建设委员会、卫生部颁布，自1974年1月1日起实施。至今，我国已形成了较为完整的环境标准体系。1982年，发布了《环境保护标准管理办法》，1989年对其进行了修订，并在1999年重新颁布了《环境保护标准管理办法》。该办法依据有关法律规定，对环境保护工作中需要统一的各项技术规范和技术要求，明确了环境标准的制订程序、实施和监督办法。

1. 什么是环境标准

环境标准，也称环境保护标准，是指为了防治环境污染，维护生态平衡，保护人体健康和社会物质财富，由法定机关依据国家有关法律规定，对环境保护工作中需要统一的评价依据、规划和方法等各项技术要求所制定的规范性文件。①

环境标准具有标准的一般属性，其作用主要体现为三个方面，即评价和判定事物的依据、开展特定工作的规则、解决问题的规范方法。环境标准是环境工作的技术基础和执法的依据，不论是环境纠纷的诉讼、排污费的收取、污染治理目标等执法依据都是相关的环境标准。环境标准是进行环境规划、环境管理、环境评价和城市建设等行政行为的依据，还是组织现代化生产的重要手段和条件。

2. 环境标准的分类

环境标准按功能来区分，主要有环境质量标准、污染物排放（控制）标准、环境监测方法标注、环境保护样品标准和环境保护行业标准等。其中，环境质量标准和污染物排放标准是依法具有强制力的环保技术法规，其强制力来源于国家环境保护法律中对于达到标准义务和违反标准责任的规定。环境质量标准是环境标准体系的核心。由环境质量标准和污染物排放标准构成的环境标准体系的主体部分是进行环境监督管理的重要基础，可为环境管理部门提供工作指南和监督依据。② 污染物排放标准和控制标准基本上一致，但是在形式和内容还是有所区别的。污染物排放标准的核心内容通常是排放

---

① 周生贤．领导干部环境保护知识读本［M］．北京：中国环境科学出版社，2009：243~244.

② 左玉辉，等．环境学原理［M］．北京：科学出版社，2010：207.

限值和监测方法等，而控制标准的内容更多一些，包括污染物处理流程中所有相关要求。污染物排放标准的发展趋势是涉及污染物的种类越来越多，相关限值要求越来越严格；控制标准的发展趋势除了与其有相似之处外，对污染物处理流程中的各个环节要求越来越细致、全面和严格。①

3. 环境标准的适用

环境标准按适用地域划分可以分为国家环境标准和地方环境标准。其中，国家环境标准又包括环境质量标准、污染物排放（或控制）标准、环境基础标准、环境监测方法标准、环境标准样品标准和环境保护行业标准。国家环境质量标准是指为了保护自然环境、人体健康和社会物质财富，限制环境中的有害物质和因素而制定的标准。国家污染物排放标准是指为了防治污染，达到环境质量标准，保护人体健康和生态环境，结合技术经济条件和环境保护要求，对污染源排放的污染物数量、排放率、浓度和排放方式等其他表征污染源环境特性指标所作出的限制性规定。国家环境监测方法标准是指为监测环境质量状况和污染源排放行为，规范采样、分析、测定、数据处理等工作而制定的标准。国家环境样品标准是为保证环境监测数据的准确、可靠，用于量值传递或质量控制的实物标准，可用来考核和评价监测机构、监测方法、分析仪器等。

地方环境标准包括地方环境质量标准和地方污染物排放（控制）标准。根据《环境保护法》（2014）、《水污染防治法》（2008）和《大气污染防治法》（2015）等法律的规定，省级人民政府可以制定国家环境质量标准未制定的项目或严于国家环境质量标准已经制定的项目的地方环境质量标准，并报国务院环境主管部门备案；省级人民政府可以对可以制定国家污染物排放标准未规定的项目或严于国家污染物排放标准已经制定的项目的地方污染物排放标准，并报国务院环境主管部门备案。根据《地方环境质量标准和污染物排放标准备案管理办法》（2004）的规定，所谓“严于国家污染物排放标准”，是指对于同类行业污染源或产品污染源，在相同的环境功能区域内，采用相同监测方法，地方污染物排放标准规定的项目限值、控制要求，在其有效期内严于相应时期的国家污染物排放标准。②

① 左玉辉，等．环境学原理［M］．北京：科学出版社，2010：243.

② 环境保护部宣传教育中心．环境保护基础教程［M］．北京：中国环境出版社，2014：130～131.

国家环境质量标准和地方环境质量标准同时执行，有地方环境质量标准优先适用。在本区域内，有地方标准的执行地方标准，没有地方标准的执行国家标准。也就是说，地方标准严于国家标准，并优先执行。国家污染物排放标准，如水和大气，又分为综合型和行业型两类，两者不同时执行；有行业型排放标准的不执行综合型排放标准，没有行业型排放标准执行综合型排放标准，即“不交叉执行原则”。

（二）环境基准

1. 环境基准的概念

环境基准（environmental criteria/benchmark）是环境质量基准的简称，指环境中污染物对特定对象（人或生物）不产生不良或有害影响的最大剂量（无作用剂量）或浓度。① 例如，大气中二氧化硫年平均浓度超过0.115mg/m^{3}时，对人体健康就会产生有害影响，这个浓度值就称为大气中二氧化硫的基准。② 环境基准只考虑污染物与特定对象之间的剂量—反应关系，而未考虑社会经济负担能力和技术水平等社会因素，不具有法律效力，但可作为制定环境质量标准的科学依据。环境基准与环境质量标准的关系非常紧密。环境基准的研究不仅是环境科学研究的核心内容，而且作为环境管理特别是环境标准的制定提供科学依据和基础资料。因此，环境基准的研究在环境科学和环境管理中具有十分重要的意义。近年来，联合国世界卫生组织专家委员会多次编制环境基准资料，已公布了二氧化硫、氟、一氧化碳、氮氧化物、滴滴涕、铅、汞，以及噪声、微波、放射性物质、微生物毒素、紫外线辐射等基准。

在制定方法上，第一级标准即环境背景值，应用各地土壤环境背景值资料采用地球化学统计法制定。③ 以各土壤中某元素的自然含量或背景值来表示基准值。通过以（x ±2）mg/kg（x 为背景平均值，为标准差）表示，小于此值时是无污染土壤，大于此值时是污染土壤。欧盟一些国家，例如英国、德国、意大利以及加拿大等都采用这种方法。④ 第二级标准（筛选值）采用

① 孟伟，张远，等. 水环境质量基准、标准和流域水污染总量控制策略［J］. 环境科学研究，2006，19（3）：1～6.

② 左玉辉，等. 环境学原理［M］. 北京：科学出版社，2010：200～201.

③ 柳丹，叶正钱，俞益武. 环境健康学概论［M］. 北京：北京大学出版社，2012：56.

④ 左玉辉，等. 环境学原理［M］. 北京：科学出版社，2010：205～206.

通用的区域风险评估法制定，第三级标准值（整治值）按照《土壤污染风险评估技术导则》，根据场地实际情况，采用特定的场地风险评估法制定。

2. 环境基准的分类

环境质量基准按环境要素可分为大气环境质量基准、水环境质量基准和土壤环境质量基准等；按保护对象可分为保护人体健康的环境卫生基准，保护鱼类等水生生物的水生生物基准等。我国在环境基准研究中相对落后，目前尚未建立起比较完整的环境质量基准体系。许多基准研究资料分散在各行业中，还未能收集整理成册，也有很多环境基准与标准混杂在一起，没有形成清晰的体系结构。即使是在环境基准研究比较先进的国外，仍在不断出现新的环境质量基准。

水环境质量基准是保护人体健康的基准，以毒理学评估和暴露实验为基础的污染物的浓度表示，分别根据单独摄入水生生物，以及同时摄入水和水生生物两种情形计算出来。人体健康基准的核心是对污染物剂量—效应（对象）关系的认识，曲线分为两类：有阈值和无阈值曲线。有阈值曲线表明人体对该种污染物在一定的暴露浓度下具有自我消除能力，或者难以觉察可忽略不计，这种物质就是常规污染物；而无阈值曲线的污染物在人体中具有累积效应，会造成人体健康不可逆效应，甚至具有“三致”（致畸、致癌、致突变）风险，这些物质被称为有毒污染物或“优先污染物”。[①] 一般认为，污染物对少数人群的环境风险不应超过 $10^{-5} \sim 10^{-4}$，[②] 对社会全体人群的风险不应超过 $10^{-7} \sim 10^{-6}$。当污染物的环境风险达到了与正常死亡率相当的 10^{-3} 水平时，被认为是不能接受的，必需采取紧急措施。[③]

土壤污染物可以通过食物链而危害人体健康，也可以通过地表径流污染地表水，通过淋溶作用污染地下水，或通过挥发作用污染大气。对大多数土壤有害元素而言，由于在多数条件下它们的淋溶作用、径流作用及挥发作用

---

① 米莎，刘中平，刘阳，徐杰峰，边敏娟．区域次生环境风险评价方法研究［J］．环境科学与管理，2016（10）：166～171．

② 即环境风险发生的概率范围，指人们在建设、生产和生活过程中，所遭遇的突发性事故（一般不包括自然灾害和不测事件）对环境（或健康乃至经济）的危害程度。用风险值R表征，定义为事故发生概率P与事故造成的环境（或健康乃至经济）后果C的乘积，即 $R = P \times C$。

③ 左玉辉，等．环境学原理［M］．北京：科学出版社，2010：202～203．

较弱，对周围介质的危害主要体现在通过食物链对人体健康的危害上。土壤有害元素向作物可食用部分的转移程度是该危害途径的限制性环节，应该成为以保障农产品安全为主要目标的土壤环境质量基准中有害元素限量制定的主要依据。在我国《土壤环境质量标准》（GB15618—2008）中，规定了多种有机污染物，包含挥发性有机污染物、半挥发性有机污染物、持久性有机污染物和有机农药等。将土壤分为居住、商业和工业用地土壤。

（三）环境标准的制定

1. 域外国家环境标准制定的经验

以污染物排放标准的制定为例，发达国家制定排放污染物标准充分体现了环境要素专业领域法规的特征。如美国环境保护局在制定具体的排放标准时，要成立由工程师、律师和经济专家等专业人员组成的标准起草小组，对于不同行业背景和技术调查，则委托专业咨询公司提出符合要求的咨询报告，并在此基础上起草技术依据充分、逻辑严谨的标准背景论证材料和标准文本条款，由环保局专门的排放标准专业机构进行论证。最后的标准文本则由隶属于政策规划与评估司的标准与法规办公室统一审核。

要达到标准的可行途径是采用污染物削减技术，因此，污染物排放（控制）标准的制定要建立在一定经济条件上。排放标准的制定要考虑所规定的允许排放量在治理技术上的可行性和经济上的合理性，考虑污染源所在地的自然环境特征（如环境的自净能力），按照污染物扩散规律和最佳技术方法来制定。所谓最佳技术，是指建立在现有污染防治技术可能达到的最高水平，且经济上可行。[①] 最初，美国在制定水污染物排放标准的过程中，以环境质量标准为基础，后来由于其不具有可行性，在1972年以《清洁水法》修订为标志转变为以技术为基础制定污染物排放标准的阶段。随着技术进步和经济承受能力的增强，美国不同环境法律定义了不同类型的控制技术，如《清洁水法》为污染物排放标准制定依据规定了“当前可得最佳可行控制技术”“经济上可实现的最佳可得控制技术”“最佳常规污染物控制技术”“最佳可

① 徐芳，郭小勇，马永鹏. 现代环境标准及其应用进展［M］. 上海：上海交通大学出版社，2014：18～19.

得示范控制技术”等。[①]

2. 我国环境标准的制定程序

我国的环境标准目前采用的是标准化的管理模式。环境标准的制定首先根据相关的环境法律，具体的制定程序则根据一些法规或规章，如2006年，原国家环境保护总局发布了《国家环境保护标准制修订工作管理办法》。我国标准化的管理体制主要由以下几部分组成：（1）法律，即《中华人民共和国标准化法》；（2）行政法规，即《中华人民共和国标准化法实施条例》；（3）地方性法规，如《上海市标准化条例》；（4）部门规章，如《采用国际标准管理办法》《林业标准化管理办法》；（5）地方政府规章，如《广东省标准化监督管理办法》。标准化法中，对标准体制从标准的级别和标准性质两个方面做了规定。标准的级别在我国分为国家标准、行业标准、地方标准和企业标准四级。标准的性质在我国目前是强制性标准与推荐性标准相并存。依照标准化法律、法规，国家标准由国务院标准化行政主管部门编制计划，组织草拟，统一审批，编号发布。行业标准由国务院有关行政主管部门编制计划，组织草拟，统一审批、编号、发布。由于环境标准的计划、编号、发布受制于标准化机构，严重影响了环境标准的建设。[②] 后经两部门协商，国家环境保护标准中的环境质量标准和污染物排放标准由环保部门批准，标准化部门编号，两部门联合发布，环境标准纳入国家标准计划。环境质量标准的修订主要基于环境基准的最新研究成果和对环境风险的认识的发展而进行调整。

3. 大气环境标准的制定

大气污染会直接或间接地影响人体健康，会引起人体感官和生理机能的不适应。大气污染对身体健康的影响，取决于大气中有害物质的种类、性质、浓度和持续的时间，也取决于人体的敏感度。保护大气环境，保障人体健康，除了尽量减少某些大气污染物的排放，还应通过立法手段，制定大气环境标准，为大气环境治理提供科学手段和依据。[③] 我国环境空气质量标准的技术原理：一级标准是采用对敏感植物和人体尚未发现任何有害作用以及对生活

---

① 左玉辉，等. 环境学原理［M］. 北京：科学出版社，2010：244.

② 陈俊华. 中国标准化体制改革的路径与标准化法的修改——兼论标准闭环管理的价值与适用范围［J］. 佳木斯职业学院学报，2015（12）：83～85.

③ 柳丹，叶正钱，俞益武. 环境健康学概论［M］. 北京：北京大学出版社，2012：25.

环境无影响的浓度为基本依据。在低于所规定的浓度和接触时间内，检查不出任何直接或间接影响。它是理想的环境目标，是保护广大自然生态和舒适美好生活环境所要求达到的要求。二级标准采用敏感植物和人体慢性危害的阈浓度为基本依据。在低于所规定的浓度和接触时间内，除敏感植物外，园林、蔬菜、果树等不受伤害；对人群健康基本无害。三级标准是保护广大人群健康和城市生态应该达到的水平。

4. 水环境标准的制定

《地表水环境质量标准》（GB3838－2002）对于非饮用水的地表水只涉及24个基本项目，缺少生物指标、沉积物指标、有毒有害有机物的相关指标、放射性指标等。沉积物是地表水体、水环境的重要组成部分。水环境的沉积物内存有各种重金属元素和氮、磷等营养性污染物质。沉积物中的污染物质在一定条件下会重新释放到水环境中，造成二次污染。但是，我国的水环境质量标准并未纳入沉积物指标，导致对其评价没有标准依据。而微生物仅有粪大肠菌群，缺少世界上普遍使用的大型蚤、副溶血性弧菌、大肠菌群、肠球菌细菌、水芹等微生物指标。①

《生活饮用水卫生标准》（GB5749－2006）是2006年国家颁布的新的标准，并于2012年7月全面实施该标准，提高我国的饮用水安全。而国家组织制定新的饮用水卫生标准是考虑到饮用水的质量直接关系到人们的健康。世界卫生组织的调查显示：全球80%的疾病和全球50%的儿童死亡都是由于饮用水污染造成的。1985年，卫生部以国家强制性标准的形式发布了《生活饮用水卫生标准》（GB5749－1985），但是真正实施却是过了二十多年。新的标准大幅度增加了指标，由原来的35项增加到106项。标准中毒理学指标包括无机和有机化合物。有机化合物种类繁多，包括农药、环境激素、持久性有机污染物是评价饮用水安全的重点。随着经济的发展，人口的增加，不少地区水资源短缺，有的城市饮用水水源污染严重，居民生活饮用水安全受到威胁。1985年发布的《生活饮用水卫生标准》（GB5749－85）已不能满足保障人民群众健康的需要。为此，卫生部和国家标准化管理委员会对原有标准进

---

① 徐芳，郭小勇，马永鹏．现代环境标准及其应用进展［M］．上海：上海交通大学出版社，2014：44.

行了修订，联合发布新的强制性国家《生活饮用水卫生标准》。2007年7月1日，由国家标准委和卫生部联合发布的《生活饮用水标准》（GB 5749－2006）强制性国家标准和13项生活饮用水卫生检验国家标准将正式实施。这是国家21年来首次对1985年发布的《生活饮用水标准》进行修订。在新标准增加的71项水质指标里，微生物学指标由2项增至6项，增加了对蓝氏贾第虫、隐孢子虫等易引起腹痛等肠道疾病、一般消毒方法很难全部杀死的微生物的检测。饮用水消毒剂由1项增至4项，毒理学指标中无机化合物由10项增至22项，增加了对净化水质时产生二氯乙酸等卤代有机物质、存于水中藻类植物微囊藻毒素等的检测。有机化合物由5项增至53项，感官性状和一般理化指标由15项增加至21项。并且，还对原标准35项指标中的8项进行了修订。同时，鉴于加氯消毒方式对水质安全的负面影响，新标准还在水处理工艺上重新考虑安全加氯对供水安全的影响，增加了与此相关的检测项目。新标准适用于各类集中式供水的生活饮用水，也适用于分散式供水的生活饮用水。[①] 但是，还是和发达国家的标准有较大的差距。以日本为例，日本政府执行的自来水水质标准是依据世界卫生组织制定并颁发的《饮用水水质准则》而制定的。日本政府每十年都会对自来水水质标准进行修正和补充，根据最新研究结果不断完善自来水水质指标和目标。日本于1958年制定的自来水水质标准仅限于对健康直接产生危害或者危害突发性高的项目。1993年实施的自来水水质标准中与健康相关的项目有29项，水质舒适感项目（如浊度、色、味等）有13项，管网水必须具备的性状指标有17项，与健康相关的监测项目有35项。[②]

5. 土壤环境标准的制定

我国目前执行的《土壤环境质量标准》（GB156182－1995）于1995年7月批准，1996年3月起实施。该标准分为三级：一级标准是指为保护区域自然生态，维护自然背景值的土壤环境质量限值；二级标准是指为保障农业生产，维护人体健康的土壤限值；三级标准是为帮助农林生产和植物正常生长

① 肖林. 加强生活饮用水的预防性卫生监督［J］. 中国卫生产业，2016（28）：54～55.

② 徐芳，郭小勇，马永鹏. 现代环境标准及其应用进展［M］. 上海：上海交通大学出版社，2014：54.

的土壤临界值。目前的土壤环境质量标准已经实施了十几年，在修订过程中存在非常多的争议。而当前我国土壤环境污染问题已经到了触目惊心的地步，尤其是重金属污染，导致了大量的农产品的安全问题。该标准缺乏一些严重影响人体健康的有机污染物和致癌物（如苯并芘、多氯联苯等）。目前的土壤环境质量标准虽然制定了如镉、汞、砷、铬、铅、铜、锌、镍等8种重金属的总量指标的限值，并对水田、旱地以及果园、农田等不同利用类型土地的含量进行了区别，但对重金属有效态含量并未多加考虑。以铅为例，我国的土壤环境质量标准中的铅含量限值为250~350mg/kg。一些发达国家，如美国、英国、澳大利亚等国在研究土壤中铅的限值时，不是采用通常的以食用铅的卫生标注为依据，而是以铅对儿童的毒害、剂量—效应关系以及血铅与土壤铅的关系作为制定其在土壤中的限值的基础。研究表明，当土壤中的铅大于100mg/kg时，则儿童中血铅大于15ug/100ml，这就对儿童健康产生了不良的影响。[①] 可见，我国的土壤环境质量标准中的铅含量限值非常高，不利于儿童的健康发展。

各国制定土壤标准的原则依据基本相同，即以污染物对动植物、人体健康的环境基准值作为定值的基础的依据。但在标准定值方法、标准应用目标的理解上有所差异，各有侧重。基于暴露风险评估，划分不同土地利用方式，结合土壤生态毒理学效应和人体健康暴露风险，制定保护生态和人体健康的土壤环境标准，是当前发达国家制定土壤环境标准普遍采用的方法，也是今后发展的趋势。[②]

二、环境标准制度与环境健康风险防范

随着社会的进步和经济的发展及人民生活水平的提高，我国的环境和健康问题已向现代性转型，公众的环境健康面临新的挑战。环境质量标准的制定以保障人体健康和正常的生活条件为目标，是制定环境保护规划的重要依据，也是强化监督管理、提高环境质量的手段。

---

① 朱成．重庆市典型搬迁企业土壤污染现状及健康风险评价［D］．西南大学，2008：6.

② 徐芳，郭小勇，马永鹏．现代环境标准及其应用进展［M］．上海：上海交通大学出版社，2014：74.

（一）环境标准的功能

1. 环境标准是制定环境保护规划的重要依据，是一定时期环境目标的体现

制定环境规划必须要有明确的要求和指标。环境标准中的质量标准可以将环境质量需求量化，并通过制定和实施排放标准等措施保障环境保护目标的实现。①

2. 环境标准是强化监督管理，提高环境质量的手段

环境影响评价审批的准则是看被审批项目是否满足环境质量标准要求和污染物排放标准要求。环境标准是环境监理、三同时验收和排污许可证核发的依据，还是环境监察的指南和处罚准则。

3. 环境标准是确认环境是否被污染的依据，也是判断排污者行为是否合法的根据

环境质量标准是确认环境是否已经被污染的依据，也是排污者是否造成环境污染，是否应承担民事责任的依据。环境污染是指某一地区环境中的污染物含量超过了适用的环境标准规定的限值，判断某地区环境是否已被污染，只能以环境质量标准为依据。污染物排放标准是确认排污行为是否合法的根据，是排污行为的行为规范。在符合法律规定的前提下，排污者以符合排污标准规定的方式排放污染物是合法的，一般不承担法律责任。但是根据《侵权责任法》的严格责任等相关规定，如果排污行为造成环境损害，仍然要承担民事责任。② 对于违法排污者而言，不仅要承担民事责任、行政责任，对于造成重大污染事故，导致公私财产重大损失或者造成人员伤亡严重后果的，还将承担刑事责任。

4. 环境标准是环境纠纷司法判定的依据

环境纠纷，关键是“证据”，确定这些“证据”是否为有效证据，是解

---

① 周生贤．领导干部环境保护知识读本［M］．北京：中国环境科学出版社，2009：247～250.

② 环境侵权的严格责任是法学界的主流认识。根据诺思的制度分析理论，制度是通过建立一个人们互动的稳定结构来减少不确定性（参见诺思．制度、制度变迁与经济绩效［M］．杭行，译．上海：格致出版社，2016：6）。因此，制度提供一种人们稳定预期和不确定性的减少。如果法律在执行过程中存在过多的不确定性，那么，这种法律就无法得到良好的实施。故如果达标排放仍然要承担民事责任，固然反映了一种利益衡量和判断以及环境问题的复杂性和科学的不确定性，但增加了排污企业的运营成本，影响了环境标准的实施。

决环境纠纷的先决条件。如前所述，环境质量标准和污染物排放标准是判定污染构成与否，排污行为是否合法的依据。合法的证据必须保证与环境质量标准和污染物排放标准中给定的限额数值具有可比性，即必须用环境质量标准和污染物排放标准中引用的标准和规定的监测方法标准进行监测。只有以环境基础标准为基础，使用环境标准样品，在环境监测方法标准的规范下进行监测，其监测结果才具有可比性。判断监测数据是否合法的根据是检查环境监测是否按环境标准进行采样、分析、检测和计算而得出的结果。①

5. 环境标准是推动科学技术进步、清洁生产、循环经济的强大动力

实施环境标准，将推动科研机构、生产企业按照环境标准的要求研制和生产新的设备、材料和新产品；淘汰落后生产设备、生产工艺、落后产品，推动清洁生产。日本在 20 世纪 70 年代，制定了比美国还严格的 0.25g/kmNO_x的环境标准。当时，汽车产业界的人认为将会对日本的汽车业造成严重冲击。但是，最终在严格的标准的逼迫下，通过市场竞争，日本的 9 家汽车工业完成了技术研发，拥有了“最佳的燃烧技术”，达到了相关的标准，并在国际上取得领先的地位。② 标准对产业的发展起到了引领作用。相应的，科技的进步将对公众的人体健康提供技术与手段上的保障与促进。

（二）环境标准的法律效力

环境标准是环境法体系中一个独立的、特殊的、重要的组成部分，是国家环境保护政策和法律法规在技术上的具体体现。环境标准具有法的规范性，是一种具有规范性的行为规则。但是，它不是以法律条文的形式来规定人们的行为模式，而是通过一些具体的数字、指标、技术规范来表示行为规则的界限，以规范人们的行为。③ 我国的国家标准分为强制性标准和推荐性标准，强制性国家标准代号用“GB”来表示，推荐性国家标准的代号则用“GB/T”来表示。如地表水环境质量标准（GB3838－2002）和环境空气质量标准（GB3095－2012）。

---

① 徐芳，郭小勇，马永鹏. 现代环境标准及其应用进展［M］. 上海：上海交通大学出版社，2014：3.

② ［日］桥本道夫. 日本环保行政亲历记［M］. 冯叶，译. 北京：中信出版社，2006：169.

③ 徐芳，郭小勇，马永鹏. 现代环境标准及其应用进展［M］. 上海：上海交通大学出版社，2014：2.

环境质量标准体现了环境目标的要求，是评价环境是否受到污染和制定污染物排放标准的依据。由于环境质量标准没有涉及企业行为的具体规定，所以它对企业活动没有直接的法律约束力，主要约束对象是各级人民政府及其行政主管部门，是对行政工作目标的约束。我国的环境质量标准通常都针对不同的环境功能区适用不同的标准数值，因此，环境质量标准的适用需以环境功能区的确定为前提。然而，目前的环境立法和标准都未对环境行政主管部门划定环境功能区的程序作出规定。考虑到环境功能区的划定对该区域公众的环境权益有较大的影响，为避免事后引起纠纷，环境行政主管部门在划定环境功能区时可以征求该区域公众的意见。[①]

污染物排放（控制）标准是针对污染物排放而作出的限制，因此，对排放污染物的行为具有直接的约束力。一般而言，污染物排放（控制）标准作为判断排污行为是否违法的客观标准和依据。污染物排放标准从本质上看是国家环境保护法律法规的准确量化，它以准确、具体的数值或技术规范直接应用于污染源管理，是一种“技术法规”，具有与文字类环境法律规范一样的法律强制拘束力和作用。[②] 在发达国家，污染物排放（控制）标准已经成为通行的控制污染物排放的惯例性法律规范。在现实中，排污单位实现零排放几乎是不可能或难以实现的，伴随着生产过程中的污染物排放行为难以避免。为了防治排污者将内部成本转移给外环境，平衡各排污者之间的排污权，必须由代表公共利益的政府对排污行为进行控制，因此产生了污染物排放（控制）标准。其表征的是污染源对环境作用的外特性指标，要求污染源采取连续的污染物排放削减技术措施。政府对污染物排放行为实行具有法律拘束力的“技术强制”。

环境保护部标准属于环境保护行业标准，而不属于国家标准。[③] 由于实践中不存在独立的环境保护行业，因此将此类标准命名为环境保护部标准。目前，环境保护部主要局限于环境基础标准和环境影响评价技术规范之中。

---

① 环境保护部宣传教育中心. 环境保护基础教程［M］. 北京：中国环境出版社，2014：131.

② 左玉辉，等. 环境学原理［M］. 北京：科学出版社，2010：237～238.

③ 国家质量技术监督局发布：“关于印发《关于环境标准管理的协调意见》的通知”，2001 年 4 月 9 日，转引自：环境保护部宣传教育中心. 环境保护基础教程［M］. 北京：中国环境出版社，2014：131.

环保部标准的代号为"HJ"，其中的推荐性标准的代号为"HJ/T"。业界和学界对于环保部标准的法律效力并未达成统一的共识。对于其中的推荐性标准不具有法律强制力的认识一致，但是对于环保部的非推荐性标准是否具有法律强制力却未见规定，实践中一般将其认为是具有法律强制力。

三、我国环境标准制度的变革与展望

（一）我国环境标准制度中存在的问题

1. 现行的环境标准管理体制与法律规定、国际通行做法和我国加入世贸组织承诺仍有很大差距

环境质量标准有待于进一步加强实施，使之符合环境管理的核心内容和根本要求；环境质量标准、污染物排放标准等的法律地位有待于进一步提高；在防止国外污染环境的产品和技术向国内转移等方面的作用有待于进一步加强。

2. 环境标准的数量、内容不能满足新时期环境保护工作的需求，环境标准所覆盖的保护范围不够

标准所涵盖的范围越广对环境的保护越全面。我国现有的各级环境标准还不能达到这个要求。对于一些有毒有害物质的控制、垃圾的处理、生态系统的保护、产品的相关环境影响等方面缺乏相应的标准，不利于我国经济、社会的协调发展。如何衡量、评价生态环境质量好坏，如何判断人们开发利用环境资源的活动示范合理、适当，如何使生态环境的森林覆盖率、植被覆盖率、水土流失率、生物多样性保护率、环境破坏程度等生态环境指标实现标准化，仍是一个值得研究的问题。① 一些排放标准实施后长期没有修订，技术内容与形势不适应，控制水平落后，对行业技术进步的促进作用不足；污染物监测方法标准数量不足，不少现行标准采样的监测技术较为落后，国内外大量先进监测技术方法有待于转化为标准；生态保护等方面的标准数量较少，不能满足环境管理工作的需求。

3. 标准的适用性和可操作性尚待提高

每一个环境标准的制定都是一项复杂的系统工程，必须紧密结合环境保

---

① 蔡守秋. 论从法律上加强环境标准控制［J］. 环境管理，1995（2）：9.

护规划，根据经济、技术的可行性，综合平衡各种影响因素，反复论证并经可行性分析，才能形成一个科学合理、可行的标准。发达国家制定一项环境标准一般要花费上千万美元做基础研究工作。他们把经济发展、环境保护法规标准和科学技术形成一个有机整体，来增强环境标准的科学性、适用性和可操作性。[①] 而我国环境基准研究等相关基础科研工作较少，标准的科学性、先进性受到制约；行业型污染物排放标准数量少，覆盖面不宽，对引导产业发展的作用受到限制；实施标准的经济和技术成本估计不足，一些标准的实施效果还没有得到调查分析；标准的宣传、培训和日常管理能力建设有待加强。[②]

4. 重制定、轻维护，缺乏规范及时的修订机制

在一些已颁布的环境标准中，由于时间和客观条件的变化，某些技术指标已不适应现实需要，但由于缺乏修订机制，导致其缺陷和不足得不到及时的修订。我们目前还没有切实可行的环境标准评价机制，无法及时对标准的实施效果进行评价，分析其存在的问题以便为以后的标准修订和相关标准的制定提供量化指标的参考。环境标准“超期服役”折射出中国现行环境标准与环境管理客观需要的严重脱节，这一现象成为在环境标准制度中引入“日落条款”的直接动因。作为一种法律淘汰机制，“日落条款”的基本理念与环境标准的内在属性高度契合。在环境标准制度中设置“日落条款”，可以平衡法的稳定性和灵动性之间的冲突，增强环境标准修订的可预见性并增加环境标准修订程序的正当性。唯有明确“日落”期限和期限届满效力、完善后评价制度和环境标准修订的程序规范，构建环境标准常规审查修订机制，才能实现环境标准制度的合目的性与合规律性的统一。[③]

5. 标准项目中污染防治指标与公众健康指标混同不分

公众最为关注、环境保护行政最为关切的就是环境污染对人体健康的影响和危害。然而，我国绝大多数环境标准中未专门针对公众健康设定指标，难以区分污染防治与公众健康指标的界限。例如，《环境空气质量标准》（GB3095－1996）以空间区域为依据分为3级标准，《环境空气质量标准（二

---

① 徐芳，郭小勇，马永鹏．现代环境标准及其应用进展［M］．上海：上海交通大学出版社，2014：19～21．

② 周生贤．领导干部环境保护知识读本［M］．北京：中国环境科学出版社，2009：254～255．

③ 王新亮．“日落条款”视野下的地方立法后评估常态化研究［D］．西南政法大学，2015．

次征求意见稿）（2011 年）分为 2 级标准，但未针对公众健康设定指标。而美国国家环境空气质量标准明确规定了公众健康指标，环境空气质量限值与保护人体健康目标相统一。[①] 同时，美国也制定了大量的基于技术和经济可行的排放标准，而且这些标准仍然以健康和环境质量的标准为补充，优先的考虑公众健康和公共福利。

（二）环境标准制度的改进

1. 建立环境标准制定和修改的规则

环境标准制定和修改的过程应当是公众和专家运用各自所掌握的关于环境风险的事实和价值进行沟通、反思和选择的过程。在环境标准的制定过程中，应当广泛吸引公众参与，确保决策的民主化、科学化。环境标准的编制机关应尽可能选用涉及专业广泛的专家，确保能够从不同的角度对环境标准进行审查。如在制定有关水环境质量标准时所选专家不能仅限于水污染防治专家，还要考虑健康卫生、水利方面的专家和法学专家等。邀请相关利害关系人，如相关企业、组织或公民个人代表参加，以弥补专家代表性的不足。[②]

在这方面，2015 修订的《大气污染防治法》中有所体现。《大气污染防治法》对大气环境质量标准和污染排放标准的制定的管理作了一些新的规定。其中第 8 条强调制定大气环境质量标准应当以保障公众健康和保护生态环境为宗旨，与经济社会发展相适应，做到科学合理；第 9 条强调制定大气污染物排放标准应当以大气环境质量标准和国家经济、技术条件为依据。制定相关标准要进行公众参与，组织专家进行审查和论证，并征求有关部门、行业协会、企业事业单位和公众等方面的意见。第 12 条强调了大气环境质量标准和污染物排放标准的执行情况应当定期进行评估，根据评估结果对标准适时进行修订。

2. 加强环境标准的修订工作，确保环境标准的时效性

根据《国家环境保护标准制修订项目计划管理办法》（2010 年）》的规

---

① 张晏，汪劲. 我国环境标准制度存在的问题及对策［J］. 中国环境科学，2012，32（1）：187 ~ 192. 转引自 National ambient air quality standards（NAAQS）［EB/OL］［2011 - 03 - 18］http://www.epa.gov/air/criteria.html.

② 张晏，汪劲. 我国环境标准制度存在的问题及对策［J］. 中国环境科学，2012，32（1）：187 ~ 192.

定，为保证环境标准的时效性与适用性，在环境标准颁布实施一段时间后，原标准起草单位应对标准的实施效果进行评估分析，结合当前科学技术水平及经济发展条件，对需要进行修订的环境标准适时提出修订建议，国务院环境保护部门应及时处理标准起草单位的修订建议，对确需修订的环境标准及时启动修订程序。

3. 建立以公共健康为中心的环境标准体系

环境标准作为国家运用定量手段限制有害环境行为的工具，不能只是为了控制环境污染和保护环境质量，根本目的在于确保公众的生命健康。因此，应对我国环境标准进行全面评估，确立环境标准在环境基本法中的法律地位，固定以公众健康为中心的环境标准体系，确定以公众健康项目和生活环境项目为环境标准的基本类型，建议将涉及公众健康的特定标准纳入环境标准制度之中，积极研究制定环境污染健康损害评价与判定标准、环境污染健康影响的监测标准、环境健康影响评价与风险评估标准、饮用水和室内空气及电磁辐射等卫生学评价标准、土壤生物性污染标准、环境污染物与健康影响指标检测标准、突发环境污染公共事件应急处置标准等。对人群健康状态基础资源进行科学利用，使环境因素与健康因素同等对待，扭转目前环境标准制定过程中考虑环境量值多而与健康问题脱节的局面。①

（三）环境标准制度的展望

1. 转基因技术相关标准

严格立法和制定技术标准，对转基因生物及其产品实施安全监管，已成为世界各国普遍的做法。在国际准则层面，联合国相应机构及其他有关国际组织，如联合国工业发展组织、世界卫生组织、环境规划署、粮农组织以及经济合作与发展组织等已制定和颁布了多个有关生物安全的共识文件。当前，根据转基因生物研发进展和安全管理需要，积极开展转基因生物安全科学研究，制定和发布转基因生物安全评价、检测和监测的技术指南及相关标准，对转基因生物及其产品进行严格管理。充分利用转基因技术造福人类，保障转基因生物安全及其产业健康发展，维护转基因技术相关正常国际贸易秩序，已逐步成为全球共识。各国则根据本国利益和对转基因生物安全不同理念，

---

① 马可．环境事件背后的制度体认和责任考量——从凤翔血铅事件切入［J］．贵州社会科学，2011（8）．

采取不同的管理模式。例如，欧盟国家对以从事科学研究和开发为目的的向环境中释放转基因生物的安全管理进行了严格规定。①

2. 重视研究和制定生态环境系列标准

环境标准应突出生态环境保护的重要性，解决环境问题不仅要重视污染的防治，也要注意生态环境的保护，增强环境承载能力和自净能力。如农业土壤环境质量标准、湖库富营养化评价标准和农产品产地环境质量评价标准等。

3. 建立健全产品环境标准体系

环境标准应加强源头控制，产品环境标准并不仅仅局限于产品的本身，还涉及对整个产品生命周期的全过程控制。产品环境标准体系的建立和完善，可有效弥补当前我国环境标准侧重于末端控制忽视全过程控制的弊端，将实现过程控制与末端控制的有机结合，并极大地丰富我国的环境标准体系。②可喜的是，在新修订的《大气污染防治法》中，已经开始注意并强调产品标准对大气污染防治的源头控制的重要性，《大气污染防治法》第 13 条规定："制定燃煤、石油焦、生物质燃料、涂料等含挥发性有机物的产品、烟花爆竹以及锅炉等产品的质量标准，应当明确大气环境保护要求。制定燃油质量标准，应当符合国家大气污染物控制要求，并与国家机动车船、非道路移动机械大气污染物排放标准相互衔接，同步实施。"

第三节　环境影响评价制度

一、环境影响评价制度的起源与发展

（一）环境影响评价制度的概念

1. 环境影响评价

环境影响评价（Environmental Impact Assessment，EIA）是指对规划和建设项目实施后可能造成的环境影响进行分析、预测和评估，提出预防或者减轻不良环境影响的对策和措施，进行跟踪监测的方法与制度。环境影响评价

---

① 徐芳，郭小勇，马永鹏．现代环境标准及其应用进展［M］．上海：上海交通大学出版社，2014：74.

② 肖建华．生态环境政策工具的治道变革［M］．北京：知识产权出版社，2009：19～20.

集技术、政策、法律等为一体，不仅是一种方法，同时也是一种制度。① 总体而言，我国的环境影响评价制度有以下特点：（1）具有法律强制性，实行“一票否决”的行政审批的制度设计；（2）纳入基本建设程序，具有重要地位；（3）实行建设项目环境影响评价的分类管理；（4）实行评价资格审核认定制，即持证评价；（5）评价以规划和建设项目为主。② 环境影响评价制度的建立有助于将环境影响评价中的技术方法在法律上予以明确，使环境影响评价的程序和标准用法律的形式确定下来，从而保证环境管理决策的科学化，有效降低决策风险和环境损害的发生。同时，环境影响评价制度能够促进公众环境意识的提高，加强公众参与环境保护，有力地推动环境管理决策的民主化。

2. 建设项目环境影响评价

建设项目环境影响评价是指对拟议中的建设项目在建设前，对其选址、设计、施工以及运营和生产阶段可能对环境造成的影响进行分析和预测，从而提出相应的防治和减缓措施，为项目的环境管理提供依据。建设项目对环境的影响千差万别，不同行业、不同产品、不同规模、不同工艺、不同原材料所产生的污染物种类和数量不同，对环境的影响也就不同；即使是相同的企业、相同的项目，由于处于不同的地点、不同的区域，对环境的影响也不一样。③

3. 战略环境评价

战略环境评价（Strategic Environmental Assessment，SEA）一般是指环境影响评价的原则和方法在战略层次的应用，是对政策（policy）、规划（plan）、计划（program）和立法（legislation）等战略行为及其替代方案的环境影响（包括自然、经济、社会影响）进行系统、规范、综合的预测、分析和评价过程，并将结果应用于决策。④

---

① 李艳芳. 公众参与环境影响评价制度研究［M］. 北京：中国人民大学出版社，2004：54.

② 周国强. 环境影响评价［M］. 武汉：武汉理工大学出版社，2009：5.

③ 环保部环境工程评估中心. 环境影响评价相关法律法规（2006 年版）［M］. 北京：中国环境科学出版社，2006：24.

④ Therivel，R.，Wilson，E.，Thompson，S.，Heaney，D.，Pritchard，D Strategic Environmental Assessment［M］. Earthscan，London. 1992. 转引自：王会芝，徐鹤. 战略环境评价有效性评价指标体系与方法探讨［A］. 第三届中国战略环境评价学术论坛论文集，2013，云南，昆明：1～8.

如果以环境影响评价为核心，战略环境评价可视为评估政策、规划和计划所造成的环境影响的系统过程，以确保环境因素能够与经济和社会因素一样，在决策的早期阶段得以考虑和适时解决。①如果以制度分析为核心，战略环境评价则被认为“将环境和可持续性纳入决策过程主流的机制……（它）提出现有政策制定过程的不完善，因此需要进行实质性的组织制度改革”，而不仅仅是将战略环境评价作为环境影响评价的拓展。②战略环境评价是一种参与型的决策工具，强化在战略层面上考虑环境因素对决策制定和实施的影响。目前，我国的法律对战略环境评价中的规划环境影响评价作了界定，但对政策层面的战略环境评价仅有一些试点和探索。规划环境影响评价，是指在规划编制阶段，对规划实施后可能造成的环境影响进行分析、预测和评价，提出预防或减轻不良环境影响的对策和措施的过程。

（二）环境影响评价制度的起源

环境影响评价制度最早起源于美国。1969 年，美国制定了《国家环境政策法》，首次规定了环境影响评价制度。环境影响评价制度成为美国环境管理体系中的核心制度，在美国的环境法中占有重要地位。后来，瑞典、澳大利亚、法国、新西兰、加拿大等国也先后推行了环境影响评价制度。随后，鉴于环境影响评价制度很好地体现了环境管理中的预防原则，其在世界范围内得到了迅速的发展。至今，已有 100 多个国家和地区建立了环境影响评价制度并开展了环境影响评价工作。例如，法国的环境影响评价制度要求，所有的基础建设项目都必须进行环境影响评价，由具有资质的单位执行环评，并征询社会公众和有关团体的意见，最后，由环保主管部门对结果进行最终审查。

我国的环境影响评价制度在 1979 年颁布的《环境保护法（试行）》中得到了确认，其中规定了新建、改、扩建工程必须进行环境影响评价。1989 年 5 月，国家环境保护局颁布了《建设项目环境评价收费标准的原则和办法》，

---

① Sadler B., R. Verheem. Strategic Environmental Assessment: Status, Challenges and Future Directions [M]. Publication 53, Ministry of Housing, Spatial Planning and the Environment. The Hague, 1996: 17.

② Connor R., S. Dovers. Institutional Change for Sustainable Development [M]. Cheltenham, United Kingdom: Edward Elgar, 2004: 165.

1989 年 9 月颁布了《建设项目环境影响评价证书管理办法》，以规范环境影响评价制度的实施和管理体系。1998 年 11 月，国务院颁布《建设项目环境管理条例》，以行政法规的形式正式规范了环境影响评价制度和“三同时”制度。2002 年 10 月通过的《环境影响评价法》则是在总结近 30 年环境保护工作的基础上，对环境影响评价的概念、范围、分类、评价原则、评价对象和内容、评价程序以及法律责任进行了全面的规范，使得我国环境影响评价工作上升了一个重要台阶。2016 年 7 月，全国人大常委会通过了《环境影响评价法》的修正案，新法简化了项目环评的审批条件，明确了规划环评的重要性，同时加大了对未批先建项目的处罚力度。除此之外，其他的一些环境保护单行法如《水污染防治法》《大气污染防治法》等也有环境影响评价的相关规定。

随着经济和社会的发展，以及环境保护压力的增大，需要从更为宏观的层面审视和解决环境问题，国际上战略环评的理念被引入我国，同时法律也明确规定开展规划环境影响评价。近年来，对于政策环评的试点和研究已经正式展开。2014 年新修订的《环境保护法》第 14 条规定，“国务院有关部门和省、自治区、直辖市人民政府组织制定经济、技术政策，应当充分考虑对环境的影响，听取有关方面和专家的意见”。该规定试图从更加宏观的战略决策的源头开始进行环境保护。

作为最早开展的建设项目环境影响评价，经过 30 多年的探索和实践，其评价对象、评价内容、程序等都有较大的变化。评价对象从单个工程建设项目到多项活动的累积环境影响评价；评价因子则从水环境、大气环境、声环境扩大到了生态环境、社会环境、经济可行性及人群健康的影响；评价的技术方法和手段从简单到复杂，由定性评价向定量评价转变。

二、环境影响评价制度与环境健康风险防范

（一）环境影响评价的预防功能

最早记述“预防理念”的国际法律文件是《国际防止海上油污公约》，该文件是 20 世纪 50 年代，西方发达国家和产油国为了应对和防止海上油污

损害而签订的。[①] 随后，美国政府受到蕾切尔·卡逊的《寂静的春天》中关于人类即将面临的生态危机描述的影响，所实行的各种环境限制及禁止行为也开始体现出一种“防患于未然”的预防理念，形成了农药政策的新导向，并于1970年成立了环境保护局。20世纪80～90年代是预防原则获得全面发展的时期。1980年，由联合国环境规划署制定的《世界自然资源保护大纲》和1982年联合国制定的《世界自然宪章》及同年公布的《内罗毕宣言》等公约、宣言将预防原则广泛应用于环境保护领域。其中以《内罗毕宣言》对预防原则的规定最为直接，其第9条明确指出：“与其花很多钱、费很大力气在环境破坏之后亡羊补牢，不如预防其破坏。预防性行动应包括对所有可能影响环境的活动进行妥善的规划。”许多国家在其国内环境法上也确认了预防原则。

我国《环境影响评价法》的第1条就明确体现了预防原则：“为了实施可持续发展战略，预防因规划和建设项目实施后对环境造成不良影响，促进经济、社会和环境的协调发展，制定本法。”该条款期望通过对一些开发行为的环境影响作出预测、分析和评价，做到事前预防，避免或减轻环境污染和破坏，从而有助于实现可持续的发展。我国在1990年前后开始在环评中纳入环境风险评价。但风险评价一般关注突发性环境事故，未能反映人体对污染物的吸收和健康效应，因此难以防范健康风险。[②]

党的十八大提出的建设生态文明的理念更是从根本上要求我们在经济和社会发展过程中更加重视生态环境的保护，而生态文明建设就在于“从源头上扭转生态环境恶化趋势”，包括三个源头：一是地理空间的源头，比如上风向地区、流域上游及源头地区；二是污染发生的污染源头，比如导致的空气污染能源和交通，导致工业污染的落后产能与“两高一资”产业，导致农业面源污染的种植业、养殖业等；三是在决策的源头，以“尽早介入、预防为主”的政策、规划和计划战略环境评价，相对于处于决策链末端的建设项

---

① 徐祥民，孟庆垒，等. 国际环境法基本原则研究［M］. 北京：中国环境科学出版社，2008：149.

② 王琳，程红光. 环境健康纳入环境影响评价的障碍与可行性［A］//2014 International Conference on Psychology and Public Health（PPA2014）：64～69.

目环境影响评价，更能实现从决策源头控制资源环境与生态问题的目标。①

环境影响评价制度所体现的预防原则，还体现在许多国家为应对气候变化，已经尝试将气候变化因素纳入环境影响评价机制。如加拿大是最早将气候变化因素纳入环境影响评价的政策意愿转化行动的国家。2003 年，加拿大要求大型开发项目都要进行气候变化影响的评估，为此，加拿大环境评价局专门制定了《气候变化因素纳入环境评价：从业者指南》，其内容包括拟建项目温室气体排放的计算和评估方法，评估气候变化后果对拟建项目的影响的方法，气候变化及其后果的数据和资料来源等。②

（二）建设项目环境影响评价制度

1. 建设项目环境影响评价的分类管理制度

我国根据项目的环境影响评价程度不同而对建设项目实行分类管理制度。《环境影响评价法》第 16 条规定："国家根据建设项目对环境的影响程度，对建设项目的环境影响评价实行分类管理。可能造成重大环境影响的，应当编制环境影响报告书，对产生的环境影响进行全面评价；可能造成轻度环境影响的，应当编制环境影响报告表，对产生的环境影响进行分析或者专项评价；对环境影响很小、不需要进行环境影响评价的，应当填报环境影响登记表。"建设项目的环境影响评价分类管理名录，由国务院环境保护行政主管部门制定并公布。国务院颁布的《建设项目环境保护管理条例》也有类似的规定。总体而言，根据项目的环境影响程度不同，建设项目的环境影响评价分为编制环境影响报告书、环境影响报告表和环境影响登记表三类形式。原国家环保总局于 2002 年以环保总局 14 号令的形式颁布了《建设项目环境管理分类名录》（2003 版），于 2003 年 1 月 1 日起施行。随着实践中发现的问题以及分类管理的情况发生变化，国家环保部重新颁发了新的《建设项目环境管理分类名录》（2008 版），于 2008 年 10 月 1 日起施行，同时废止了老的名录。到了 2015 年，环保部再一次根据实际情况对《建设项目环境管理分类名录》进行了修订。

---

① 包存宽，何佳，等. 基于生态文明的 SEA2.0 版内涵与实现路径［A］. 2013：19～28.

② 吴婧，等. 气候变化融入环境影响评价——国际经验与借鉴［A］. 第三届中国战略环境评价学术论坛论文集，2013，昆明：29～32.

2. 建设项目环评的行政许可（审批）制度

我国对环境影响评价文件的管理采取行政许可（审批）制度。根据《环境影响评价法》第25条的规定："建设项目的环境影响评价文件未依法经审批部门审查或者审查后未予批准的，建设单位不得开工建设。"[①] 该条的规定是我国环境影响评价制度确立的"先评价、后建设"原则得以实施的法律保障，也就是所谓环评"一票否决"制。[②] 环评的"一票否决"在新修订的《环境保护法》中也有类似的规定，其中第19条规定："编制有关开发利用规划，建设对环境有影响的项目，应当依法进行环境影响评价。未依法进行环境影响评价的开发利用规划，不得组织实施；未依法进行环境影响评价的建设项目，不得开工建设。"第61条规定："建设单位未依法提交建设项目环境影响评价文件或者环境影响评价文件未经批准，擅自开工建设的，由负有环境保护监督管理职责的部门责令停止建设，处以罚款，并可以责令恢复原状。"1998年11月，国务院发布的《建设项目环境保护管理条例》也对此作出了明确的规定。环境行政部门对环境影响评价文件的行政许可行为实质上就是对环境影响评价行为进行的行政监督。但是，原来的《环境影响评价法》第31条关于"未批先建"的补办环评手续的规定在某种意义上否定了建设项目"先评价、后建设"原则。2016年，新修订的《环境影响评价法》第31条取消了该规定，并规定了环境行政主管部门可以责令停止建设，并可以责令恢复原状，但对于"未批先建"的项目已经运行的法律后果未进行进一步的规范。

根据《环境保护总局建设项目环境影响评价文件审批程序规定》的规定，环保部需要对环境影响评价文件进行审查，主要从下列方面对建设项目环境影响评价文件进行审查：（1）是否符合环境保护相关法律法规。建设项目涉及依法划定的自然保护区、风景名胜区、生活饮用水水源保护区及其他

---

① 《行政许可法》出台以后，原来的环评行政审批按行政许可来管理，发布文件的名称也称为"准予行政许可决定书"。有学者认为，建设项目的环境影响审批应归于特别行政许可（参见王裴裴．建设项目环境影响评价审批制度研究［D］．中国政法大学硕士学位论文，2009：5～6）。实际上，虽然叫作行政许可，但和原来的审批没有实质性的差别，都具有"一票否决"强制效力。

② 全国人大环境与资源保护委员会法案室．中华人民公共和国环境影响评价法释义［M］．北京：中国法制出版社，2003：92.

需要特别保护的区域的，应当符合国家有关法律法规关于该区域内建设项目环境管理的规定；依法需要征得有关机关同意的，建设单位应当事先取得该机关同意。(2) 是否符合国家产业政策和清洁生产标准或者要求。(3) 建设项目选址、选线、布局是否符合区域、流域规划和城市总体规划。(4) 项目所在区域环境质量是否满足相应环境功能区划和生态功能区划标准或要求。(5) 拟采取的污染防治措施能否确保污染物排放达到国家和地方规定的排放标准，满足污染物总量控制要求；涉及可能产生放射性污染的，拟采取的防治措施能否有效预防和控制放射性污染。(6) 拟采取的生态保护措施能否有效预防和控制生态破坏。审查通过以后，环保部作出予以批准的决定，并书面通知建设单位。对不符合条件的建设项目，环保部作出不予批准的决定，书面通知建设单位，并说明理由。环保部在作出批准的决定前，在政府网站公示拟批准的建设项目目录，公示时间为 5 天。作出批准决定后，在政府网站公告建设项目审批结果。由此可见，现有的环评审批需要关注太多的内容，其中许多与环保无关，或者环保部门无法管也管不好的事情。因此，环保部的官员认为，现今的项目环评背负太多，需要“瘦身”，环评要更加关注环境问题本身。①

(三) 环境影响评价行政审查的比例原则

通说认为，比例原则滥觞于德国 19 世纪的警察法时代，在以控制“干涉行政”为重任的近代行政法理论中，当时的比例原则实指必要性原则。② 必要性原则，也称最小侵害原则，英美法系的美国法也有类似的最小侵害原则，指的是为了实现特定的管制目标，必须选择对公民权利限制最小的方式来实现。其要求行政手段的选择除了符合正当程序，还必须满足对相对人和公众权利的限制和侵害达到最小，以此来选择经济和社会政策，从而确保对基本权利的实体性保护。③

比例原则的传统“三阶理论”，又称“三分理论”，包括适当性原则、必

---

① 黄润秋. 凝心聚力，深化改革，奋力开创环境影响评价工作新局面 [J] 环境保护，2017 (1).

② 陈新民. 中国行政法原理 [M]. 北京：中国政法大学出版社，2002：43.

③ 蒋红珍. 论比例原则——政府规制工具选择的司法评价 [M]. 北京：法律出版社，2010：22～23.

要性原则和均衡性原则。适当性原则是比例原则的前提；必要性原则是比例原则的基础；均衡性原则是比例原则的精髓。适当性原则是指行政措施必须适合于增进或实现所追求的目标，强调行政手段的目的符合性或契合性，但其既不就目的本身的合法性作出判断，也无法进一步检验国家公权力措施是否对公民的权利造成不当侵害。必要性原则，也称最小侵害原则，要求在相同有效地达到目标的诸手段中，选择对公民权利最小侵害的手段。均衡性原则，也称狭义比例原则，要求衡量手段所欲达成的目的和采取该手段所引发的对公民的权利的限制之间是否构成过当或是否有失比例，其集中体现了公益和私益之间进行平衡的需要。均衡性原则实际上将公共利益和私人利益放在同一比较的水平面上。传统的比例原则三阶论要求法院在应用比例原则时，采取一定的“阶层秩序”，即先审查适当性，其次是必要性，最后才是均衡性，只有符合了上一原则的要求，才能够进入下一原则的审查阶段。① 然而，传统的“阶层秩序”理论显得比较僵硬，没有考虑比例原则适用的“包容性、跨越性、互换性和反复性”的可能性。②

在行政机关对于规制政策的选择的过程中应用比例原则审查时，行政目标的确定及其正当性是我们对于规制手段判断的重要因素。由于行政规制政策及措施的制定是一项容易被滥用的权力，行政机关的规制动机可能存在不良或不正当的目的，这在实践中屡有发生。因此，规制目标自身的正当性问题十分值得关注：首先，行政规范的颁布与规制措施的选择容易陷入一种“规制俘获”③ 的陷阱。在环境规制领域，利益集团可能包括污染企业、投资者、消费者、公众和非政府组织等。而污染企业是环境规制中最重要的利益集团和规制对象。然而，企业并非总是要求降低环境规制标准。它们一般以利润最大化为目标，如果建设污染治理措施并运行会增加其成本，降低利润，则企业有动机去游说规制机构，降低标准，放松对标准的执行与监督，降低处罚力度。当企业在污染治理成本或技术上有优势时，提高环境规制标准可

---

① 蒋红珍. 论比例原则——政府规制工具选择的司法评价 [M]. 北京：法律出版社，2010：46.

② 同上注：50.

③ 规制俘获，是指在规制过程中，由于立法者或规制机构也追求自身利益最大化，因而某些特殊利益集团（主要是被规制的污染企业）能够通过俘获立法者或规制机构而使其提供有利于自身的规制，参见张红凤，张细松，等. 环境规制理论研究 [M]. 北京：北京大学出版社，2012：200.

以增加竞争对手的成本，削弱其竞争力，或阻碍潜在的竞争对手进入。此时，严格的环境规制标准成为优势企业的竞争优势，它们会积极支持严格的环境规制。此外，当环境规制能提高企业的经济效益时，企业也会支持环境规制。[①] 例如，我国现阶段的企业承担的环境污染治理成本较高，而我国的环境标准的起草单位主要是各大科研院所，甚至是企业。这些行业团体具有难以替代的专业知识优势，但是，由于体制的原因，行业团体和环境标准的实施之间可能具有直接的利害关系，故在利益的驱动下，起草单位制定的环境标准往往倾向于制定较为宽松的环境标准，考虑其自身的利益，而不顾环境保护和社会公共利益。[②] 强大的利益集团往往占据相对固定的强大的资源，具有资金和人力资源优势，也具有在特定领域中的信息收集和技术研发的优势，甚至行政部门的决策有时都不得不依赖它。而且利益集团在长期与行政部门接触中会潜移默化地影响行政部门的政策立场或者阻挠不利于自己的政策的出台，这在中国现行的行政规制体制中屡见不鲜。因此，行政目的的正当性问题应该成为比例原则审查的必要前提。此外，政府收费或者直接分配货币的行为容易被“利益俘获”。虽然政府往往被作为公共利益的代表，但是政府常常陷于自身的部门利益与官员的个体利益中。政府官员此时容易受到利益的诱惑，如果又缺乏强有力的监管机制，容易作出不正当的决定。例如，常见媒体报道一些政府官员挪用扶贫或救助资金（包括政府拨款和慈善捐赠），用于建盖豪华政府办公大楼。因此，目的审查是比例原则中作为适当性审查的一个要素，如果目的自身不合法或者不正当，就直接影响到行政行为的正当性。[③]

环境影响评价行政许可是环保部门一项最重要的行政权力之一。环保部门在进行环评的行政许可审查过程中，必须充分考虑运用比例原则。首先应从适当性原则出发，审查规制目标中隐含的公共利益的需求，审查环评文件及建设项目的环境相符性和目的的正当性；然后，根据必要性原则进一步审查项目或规划及其环评文件是否做到了对公众权利的影响最小化，是否充分

---

① 张红凤，张细松，等．环境规制理论研究［M］．北京：北京大学出版社，2012：66.

② 汪劲．环保法治三十年：我们成功了吗［M］．北京：北京大学出版社，2011：139.

③ 蒋红珍．论比例原则——政府规制工具选择的司法评价［M］．北京：法律出版社，2010：112 ~ 113.

考虑了公众的权益。在公众权利受到侵害的时候，是否在不同的措施或方案中进行选择，选择其中对公众权利侵害最小的措施等。最后，从均衡性原则审查项目或规划的环境影响是否考虑了公众利益和项目利益以及环境保护之间的比例，是否实现了建设项目的私益和公众的权益及环境公益之间的平衡。故此，比例原则在环评许可审查中的应用，充分体现了环评的预防和监督功能，也体现了环评的价值功能。

（四）环境影响评价的区域限批制度

1. 区域限批的概念

区域限批制度是我国环境管理的一个创新，学界对于区域限批的概念并无统一的认识。一般而言，区域限批是指如果一个地区出现重大环境污染事故或出现违反环境影响评价法及其他环境法律的行为，环保部门有权停止审批该行政区域内的一定范围和类别的建设项目环境影响评价文件，直至该受限区域环境治理达到要求或违规项目彻底整改为止。区域限批制度较好地体现了环评的监督功能，通过一种带有制裁性的行政手段，规制地方政府加大环境保护和污染治理力度。

2. 区域限批的法律依据

最早关于区域限批的依据是2005年的《国务院关于落实科学发展观加强环境保护的决定》，其中第21条指出："严格执行环境影响评价和'三同时'制度，对超过污染物总量控制指标、生态破坏严重或者尚未完成生态恢复任务的地区，暂停审批新增污染物排放总量和对生态有较大影响的建设项目。"《节能减排综合性工作方案》第24条规定："对超过总量指标、重点项目未达到目标责任要求的地区，暂停环评审批新增污染物排放的建设项目。"根据这些规定，区域限批的对象只能是区域，但2007年环保总局已将其适用于四大电力集团。此外，无论是决定还是工作方案，从法律属性而言均属于政府的规范性文件。2008年修订的《水污染防治法》第18条第4款规定："对超过重点水污染物排放总量控制指标的地区，有关人民政府环境保护主管部门应当暂停审批新增重点水污染物排放总量的建设项目的环境影响评价文件。"这是首次在法律层面上明确了区域限批制度，但是，《水污染防治法》的规定仅局限于水污染防治区域。《规划环境影响评价条例》进一步对区域限批制度进行了完善，其中第30条规定："规划实施区域的重点污染物排放总量超过国家或者地方规定的总量控制指标的，应当暂停审批该规划实施区域内新增该重点污染物排放总量的建设项目的环境影响评价文件。"《规划环境影响评价条例》是以国务院令形式颁布的，其效力仅次于法律的行政法规，为区域限批进一步提供了法律依据，在一定程度上增强了规划环评的强制力和威慑力，从而促使各级政府或政府部门不得不重视规划环评的结论。环保部于2008年出台了《环境影响评价区域限批管理办法（试行）》（征求意见稿），对区域限批和流域限批、行业限批以及企业限批的程序和实施进行了较为详细的规定，但由于一直存在争议，至今未见其正式颁布。2015年实施的新修订的《环境保护法》第44条第2款和2016年1月1日实施的新修订的《大气污染防治法》第22条均确立了"区域限批"制度，但和总量控制制度紧密结合，严格限定了环评区域限批的范围，即为超过重点污染物排放总量控制指标和环境质量目标未完成的地区。从上述国家层面的法律法规可以看出，其中关于总量控制的区域限批法律规定均有涉及。学者王蓉（2003）通过分析认为，立足于损害预防的个体化浓度控制难以保证实现预期生产产量（环境质量标准）所需的协作生产者投入，由此产生了由总量控制代替个体控制，由过去立足于个体化的浓度控制向立足于整体的总量控制、区域控制的路径变革。① 而环境影响评价的区域限批制度在一定程度上可以作为环境污染排放总量控制制度变革的有力支撑。

一些省份也分别颁布了各自的区域限批的规范性文件。例如，河北省环保局于2007年出台了《环境保护挂牌督办和区域限批试行办法》，专门就省级环境保护挂牌督办和区域（流域）限批的适用范围、决定程序、解除条件和程序、法律责任等内容作出了具体规定。该办法的出台，标志着河北省的环境保护挂牌督办和区域限批工作在全国率先走向了规范化、制度化的轨道。2011年，重庆市人民政府颁布了《重庆市环境保护区域限批实施办法》，该办法明确，对区县（自治县）行政区域、跨区县的流域、国家级工业园区和中央在渝企业（集团）启动"区域限批"，由市环境保护部门提出意见，报市政府批准后实施；市环境保护部门有权直接对市级或市级以下工业园区

---

① 王蓉. 中国环境法律制度的经济学分析［M］. 北京：法律出版社，2003：171.

（工业集中区）、企业（集团）、不跨区县的流域等启动“区域限批”。[1] 湖北省早在2007年就颁布了《湖北省建设项目环境影响评价区域限批规定》（征求意见稿），最终以省政府办公厅转发省环保局的文件《关于建设项目环境影响评价限批规定》而实施区域限批。

（五）中国香港地区的环境影响评价制度的经验与借鉴

香港从1992年开始建立环境影响评价体系。其后于1998年便正式实施《环境影响评估条例》，规定指定的公共及私人项目必须进行法定的环境影响评估。香港环境影响评估程序的透明度在世界上是非常高的，因为环境影响评估的工作不仅针对个别工程项目，而且还适用于策略性政策和项目，是推行可持续发展的重要工具。[2] 香港的环境影响评价程序比大陆地区的环境影响评价要复杂、详细且具有可操作性，大体有以下几个步骤：[3] （1）项目计划阶段申请环境影响评估研究概要或申请准许直接申请环境许可证；（2）署长在知会环境咨询委员会后，拟定并发出研究概要，或者书面通知准许直接申请环境许可证；（3）申请人拟备环境影响评估报告并报署长；（4）公布环境影响评估报告供公众查阅并通知环境咨询委员会；（5）署长批准、有条件批准或者拒绝批准环境影响评估报告；（6）申请环境许可证。在这个过程中，公众有多次参与监督的机会，同时，环保署长也要依靠环境咨询委员会进行技术审查和监督。最终，通过审查和公众参与的项目才会给予颁发环境许可证。行政监督和公众监督机制对环境影响评价的质量和效力发挥作用。

到2003年，环境影响评估条例已经实施5年，中国香港环境署对20多个规划进行了评价，同时利用SEA体系对主要的政策和规划开展了评估。SEA体系是依照当时的港督施政报告建立起来的，它适用于所有提交执行委员会的政策、规划和计划提议。香港特别行政区不属于发展中地区，但是香港的SEA实践和经验却与中国大陆的应用情况以及它与邻近的广东省尤其是珠江三角洲日益增多的跨界环境问题密切相关。香港环境署2004年8月编制了一份临时性的战略环境评价手册，总结了战略环境评价在规划、战略和某

---

① http://www.cenews.com.cn/xwzx/cs/qt/201105/t20110518_702466.html［2013-05-30］.

② 汪劲．中外环境影响评价制度比较研究［M］．北京：北京大学出版社，2006：97.

③ 刘春华．内地与香港环境影响评价制度比较［J］．环境保护，2001：25.

些政策提议中的应用实践，并列举了在香港召开的一些区域性及国际战略环境评价会议。①

香港一向重视环境保护的公众参与，对公众参与环境影响评价的程序规定得相当具体，具有可操作性，并规定了司法救济程序。如在香港上水至落马洲铁路支线环境影响评估争议案中，环保署的署长充分考虑了公众的意见评论并根据所有可获得的信息，最终得出结论：在工程的建设阶段，很有可能造成重大的不利环境影响，没有批准该工程的环境影响评估报告。对此决策不服的九广铁路公司向上诉委员会提起了上诉，试图通过提出一些重大新建议作为缓和不利环境影响的措施，但此类新建议并没有适当的公众参与和环境咨询委员会的参与。上诉委员会指出，在评估过程中，每一个步骤都是必要的和必需的，再加上由于新建议本身的不充分性，上诉委员会驳回了九广公司的请求。② 还有在香港维多利亚海湾填埋争议及其诉讼案中，保护海港协会反对城市规划委员会通过的整个中环填海工程计划。对在中环填海计划的三期中的第二期与第三期引起的诉讼，香港的高等法院及终审法院也都考虑了公众的环境权益（即压倒性的公众需要）。③ 从上述两个环境影响评价案例可以看出，香港环境影响评价制度中关于公众参与、提起诉讼的原告主体条件的规定，对内地完善环境影响评价制度及环境影响评价制度的贯彻实施，很有借鉴意义。

香港环境影响评价比较重视公众的健康风险，2011 年，曾经广泛报道的老太太逼停港珠澳大桥香港段的诉讼案中，香港 66 岁老太朱绮华及其律师认为，港珠澳大桥的环境评估中没有包括臭氧、二氧化硫及悬浮微粒的影响，因而不合理也不合法；按照世界卫生组织要求，这些指标应该在考虑范围内，环保署也有权力考虑这些指标。④ 尽管香港的相关环境标准中并无这些要求，但香港高院认同了世界卫生组织的标准，并裁定香港环保署 2009 年完成的环

---

① ［英］Barry Dalal-Clayton，Barry Sadler．战略环境评价——国际实践与经验［M］．鞠美庭，等，译．北京：化学工业出版社，2007：181～182．

② 汪劲．中外环境影响评价制度比较研究［M］．北京：北京大学出版社，2006：206～214．

③ 同上注：214～221．

④ 吴娓婷，刘真真．小人物叫停大工程 影响超越港珠澳大桥［N］．经济观察报，2011－04－29．

评报告无效。不过，法官判辞亦强调，如环保署颁布新的环评报告，能反映工程的环境影响，署长可决定是否批准工程动工，无须经法庭裁定。[①②] 然而，大桥因此停工，预计造价或因此上涨5% 。[③]

(六) 人体健康影响评价

人体健康影响评价是在建设项目环评、区域评价和规划环评中用来鉴定、预测和评估拟建项目对于项目影响范围内特定人群的健康影响的一系列评估方法的组合。人体健康影响评价应是环评体系的重要组成部分，但目前我国对人体健康影响的评价尚处在研究与初步实践中。[④]

近年来，我国发生了多起血铅超标事件。这些事件背后总能找出环评存在的问题。如河源紫金血铅超标事件显示，在环评报告中，铅蓄电池厂周边500 米的卫生防护距离内，常住居民400 多人的村庄被显示为空地，129 户村民“被蒸发”。而在浙江德清血铅超标事件中，为浙江海久电池有限公司编制的环评报告同样被环保部门认定为“严重失实”，“遗漏” 了500 米范围内的113 户居民。由于建设项目人体健康影响评价需要大量关于不同性别、年龄、地区人群的暴露参数。我国仍缺少实用性的基础数据及相关的技术资源，使得这些建设项目中人体健康影响评价的开展缺乏支撑。同时，环评审批过程中存在地方政府为该公司提供“保护伞”，当地环保部门把关不严、违规验收等问题。目前，我国将环境健康纳入环境影响评价仍存在以下障碍。[⑤]

1. 政策法规障碍

包括法律法规的不健全、标准缺失、导则和技术规范不完备、规划制度不完善、政府重视流于形式等方面。2002 年通过的《环境影响评价法》和1998 年通过的《建设项目环境保护管理条例》中并无涉及人群健康方面的内

---

① http://www.chinadaily.com.cn/hqpl/zggc/2011-04-21/content_2374042.html [2011-05-03].

② 香港环评专家认为：香港有关政府部门面前有两个选择：一是根据法庭指出不妥善的地方，重新做一个符合规格的环评报告，然后拿到环保署去审批；FG 是对法庭的判决作出上诉。重做完整的环评并取得环保署长的许可证，估计需要半年到一年。而如果选择上诉并最终告到香港终审法院，最少也要几个月。http://www.chinadaily.com.cn/hqpl/zggc/2011-04-21/content_2375112_2.html [2011-05-03].

③ http://informationtimes.dayoo.com/html/2011-04/21/content_1329443.htm### [2011-05-03].

④ 程红光，王琳，郝芳华. 将健康风险纳入环评可行性分析 [J]. 环境影响评价，2014 (1)：22~25.

⑤ 同上注.

容，未以保护人群健康为中心目的；环境与健康工作在我国长期以来处于一种分离的状态，未把环境健康影响作为开发活动环境可行性的审批依据。缺少环境健康及风险防范的专门法规。

我国在环境与健康领域已经建立了相对完善的标准体系，包括环境标准、环境卫生标准以及其他部门制定的相关标准等，内容涵盖了空气、水、土壤、噪声、公共场所、卫生防护等方面。但我国的环境标准多参考发达国家标准，未能针对中国国情，环境标准无法代表健康标准。1993 年起，我国陆续发布水、电磁辐射、土壤等技术导则以及规范。目前可依据的导则文件只有 2008 年发布的《环境影响评价技术导则 人体健康》（征求意见稿），其规定了建设项目环境影响人体健康评价的一般性原则、方法、内容及要求。

2. 技术方法障碍

包括环境健康风险评价、环评评级未成体系，指标量化不合理，数据调查与监测方面的障碍。我国在人体健康影响评价方面的研究主要停留在介绍和应用国外的研究成果上，尚未建立适合我国国情的评价体系。通常的环境健康影响评价是非特定的、长期的和较难定量的。原始资料对健康影响评价极为重要，而一些资料较难识别、定位或使用；评价人员需要有足够的医学知识才能充分识别环境健康因素；世界卫生组织提供的环境健康基准具有一定参考价值。

要正确识别和预测环境影响参数中对健康具有重要意义的因素，必须从流行病学、毒理学和风险评价等方面获得数据，并就建设项目可能对健康引起的变化进行识别、鉴定、预测与评价。

预测具有不确定性，要从建设项目或发展政策所引起的发病率或死亡率的变化，得出确切数据是困难的；不确定性所导出的数据可能引起较大的争论，且具有政治敏感性，有些数据不便公开发表，只可作内部参考。此外，还存在环境与健康的信息匮乏和信息获取方面的障碍。

3. 利益相关方的博弈

环评中的利益相关方主要包括政府、企业、环评单位和公众。政府是地方环评的掌握者，是环评中最重要的利益相关方之一。政府在推动项目环评方面既是积极的，但也可能因为与企业之间的利益挂钩而监管不力。在环评过程中，政府既受到企业对地方经济贡献方面的诱惑，同时受到来自公众及舆论方面的压力。在规划环评方面，政府也因资金投入渠道不畅等方面的原因不愿开展规划环评。

企业是环评开展的对象。企业在环评方面的压力主要来自公众及舆论方面。从长远发展来讲，企业也有在环评中考虑环境健康风险的动力。近年来，企业逐渐主动要求将环境健康问题纳入环评中予以评估。然而，企业自身并不具备该方面的能力，只能借助环评单位的力量完成这一工作。

环评机构是环评工作的执行者。环评单位方面的压力是来自多方面的。首先，与政府间保持良好关系是保障其环评报告顺利通过审查，争取更多的环评项目的重要条件；其次，配合企业快速高效完成符合审查要求的报告是其自身发展的必然要求；此外，环评单位需要公众参与完成环评报告，而环评结果常成为公众质疑的对象。

公众是环评结果的最终承担者。随着环境意识的提高，公众对企业污染的关注度也不断加大。但由于企业对此认识不足，因而环境污染经常会导致群体事件发生。另外，当前普通民众对企业环境健康问题的关注具有明显的污染驱动特征，抗争活动中出现“避邻政治”和“补偿政治”两种模式，还需要进一步“有序参与社会事务”，才能最终形成企业环评问题的外部监督力量。

三、环境影响评价制度在环境健康风险防范中的展望

（一）环境影响评价制度存在的问题

我国环境影响评价管理的法律体系已基本完成。环境影响评价制度已成为实施可持续发展战略的重要手段和基本保证，在我国经济持续快速发展的情况下，有效地控制了新建设项目的污染物排放总量，在预防我国建设项目造成环境污染与生态破坏方面起到了极大的促进作用，有较好的政策效果。现有的环评制度已在一定程度上为决策前的预防及改进提供了初步的制度框架。环评一定程度上已被公民、环境 NGO、利益相关者视为保障自身权益，影响和改变政府决策可依仗的权杖。[①] 然而，尽管现有的项目环评执行率达

① 韩艺. 公共能量场：地方政府环境决策短视的治理之道［M］. 北京：社会科学文献出版社，2014：115.

99%以上，但环境污染和生态破坏并未得到有效遏制，这表明环评的有效性不足，未充分发挥其预防功能。环评制度仍然存在战略与规划环评“落地难”、项目环评背负太多、公众参与定位不清楚、事中事后监管机制不完善等问题。[①] 具体而言，环评的制度设计和执行过程中还存在如下问题。

1. 有法不依，执法不严，制度执行经常变形或让位于经济建设

一些高能耗、重污染的小化工、小冶炼等被明令禁止的项目，在一些地方竟然呈现出蔓延趋势，给人民群众的生活和身体健康带来了严重危害；有些地方为发展经济，在招商引资中片面强调简化环评审批手续，不管项目的污染是否严重。[②] 在建设项目环境管理执法中执法不严的现象相当普遍，个别地方在建设项目环境影响审批中存在“先上车，后补票”“首长意志”等违法现象；有的环境管理部门甚至对不符合产业政策、选址明显不当甚至错误的项目也予以审批。

环评制度还处于被动地位，不是在具体开发项目之前，根据环境质量目标的要求考虑开发项目的类型、数量和规模等，而是针对某个指定的开发项目进行被动的评价。一般在项目由规划部门立项后才开始环评，其落脚点只能是提出合适的治理方案，实质上成了社会行为末端和尾部的行为，评价的目的只能是确定开发项目可能对环境产生的不利影响，提出防治措施。[③]

2. 环评公众参与制度存在缺陷，改革路径模糊

现有的研究和实践中存在以改革环评制度为名，而忽视环评公众参与的倾向。我国的环评制度存在替代方案的缺失和公众参与的不足（汪劲，2006），导致了其无论是程序性还是实体性方面都存在问题。然而，在环评制度的改革方面，以环评“瘦身”的名义而存在忽视公众参与的倾向。如刚刚实施的新的环评技术导则，将公众参与排除在环评技术文件之外（梁鹏等，2016）。这在某种程度上是一种技术之上主义的体现，在一定程度上忽

---

① 黄润秋．凝心聚力，深化改革，奋力开创环境影响评价工作新局面［J］环境保护，2017（1）．

② 周生贤．领导干部环境保护知识读本［M］．北京：中国环境科学出版社，2009：348～349．

③ 杨洪刚．中国环境政策工具的实施效果与优化选择［M］．上海：复旦大学出版社，2011：113．

视了环评决策过程的互动与交流功能和多元共治、协商决策功能。

3. 环评制度与排污许可制度之间衔接和整合的路径存在争议

我国的环评制度与排污许可制度之间的衔接和管理方面存在脱节。多数学者认为，现行的环评与排污许可制度之间相互独立，缺乏有效和必要的衔接与配合，并没有充分发挥两者在污染源管理方面应有的作用。[①] 有专家认为，要整合涉及企业环境管理的环评、总量控制、环保标准、排污收费等管理制度，将排污许可建设成为固定点源环境管理的核心制度。[②] 有学者基于现有的环评审批过程中的审批部门承受的压力过大，而建议将环评审批改为备案制，将环评变革为企业（开发者）的一种自愿行为，政府主要在排污许可进行事后监管。[③]

关于环评许可（审批）与排污许可如何整合的路径问题。学者和专家们的研究可以归纳为两种主要方案：一是认为应强化环评许可，通过与排污许可进行无缝衔接来加强其事前预防的功能，可以称之为“环评与排污许可的衔接方案”，支持该方案的主要以从事环评管理和技术工作的官员和专家居多；二是认为应该取消或弱化环评许可，将其整合到排污许可制度之中，构建以排污许可制度为核心的治理制度，可以称之为“以排污许可为核心的整合方案”，支持此方案的主要以从事环境管理和政策研究的专家居多。这两种方案仍然比较简略，而且其中的分歧显而易见，其中关键的争议是环评审批的去留问题。美国著名的环境管理制度研究专家 Oran R. Young（2014 年）认为，制度互动分为横向互动和纵向互动，存在正面互动和负面互动，虽然制度之间的协同效应更加普遍，但是制度之间的冲突仍然不可回避。弱化或取消环评审批，将环评变革为企业的自愿行为隐含着这样的假设，即企业具有自愿履行环境保护的意愿，具有与政府签订“自愿式”环境保护的动机。但是，这种动机是否存在，并无很多学者进行实证分析。备案制改变了现有的政府与利益集团之间的博弈模式，产生了新的冲突，能否有效约束央企等大型企业在地方上的投资冲动值得怀疑。

---

① 王灿发．加强排污许可证与环评制度的衔接势在必行［J］．环境影响评价，2016（2）．

② 李干杰．牢固树立绿色发展理念，扎实推进“十三五”生态环境保护工作［J］．环境保护，2016（8）．

③ 夏光．适应环境新发展，构建环境治理新体系［J］．环境保护，2016（9）．

4. 环境影响评价质量不高，环评机构违规经营现象严重

环评机构作为我国唯一有资质接受建设单位委托为建设项目环境影响评价提供技术服务的机构，其对环境影响评价制度在我国实施的有效性和公正性起着至关重要的作用。我国《环境影响评价法》和《建设项目环境影响评价资质管理办法》等法律法规要求环境影响评价必须客观、公开、公正，环评机构应当坚持公正、科学、诚信的原则，遵守职业道德，执行国家法律、法规及有关管理要求，确保环境影响报告书（表）内容真实、客观、全面和规范。然而，据统计，全国1100多家具有资质的环评机构中，422家有过违法、违规案底，占比超过1/3。环评机构无资质或借资质经营现象普遍，环评工程师挂靠现象也十分严重。一些环境影响评价机构，成为排污企业违法排污的帮凶，与排污单位恶意串通提供虚假环评材料、伪造或者篡改数据等违法行为屡见不鲜。这些问题在一定程度上阻碍了环评制度的有效运行，制约了环评事业的发展。

5. 环境影响评价的法律责任错位

为了规范环评市场乱象和“红顶中介”的问题，环保部一方面启动环评机构脱钩改制工作，另一方面也是强化了环评机构的法律责任。但其中更为重要的是法律责任的合理规制以及法律责任的落实问题。一味强调环评机构的法律责任，是否会导致环评的法律风险过大，其责任能否真正落实？如果法律责任错位，还可能导致环评的预防功能落空，一些专业水平高的环评专家离开环评市场，导致环评文件质量的下降。在环评业界一直流传的所谓环评工程师的“终身责任制”，尽管没有从法律、法规对此加以明确，但是环评工程师和环评机构所承担的责任和风险过大却是明确的事实。例如，2015年实施的新修订的《环境保护法》第65条规定：“环境影响评价机构、环境监测机构以及从事环境监测设备和防治污染设施维护、运营的机构，在有关环境服务活动中弄虚作假，对造成的环境污染和生态破坏负有责任的，除依照有关法律法规规定予以处罚外，还应当与造成环境污染和生态破坏的其他责任者承担连带责任。”

法律责任的错位还会导致如下问题：一是环评机构为了规避责任，不顾科技、经济等方面的限制，一味提出所谓的最佳污染控制技术。其结果却是企业因成本过高而无力承担治理责任，导致环评提出的污染控制技术成为空

话。这其中涉及的不合理之处在于：一是将责任过重加于第三方评估机构之上，其初衷固然是为了防止其勾结建设单位弄虚作假，但也导致了环评机构出于风险规避的目的，尽力拔高了污染控制技术。二是建设单位即使不按环评文件提出的要求落实相关的控制技术或措施，也没有政府要求其承担相关责任，或者责任畸轻，违法成本低。这固然可以归因于我国的环评制度与排污许可制度之间的脱节以及排污许可制度的不完善，但是，建设单位与环评机构的法律责任之间的错位也是不容忽视。以美国的排污许可制度为例，在美国的排污许可制度实施过程中，企业可以寻找第三方咨询机构编制排污许可的技术文件、代为申请等服务，但第三方机构却不承担相应的主体法律责任，仍由企业自行承担。而且，美国要求排污企业建设污染控制措施时，并不以技术为要求手段，采用何种控制技术由企业自行选择。但其要求以标准为控制目标，要求企业在排放限值达到要求，一是基于技术上的排放限值；二是基于环境质量的排放限值，并以两者分别核算后的较低排放限值来控制企业的排放行为。①

（二）环评决策的利益均衡

在现代社会，市场经济的发展使得社会进入一个利益分化的进程之中，且利益分化的速度日益加快。这种分化，使整个社会被分解为不同的利益集团和利益阶层，这些利益集团和利益阶层可以被看作在某些共同利益的基础上结成的利益共同体。社会利益的分化、社会的分层化以及区域性、局部性利益的出现，都需要进行利益的重新均衡。

在垄断集团与社会普通成员的利益冲突中，国家和政府倾斜于维护垄断集团的利益。现代社会频繁出现的社会危机与突发事件、高度专业性与技术性的规制事项、社会对富有弹性与应变能力的风险法律与风险预防的需求，使得制定和修改程序繁琐、政策形成功能滞后且没有专家优势的代议制立法显得力所难及。② 然而，赋予行政机关的立法裁量权，又是一把“双刃剑”：一方面，它有助于确立行政机关的快速反应机制，发挥专家治国的技术优势，尊重不同区域、不同部门之间的行政管理任务的差异。另一方面，行政权的

---

① 韩冬梅．中国水排污许可证制度设计研究［M］．人民出版社，2015：124～125.

② 周汉华．行政立法与当代行政法［J］．法学研究，1997（3）：31～43.

合法性也因此受到质疑，“依法行政”原则已经很难恰当地描绘或解释现代管制国家中行政权行使的实况。[①] 由于信息和技术资源或多或少地依赖于“受管制主体”的配合，因此，行政部门的管制措施选择往往会陷入“管制俘获”，不自觉地向有组织的利益团体倾斜，而忽略那些分散的、未经组织化的个体利益。为了使国家和政府成为属于整个社会的公共力量，不至于成为少数的垄断集团的利益代言人，就需要通过制度化的途径接纳社会成员的普遍参与。

环境正义作为一个新的正义概念，是随着环境问题的突出而被提出来的。美国国家环保局对环境正义作出了规定：环境正义是指在环境法律、法规、政策的制定、遵守和执行等方面，全体人民，不论其种族、民族、收入、原始国籍和教育程度，应得到公平对待并卓有成效地参与。公平对待是指无论何人均不得由于政策或经济困难等原因而被迫承受不合理的负担，包含工业、市政、商业等活动以及联邦、州、地方和部族项目及政策的实施导致的人身健康损害、污染危害和其他环境后果。[②] 环境正义所要解决的是一个社会公平问题。环境平等包括代际平等、代内平等。代际平等（intergeneration equity）原则，所指的是当代人与后代人在享用自然、开发利用自然的权利均等。代内平等（intrageneration equity）所强调的是当代人在利用自然资源和满足自身利益上的机会均等，在谋求生存与发展上的权利均等。公众参与环境影响评价制度的设计就是保证不同阶层不同人的利益需要在政府决策得到反映，实现代内公平和代际公平的理念。

（三）环境影响评价制度的变革路径

《“十三五”生态环境保护规划》强调以改善环境质量为核心，实行最严格的环境保护制度，对环境影响评价、排污许可等环境管理制度进行重大调整和改革。《“十三五”环境影响评价改革实施方案》确定了未来五年的环评改革的目标：坚持构建全链条无缝衔接预防体系，明确战略环评、规划环评、

---

① 蒋红珍. 论比例原则——政府规制工具选择的司法评价［A］//2010：4；章剑生. 现代行政法面临的挑战及其回应［J］. 法商研究，2006，6.

② Institute of Medicine：Toward Environmental Justice，p. 1，National Academy Press，Washingtong，D. C. 1999. 转引自：李艳芳. 公众参与环境影响评价制度研究［M］. 2003：73～74.

项目环评的定位、功能、相互关系和工作机制，制定落实“三线一单”（生态保护红线、环境质量底线和资源利用上线，环境准入负面清单）的技术规范，将生态保护红线作为空间管制要求，将环境质量底线与资源利用上线作为容量管控和环境准入要求。

2016年7月，《环境影响评价法》进行了局部修订，其中最主要的变化是为了适应现阶段简政放权的需要，取消了建设项目的环评审批作为其他审批或核准程序的前置程序，改为和其他审批或核准备案程序并行，并取消了行业主管部门的预审制度。但是，并未取消环评审批的“一票否决权”。新修订的《环境影响评价法》第25条规定：“建设项目环境影响评价文件未依法经审批部门审查或审查后未予以批准的，建设单位不得开工建设。”但是，取消环评审批作为其他审批或核准程序的前置程序仍有可能造成环评审批的压力更大的弊端。杨朝霞（2016年）博士认为：“环评审批由串联变为并联审批，由其他审批或备案环节的前置程序变为并行程序，可能会给环评审批部门带来更大的压力。因为，如果别的部门对项目的可行性研究报告、土地均进行了审批，而环评审批部门如果予以审批，则所有压力都会集中于环保部门。”

另一个修改亮点是弥补建设项目环评“未批先建”的制度设计漏洞。原《环境影响评价法》第31条中规定，未批先建可以限期补办手续，而且处罚力度最高仅为20万元，对于动辄上亿的项目投资而言，不啻九牛一毛。新修订的《环境影响评价法》加大了处罚力度，改为根据项目总投资额的比例进行处罚。第31条修改为“建设单位未依法报批建设项目环境影响报告书、报告表，或者未依照本法第二十四条的规定重新报批或者重新审核环境影响报告书、报告表，擅自开工建设的，由县级以上环境保护行政主管部门责令停止建设，根据违反情节和危害后果，处建设项目总投资额百分之一以上百分之五以下的罚款，并可以责令恢复原状；对建设单位直接负责的主管人员和其他直接责任人员，依法给予行政处分”。另外，新修订的环评法也取消了其他不该环评管的事项，第17条取消了将水土保持方案作为环评文件的内容的规定，不再将水土保持方案的审批作为环评审批的前置条件。

我国的环评制度与发达国家，如美国比较，存在较大的区别。美国的环评虽然不存在行政许可，但具有完善的替代方案、公众参与和司法监督机制，即使不需要行政许可也能保证其实施的有效性。另外，美国的环评技术文件是根据项目审批的需要融入到其他审批程序如排污许可。美国的环评制度也并未规定必须要有资质的机构进行环评文件的编写，甚至可以由建设单位或项目主体自行编写环评文件。但是，美国有严格的信息公开和公众参与制度，即要求将环评文件公开，并供公众、利益相关者和其他人员审阅并提出各自意见。公众可以聘请专家对环评文件进行审阅并提出专业意见，而项目主体必须对此进行反馈。否则，公众可以提出诉讼来维护自身的权利。我国的环评经过30多年的发展，突出特点就是项目环评"一票否决"的审批（许可）权的制度设计，但事后监管存在缺陷，这也导致了环评审批成了环保行政主管部门的一个核心权力。此次《环境影响评价法》的修改，是涉及环评程序的简化和回归环评制度本质的一小步。但是，仍未涉及替代方案和公众参与的完善。环境健康涉及公众的核心利益，公众既然在环评上没有更多的话语权，对于涉及的健康风险的防范力度就显得非常不足，环评更像是部门利益之间的权力博弈筹码之一。

第四节　环境监测制度

一、环境监测制度的基本概念

（一）环境监测的概念

环境监测，是指依法充实环境监测的机构及其工作人员，按照有关法律法规、技术规范规定的程序和方法，运用物理、化学、生物、遥感等方法，对环境中各项要素及其指标或变化进行经常性的监测或长期跟踪测定的科学活动。[①] 环境监测包含监视、监测和分析环境要素和环境变化，评价环境状况，编制环境监测报告等行为。[②] 环境监测通过对影响环境质量因素的代表值进行测定，确定环境质量（或污染程度）及其变化趋势。

---

① 环境保护部宣传教育中心. 环境保护基础教程［M］. 北京：中国环境出版社，2014：154.

② 周生贤. 领导干部环境保护知识读本［M］. 北京：中国环境科学出版社，2009：367.

随着工业和科学的发展，监测的适用领域逐渐扩大，由工业污染源的监测发展到对环境的监测，延伸到了生物和生态变化的监测。判断环境质量，仅对某一污染物进行某一地点、某一时刻的分析测定是不够的，必须对各种相关污染因素、环境因素在一定范围、时间、空间内进行测定，分析其综合测定数据，才能对环境质量作出确切的评价。环境监测的主要手段包括物理手段（对于声、光的监测）、化学手段（各种化学方法，包括重量法、分光光度法等）、生物手段（监测环境变化对生物及生物群落的影响）。环境监测包括以下三个方面的内容：（1）物理指标的监测。如对物理（能量）因子（热、声、光、电磁辐射、振动和放射性等）强度、能量和状态的物理监测。（2）化学指标的监测。包括对各种化学物质在大气、水体、土壤和生物体内水平的监测等。（3）生态系统的监测。包括水土流失、土地沙化、温室效应等监测活动，同时还对生物由于环境质量变化所发出的各种反映和信息（如群落、种群的迁移变化）等的生物监测。

环境监测的范围包括：（1）环境质量监测，指为掌握和评价环境质量状况及其变化趋势，对各种环境要素所进行的环境监测活动，包括利用环境监测网开展的环境质量监测、环境质量监督监测、环境质量背景监测和企业自行开展的环境质量监测等。（2）污染源监测，指对向环境排放污染物或者对环境产生不良影响的场所、设施、装置以及其他污染发生源所进行的环境监测活动，包括工业污染源、农业污染源、生物污染源、移动污染源和集中式污染治理设施监测等。又分为排污单位自行监测和环保部门依法实施的监督性监测。（3）环境预警监测，指对环境监测数据进行连续性分析，及时发现监测数据异常，预测可能发生的环境污染或者生态破坏事件的环境监测活动。（4）突发环境事件应急监测，是指发生环境灾害、污染事故等突发事件时，为污染事故防范和应急环境管理提供依据，降低突发事件对环境造成或者可能造成的危害，减少损失所进行的环境监测活动。

（二）环境监测机构

目前，我国的环境监测机构分为环保部门下属的环境监测机构、各行业主管部门下属的环境监测机构和依法设立的社会性环境监测机构。社会性环境监测机构是环境监测改革的产物，目的是将一些监测活动推向市场化运作，减轻公益监测机构的监测压力。环保部所属的监测机构分为四级：一级站是中国环境监测总站；二级站是各省、自治区、直辖市设置的省级环境监测中心站；三级站是省级以下市级环境监测站；四级站是各县级环境监测站。

此外，国土资源、农业、水利、海洋、铁路、交通、电力等部门或行业也分别设有环境监测机构。另外，根据环保部《关于推进环境监测服务社会化的指导意见》，社会性监测机构得到认可和发展。文件指出要充分认识推进环境监测服务社会化的重要意义。环境监测服务社会化是环保体制机制改革创新的重要内容。长期以来，我国实行的是由政府有关部门所属环境监测机构为主开展监测活动的单一管理体制。在环境保护领域日益扩大、环境监测任务快速增加和环境管理要求不断提高的情况下，推进环境监测服务社会化已迫在眉睫。一些地方已经开展了实践探索，出台了相应的管理办法，许多社会环境监测机构已经进入环境监测服务市场。环境监测服务的社会化既是加快政府环境保护职能转变、提高公共服务质量和效率的必然要求，也是理顺环境保护体制机制、探索环境保护新路的现实需要。引导社会环境监测机构进入环境监测的主战场，提升政府购买社会环境监测服务水平，有利于整合社会环境监测资源，激发社会环境监测机构活力，形成环保系统环境监测机构和社会环境监测机构共同发展的新格局。①

各环境监测机构之间的协调和合作并不是很顺畅。为此，新修订的《环境保护法》第 17 条第 1 款规定：“国家建立、健全环境监测制度。国务院环境保护主管部门制定监测规范，会同有关部门组织监测网络，统一规划国家环境质量监测站（点）的设置，建立监测数据共享机制，加强对环境监测的管理。”该条第 2 款规定：“有关行业、专业等各类环境质量监测站（点）的设置应当符合法律法规规定和监测规范的要求。”该条第 3 款规定：“监测机构应当使用符合国家标准的监测设备，遵守监测规范。监测机构及其负责人对监测数据的真实性和准确性负责。”

---

① 陈斌，陈传忠，赵岑，高锋亮，刘丽，白煜. 关于环境监测社会化的调查与思考［J］. 中国环境监测，2015（1）：1 ~5.

二、环境监测制度与环境健康风险防范

随着工业化和城市化进程的不断加快，环境健康风险也受到社会的极度重视，环境污染问题不断频发，环保部门积极开展和防范环境风险事故发生的手段之一，就是建立环境监测制度，对存在的潜在危害、有害因素，建设项目和运行期间可能发生的突发性事件或事故，引起有毒有害和易燃易爆等物质泄露、造成人身安全与环境影响和损害的程度，监测布控为环境风险事故的应急处理提供及时、有效的科学依据。①

（一）环境监测的支撑作用

原国家环保总局在《关于进一步加强环境监测工作的决定》中明确指出："环境监测实质上是一项政府行为，是各级政府部门强化环境规划，协调、监督和服务职能的重要阵地，是应用监测技术对一切违反环境法律、法规和行政规章的行为进行监测，为环境执法提供科学依据的过程。"及时、准确的监测数据为科学决策提供重要依据，也为有效应对和妥善处置突发事件提供强有力的技术支持。② 县级以上的环境保护部门所属的环境监测机构依法取得的环境监测数据，应当作为环境统计、排污申报登记、排污费征收、环境执法、目标责任考核等环境管理的依据。

环境监测也是环保部门获取大量定量化的环境信息的重要手段，这些大量的定量化的环境信息，有助于管理部门和公众了解污染物的产生过程的原因，掌握污染物的数量和变化规律，制定切实可行的污染防治规划和环境保护目标，使环境管理逐步实现从定性管理向定量管理、从单向治理向综合整治、从浓度控制向总量控制的转变。③

（二）环境监测的监控作用

1. 持久性有机污染物的监控

以持久性有机污染物为例，在过去的30多年中，我国的环境监测方面做

---

① 张成云，孙莉，金立坚，李俊康. 开展环境风险评价和应急监测制度防控突发环境污染事件[J]. 中国卫生事业管理，2008（4）：282~283.

② 黄恒学，何小刚. 环境管理学[M]. 北京：中国经济出版社，2012：120.

③ 黄恒学，何小刚. 环境管理学[M]. 北京：中国经济出版社，2012：121.

了大量的工作。但是，受到人员素质和仪器装备水平的限制，多数监测项目仅局限于无机物和化学需氧量、生化需氧量等有机污染综合指标。我国对持久性有机污染物的监测和控制长久以来落后于发达国家，存在设备落后、监测人员业务素质参差不齐、监控能力和力度不足等问题。为了改变这种状况，我国政府做了一系列的努力，以求增强监控能力。2004 年，国家环境分析监测中心组织的持久性有机污染物精度管理验证工作表明，我国的环境监测系统已具备艾氏剂、狄氏剂、异狄氏剂、七氯、六氯苯、DDD、DDE、DDT 共八种持久性有机污染物的监测能力。目前，大多数省级监测站已有气相色谱、气相色谱—质谱联用仪等有机污染物的分析仪器，基本具备了分析大多数有机氯农药和多氯联苯的能力。2004 年，我国颁布了《全国危险废物和医疗废物处置设施建设规划》，该规划在监测能力建设方面，环保部在全国范围内按大区布局，分别在北京、沈阳、杭州、广州、西安、重庆、武汉建设七个二噁英监测中心，共同承担全国危险废物和医疗废物集中处置设施、生活垃圾焚烧设施和其他污染源排放的二噁英类污染物的监督性监测任务。目前，我国已有 20 多家机构具有二噁英检测的能力。①

2. 环境空气质量监控

2011 年之前，PM2.5 没有进入广大公众的视野，虽然很多城市的居民认为环境部门公布的蓝天数都在 300 天以上，但感官上的环境空气质量却并非如此。2011 ~2012 年秋冬，我国中东部地区先后发生多次较大范围的雾霾天气过程，并具有雾霾天数多、影响范围广、时段集中等特点，北京、上海等多个城市的空气污染加重，甚至出现短时间的重度污染，影响居民健康、城市能见度和交通等，引发了全国民众及国际社会的强烈关注。之前环保部门主要监测可吸入颗粒物 PM10，随着污染越来越严重，很多更细小的颗粒物产生，PM10 的监测显然不足以全面反映空气质量。在此之前，代表政府的环保部门和其他部门与公众曾经就新的《环境空气质量标准》是否纳入 PM2.5 指标争论不休。环保部门当时的理由是没有能力和设备来监测 PM2.5。而 2011 年年底发生的严重雾霾，让这个争论划上句号，新的《环境空气质量标准》应运而生，新标准在基本监控项目中增加了 PM2.5 年均、日均浓度限

① 环境保护部宣传教育中心. 环境保护基础教程［M］. 北京：中国环境出版社，2014：391.

值。2012 年 5 月，国务院批准空气质量新标准“三步走”实施方案，第一阶段全国有 74 个试点城市实行新的空气质量评价体系。2013 年 1 月 1 日，第一阶段实施城市按照空气质量新标准要求开展监测并发布数据，发布内容包括各点位二氧化硫、二氧化氮、可吸入颗粒物、细颗粒物、臭氧和一氧化碳六项指标的实时小时浓度、日均浓度值、空气质量指数以及监测点位的代表区域。①

环境空气质量自动监测系统是由监测子站、中心计算机室、质量保证实验室和系统支持实验室等部分组成。一套较完整的空气质量自动监测系统的配置应包括：样品采集、空气自动分析仪、气象参数传感器动态自动校准系统、数据采集和传输系统以及条件保证系统、子站和中心站计算机系统等组成。② 具体的系统组成：（1）大气污染物监测仪，包括 NO_2（NO、NOx）监测仪、臭氧监测仪、二氧化硫监测仪、一氧化碳监测仪、PM10 监测仪、PM2. 5 监测仪。（2）气象系统，包括可测量风速、风向、温度、湿度、大气压力。（3）现场校准系统，包括多种标准气体、一套气体标定装置。（4）中心站及子站系统，可连续自动采集大气污染监测仪、气象仪、现场校准的数据及状态信息等，并进行预处理和贮存，等待中心计算机轮询或指令。（5）采样系统，主要由采样头、总管、支路接头、抽气风机、排气口等组成。（6）数据采集系统（即远程数据通讯设备）：直接使用无线 PC 卡（支持 GPRS）。③

空气质量评价主要用空气质量指数，与之前的空气污染指数不同，空气质量指数监测的污染物除了原来的三项扩展到六项。改变了原来当天 12 时至次日 12 时的评价方法，空气质量指数统计时间是从当天的 0 时至 24 时，可衡量小时空气质量和日空气质量。空气质量指数的计算与评价过程大致可以分为三个步骤：

第一步是对照各项污染物的分级浓度限值（《空气质量标准》（GB3095－2012）），以细颗粒物、可吸入颗粒物、二氧化硫、二氧化氮、臭氧、一氧化碳等各项污染物的实测浓度值（其中细颗粒物、可吸入颗粒物为 24 小时平均

① 康晓风，于勇，张迪，王光，翟超英. 新形势下环境监测科技发展现状与展望［J］. 中国环境监测，2015（6）：5～8.

② 环境保护部宣传教育中心. 环境保护基础教程［M］. 北京：中国环境出版社，2014：397～398.

③ 董玉祥. 浅谈环境监测垂直管理的优势［J］. 科技与创新，2016（4）：52.

浓度）分别计算得出空气质量分指数（Individual Air Quality Index，IAQI）；

第二步是从各项污染物的空气质量分指数中选择最大值确定为空气质量指数，当空气质量指数大于50时将空气质量分指数最大的污染物确定为首要污染物；

第三步是对照空气质量指数分级标准，确定空气质量级别、类别及表示颜色、健康影响与建议采取的措施，如表6－1所示。

概括而言，空气质量指数就是各项污染物的空气质量分指数中的最大值，当空气质量指数大于50时对应的污染物即为首要污染物。

表6－1　空气质量指数分级标准①

空气质量指数数值	空气质量指数级别	空气质量指数类别及表示颜色		对健康影响情况	建议采取的措施
0	一级	优	绿色	空气质量令人满意，基本无空气污染	各类人群可以正常活动
51～100	二级	良	黄色	空气质量可接受，但某些污染物可能对极少数异常敏感人群健康有较弱影响	极少数异常敏感人群应减少户外活动
101～150	三级	轻度污染	橙色	易感人群症状有轻度加剧，健康人群出现刺激症状	儿童、老年人及心脏病、呼吸系统疾病患者应减少长时间、高强度的户外锻炼
151～200	四级	中度污染	红色	进一步加剧易感人群症状，可能对健康人群心脏、呼吸系统有影响	儿童、老年人及心脏病、呼吸系统疾病患者应避免长时间、高强度的户外锻炼，一般人群减少户外运动

① 环境保护部宣传教育中心．环境保护基础教程［M］．北京：中国环境出版社，2014：398～399.

续表

空气质量指数数值	空气质量指数级别	空气质量指数类别及表示颜色		对健康影响情况	建议采取的措施
201~300	五级	重度污染	紫色	心脏病和肺病患者症状显著加剧，运动耐受力降低，健康人群普遍出现症状	儿童、老年人及心脏病、肺病患者应停留在室内，停止户外运动，一般人群减少户外运动
>300	六级	严重污染	褐红色	健康人运动耐受力降低，有明显强烈症状，提前出现某些疾病	儿童、老年人和病人应停留在室内，避免体力消耗，一般人群应避免户外活动

（三）环境监测质量管理

环境监测质量管理是使用定性和定量的各种科学方法，深入研究监测活动中的规律，并以监测质量、效率为中心，对环境监测全过程进行全面科学的管理。①

1. 环境监测质量管理的基本特点

环境监测质量管理的目标从宏观来说是不断提高为环境管理服务的水平，即及时性、代表性、准确性和科学性；从微观角度来看，最重要的是环境监测数据、资料的可比性、代表性、精密性、精确性和完整性。前者统称为服务质量，后者惯称为监测质量。两者互相联系，统称监测质量。环境监测质量管理必须适应环境质量态势的变化，及时调整管理目标。环境监测过程是由布点、采样、测试、数据处理和综合评价等基本环节组成的复杂系统，各环节之间既有独特的个性，又有密切的联系，共同构成完整的监测过程，缺一不可，对环境监测实行的质量管理必须是全过程的管理。环境监测的质量问题必须通过建立完整的质量保证体系才能解决，任何某一过程（系统的某一组成元素）的质量控制不能取代全过程的质量保证工作。②

① 环境保护部宣传教育中心．环境保护基础教程［M］．北京：中国环境出版社，2014：407~409．

② 杨开放．浅谈环境监测垂直管理［J］．资源节约与环保，2016（5）：94~95．

2. 环境监测的质量保证

环境监测质量的保证，又称全过程质量控制，由监测的各个工作环节来保证实现，贯穿于从采样布点、采样方法、样品的存储运输、分析监测方法、合格的仪器、试剂、分析人员的技术水平，直到数据处理、总结评价等监测的全过程。具体要求：（1）监测数据的代表性。监测数据是通过分析样品得到的（少数项目是在现场监测点位直接观测，如水体的透明度、空气的能见度等）。如果采集的样品对监测的整体而言，代表性不强（如在烟囱附近采集的空气样品不能代表当时当地的大气质量；在废水排入地面水体的排污口附近采集的水样不能代表整个水体的水质等），尽管对样品进行分析测试准确，不具备代表性的数据也毫无意义。因此，数据的代表性取决于采集到的样品的代表性，样品的代表性由采样点位的布设、采样时间和频率、采样方法、现场观察、测定与样品的储存运输好样品的制备等五个环节决定。① （2）监测数据的准确性与精密性。数据的准确性与精密性，取决于实验室的分析测试工作，它包括软件和硬件两部分。软件包括采用准确可靠的分析方法、实验室的管理水平、分析人员的技术水平、实行科学的质量保证制度及技术方法等。硬件部分包括合格的仪器、试剂、蒸馏水及实验室环境等。（3）监测数据的完整性。数据的完整性取决于采集到的样品的完整性。监测采样点位的选定，有的是经过专业人员考察选定的，有的是经一定的优化程序筛选确定的，还有的是经过概率抽样抽取的。这些点位均具有一定的时间、空间代表性。但每个样品的代表性均具有一定的局限性。必须在计划中的所有采样的点位上均按规定采集样品，不能遗漏，特别是概率随机抽样中的点位，不能以任何借口将其中的任何点位废弃重抽，因为这样就破坏了抽样的随机性，使统计结果不准确。只有对所有采样点采集到的全套样品进行分析得到的数据才是完整的。不完整的数据不能说是科学有效的数据。（4）监测数据的可比性。监测数据的可比性，是数据的上述四个特征的综合体现。不但同一批监测数据之间要具有可比性，不同批数据也要具有可比性，在更大范围内也应具有可比性。而要达到可比性，经常采用的方法是使用标准样品（又称标准物质）或使用工作标准。

① 薛海英. 浅论环境监测垂直管理后的人才建设［J］. 科技视界，2016（14）：256.

三、环境监测制度的发展

（一）环境监测的信息公开

环境保护部和各省（区、市）及部分城市环境保护主管部门每年定期发布环境状况公报和环境质量公报，以满足社会公众对环境质量状况的知情权。原国家环保总局从2002年开始发布113个环保重点城市空气质量日报与预报。环境保护部自2009年7月起对全国主要水系100个国控水质自动监测站的八项指标（水温、pH、浊度、溶解氧、电导率、高锰酸钾指数、氨氮和总有机碳）的监测结果进行网上实时发布。2010年11月，113个环保重点城市空气质量实时发布系统投入运行。2013年1月，74个城市496个点位的空气质量定时监测数据在网上发布。环境保护部定期发布重点流域、重点城市环境质量状况报告，加大了环境监测信息公开的力度。①

除了政府的信息公开行为，企业自行监测数据的公开也是重要的一部分，但据新闻报道，民间环保组织绿石环境行动网络曾向江苏国控废气排放企业申请信息公开，并对企业自行监测数据进行分析，超九成企业不回复。调查及结果显示，面对申请环境信息公开，企业对“环境信息公开”概念不清，对环境信息公开的法律法规不了解，企业就不理睬、不回复，信息的公开缺乏主动性，而且部分企业存在自行监测数据疑似造假的问题，这其中反映出来的环境监测数据信息公开问题，都值得我们深思与重视。②

环保部印发了《国家重点监控企业自行监测及信息公开办法》，要求企业应将自行监测结果向公众公开，公开的内容应包括企业的基础信息、自行监测方案及监测结果。今后国家重点监控企业，不但要接受来自环保部门的监督性监测，还要自己监测自己并将相关数据强制公开。对于企业拒不开展自行监测、不发布监测信息和报告或数据弄虚作假，将面临不予通过上市环保核查、停贷等一系列严厉手段。在政策驱动下，第三方独立监测机构和监

---

① 环境保护部宣传教育中心．环境保护基础教程［M］．北京：中国环境出版社，2014：154.

② 难！环境监测数据信息公开频遭滑铁卢［OL］．中国环保在线 http://www.hbzhan.com/news/detail/dy106254_p2.html.

测设备机构，将在越来越广阔的环境监测市场中获得更大的发展空间。①

目前，我国已经建立了环境空气、地表水、噪声、固定污染源、生态、固体废物、土壤、生物、核与辐射九个环境要素的监测技术路线，构建了环境遥感监测技术体系，颁布了水、空气、生物、噪声、放射性、污染源等方面的监测技术规范以及主要污染物排放总量监测技术规定，制定了地表水水质评价、湖泊富营养化评价、环境空气质量评价、酸雨污染状况评价、沙尘天气分级评价、声环境质量评价、生态环境质量评价等技术规定，颁布了近400项环境监测分析方法标准、227项环境标准样品和20项环境监测仪器设备技术条件，颁布了近20余项环境监测质量保证和质量控制方面的国家标准。②

（二）环境预警监测制度

环境预警监测，是对一些重点风险源、可能出现的污染天气进行前期监控，设定监控响应参数和限值，进行实时监控或者监测，提前获知各预警指标的数值和信息，将环境状况的变化和环境问题事先向人们发出警报，有效预防、及时控制和消除环境污染事件，减少因此带来的对社会发展、经济活动和人民生活的影响，为政府宏观调控、决策提供信息支持。③

环境保护部颁发的《先进的环境监测预警体系建设纲要（2010～2020）》提出了构建先进的环境预警监测体系，统筹先进的科研、技术、仪器和设备优势，充分利用全天候、多区域、多门类、多层次的监测手段，依托先进的网络通讯资源，及时调动包括高频的数据采集系统、先进的计算机网络支撑系统、快捷安全的数据传输系统、充足的数据库存储系统、功能完备的业务处理系统和及时监测信息分发系统，科学预警监测和报告，实施联动的预警响应对策。环境预警监测是环境监测发展的前沿，各地纷纷开展研究和试点。2008年起，全国监测系统每年开展太湖、巢湖、滇池及三峡库区藻类水华预警与应急监测工作。近年来，赤潮和灰霾预警监测发展迅速，研究成果得到

---

① 环保部．重点企业须自行监测环境信息并公开来源［OL］．中国证券报 http://news.xinhuanet.com/energy/2013－08/01/c_125099782.htm.

② 环境保护部宣传教育中心．环境保护基础教程［M］．北京：中国环境出版社，2014：380.

③ 环境保护部宣传教育中心．环境保护基础教程［M］．北京：中国环境出版社，2014：385～386.

了比较广泛的应用。

（三）环境监测制度的改革

1. 环境监测制度的改革方案

环境保护部印发了《“十三五”环境监测质量管理工作方案》（以下简称《方案》），《方案》提出了五大任务，十五条具体措施，并指出“十三五”末我国将建成垂直管理、全国统一的环境质量监测网，包括环境空气、地表水和土壤等环境监测质量控制体系。《方案》是适应生态环境监测体制机制改革的客观需要，也是解决当前环境监测质量管理存在的突出问题的针对性措施，有望促进我国环保行业的健康发展。监测垂管的优势表现在以下三个方面。

（1）全国一张网提高监测水平。

根据环保部规划，“十三五”末我国将建成垂直管理、全国统一的环境质量监测网，包括环境空气、地表水和土壤等环境监测质量控制体系。这将改变一些地方环保部门“既当运动员又当裁判员”的弊病，从根本上提高环境监测水平。

国家环境空气质量监测网和国家地表水环境监测网已基本建成，土壤环境监测网尚在建设过程中。《方案》针对不同要素监测质量管理提出了具体工作目标：2016 年年底完成 338 个地级以上城市 1436 个国家环境空气自动监测事权上收；2017 年起，逐步完善地表水和近岸海域环境质量监测质控技术体系；2016 年确定土壤网点位布设方案，启动网络建设，2017 年形成基本监测能力。至“十三五”末，全面建成环境空气、地表水和土壤等环境监测质量控制体系。①

2016 年 9 月，环保部已经启动了 1436 个国家环境空气自动站点监测事权上收工作，截至 11 月 6 日，交接工作已基本完成；启动全国地表水 2767 个国控断面监测（其中 1940 个为考核断面）事权上收的试点工作，均由中国环境监测总站直接管理，并委托社会监测机构运行维护。

《方案》明确了今后一段时间全国环境监测质量管理的重点内容和主要

---

① 蒙海涛，张骥，易晓娟，薛娇娆. 物联网技术在环境监测中的应用［J］. 环境科学与管理，2013（1）：10～12.

任务。加强监测质量管理工作，是适应“十三五”时期深化生态环境监测体制机制改革的客观需要，是打好大气、水、土壤三大战役的重要保障，也是解决当前环境监测质量管理存在的突出问题的针对性措施。

（2）完善体系保障检测数据准确性。

《方案》提出，构建不少于三级的国家环境监测质量控制技术体系，由国家质控平台（一级）、区域质控实验室（二级）、监测实验室或运维公司（末端）构成，实现环境空气、地表水、土壤等环境要素各监测指标的量值溯源和传递（比对）。同时，完善质控新技术的应用，如完善自动监测数据采集传输平台，建设自动监测远程质控平台等。[①]

《方案》也明确了国家环境空气质量监测网的运行模式。在监管机制上，《方案》也有所创新。环保部负责人对外表示，环保部将在全国范围内遴选权威专家，组建国家环境监测数据质量评估委员和专家检查队伍，不定期开展监测数据质量和质量管理体系运行情况评估工作，为飞行检查提供线索等；中国环境监测总站每年按一定比例开展国家环境空气、地表水、土壤网的监测质量常规检查工作，规范监测行为，问题严重的报环保部。[②]

同时，为了满足监测体制机制变化的新形势需要，“十三五”期间我国还将制订和修订一系列环境管理系列文件，出台《环境监测管理条例》，修订《环境监测管理办法》《环境监测质量管理办法》，完善环境空气、地表水和土壤环境监测质量管理相关规定，为“十三五”时期环境监测质量管理体系提供政策依据。

（3）通过制度杜绝监测数据造假。

西安市环保局长安分局局长、长安区监测站站长等人因涉嫌“环境监测数据造假”被警方带走。福建省环境监察总队的工作人员突击检查福建馥华食品有限公司时发现，该家企业为了得到良好的污染物处理记录，竟将环境自动监测仪的探头放在矿泉水瓶子里。事发后，这家企业相关负责人也因涉嫌伪造监测数据被移送公安机关。

---

① 李国刚，赵岑，陈传忠．环境监测市场化若干问题的思考［J］．中国环境监测，2014（3）：4～8．

② 付保荣．从雾霾天气谈我国环境监测社会化与能力建设［J］．环境保护与循环经济，2013（4）：62～66．

为了确保监测数据客观真实，杜绝数据造假事件再次发生，《方案》提出，要建立全国联网的远程质控系统，关键参数直传总站，一旦有异常的变化，就会报警。站房会加装视频监控系统，堵塞人为造假的漏洞。

环保部负责人表示，环保部将组建国家环境监测质量监督检查专家库，以环境监测数据评估结果或公众举报为线索，不定期开展飞行检查，着重打击环境监测弄虚作假行为。

除了监管部门的努力外，还应增加执法的透明度，将信息发布作为质控的重要手段。按照“能公开、尽公开”的原则，加大环境空气、地表水、土壤环境监测信息发布和公开力度，保障人民群众环境监测数据质量知情权，接受公众监督。

此外，《方案》还提出，要严厉查处监测质量问题，建立质控检查与考核联动机制。环保部门将积极与有关部门沟通，支持将环境监测弄虚作假行为写入正在修订的“两高”司法解释，为类似案件的处理提供法律支撑。环保部还将建立环保与公检法的联动机制，对监测数据造假“零容忍”，发现一起，查处一起，依法移交有关部门处理，提高对监测数据弄虚作假行为的震慑力。

2. 环境监测垂直管理

2016 年 9 月，为加快解决现行以块为主的地方环保管理体制存在的突出问题，中共中央办公厅、国务院办公厅印发了《关于省以下环保机构监测监察执法垂直管理制度改革试点工作的指导意见》，并发出通知，要求各地区、各部门结合实际认真贯彻落实。其中关于环境监测的管理提出了明确的要求。

调整环境监测管理体制。本省（自治区、直辖市）及所辖各市县生态环境质量监测、调查评价和考核工作由省级环保部门统一负责，实行生态环境质量省级监测、考核。现有市级环境监测机构调整为省级环保部门驻市环境监测机构，由省级环保部门直接管理，人员和工作经费由省级承担；领导班子成员由省级环保厅（局）任免；主要负责人任市级环保局党组成员，事先应征求市级环保局意见。省级和驻市环境监测机构主要负责生态环境质量监测工作。直辖市所属区县环境监测机构改革方案由直辖市环保局结合实际确定。①

现有县级环境监测机构主要职能调整为执法监测，随县级环保局一并上收到市级，由市级承担人员和工作经费，具体工作接受县级环保分局领导，支持配合属地环境执法，形成环境监测与环境执法有效联动、快速响应，同时按要求做好生态环境质量监测相关工作。

第五节 环境监察制度

一、环境监察制度概述

（一）环境监察的概念

环境监察是指行使环境监督管理权的机关及其工作人员，依法对造成或可能造成环境污染或生态破坏的行为进行现场监督、检查、处理以及执行其他公务的活动。② 环境监察要突出“现场”和“处理”这两个概念，即环境监察是在环境现场进行的执法活动。环境监察不是“环境管理”而是“日常、现场、监督、处理”。环境监察是一种具体的、直接的、“微观”的环境保护执法行为，是环境保护行政部门实施统一监督、强化执法的主要途径之一，是我国社会主义市场经济条件下实施环境监督管理的重要举措。③

根据《环境保护法》的规定，各级环境保护主管部门对本行政区域环境保护工作实施统一监督管理。只有深入现场，才能真正搞清有关环境法律、规章、制度的实际执行情况，了解管理相对人的实际环境行为。环境监察将现场监督检查工作统一起来，开展强有力的、高效的现场执法活动，有力地保证了环境监督管理职责的实现。因此，环境监察是环境监督管理中的重要

---

① 余振荣．垂直管理体制中区县环境监测职能的思考［J］．环境科学与管理，2016（7）：8～10.

② 环境保护部宣传教育中心．环境保护基础教程［M］．北京：中国环境出版社，2014：154.

③ 袁英贤，吴少杰．环境监察［M］．徐州：中国矿业大学出版社，2010：6～7.

组成部分。

我国的《环境监察办法》于2012年7月4日由环境保护部部务会议审议通过，自2012年9月1日起施行。一般而言，环境监察工作以环保部门的名义实施。环境监察机构与所属环保部门是领导与被领导的关系，环境监察机构对环保部门负责。环境监察具有以下特点：（1）委托性。环境监察机构在环境保护主管部门领导下，受其委托在本行政区域实施环境监察工作。（2）直接性。环境监察承担现场监督执法活动，大量的工作是对管理相对人宣传环保政策，现场检查记录、取证，讯问被检查人，现场处置。（3）强制性。环境监察是直接的执法行为，体现了国家保护环境的意志，是执法主体的代表，具有强制性。《环境保护法》第24条规定："县级以上人民政府环境保护主管部门及其委托的环境监察机构和其他负有环境保护监督管理职责的部门，有权对排放污染物的企业事业单位和其他生产经营者进行现场检查。被检查者应当如实反映情况，提供必要的资料。实施现场检查的部门、机构及其工作人员应当为被检查者保守商业秘密。"（4）及时性。环境监察工作的核心是加强排污现场的监督、检查、处理，运用征收排污费、罚款等经济手段强化对污染源的监督处理，这就要求环境监察必须及时、准确、快速、高效。（5）公正性。环境监察机构代表国家监督环保法规的执行情况，是从维护公众的长远利益出发，公正的依法处理。不允许环境监察机构和监察人员直接参与企业的生产经营活动，也不允许监察人员与管理相对人有直接的利害关系。监察人员的工资福利参照公务员制度进行管理。①

（二）环境监察的发展历程

环境监察是环境保护行政主管部门的一项基本职能。多年来，环境保护工作中存在的主要问题不是无法可依，而是执法不力、执法不严。而造成这一问题的主要原因之一，就是我们没有一支从事环境现场日常监督检查的专职执法队伍。环境监察工作的开展和发展，壮大了环境保护执法力量，促进了宏观环境管理，强化了环境保护现场执法力度，推动了环保事业的发展。②我国环境监察制度经历了由环境监测机构设立环境监察员、环保部门设立环

---

① 袁英贤，吴少杰．环境监察［M］．徐州：中国矿业大学出版社，2010：9．
② 袁英贤，吴少杰．环境监察［M］．徐州：中国矿业大学出版社，2010：1．

境监理员到在环保部门设立专门的环境监察局的逐步强化过程。经过 30 多年的发展，已经基本形成了国家、省、市、县四级环境监察执法网络，初步形成了环境监察执法体系。最开始的时候，从 1978 年开始至 1985 年，没有专设的环境监察机构，只有排污收费机构，到了 1986 年，由排污收费站过渡形成了环境监理机构，并形成了省、市、县三个层次的环境监理网络。到了 2002 年，随着环境执法需求的日益高涨，环境监理机构统一变更为环境监察机构，并且，中央成立了区域督查中心，开始建立国家监察、地方监管、单位负责的环境监管体系，环境监察标准化建设积极推进，环境执法能力和环境应急处置能力日益增强，并且开始建设完备的环境执法监督体系。各级环境监察机构依法对辖区内一切单位和个人履行环保法律法规，执行环境保护政策、标准的情况进行现场监督、检查、处理等。

二、环境监察制度与环境健康风险防范

（一）环境监察的适用

目前，我国已经将环境监察工作纳入法律体系，对环境监察工作职责进行了明确的划分。我国环境监察机构主要是对环境治理方案的执行情况、污染源的环境治理情况以及排污许可证的频发情况等进行监察。同时，还要对污染事故以及污染纠纷进行深入的调查和研究，还要依据法律法规征收一定的排污费，对其破坏环境的违法犯罪行为进行处罚。但是，在实际的工作过程中，部分环境监察机构无法全面落实各项职责，环境监察工作效率有待进一步的加强。因此，环境监察工作人员要不断地增强自身的执法意识和执法能力，以法律为依据严格规范自身的行为，并且做到依法办事，保证法律的权威性和有效性。

环境监察工作的范围包括对工业污染源、海洋和自然生态实行的监督管理，主要任务是在各级人民政府环境保护部门领导下，依法对辖区内污染源排放污染物情况和对海洋及生态破坏事件实施现场监督、检查并参与处理。具体包括：一是依法对辖区内的单位或个人执行环境保护法律法规的情况进行现场监督、检查并按规定处理；二是依法纠正各地方制定的违反环境保护法律法规的政策规定；三是负责排污申报和审核核定工作和征收排污费工作；

四是负责开展自然资源开发和生态环境监察工作；五是负责突发环境污染和生态破坏事件的调查、处理与报告工作；六是对环境行政违法行为进行内部环境稽查工作。①

环境监督管理职能分为三个层次：第一个层次是环境保护主管部门代表政府对本行政区域污染防治和生态保护实施统一监督管理，各有关部门各司其职，共同对环境保护工作负责；第二个层次是对区域、流域的污染防治和生态保护进行统一的监督管理，主要表现在将环境规划纳入本地区、本流域的社会发展规划中，并实施监督；第三个层次是环境保护主管部门对污染源进行的直接和间接的监督管理。

（二）环境监察的作用

在《国务院关于加强环境保护重点工作的意见》中将环境执法放在十分重要的位置，并在第3条用整段的篇幅强调强化环境执法的监管，要求“加强环境保护日常监管和执法检查”“继续开展整治违法排污企业保障群众健康环保专项行动”等。环保部的官员强调，环境执法工作作为履行环境管理职责最基础、最基本的支撑力量，作为全面提升环境管理水平的重要途径和有效手段，是环保部门的立足之本。做好环境监察工作，明确环境监察机构的执法职责，提升执法人员的环境监察能力，对于环境风险的防范具有实践意义。

环境监察的作用主要有以下几点：（1）提高了环境行政统一监督管理能力。环境监察的发展提高了执法力度，树立了环境保护主管部门的执法权威，环境执法力度得到了提高。环境监察提高了污染治理设施完好率、运转率和达标率，减少了污染物的排放，及时查处和纠正违法排污行为，促进了区域环境质量的改善。（2）环境监察活动解决了我国的一些重大环境问题。诸如在关闭“十五小”② 的全国行动中，环境监察机构在第一线监督、检查、落实执行关闭的任务，取得显著效果。（3）为减少因环境问题而引发的社会不

① 环境保护部宣传教育中心．环境保护基础教程［M］．北京：中国环境出版社，2014：154～155．

② “十五小”“新五小”企业是指1996年《国务院关于加强环境保护若干问题的决定》中明令取缔关停的十五种重污染小企业，以及原国家经贸委、国家发改委限期淘汰和关闭的破坏资源、污染环境、产品质量低劣、技术装备落后、不符合安全生产条件企业。

安定因素作出了贡献。环境监察队伍的发展壮大，一方面能够及时发现和解决污染纠纷问题；另一方面还可以协调排污企业和公众之间的关系，避免矛盾的激化。许多环境污染事件和污染事故都不同程度地存在环境污染损害和赔偿问题，产生环境污染纠纷。对于环境污染纠纷和群众来信来访中涉及的污染事件，环境监察机构有责任进行调查、确定责任和调解，明确造成污染影响和损害的责任方，并明确其责任，制止污染行为，责令其消除影响，并对污染造成的损害赔偿进行行政调解。在环境污染纠纷中如存在违反环境法律法规的行为，环境监察机构必须对违法行为进行行政处罚。①

环境监察机构通过现场执法，将环境保护主管部门作出的污染防治、行政处罚等行政行为落到实处，达到宏观管理举措在微观上的落实，同时将环境污染状况、政策法规执行效果等环境现场情况反馈给政府和环境保护主管部门。环境监察依照环境法律法规、政策和标准，进行现场监督、检查、处理等具体的环境支付行为，是环境保护各项宏观管理举措得以贯彻实施的重要环节。

通过环境监察执法，可以严厉打击违法排污企业，提高其违法成本，制止排污单位违法排污。环境监察是打击违法排污企业最直接、最有效的手段，是制止环境污染和破坏的最后一道防线。② 环境监察还是接待环境信访的负责部门。一些环境健康损害的投诉或上访均是通过环境监察部门受理并进行处理。因此，环境监察行为还是制止或防范环境健康风险的一道重要手段。

三、环境监察制度的展望

（一）环境监察工作的信息化建设

随着社会经济的快速发展和国家对环境监察要求的日益严格，环境监察的职能范围不断扩大，监管的对象不断增多，监管的要求向着定量化、数据化的方向迈进，环境监察执法人员少，监察工作量大的矛盾日益突出。有必要加强环节监察信息化建设，引入信息化和自动监测等现代化手段，对环境监察工作的整个业务流程进行信息化改造，有利于对污染源数据的采集和管

① 袁英贤，吴少杰．环境监察［M］．徐州：中国矿业大学出版社，2010：9～10.

② 周厚中．环境保护的博弈［M］．北京：中国环境科学出版社，2007：338.

理，更便捷地计算出排污者应缴纳排污费金额，有助于环境治理决策的落实到位。[①] 以12369环保热线的开通和排污申报登记收费软件的启动为标志，全国环境监察系统的信息化建设出现了历史性的飞跃，对于强化我国环境监察工作的地位和作用，加强环境监察系统的凝聚力，提高各级环境监察机构的执法监督能力和科学化管理水平，提高环境监察队伍的整体素质等方面，起到了积极的促进作用。[②]

（二）环境监察工作的规范化建设

首先，要制定透明的行政执法规范化程序，统一制作环境执法文书，严格执行亮证和两人以上独立执法制度，认真执行票款分离制度，公开收费处罚标准、依据和执法程序，全面推行政务公开，确保各项环境执法活动必须在法定权限内和严格程序规范下进行。其次，要严格执行环境行政执法的“三级”审查制度，对于立案查处的环境违法行为，坚持环境监察机构、环境保护法规科室、环境保护部门主管领导三级审查制度，做到对每个案件认真复核，严把办案质量关，保证环境行政处罚的准确、合法、公正。最后，要建立广泛的内外部监督约束机制。

（三）环境督查制度的完善

2006年7月8日，原国家环保总局印发了《总局环境保护督查中心组建方案》（环办〔2006〕81号），组建了五个区域环保督查中心，分别是：华东（南京）、华南（广州）、西北（西安）、西南（成都）、东北（沈阳）环境保护督查中心。2007年又组建了华北（北京）环保督查中心，覆盖了全国31个省份，形成了以环境监察局为龙头，应急中心和区域督查中心组成的“国家环境监察”体系。区域环保督查中心的官方身份，是国家环保部的派出机构和隶属性事业单位。根据环保部制定的工作规则，区域环保督查中心由环保部领导并对其负责，具体管理与联系则由其下属的环境监察局代行。环保督查中心在其职权范围内有权代表环保部独立监督检查全国环境法律法规的贯彻落实情况，尤其集中于对跨省区域和流域环境议题与重大环境紧急

① 周厚中．环境保护的博弈［M］．北京：中国环境科学出版社，2007：339．

② 牛凤丽，范文波．强化环境监察队伍 提升环境监察效能［J］．城市地理，2016（20）：91．

事件的调研督查。但是，因其职权设置的先天不足，其不得开展未经环保部预先批准的重大行动，对环保部委托督查的重大环境问题也没有实质性查处权，不能独自作出实质性的奖惩决定，这些权力仍然由环保部下属司局掌握。此外，还明确规定了区域环保督查中心不得干预或代替地方政府及其相关部门的环境保护职权，因此，也不能扮演一个环保部与省级政府之间的独立调解者的角色。这就使得区域环保督查中心更像一个环保部的区域信息搜集或咨询机构，仅致力于“监督检查、调解和提供服务”。①

(四) 环境监察垂直管理

2016 年 9 月，为加快解决现行以块为主的地方环保管理体制存在的突出问题，中共中央办公厅、国务院办公厅印发了《关于省以下环保机构监测监察执法垂直管理制度改革试点工作的指导意见》，并发出通知，要求各地区、各部门结合实际认真贯彻落实。其中对关于环境监察的管理提出了明确的要求。

1. 加强环境监察工作

试点省份将市县两级环保部门的环境监察职能上收，由省级环保部门统一行使，通过向市或跨市县区域派驻等形式实施环境监察。经省级政府授权，省级环保部门对本行政区域内各市县两级政府及相关部门环境保护法律法规、标准、政策、规划执行情况，一岗双责落实情况，以及环境质量责任落实情况进行监督检查，及时向省级党委和政府报告。②

2. 加强市县环境执法工作

环境执法重心向市县下移，加强基层执法队伍建设，强化属地环境执法。市级环保局统一管理、统一指挥本行政区域内县级环境执法力量，由市级承担人员和工作经费。依法赋予环境执法机构实施现场检查、行政处罚、行政强制的条件和手段。将环境执法机构列入政府行政执法部门序列，配备调查取证、移动执法等装备，统一环境执法人员着装，保障一线环境执法用车。

3. 加强环保机构规范化建设

试点省份要在不突破地方现有机构限额和编制总额的前提下，统筹解决

① 围绕“4 个突出问题”推进环保机构监测监察执法垂直管理制度改革——访环境保护部副部长李干杰 [J]. 中国环境监察，2016 (10)：5 ~6.

② 盖雅琼. 浅谈基层环境监察工作的现状及措施 [J]. 中国林业产业，2016 (11)：280.

好体制改革涉及的环保机构编制和人员身份问题，保障环保部门履职需要。目前仍为事业机构、使用事业编制的市县两级环保局，要结合体制改革和事业单位分类改革，逐步转为行政机构，使用行政编制。强化环境监察职能，建立健全环境监察体系，加强对环境监察工作的组织领导。要配强省级环保厅（局）专职负责环境监察的领导，结合工作需要，加强环境监察内设机构建设，探索建立环境监察专员制度。[①]

4. 加强环保能力建设

尽快出台环保监测监察执法等方面的规范性文件，全面推进环保监测监察执法能力标准化建设，加强人员培训，提高队伍专业化水平。一些学者认为，中央与地方在环境政策的制定和执行过程中存在分歧，尤其是政策执行过程中的不力，变通与共谋源自中国政体内部的一个深刻矛盾，集中表现为中央管辖权与地方治理权之间的紧张和不兼容：前者趋于权力、资源向上集中，从而削弱了地方政府解决实际问题的能力和有效治理能力；而后者又常常表现为各行其是，偏离失控，对权威体制的中央核心产生威胁。[②] 中央和地方在环境保护和经济发展方面的利益发生了冲突，地方政府没有忠实地执行中央的政策，出于经济发展的考虑对本地污染企业网开一面。为了强化中央或省级政府的权威，强化监管能力的建设，减少地方对环境监管的掣肘，作为环境监管体系中非常重要的机构——环境监察机制的垂直化管理的改革便成了环境管理体制改革的重要一环。主流的观点认为，环境行政管理体制中，实行“垂直化管理”有利于建设地方政府的干预，能够更好地执行中央的环境政策。[③] 但是，垂直管理是否真的能够避免环境执法的地方利益化倾向？从近些年来实施垂直管理失败的案例中对此不无怀疑。例如，早年对于工商行政管理也曾经实行过省级以下的工商行政部门由省级进行垂直管理，但是实行几年后不得不放弃。垂直管理固然可以起到规避地方政府的限制，包括人员升迁和工资福利的控制。但是，毕竟作为地方上的一个机构，并非

---

① 聂顺利，杨振刚. 环境监测监察垂直管理改革问题与对策研究［J］. 中小企业管理与科技（上旬刊），2016（12）：58～59.

② 周雪光，练宏. 中国政府的治理模式——一个“控制权”理论［J］. 社会学研究，2012（5）.

③ 冉冉. 中国地方环境政治：政策与执行之间的距离［M］. 北京：中央编译出版社，2015：98.

生活在真空中，环境执法人员的生活还是受地方影响，比如住房和升学问题。另外一个至关重要的原因是，一旦实行了垂直管理，环境执法人员就无法享受到地方政府关于职务升迁的权利，而只能受到上级部门的节制，往往会使得环境执法人员的职务升迁受到严重的影响，进而影响到其工作的积极性。此外，实行垂直管理后，会将基层环境管理的一大部分的机构和人员划走，有可能导致在机构编制和人员构成上显得力量薄弱的基层环境管理机构更加弱势和执行能力的不足。

参考文献

[1] 柳丹，叶正钱，俞益武．环境健康学概论［M］．北京：北京大学出版社，2012.

[2] 左玉辉，等．环境学原理［M］．北京：科学出版社，2010.

[3] 陈庆锋，付英．环境污染与健康［M］．北京：化学工业出版社，2014.

[4] 金丽，简论科学技术进步与环境问题［J］．天津科技，2005（2）.

[5] 贾士荣．转基因植物的环境及食品安全性［J］．生物工程进展，1997，17（6）.

[6] 肖显静．环境·科学——非自然、反自然与回归自然［M］．北京：化学工业出版社，2009.

[7] 蒋高明．转基因生态与健康风险问题讲座实录［OL］．光明网卫生频道，http：//news. xinmin. cn/rollnews/2012/11/12/17138124_ 2. html.

[8] 曾娜，郑晓琴．转基因食品风险规制：制度模式与改进方向［J］．科技与法律，2011（3）.

[9] 周生贤．领导干部环境保护知识读本［M］．北京：中国环境科学出版社，2009.

[10] ［日］桥本道夫．日本环保行政亲历记［M］．冯叶，译．北京：中信出版社，2006.

[11] 陈开琦．由日本核泄漏引发的公民环境安全权思考［J］．云南师范大学学报（哲学社会科学版），2011（9）.

[13] 王曦．新《环境保护法》的制度创新：规范和制约有关环境的政

府行为［J］. 环境保护，2014（10）.

［14］孙佑海. 新《环境保护法》：怎么看？怎么办？［J］. 环境保护，2014（14）.

［15］李庆瑞. 新《环境保护法》：环境领域的基础性、综合性法律——新《环境保护法》解读［J］. 环境保护，2014（10）.

［16］常纪文. 新《环境保护法》：史上最严但实施最难［J］. 环境保护，2014（10）.

［17］郭小平，环境传播——话语变迁、风险议题构建与路径选择［M］. 武汉：华中科技大学出版社，2013.

［18］王灿发，程多威. 新《环境保护法》规范下环境公益诉讼制度的构建［J］. 环境保护，2014（14）.

［19］王树义，周迪. 回归城乡正义：新《环境保护法》加强对农村环境的保护［J］. 环境保护，2014（10）.

［20］熊晓青. 建立系统、超脱和灵活的环境监管体制——以《环境保护法》的修改为契机［J］. 郑州大学学报（哲学社会科学版），2013（7）.

［21］易玉敏，陈晨. 我国环境影响评价制度与排污许可制度整合和拓展过程中的问题解析及解决途径［J］. 环境科学导刊，2016（4）.

［22］生态环境损害赔偿制度改革试点方案公布［J］. 中国财政，2015（24）.

［23］环境保护部宣传教育中心. 环境保护基础教程［M］. 北京：中国环境出版社，2014.

［24］米天戈. 我国污染物排放标准制度研究［D］. 苏州大学，2015.

［25］马娜，韩晶. 以污水综合排放为例的国家和地方强制性标准对比实证研究［J］. 标准科学，2014（4）.

［26］孟伟，张远，等. 水环境质量基准、标准和流域水污染总量控制策略，环境科学研究［J］. 2006（3）.

［27］米莎，刘中平，刘阳，徐杰峰，边敏娟. 区域次生环境风险评价方法研究［J］. 环境科学与管理，2016（10）.

［28］徐芳，郭小勇，马永鹏. 现代环境标准及其应用进展［M］. 上海：上海交通大学出版社，2014.

［29］陈俊华．中国标准化体制改革的路径与标准化法的修改——兼论标准闭环管理的价值与适用范围［J］．佳木斯职业学院学报，2015（12）．

［30］肖林．加强生活饮用水的预防性卫生监督［J］．中国卫生产业，2016（28）．

［31］朱成．重庆市典型搬迁企业土壤污染现状及健康风险评价［D］．西南大学，2008．

［32］蔡守秋．论从法律上加强环境标准控制［J］．环境管理，1995（2）．

［33］王新亮．“日落条款”视野下的地方立法后评估常态化研究［D］．西南政法大学，2015．

［34］张晏，汪劲．我国环境标准制度存在的问题及对策［J］，中国环境科学，2012（1）．

［35］马可．环境事件背后的制度体认和责任考量——从凤翔血铅事件切入［J］．贵州社会科学，2011（8）．

［36］肖建华．生态环境政策工具的治道变革［M］．北京：知识产权出版社，2009．

［37］李艳芳．公众参与环境影响评价制度研究［M］．北京：中国人民大学出版社，2004．

［38］周国强．环境影响评价［M］．武汉：武汉理工大学出版社，2009．

［39］环保部环境工程评估中心．环境影响评价相关法律法规（2006年版）［M］．北京：中国环境科学出版社，2006．

［40］Therivel，R.，Wilson，E.，Thompson，S.，Heaney，D.，Pritchard，D Strategic Environmental Assessment［M］．Earthscan，London，1992．

［41］Sadler B.，R. Verheem. Strategic Environmental Assessment：Status，Challenges and Future Directions［M］．Publication 53，Ministry of Housing，Spatial Planning and the Environment. The Hague，1996．

［42］Connor R.，S. Dovers. Institutional Change for Sustainable Development［M］．Cheltenham，United Kingdom：Edward Elgar，2004．

［43］徐祥民，孟庆垒，等．国际环境法基本原则研究［M］．北京：中国环境科学出版社，2008．

[44] 吴婧，等. 气候变化融入环境影响评价——国际经验与借鉴 [A] // 第三届中国战略环境评价学术论坛论文集，昆明，2013.

[45] 王琳，程红光. 环境健康纳入环境影响评价的障碍与可行性 [J]. 心理学与公共健康，2014 (10).

[46] 王裴裴. 建设项目环境影响评价审批制度研究 [D]. 中国政法大学硕士学位论文，2009.

[47] 全国人大环境与资源保护委员会法案室. 中华人民公共和国环境影响评价法释义 [M]. 北京：中国法制出版社，2003 (2).

[48] 陈新民. 中国行政法原理 [M]. 北京：中国政法大学出版社，2002.

[49] 蒋红珍. 论比例原则——政府规制工具选择的司法评价 [M]. 北京：法律出版社，2010 (8).

[50] 张红凤，张细松，等. 环境规制理论研究 [M]. 北京：北京大学出版社，2012，5.

[51] 汪劲. 环保法治三十年：我们成功了吗 [M]. 北京：北京大学出版社，2011，8.

[52] 王蓉. 中国环境法律制度的经济学分析 [M]. 北京：法律出版社，2003，6.

[53] 程红光，王琳，郝芳华. 将健康风险纳入环评可行性分析 [J]. 环境影响评价，2014 (1).

[54] 汪劲. 中外环境影响评价制度比较研究 [M]. 北京：北京大学出版社，2006.

[55] 刘春华. 内地与香港环境影响评价制度比较 [J]. 环境保护，2001.

[56] Barry Dalal-Clayton，Barry Sadler. 鞠美庭，等，译. 战略环境评价——国际实践与经验 [M]. 北京：化学工业出版社，2007.

[57] 周汉华. 行政立法与当代行政法 [J]. 法学研究，1997 (3).

[58] 杨洪刚. 中国环境政策工具的实施效果与优化选择 [M]. 上海：复旦大学出版社，2011.

[59] 蔡守秋. 论健全环境影响评价法律制度的几个问题 [J]. 环境污染与防治，2009.

[60] 王曦. 论美国《国家环境政策法》对完善我国环境法制的启示

[J]. 现代法学，2009 (4).

[61] 周珂，等. 论环境影响评价机构的独立性 [J]. 法治研究，2015 (6).

[62] 王树义. 环境法前沿问题研究 [M]. 北京：科学出版社，2012.

[63] 孙佑海. 排污许可制度：立法回顾、问题分析与方案建议 [J]. 环境影响评价，2016 (2).

[64] 吕忠梅. 理想与现实——中国环境侵权纠纷现状及救济机制构建 [M]. 北京：法律出版社，2011.

[65] 李挚萍. 环境法的新发展——管制与民主之互动 [M]. 北京：人民法院出版社，2006.

[66] 李启家，等. 论我国排污许可制度的整合与拓展 [A] //吕忠梅. 环境资源法论丛（第6卷）[M]. 北京：法律出版社，2006.

[67] 王金南，等. 中国排污许可制度改革框架研究 [J]. 环境保护，2016 (3~4).

[68] 朱谦. 公众环境权利的构造 [M]. 北京：知识产权出版社，2008.

[69] 李干杰. 牢固树立绿色发展理念，扎实推进“十三五”生态环境保护工作 [J]. 环境保护，2016 (8).

[70] 黄润秋. 凝心聚力，深化改革，奋力开创环境影响评价工作新局面 [J]. 环境保护，2017 (1).

[71] 白贵秀. 环境行政许可制度研究 [M]. 北京：知识产权出版社，2012.

[72] 奥兰·杨. 直面环境挑战：治理的作用 [M]. 赵小凡，等，译. 北京：经济科学出版社，2014.

[73] 韩艺. 公共能量场：地方政府环境决策短视的治理之道 [M]. 北京：社会科学文献出版社，2014.

[74] 韩冬梅. 中国水排污许可证制度设计研究 [M]. 北京：人民出版社，2015.

[75] 夏光. 适应环境新发展，构建环境治理新体系 [J]. 环境保护，2016 (9).

[76] 梁鹏，戴文楠，孔令辉，等. 环境影响评价改革的重要技术支撑

[J]. 环境保护，2016 (22).

[77] 柴西龙，邹世龙，等. 环境影响评价与排污许可制度的衔接研究 [J]. 环境影响评价，2016 (11).

[78] 蒙海涛，张骥，易晓娟，薛娇娆. 物联网技术在环境监测中的应用 [J]. 环境科学与管理，2013 (1).

[79] 李国刚，赵岑，陈传忠. 环境监测市场化若干问题的思考 [J]. 中国环境监测，2014 (3).

[80] 付保荣. 从雾霾天气谈我国环境监测社会化与能力建设 [J]. 环境保护与循环经济，2013 (4).

[81] 陈斌，陈传忠，赵岑，高锋亮，刘丽，白煜. 关于环境监测社会化的调查与思考 [J]. 中国环境监测，2015 (1).

[82] 张成云，孙莉，金立坚，李俊康. 开展环境风险评价和应急监测制度防控 [J]. 突发环境污染事件中国卫生事业管理，2008 (4).

[83] 黄恒学，何小刚. 环境管理学 [M]. 北京：中国经济出版社，2012.

[84] 康晓风，于勇，张迪，王光，翟超英. 新形势下环境监测科技发展现状与展望 [J]. 中国环境监测，2015 (6).

[85] 董玉祥. 浅谈环境监测垂直管理的优势 [J]. 科技与创新，2016 (4).

[86] 杨开放. 浅谈环境监测垂直管理 [J]. 资源节约与环保，2016 (5).

[87] 余振荣. 垂直管理体制中区县环境监测职能的思考 [J]. 环境科学与管理，2016 (7).

[88] 袁英贤，吴少杰. 环境监察 [M]. 徐州：中国矿业大学出版社，2010.

[89] 规范建设，提升效能——《环境监察办法》解读 [J]. 环境保护，2012 (17).

[90] 周厚中. 环境保护的博弈 [M]. 北京：中国环境科学出版社，2007.

[91] 改革开放中的中国环境保护事业 30 年 [M]. 北京：中国环境科

学出版社，2010.

[92] 牛凤丽，范文波．强化环境监察队伍　提升环境监察效能 [J]. 城市地理，2016 (20).

[93] 盖雅琼．浅谈基层环境监察工作的现状及措施 [J]. 中国林业产业，2016 (11).

[94] 聂顺利，杨振刚．环境监测监察垂直管理改革问题与对策研究 [J]. 中小企业管理与科技 (上旬刊)，2016 (12).

[95] 周雪光，练宏．中国政府的治理模式——一个“控制权”理论 [J]. 社会学研究，2012 (5).

[96] 冉冉．中国地方环境政治：政策与执行之间的距离 [M]. 北京：中央编译出版社，2015.

Chapter 7
第七章
环境与健康的风险评价与共同治理

第一节　环境健康风险评价与预警制度

一、环境健康风险评价与预警制度概述

（一）环境健康风险是什么

1. 最早的公害病

西汉古代女尸——汉初长沙国丞相、轪侯利苍的妻子辛追，从西汉古墓马王堆中发掘出来，距今2100多年，发掘时墓主辛追的毛发尚存、皮肤白皙且尚有弹性。经过考证：她长期居住在丞相府邸，死时约50岁，患有冠心病、动脉粥样硬化、胆石症、肠道寄生虫、血吸虫病等多种疾病，双肺留有广泛性炭末沉着，全身显示出慢性铅、汞蓄积而造成的病理改变。墓中挖掘出的古代粉黛化妆品中含有铅、汞，铅是氢氧化铅和碳酸铅的混合物，丹朱中的朱砂即硫化汞。她生前注重打扮、厚施粉黛，化妆品中的铅、汞等有毒物质浸润体内，导致慢性重金属中毒。古代有“朱砂养心丹”之说，但若使用不当，久服过量会造成慢性汞中毒。辛追在2100多年前就患上了现代环境医学所说的“公害病”或慢性污染中毒的怪病，成为世界上被证明患有公害病的第一人。①

---

① 哈尔滨日报［N］．2003－10－14．转引自：周厚中．环境保护的博弈［M］．北京：中国环境科学出版社，2007：42．

在现代社会中，最直接、最容易被人所感受到的环境污染是环境质量的下降，影响人类的生活质量、身体健康和生产活动。例如，城市的空气污染造成空气污浊，人们的发病率上升等；水污染造成水环境质量的恶化，饮用水源的质量普遍下降，威胁人类的身体健康，引起胎儿早产或畸形。

2. 风险是一种概率吗

风险具有两个基本特征：不确定性和可能的后果。不确定性表明某个事件在未来可能发生的概率；传统的安全风险评估一般通过流行病学中的前瞻性队列研究和（或）相关流行病学综合分析来进行。然而，不确定因素（如客观层面上模型不确定、受试对象选择不确定等；主观层面上研究人员认识不全面等）均贯穿于风险预测整个过程，直接或间接地导致结果的不准确性。① 后果则包括有利后果和不利后果，如果发生不利后果则意味着风险已经变成了现实的“事件”。较早进行风险研究的领域有保险、技术科学和医学等，这些学科对风险的兴趣源于消除各领域内部不确定事件带来的不利影响的努力。一种重要的特征是都将风险看成一种客观存在，认为风险是“事件的损害乘以事件发生的概率”。在一定条件下依照统计学的方法，风险事件发生的不确定性可以以概率的形式呈现，根据计算的概率值来评估某事件是否应该发生，是否应尽可能避免。这些学科认为，风险事件的发生概率可以通过理性、客观的方法精确计算，不因人而异。但是，现实生活中经常面临的风险事件往往是新的、一次性的，而且一旦发生，会产生不可逆的、不可挽回的损失，此时，“统计—概率”的风险计算模式将失去作用。而且，这种方法也无法准确地预测公众面临风险事件时的反应。尤其是风险不可逆时，公众变得不愿意接受任何风险，无论风险发生的概率有多小。②

吉登斯在其《失控的世界》中将风险分为两类：一是“外部风险”，即来自外部，由传统和自然的不变性质所带来的风险，比如瘟疫、自然灾害；二是“被制造出来的风险”，即由人类发明的科学知识所造成的风险，既涉及宏观层面的大灾难，如核泄漏、全球变暖、生态危机，也涉及个体层面的

---

① 谭森，许金禅，何爱桃，贺栋梁，让蔚清．湖南省某市居民经大米途径镉暴露的风险概率评估［J］．中华疾病控制杂志，2014（8）．

② 范华斌．环境健康风险的公众感知［M］．北京：经济科学出版社，2014：5~6．

威胁，如食品安全。随着社会的发展，风险重心逐渐由“外部风险”向“被制造出来的风险”转移，而这种风险越来越变得不可计算，人们完全不知道“被制造出来的风险”的大小和程度，而且会产生意外的后果。没有人能够说清楚切尔诺贝利核电站事故的长期后果。[①] 因此，在环境领域，一些在专家看来是微不足道的风险却引发了公众的激烈反应，如近几年来发生的厦门、大连、宁波和昆明等地的“PX 事件”。许多专家，包括院士们都出来解释，说 PX 实际上发生风险的概率极小，而且毒性不强云云，甚至有专家说韩国和新加坡等国家的 PX 项目距离城市非常近等。但是，公众的反应和认知却并非遵循上述的概率统计模式，而且，出于对专家的不信任以及现有化工行业管理方式的落后等原因，公众无法相信政府或专家的说法。例如，厦门 PX 项目自从搬到漳州古雷半岛之后，一直成为环保部门和安全部门以及工业主管部门推送的安全生产和风险极小的项目的样板和模范，并组织许多行业人士和公众去参观。然而，2015 年 4 月发生的爆炸事件，却粉碎了这些美誉。

3. 风险的社会放大

公众对风险的反应既是社会学的研究范畴，其中关于风险的感知又与心理学尤其是社会心理学密切相关。有学者从风险感知的心理测量范式和文化理念来研究公众关于风险感知的一般动态，但是不能比较全面、成功地解释许多实证研究成果。为此，有学者借鉴文化理论和心理测量范式的实证研究成果，借用传播学关于“信号”和“放大”的概念，试图建构一个综合性的公众风险感知解释框架，即风险的社会放大理论。该理论首先基于一个假设：如果人类将他观察到并传播给他人，那么可能包括实际或假设的意外和事故的“风险事件”的影响力在很大程度上是无关紧要的，或是非常局部化的。风险、风险事件以及两者的特点都通过各种各样的风险信号（形象、信号和符号）被刻画出来；这些风险信号反过来又以强化或弱化的对风险及其可控性的认知方式与范围广泛的一系列心理的、社会的、制度的，或者文化的过程相互作用。风险信号的传递过程，也是个体、组织等信息接收者的风险信

① ［英］安东尼·吉登斯．失控的世界［M］．周红云，译．南昌：江西人民出版社，2001：22～25.

息解读过程，解读中会产生风险的社会放大或弱化现象。[①]

在众多学者的研究中，大众传媒是社会风险的信息放大站之一。贝克就认为，传媒对公众的风险选择、认知有框定作用，同时也促进了公众风险意识的发展。但是，一些研究者也发现，公众对于风险的接受并非一个单向维度的过程，而是存在一个公众对于传媒带来的风险信息的解码和思考的过程，其中包含了公众对于风险信息的分析和判断，从而决定是否接受。因此，信息和公众之间存在一种互动关系，尤其在不同媒介提供的信息相互矛盾时更是如此。[②]

（二）环境健康风险的认知

1. 公众与专家的风险认知

近年来，环境污染、生态破坏等环境案件频发，从而对公众的健康产生了许多负面的影响，例如日本的水俣病。中国因环境污染导致疾病高发的例子也屡见不鲜，如媒体广泛报道的淮河最大支流沙颍河沿岸因地下水受到严重污染，出现多个“癌症高发村”；盐城某个村庄因饮用水和空气受到严重化工污染，村庄已经成为远近闻名的“癌症村”。此外，还有近年来陕西凤翔的“血铅事件”，云南阳宗海“砷污染事件”。这些事件表明我国环境健康风险之高，环境污染引起的健康受损问题也引起了社会公众的密切关注。[③]

传统的理论认为，专家以其专业知识和科学方法对于风险的评估优于公众的风险认知。科学知识具有客观性和优越性，只要不受政策、价值观和意识形态的影响，科学知识就能产生最佳方案。贝克在其名著《风险社会》中就认为，当今社会是一个风险社会，人们生活在一个危险既不能看到也不能追踪的环境中，在风险认识上必然形成专家依赖。专家总是倾向于从科学知识的角度出发来分析和认识风险，但实际上的研究却并非如此简单，专家在解读风险时也存在认知上的偏见，不可能完全做到科学、客观。[④]

然而，普通民众对环境污染与疾病之间的关系，即环境健康风险的认知

---

① “放大”一词来源于传播理论，在此既包括风险信号的强化，也包括风险信号被弱化的情形。

② 范华斌．环境健康风险的公众感知［M］．北京：经济科学出版社，2014：78.

③ 陈阿江，程鹏立．村民是如何化解环境健康风险的？［J］．南京农业大学学报（社会科学版）2011（2）.

④ 范华斌．环境健康风险的公众感知［M］．北京：经济科学出版社，2014：16～18.

却十分困难。公众一般从自身生活经验或体验的视角来认识和解读风险，当风险扰乱或威胁到正常的生活秩序时，他们认为风险存在，当风险具有隐蔽性或还没有显示出其破坏正常生活效应时，他们就没有意识到或有意忽视风险的存在。[①] 有观点认为，生存环境受到污染的公众是否起来抗争，要看公众对污染的认知是否明确。这些认知包括污染源、自身的健康状况及其演变、污染与健康之间的关联等。[②]

从科学的立场来看，公众的认知逻辑是有缺陷和不理性的。然而，公众的认知也具有其生活理性的合理性，公众对于风险的后果的严重性程度，通常以自身日常的生活体验为基准进行主观判断，所谓科学知识似乎并不发挥作用。[③] 一方面，公众难以获得专业的知识；另一方面，公众对于专业知识的理解存在困难，进而产生对于专家和风险管理者的不信任，从更深层次上而言，是对风险管理制度的不信任。[④] 一般公众的风险防范意识薄弱，所采用的防范方式均来自其他风险经验。应对通常有三种方式：被动接受、消极回避和抗争。公众对于风险的被动接受和消极回避很大程度上是由于普通公众的弱势地位，在风险应对方面的举证困难，而且公众的总体风险意识的落后以及对风险管理者和专家的不信任。

2. 环境健康风险的认知与行为

环境健康风险的认知包括三个方面：污染的认知、疾病的认知、污染与疾病关系的认知。[⑤] 其中，最难的是污染与疾病关系的认知，环境健康风险认知的困难，既有科学技术水平局限的因素，也有社会结构和制度安排方面的原因。[⑥] 无论是生物医学、流行病学研究，环境与健康关系研究存在很大的困难和挑战，而且受到多因素的影响，认定环境与健康之间的因果关系争议非常大，难以获得令人满意的结果。例如，2005 年，由中国疾病预防控制中心牵头，有中国医学科学院、协和医科大学等大学和科研机构参加的“淮

---

① 范华斌．环境健康风险的公众感知［M］．北京：经济科学出版社，2014：63～64.

② 朱海忠．环境污染与农民环境抗争［M］．北京：社会科学文献出版社，2013：169～170.

③ 范华斌．环境健康风险的公众感知［M］．北京：经济科学出版社，2014：78.

④ 范华斌．环境健康风险的公众感知［M］．北京：经济科学出版社，2014：97～99.

⑤ 程鹏立．富裕的“癌症村”［A］//陈阿江，等．“癌症村”调查［M］．北京：中国社会科学文献出版社，2013：85.

⑥ 陈阿江，等．“癌症村”调查［M］．北京：中国社会科学文献出版社，2013：200～201.

河流域重点地区恶性肿瘤调查项目”启动。该项目试图回答“关注地区肿瘤是否高发、肿瘤发生是否与淮河流域水污染有关这两个问题”。[①] 直到通过近五年的工作，淮河流域及沿线居民的肿瘤发生与当地污染的相关性才得到基本证实。20 世纪 90 年代，美国国家癌症研究所与中国预防医学科学院联合发表了暴露在苯中的中国工人对象的一系列持续研究，证明了暴露于苯的情形以及白血病、淋巴瘤、骨髓增生异常综合症和再生障碍性贫血的剂量反应。[②] 现在，很多行业尤其是用苯做溶剂的行业大多已经用其他溶剂来替代苯，但是，汽油中仍然含有少量的苯，仍然会使得公众承受不必要的风险，但却未引起公众和有关当局的高度重视。

那么，作为非专业的普通公众，依靠什么来认识疾病与污染的关系？许多社会学的研究人员认为，普通公众主要是通过日常生活经验来建立疾病与污染的逻辑关系。比如，污染地区的村民认为自家受污染的稻田种的稻米有毒，如果经济条件较好，则选择不吃自家种的大米，或者将自家种的大米卖出去，再买进外地产的大米。有毒的大米流入市场，形成了风险扩散，由社会“平均”承担风险。然而，如果社会成员都如此行为，则所谓的“外地”的大米一定就安全吗？

从历史上来看，关于环境健康风险的认知也是一个逐渐认知的过程，很多物质如石棉、铅、氯氟烃等一度被认为是无害的，现在则被认为是重污染物质。英国工业革命发生后，煤炭的燃烧量急剧增长，长期以来，煤炭燃烧也被认为是无害的。到了 19 世纪中叶，煤烟弥漫在英国的很多城市，然而，几乎没有人认为其对人体健康有害，或对环境有害。当时的人们认为，污染主要产生于自然生物过程，如瘴气、沼泽、丛林、墓地污水坑等地方由于腐烂的物质很多，就成了污染最严重的地方。甚至很多人认为煤烟不但无害，而且能够防治瘴气的污染，是强效消毒剂。[③] 即使是煤烟的批评者也认为，

---

① “中国疾病预防控制中心承担淮河流域重点地区恶性肿瘤流行病学调查工作任务”，2005 年 8 月 19 日［OL］. http：//www/chinacdc. cn/zxdt/200508/t20050819_ 30963. htm. 转引自：陈阿江，等．“癌症村”调查［M］. 北京：中国社会科学文献出版社，2013：14.

② ［丹］波尔·哈勒莫斯．疏于防范的教训：百年环境问题警世通则［M］. 北京师范大学环境史研究中心，译．北京：中国环境科学出版社，2012：64～86.

③ ［美］索尔谢姆．发明污染：工业革命以来的煤、烟与文化［M］. 启蒙编译所，译．上海：上海社会科学院出版社，2012：2.

减少煤烟可能会增加传染病的流行。① 经过科学家和医生长期的跟踪调查发现焦炭工人的慢性健康问题非常突出，而且这些工人患癌症的比例也比较高。水俣病于20世纪50年代首先出现在日本熊本县的水俣湾，刚开始出现时找不到病因，被称为“怪病”，随后，研究者们经过长期的研究，终于确认了是由于当地的CHISSO氮肥公司在生产乙醛过程中，将副产品甲基汞化合物排入水俣湾海域。甲基汞被鱼虾贝类海鲜食品吸收，并产生生物富集作用，又由人类食用有毒海鲜进入人体，造成人体的神经系统和大脑的损害，污染和水俣病之间的因果关系已经非常清楚。但是，在进行公害病的受害者补偿的认定过程中，仍然有3/4的人没有得到认定，存在技术认定困难和法律证据有效性困难。②

风险的认知对人们的行为具有重要的影响。风险包括两个不同的方面：不确定性和后果的严重程度。相应的，也就存在两种潜在的行为模式来降低风险，即降低不确定的行为和降低后果严重程度的行为，公众感受到的风险越高，人们越倾向于采取降低风险的应对措施。例如，在我国汶川地震中，地震具有突发性强、破坏性大、尚无明确的预防和控制措施等特征。地震本身影响着人们的风险感知，并导致人们处在一系列情感和心理反应，如恐惧、无助、哀伤、焦虑、消沉、失去信心等状态中，随即导致大量应对行为的产生，专家们收集大量关于地震的信息，公众住到帐篷里躲避地震伤害等，促使人们采取行动解决问题或减缓这种状态。③

在社会公众对环境健康风险认知的研究中，研究人们在环境健康风险发生时的心理活动及行为方式，有助于提高社会整体应对社会风险的能力，更好地发挥应急管理机制的作用。在技术层面上，建立生物体中的有毒有害物质的快速筛查测定技术，调查人体内脂肪中有毒有害物质的蓄积水平，了解主要的蓄积污染物品种，分析其健康效应，对于我国加强环境中有毒有害污染物的监控，控制有害环境因素及其健康影响，提高人们的生活质量和健康

---

① ［美］索尔谢姆．发明污染：工业革命以来的煤、烟与文化［M］．启蒙编译所，译．上海：上海社会科学院出版社，2012：18～19.

② 陈阿江，等．“癌症村”调查［M］．北京：中国社会科学文献出版社，2013：19～20.

③ 李华强，范春梅，贾建民，王顺洪，郝辽钢．突发性灾害中的公众风险感知与应急管理——以5.12汶川地震为例［J］．管理世界，2009（6）：52～60.

水平，保障民族的生存和长远发展具有重要的现实意义。[1]

二、环境健康风险评价制度

（一）环境健康风险评价

健康风险评价是在20世纪80年代发展起来的，其目的是建立人体健康与环境污染的关系，应用健康风险评价模型，定量分析各种环境污染物对人体健康造成的危害及其发生概率。当前，健康风险评价主要以美国国家科学院和美国环境保护署的研究为依据。[2]

环境健康风险评价是把环境污染与人体健康联系起来的一种评价方法，通过估算有害因子对人体产生不良影响的概率，以评价暴露于该因子下人体健康所受的影响。环境健康风险评价以风险度作为评价指标，定量地描述污染物对人体产生的健康危害，是环境风险评价的重要组成部分。[3] 环境健康风险评价也可以应用于在重大环境决策或规划的出台、重大项目的审批和实施之前，对可能影响人民群众身心健康的因素进行调查、分析、预测和评估，制定出风险应对的策略和预案。[4]

环境健康风险评价的法律依据主要有《环境保护法》第39条“国家建立、健全环境与健康监测、调查和风险评估制度；鼓励和组织开展环境质量对公众健康影响的研究，采取措施预防和控制与环境污染有关的疾病”。《大气污染防治法》第78条规定，“国务院环境保护主管部门应当会同国务院卫生行政部门，根据大气污染物对公众健康和生态环境的危害和影响程度，公布有毒有害大气污染物名录，实行风险管理。排放前款规定名录中所列有毒有害大气污染物的企业事业单位，应当按照国家有关规定建设环境风险预警体系，对排放口和周边环境进行定期监测，评估环境风险，排查环境安全隐

---

① 石利利，蔡道基，庞国芳．有毒有害化学品在体脂中的蓄积及健康风险分析［M］．北京：中国环境出版社，2014：17.

② 倪彬，王洪波，李旭东，梁剑．湖泊饮用水源地水环境健康风险评价［J］．环境科学研究，2010（1）：74～79.

③ 于云江．环境污染的健康风险评估与管理技术［M］．北京：中国环境科学出版社，2011：91.

④ 朱海忠．环境污染与农民环境抗争［M］．北京：社会科学文献出版社，2013：256.

患，并采取有效措施防范环境风险”。

环境健康风险评价不仅能定量地描述特定环境因素的风险，还能用于那些没有或仅有有限的常规健康资料的地区，如健康风险评价方法能够把较大区域研究得到的空气质量与人类健康影响的关系量化并应用于这些地区。另外，决策者可能会面临一些新的环境问题或遇到新的环境化学物质。对于这些问题或化学物质，并没有流行病学资料，也没有足够的毒理学研究资料。因此，需要建立一些方法，使人们能够在有限的，但是很关键的科学信息的情况下准确地预测风险。健康风险评价能够把适当的流行病学、毒理学和体外研究的资料结合起来预测或评价风险。①

（二）环境健康风险评价的发展历程

1. 萌芽阶段

20 世纪 30 年代是健康风险评价的萌芽阶段，此阶段主要采用毒物鉴定法进行健康影响的定性分析。20 世纪 50 年代，提出了健康风险评价的安全系数法，即用动物实验求得未观察到效应的剂量水平或未观察到有害效应的剂量水平，将这个值除以安全系数，用于估计人的可接受摄入量。

2. 形成阶段

20 世纪 70 ~ 80 年代为健康风险评价研究的高峰期，基本形成了较完整的评价体系。其中以美国为代表，取得了丰富的成果。1983 年，美国国家科学院出版的《联邦政府的风险评价：管理程序》，是健康风险评价的经典著作。② 该书将健康风险评价概括为四个步骤：危害识别、剂量—反应评估、暴露评价以及风险表征，并对各部分作出了明确的定义。该法被荷兰、法国、日本等国家和组织采用。

3. 发展阶段

20 世纪 90 年代以来，人们逐渐认识到人为地将健康风险和生态风险分隔开进行评价的局限性，开始探讨并提出健康和生态综合评价方案。世界卫

① 于云江，等. 环境污染与健康特征识别技术与评估方法［M］. 北京：科学出版社，2014：16.

② 于云江. 环境污染的健康风险评估与管理技术［M］. 北京：中国环境科学出版社，2011：92.

生组织把综合风险评价定义为“对人体、生物种群和自然资源的风险进行估计的一种科学方法”。2001 年，该组织制定健康和生态风险综合评价框架，提出综合评价健康和生态风险的建议和方法。

我国的风险评价研究起步于 20 世纪 80 年代，而健康风险评价研究开始于 90 年代。1997 年，国家科学技术委员会将“燃煤大气污染对健康危害研究”列入国家攻关计划。2001 年，卫生部起草了《环境污染健康影响评价规范（试行）》，初步提出了环境健康危害评价工作的程序。评价方法包括健康危害评价方法和健康危险度评价方法。对于已知人群健康异常和已知环境污染的情况采用健康危害评价方法。该方法包括四个步骤：现场初步调查、健康效应评价、暴露评价、病因推断及因果关系判断。对于环境潜在污染建议采用健康危险度评价方法，采用国际上比较成熟的健康危险评价体系，将外源性有害化学物质分为有阈化合物和无阈化合物。但是，由于这些评价的技术方法缺少相关的技术标准和具体程序，可操作性不够，至今未能得到广泛推广。

（三）健康风险评价的模式

目前，环境健康风险评价的模式很多，但较多采用的是美国国家科学院提出的“四步法”。该方法广泛用于空气、水、土壤等环境介质中，具体包括以下四个步骤：（1）危害识别。危害识别是鉴定风险源的性质和强度。通常采用证据加权法，即为某一特定目的对某一化学物质进行科学的定性评估。其前提是需要收集大量的资料，包括污染物的物理化学性质、病例收集、毒理学和药物代谢动力学性质、短期试验、长期动物试验研究，人体对该物质暴露路径和方式及其在人体内新陈代谢作用等方面的资料。此外，还采用流行病学调查方法等。（2）剂量—反应评估。它是环境健康风险评估的重要部分，目的是评价某物质的剂量和人类不良健康效应之间的关系，以求得某化学物的剂量（浓度）与主要特定健康效应的定量关系，对有害因子暴露水平与暴露人群健康效应发生率间的关系进行定量估算，用于风险评估。（3）暴露评价。其评价内容包括暴露方式（接触途径、媒介物）、强度、实际或预期的暴露期限和暴露剂量，可能暴露于特定不良环境因素的人数等，主要目的是定量或定性估计或计算暴露量、暴露频率、暴露时间和暴露方式等。

(4) 风险表征。利用前三个阶段所获取的数据，估算不同条件下，可能产生的健康危害的强度或某种健康效应发生概率的过程。主要包括两方面的内容：一是对有害因子的风险大小作出定量估算和表达；二是对评定结果的解释及对评价过程的讨论，特别是对前面的三个阶段评定中存在的不确定性作出评估，即对风险评价结果本身的风险作出评价。

健康危险度评价（health risk assessment，HRA）用于判断环境污染与健康损害之间的关系，其主要是收集和利用科学可靠、设计合理的毒理学、流行病学及其他实验研究的最新成果，遵循严格的评价准则和毒性鉴定、暴露评价、剂量—反应关系评价、危险度分析等一定的技术路线，定量地推算出被研究毒物在人类环境中的可接受水平（浓度），作为环境质量标准的科学基础。健康危险评价侧重于对现有资料的分析和专家判断。[①] 相对危险度（relative risk）以“RR”值来表示，当 RR 等于 1.0 时，说明暴露对健康损害结果无影响；当 RR 值达到 2.0 时，说明暴露较非暴露更容易产生健康损害后果；当 RR 值超过 2.0 时，可以得出暴露比非暴露更能造成损害结果的一种趋势结论。[②]

（四）环境健康风险评价存在的问题

目前，地方环境和卫生机构没有足够的财力和技术资源来实施环境健康风险评估工作，大部分地方疾病预防控制中心和环境保护主管部门缺乏必要的专业知识和设备开展环境健康风险评估。更为关键的是，由于部门时间的隔阂，环保部门和健康部门之间甚少进行沟通和交流，也很少进行信息共享。

我国的环境影响评价制度并没有考虑到建设项目所造成环境后果是否会给周围的居民带来健康风险。吕忠梅教授曾经就国内“血铅”事件的频发而发表评论，认为是与我国大多数项目没有做“以人群健康为中心”的环境健康风险评价有很大的关系。因此，必须在建设项目的环境影响评价中，引入健康风险评价方法，建立环境健康标准体系、环境健康风险的科学评价与预测预警体制、环境健康风险评价与风险预防的协调机制，以及环境健康监管

① 左玉辉，等. 环境学原理 [M]. 北京：科学出版社，2010：129～132.

② 于云江，等. 环境污染与健康特征识别技术与评估方法 [M]. 北京：科学出版社，2014：67.

的部门协调机制。[①]

对于风险管理机构和管理者而言，他们要承担三个方面的职责，一是维护辖区范围内公众的生命健康和正常的生活秩序，监督辖区内企业履行环境保护的义务。二是维护社会秩序的稳定，这是中央到各级地方政府的基本任务。环境监管机构作为政府部门，会受到这个任务的约束，特别是在“一票否决”制的背景下，风险管理人员的晋升会受到环境管理不力的影响，甚至被免职。因此，在风险管理中避免公众和风险源（企业）之间发生激烈的冲突成为风险管理机构的延伸职责。三是为经济发展创造良好的社会环境。有义务为企业的发展营造良好的氛围也成为风险管理机构的另一延伸职责。

在政府及相关部门难于在短期内消除因污染导致的健康风险时，普通公众尝试通过消除污染源、迁离污染源、改变水源、改变食物来源等办法来规避健康风险。在健康风险应对过程中，经济因素影响其环境行动的强度及策略，也衍生其他社会行动。[②] 然而，普通公众即使尽最大可能来化解环境健康风险，仍然存在科学与盲区并存，不能得到根本解决，公众不具有可靠的信息来源，而且缺乏专业知识，对于繁杂的信息缺乏正确的判断和认知，导致公众不能完全有效地、科学地应对环境健康风险。根本的措施还在于政府实施有效的环境治理，加强宣传教育，提高公众对环境健康风险的认知能力。[③]

三、环境健康风险的预防与预警机制

（一）环境风险防范的预防原则

预防原则作为公共政策的一条总原则，要求决策者在尚未获得有力证据之前采取减少潜在危害的预警行动，并考虑作为和不作为的可能成本和收益。要考虑如何对待科学的不确定性、无知和决策。[④] 其中，“无知”要区分决策

① 吕忠梅．根治血铅顽疾回归法治［N］，南方周末，2011－05－26（9～10）．

② 陈阿江，等．“癌症村”调查［M］．北京：中国社会科学文献出版社，2013，8：170．

③ 陈阿江，等．“癌症村”调查［M］．北京：中国社会科学文献出版社，2013，8：211．

④ ［丹］波尔·哈勒莫斯．疏于防范的教训：百年环境问题警世通则［M］．北京师范大学环境史研究中心，译．北京：中国环境科学出版社，2012：6～10．

者无知和社会无知两种状况。决策者无知又被称为是“制度无知”，指与决策者相关的信息可能仍存在于社会中，但无法供决策者利用，其补救方式是形成一系列规定来实现更有效的沟通和社会学习。而“社会无知”则比较难以解决，其中可能包括科学研究，以及在决策和技术选择方面培养更高的多样性、适应性和灵活性。

任何一种新物质的利用都有可能带来不确定的风险，例如甲基叔丁基醚作为替代铅的发动机抗爆剂具有良好的传输和混合性能。甲基叔丁基醚的大量使用，所谓的无铅汽油确实减少了大气中的铅污染。但是，美国的科学家经过研究，认为使用甲基叔丁基醚的地方的儿童哮喘病的发病率明显增加。因此，从预防原则出发，采用甲基叔丁基醚替代铅是一个较优选择，但是，使用甲基叔丁基醚仍然会造成不可逆的不良环境影响。又如三丁基锡防污剂的使用也明显地体现了科学的不确定性和风险预防的理念。三丁基锡对革兰氏菌有杀灭作用，常用于木材的防腐杀菌剂、消毒剂，作为海洋船舶的船体的防污涂料，为了防止免受海洋生物的侵蚀，在船体刷漆时要加入三丁基锡。但是，随着研究的深入和一些现象的发现，三丁基锡作为干扰类类固醇激素代谢导致了海洋腹足软体动物性畸变。而且，有研究还表明，三丁基锡会在处于食物链顶端的哺乳类动物体内的三丁基锡蓄积，可能严重影响其免疫系统。

为了更好地防控环境健康风险的发生，1992 年联合国环境与发展大会通过了《里约宣言》，提倡适用环境风险预防原则。《里约宣言》第 15 项规定：“为了保护环境，各国应按照本国的能力，广泛适用预防措施。遇有严重或不可逆转损害的威胁时，不得以缺乏科学、充分、确实的证据为理由，延迟采取符合成本效益的措施防止环境恶化。”从这个表述上看，风险预防原则的启动需要三要素，缺一不可：（1）环境中总是隐藏着严重或不可逆转的风险；（2）对于风险的大小、风险的暴发时间和范围缺乏充分的科学证据；（3）应当采取防止环境恶化的未然性防范措施。也就是说，对于潜在的环境风险，即使是对其仍没有科学确定性，决策者也要采取相应的防范措施。①

---

① 孟根巴根．探析环境风险预防原则在我国的适用［J］．求是学刊，2012（2）．

（二）环境健康风险防范的预警机制

风险预警以一定的信息作为基础，并对信息进行分析、推断与转化，输出具有警示性的信息以及相关的对策建议信息，作为一种主动性的风险管理手段，风险预警的最终目的是预防和控制风险。[①] 但是，早期预警机制存在着“确定的科学证据”的稀缺与科学的不确定性的权衡，并考虑是否需要信息的透明和公众的广泛参与。早在1986年第一例疯牛病在英国发现后，英国农渔食品部的一些兽医官员就认识到疯牛病可能会对人类带来威胁，当时的英国政府认为采取任何管制性措施，甚至任何承认使用英国牛肉、牛奶以及奶制品会危害健康的做法，都会动摇英国国内及国际上对英国牛肉安全的信心，从而重创英国肉类工业。即使是信息公开，也可能使得国内消费者以及潜在的英国牛肉进口商对这种新的致命性动物传染病产生警觉。为此，在疯牛病发现的头20个月里，英国的有关决策者并未采取任何行动，并掩盖信息。而且官方决策者在面对非常多的证据证明传染给人类的风险极高的时候，仍然向大众传达英国的牛肉和乳制品不会威胁人类健康的信息。

此外，如果缺乏预警机制，仅运用末端治理路径很可能并不能真正解决问题，并且会带来另外一些不容易觉察的风险。例如，20世纪50年代，欧洲许多国家增加了烟囱的高度，并改用无烟燃料，有效地减少了硫排放和城市空气污染导致的呼吸道疾病。然而，更高的烟囱并不能使空气更清洁，只能使污染物扩散到更大的范围。污染气体的远距离传播，造成大面积的酸雨和酸沉降现象，从而导致了其他脆弱地区的污染问题的加剧。

因此，科学的不确定性不只是一件可以由科学机构代表公共决策部门来自主解决、定义或以其他方式解释，然后呈报给后者审查的私事，决策和监管一开始就应把多种利益相关者吸纳进来，并在最初评估与权衡各种技术和社会选项的阶段，考虑他们的价值取向和利益。如是，可以增加决策者的信息量，并提高公众对社会控制危害能力的信任。

---

① 毕军，曲常胜，黄蕾，中国环境风险预警现状及发展趋势[J]．环境监控与预警，2009(10)．

四、环境健康风险评价制度的应用

（一）健康损害的识别

在环境污染与健康管理的研究中，环境污染和健康特征的识别和评估已日益成为人们关注的难点和要点。许多管理者和科学家都在积极探索有效的技术手段，应用于环境与健康事件的甄别和处理。

自20世纪70年代以来，我国制定了相对比较齐全的环境标准体系，为环境与健康特征的识别与评估管理提供法律法规和技术基础。20世纪80年代，国家环保系统开始开展以砷、镉、铅、氟和铬为代表的环境污染导致健康损害的研究以及淮河、白河流域“癌症村”的研究。2006年，原国家环保总局启动了汞、镉、砷、氟、铅等六个环境污染导致健康损害判断标准的制定工作，这是我国首次针对因工业废弃物产生的环境污染引发的污染区域内居民长期、低剂量暴露造成体内毒物蓄积所导致的健康损害开展的系统性研究，并先后起草了《公害病认定与赔偿办法》《急性环境污染事件健康危害应急办法》《环境镉污染所致慢性镉中毒症的诊断标准》《环境砷污染所致慢性砷中毒症的诊断标准》《环境氟污染所致慢性氟中毒症的诊断标准》等征求意见稿。针对我国重点环境污染物，卫生部门相继发布了《水体污染慢性甲基汞中毒诊断标准及处理原则》（GB6989－1986）、《环境镉污染健康危害区判定标准》（GB/T17221－1998）、《环境砷污染致居民慢性砷中毒病区判定标准》（WS/T183－1999）等，尤其是砷的判定标准，从调查地区和人群的选择、环境砷污染的测量、人群生物材料中砷的测量、人群健康的测量、个体病例的诊断、慢性砷中毒病区的判定等方面都给出了详细的说明。但是，我国在应对环境污染引发的健康不良影响的防范和救治等问题上，还存在诸多问题和挑战，急需建立一套有效的环境与健康管理体系和机制来加以应对。[①]

（二）人群健康状况评估

传统的健康评价，一般有平均预期寿命、孕产妇死亡率和婴儿死亡率三

---

① 于云江，等．环境污染与健康特征识别技术与评估方法［M］．北京：科学出版社，2014：6～7．

项指标。李日邦等（2004）根据多年的研究提出，用“健康指数”来表述我国人群当前的健康状况，即选择与健康有关的多项指标，建立指标体系，通过指标值的无量纲化处理，综合求得“健康指数”。根据健康指数的大小来显示各地人群健康状况的优劣，还可据此分析各省（直辖市、自治区）“健康指数”的区域差异。① 于云江等（2014）采用“健康指数”法来评价污染典型区域的人群的健康状况，在前人研究的基础上，建立区域环境污染的健康影响评估指标体系，进而评估区域的环境污染的健康影响状况。通过综合计算众多与影响区域人群健康有关的指标值而得出的区域人群健康指数基本上能反映一个地区环境污染的居民健康影响状况，健康指数越大，表明该地区人群的健康状况越好，环境污染的健康影响越小。②

目前，国内各类环境污染问题层出不穷，对人群造成的健康影响也日益显现。环境健康工作的主要任务就是揭示环境因素对人群健康影响的发生、发展规律，以识别、评价、控制环境危险因素对健康的影响及环境相关性疾病的发生，开展环境健康对人群健康状况的评估，对保障公众健康、促进社会与经济协调发展具有重要意义。为了更好地推动我国环境健康风险评估工作的全面开展，对人群健康状况进行评估，能最大限度地保护公众健康，有效地降低环境污染对人群造成的健康风险。③

（三）化学品的风险管理

美国政府对于有毒化学品的管理主要是依据《有毒物质控制法案》《联邦杀虫剂、杀菌剂、灭鼠剂法案》等法律的规定，关于有毒化学品的信息公开，则主要是依据《紧急计划和社区知情权法》编制的排放毒性化学品目录，该目录提供了环境管制的信息渠道，并要求联邦和州政府建立委员会对化学品释放的紧急事件反应作出计划，还要求工业企业向当地和州紧急计划委员会公开报告几百种有毒化学品的使用和排放情况，同时向美国环境保护

① 李日邦，王五一，等．中国国民的健康指数及其区域差异［J］．人文地理，2004（3）：23～25．

② 于云江，等．环境污染与健康特征识别技术与评估方法［M］．北京：科学出版社，2014：59～64．

③ 李湉湉．环境健康风险评估概述及其在我国应用的展望［J］．环境与健康，2015，32（3）．

署作这些化学物质排放总量的年度报告。①《有毒物质控制法案》提出了有毒化学品的综合管理和治理机制，要求工厂在大规模生产新型化学品前需要进行毒性评估，并在环保局备案。《联邦杀虫剂、杀菌剂、灭鼠剂法案》则是专门针对杀虫剂等更为严重的化学品的规制，这些物质具有生物活性，且应用于粮食生产将会给人类和生态环境带来更为严重的威胁，法案规定所有杀虫剂与除草剂均要进行检测经过批准才能使用。

欧盟关于化学物质注册、评估和授权指令（以下简称 REACH 指令）和关于禁止有毒有害物质指令（以下简称 ROHS 指令）的颁布再次将企业化学物质风险管理提到显著地位。欧盟于 2012 年之前完成所有相关化学品的注册、评估和许可，对于1981 年9 月前投放市场的“现有物质”和之后投放市场的“新物质”产品和进口量超过 1 吨的必须注册，超过 100 吨的要评估，毒性大的要获得授权。欧盟 REACH 指令将人类长期以来认为的“一种化学物质，只要没有证据表明是危险的，那么也是安全的”定论，变成“必须自己证明使用的化学物质是安全的”。欧盟 REACH 指令框架下对包括 CMR1 & 2（第 1/2 类致癌、致诱变、致生殖毒性物质）、PBT（持久性、生物累积性、毒性物质）、vPvB（高持久性、生物累积性物质）和其他对人体或环境产生不可逆影响的物质，如内分泌干扰物质，要求高度关注。②

在众多化学品中，持久性有机污染物（Persistent Organic Pollutants，POPs）因其具有持久性、生物累积性和致癌、致畸、致突变效应，是对人类生存威胁最大的一类污染物，对区域生态环境系统和人体健康产生长期、潜在和深远的影响的毒性危害，并造成一系列不利的社会和经济影响。国际社会为了控制持久性有机污染物签署了《关于持久性有机污染物的斯德哥尔摩公约》，该公约要求缔约国应禁止和采取必要的法律和行政措施，消除附件 A 所列化学品的生产、使用、进出口；按照规定限制附件 B 所列化学品的生产和使用；采取切实有效的措施减少附件 C 化学品的排放量或消除排放源。

---

① 卢洪友，等．外国环境公共治理：理论、制度与模式［M］．北京：中国社会科学出版社，2014：70～71.

② 环境保护部宣传教育中心．环境保护基础教程［M］．北京：中国环境出版社，2014：526～528.

表7－1　《关于持久性有机污染物的斯德哥尔摩公约》附件A、B、C受控物质清单

	附件A	附件B	附件C
公约首次确定	艾氏剂、氯丹、狄氏剂、异狄氏剂、七氯、六氯苯、灭蚁灵、毒杀芬、多氯联苯	滴滴涕（DDT）	多氯二苯并对二噁英和多氯二苯并呋喃，多氯联苯、六氯苯
第一次增列	α-六氯环己烷、β-六氯环己烷、十氯酮、六溴联苯、六溴二苯醚和七溴二苯醚、林丹、五氯苯、四溴二苯醚和五溴二苯醚、全氟辛基磺酰氟	—	五氯苯
第二次增列	硫丹及其衍生物	—	—

2007年，我国批准了《中华人民共和国履行〈关于持久性有机污染物的斯德哥尔摩公约〉国家实施计划》。该国际公约列有23种持久性有机污染物，为了履行该计划，我国制定了《全国主要行业持久性有机污染物防治“十二五”规划》。该规划要求，通过完善管理体系，加强科技研发等措施，加强对园区内纳入规划的相关行业和重点企业加强持久性有机污染物污染的监督管理，实施二噁英减排治理工程，加大环境影响评价制度和清洁生产审核制度的实施力度，削减和控制重点行业二噁英污染排放。加强重点行业监督管理，通过优化产业结构、淘汰落后产能、实施二噁英减排技改工程，有效降低单位产能二噁英排放强度，充分发挥二噁英污染防治与常规污染物削减控制的协同性。2010年，环保部等九部门联合发布了《关于加强二噁英污染防治的指导意见》。2014年3月26日，环境保护部联合11个部委发布了“《关于持久性有机污染物的斯德哥尔摩公约》新增列九种持久性有机污染物的《关于附件A、附件B和附件C修正案》和新增列硫丹的《关于附件A的修正案》生效的公告”。2016年1月1日开始生效的新修订的《大气污染防治法》第79条规定，“向大气排放持久性有机污染物的企业事业单位和其他生产经营者以及废弃物焚烧设施的运营单位，应当按照国家有关规定，采取有利于减少持久性有机污染物排放的技术方法和工艺，配备有效的净化装置，实现达标排放”。

我国现有生产使用记录的化学物质4万多种，其中3000余种已列入当前的《危险化学品名录》。为应对发达国家的化学品物质管控法规，同时配合国家的化学品风险防控规划实施，企业需要不断健全生产过程中重点环节的环境管理，通过增加化学品风险管理和化学物质控制与替代的技术研发投入，加强对特征污染物排放的监测和控制。

（四）转基因作物及其食品的风险管理

自转基因作物出现后，是否存在风险一直是公众和专家争论不休的话题。1998 年 8 月，英国科学家发现老鼠食用转基因土豆后免疫系统受到破坏，人们开始怀疑转基因技术改造后是保护自然还是在破坏自然，是造福人类还是给人类带来未知的风险和隐患。英国王储查尔斯怀疑食用转基因食物会产生预期不到的中毒或过敏反应。总体而言，转基因作物在几个方面存在疑问：（1）转基因食品是否安全。（2）转基因生物是否会产生生物富集。将转基因作物如大豆、油菜等残余物作为饲料，由于其含有原来没有的抗病虫基因或抗杂草基因，这些基因是否会在被喂养的家畜或家禽中富集，人食用家畜家禽之后是否在人体内富集，是否会对人体健康构成危害。这些问题目前均缺乏全面、系统和权威的科学结论，其风险尚未知晓。（3）是否会产生生态影响。转基因生物跨境转移是否会造成生态问题，是否因其具有自然生物所不具备的优势，释放到环境中，是否会打破原来的生态平衡，改变物种的竞争关系等。（4）是否会导致基因污染。基因作为生物遗传信息的载体本身是流动的，可以通过杂交引入另一种群，并使后者基因库的组成发生变化，这种基因漂移现象可以是自然发生，也可以由传统生物培育方式获得。转基因生物同样会出现基因漂移而影响生态平衡，甚至产生基因污染，可能破坏野生或者野生近缘物种的多样性。如墨西哥因种植从美国引进的转基因玉米，因基因污染，导致其野生近缘种玉米受到危害甚至可能消亡。[①] 因此，为了应对转基因作物产生的风险，各国在积极发展转基因生物技术的同时，加强了对转基因产品的监督和管理。即使是对转基因食品政策最宽松的美国，也于 2001 年 1 月出台了《转基因食品管理法案》，强制性要求制造商必须在转基因食品进入市场前至少 120 天，向美国食品与药品管理局提出申请，以确认

---

① 吕姿之. 环境健康教育与健康促进 [M]. 北京：北京大学医学出版社，2005：32 ~ 42.

此类食品与相应地传统食品相比具有同等的安全性。澳大利亚和新西兰实施了《转基因工程生产食品标准》，对进口转基因食品实行强制性安全评估。俄罗斯规定对转基因食品和含有转基因成分的食品实行政府登记制度。欧盟则要求食品零售商必须在标签中标明其中是否含有转基因成分，并规定餐馆、咖啡馆等场所出售的食品如果含有转基因成分必须在菜单上加以标注。

综上所述，环境污染带来的健康风险日趋严重和复杂，我国面临环境质量的进一步恶化及健康风险的加剧，环境健康风险评价作为一种人们研究环境风险及环境污染引起的人体健康危害程度的评价方法，在不同领域产生的不同环境风险问题，都逐渐引起公众的关注和研究。例如，饮用水的环境健康影响评价、大气污染物的环境风险评价。因此，建立科学的环境风险评价模式，帮助公众认识到环境与健康的重要性，提高公众的风险意识，尤其是在新型领域内的环境风险的预制与防范，如转基因食品的安全问题，从而减缓环境恶化，降低环境风险，对于环境保护及人体健康都具有重要的意义。

第二节　环境与健康的共同治理

一、政府、企业和公众的协调行动

（一）多元主体的环境治理

新制度主义者认为，“集体行动”中的群体单个个体看似理性的选择可能会造成整个群体不利的社会后果。例如，“公地的悲剧”为分析“囚徒困境”类型的集体行动提供了重要的指标。很多环境问题都需要通过公共物品供给才能得以解决，而其结果往往造成“搭便车”问题。[①] 在合作式的环境治理模式下，地方政府、企业和社会公众等多元主体构成了开放式整体系统和治理结构，该模式追求系统的有序性和治理系统之间的良性互动。合作式的环境治理对于传统治理造成的公共行政碎片化的研究具有重要的意义，多

① Oran R. Young Leslie A. King Heike Schroeder 等．制度与环境变化［M］．廖枚，等，译．北京：高等教育出版社，2012，1：6.

元主体共同参与公共事务的管理模式有利于调和各方不同利益的主体，相互促进与监督。[①]

以日本为例，“二战”后，日本的经济发生了飞速的发展，但是在20世纪50～60年代，日本的环境污染也非常严重，世界“八大公害事件”中有四件就发生在日本。日本政府长期致力于制度设计，将企业的环境经营与企业竞争力、经营绩效衔接起来，作为对企业参与环境治理活动的激励，同时为环境破坏行为设定一定的直接成本，追求利润最大化的公司就会逐渐有动力在环境问题上精打细算。在督促企业环境管理和经营方面，公害防止协定[②]是日本一个重要的地方环境政策工具，是地方政府在现实压力下运用行政指导的方式来解决具体的问题，为企业和居民提供了一个协商的机会。而且协议结果在一定程度上由地方政府负责保证。公害防止协定在早年日本公害防治任务繁重的时候，作为填补国家环境政策与地方实际差距的暂时性措施发挥了重要作用，并充当地方政府、企业和居民环境监管、环境经营和环保诉求的重要纽带。

日本的污染防治经验表明，政府、企业和公众的共同行动有利于环境治理。要将三方视为命运共同体，三方之间要协调行动，不可忽视任何一方的利益诉求，尤其不可忽视公众的利益诉求。

但如何将企业和公众的利益联系在一起？首先必须打破企业厂界的限制，将企业的职业卫生和环境污染治理结合起来，科学的核算出企业污染行为与医疗支出之间的关联性和收益分析，提高企业在环境保护方面的投入。日本的经验表明，将企业厂界内部的污染问题也计入环境污染的治理过程中，同样可以提高企业环境治理方面的投入，可以减少其在职工医疗方面的投入。

我国的环境影响评价制度和一些环境监管制度的运行表明，我国是将职工的职业卫生制度和环境监管分离开来，也就是说，我国的环境监管制度首

---

① 高明，郭施宏．环境治理模式研究综述［J］．北京工业大学学报（社科版），2015（6）：50～56.

② 学界一般将“公害防止协定”界定为“自愿式环境协议”。它有三个基本特征：（1）行政性。自愿式环境协议的一方为行政主体，且行政主体享有行政优益权；（2）环境性。自愿式环境协议的目的在于实现使环境行政机关能更好地执行环境保护，公务环境管理目标；（3）合同性。这是区别于其他行政管理方式的根本特征。参见肖建华．生态环境政策工具的治道变革［M］．北京：知识产权出版社，2009：176～177.

先将企业划分为厂界内外。厂界内产生的环境污染和健康风险是企业内部的事情，是职业卫生和职业病防治的范畴，不属于环境监管的范畴。环境监管人为地将企业的污染划为两部分。环保部门只监管企业对厂界外的污染问题。这种划分貌似职责分明，实则是在推卸责任。首先，企业的污染不会因为厂界划分而有所区分，污染对于厂界内外而言，都是一样的。其次，企业就会觉得，只要将厂界外的污染控制住就行，而对于厂界内的污染视而不见。在现行的劳动制度下，可以将患有职业病风险的员工辞退，从而减少其在职工医疗方面的支出。然而，员工即使被辞退了，其患病的责任还是要由社会及其家庭来承担。最后，这种划分割裂了企业和员工甚至是公众之间的利益共同诉求，从而导致了公众与企业的对立。许多公众实际上就是企业的员工。但是，其环境权益受到污染企业的损害，一方面，部分公众作为污染企业的员工，从企业领取劳动报酬；另一方面，企业员工受到企业的污染，其健康风险最终也要企业支付相应的成本。这种现象在中国许多的污染公众事件中得以验证。因此，参考日本的经验，提倡三方的共同行动，是解决环境问题的较好出路和路径。

合作式环境治理，需要广泛吸纳治理的利益相关者、专家学者和环境社会组织以及个人参与，需要政府搭建各种交流协商平台、疏通信息沟通渠道，积极开展公众参与。

（二）合作式环境治理的功能

通过合作方式，起到良好的沟通作用，企业能够更好地了解法律法规的规定，知晓政府的规划、政策的具体实施计划和将要采取的行政措施，可以充分表达进行环境保护的决心和能力。针对居民的疑问提供充分的资料信息，使居民了解企业的困难与处境，以及企业所要采取的各项防止环境污染发生的措施，从而加深与政府之间的相互信任。政府也能够更加全面、真实地把握企业的经济状况、利税情况、管理水平、技术与工艺流程等情况，针对企业的实际情况，制定环境保护要求，帮助企业解决环境保护问题，从而使双方成为一个互惠互利的共同体。

合作式环境治理，可以有助于降低企业的生产成本，提升环保形象。从长远看，企业实施严格的污染控制，进行清洁生产，有利于企业调整自身结构，树立良好的环境保护形象，获得公众的广泛信任和支持，扩大自己的市场份额，提高竞争力。①

合作式的环境治理模式，需要政府、企业、公众的多方参与，但是在此模式下，仍然是以政府牵头，呈现对层级组织的高度依赖，部门之间的协调存在困难，公众参与边缘化。如果不能很好地协调各方利益，管理体制不科学，地方政府之间的恶性竞争、治理主体间权利与信息不对称，机构地位和职能不明确仍将是阻碍合作式治理的很大障碍。

（三）突发环境事件应急中的集体行动

从安全角度考虑，企业有形的“围墙”即所谓的“厂界”无法将工厂和公共地区截然分开。社区是居民生活的基本单元。通常一个地区内作业环境和周围社区环境会出现交叉，而企业一般只考虑自己“厂界”内的安全行为，很少考虑一旦突发环境污染事故，会波及“厂界外”的社区及居民，这就使事故影响范围从厂区增加到社区的人群和环境。诸如工厂选址、有害物质的放射、污水排放、有害有毒气体的排放造成泄漏等，都可能使周围社区生存在危险之中。因此，必须推行以社区为中心的减灾战略。但是，我国社区的突发环境污染事故的应急主体仍是以政府为主，社区力量包括社区、社会组织参与不够，以至于社区广大居民不知道自己身边的企业环境安全状况，更不清楚一旦发生突发性环境事故时，自己需要做什么、能做什么，这才是最大的危机——身处危机而浑然不知。我国的重大环境污染源分布于全国各大城市，而社区建设目前主要包括：社区服务、社区文化、社区治安、社区环境、社区卫生等，缺乏社区环境安全管理和突发环境污染事故应急等重要内容。根据危机管理理论，在事故发生的第一时间里，公众的自救能力常常直接关系到灾害损失的大小。现有的以政府为主的单一应急管理体系缺乏政府、企业、社区长期有效沟通的应急联动机制。因此，当务之急是构建面向地区的政府、企业、社区的多元化应急管理体系。②

有学者认为，单纯的政府监管不足以控制环境污染和生态破坏，无论是中央政府或地方政府，环境灾害发生后的矫正和补救措施的效果往往有限。

---

① 黄恒学，何小刚．环境管理学［M］．北京：中国经济出版社，2012：91.

② 周厚中．环境保护的博弈［M］．北京：中国环境科学出版社，2007：358.

例如，2005年松花江严重水污染事件发生后，政府的应对举措并不完全成功。虽然政府声称相关的应对系统已得到改进，但在2010年7月，一系列类似事故却接二连三再次发生：松花江再次发生严重污染事件、福建发生汀江污染事件、大连发生输油管漏油和爆炸事件。这些事故暴露出我国环境污染防治体系中监管不力的问题。[①]

（四）三方博弈过程中的“合谋”对第三方的影响

我们国家的环境保护工作注重体现政府的主导作用，无论是政府职能分配，或者法律法规的规定。例如，新修订的《环境保护法》和《大气污染防治法》都加重了政府的责任和权力，也加重了污染企业的责任。政府的作用是通过行政和法律手段改变企业排污和公众参与环保活动的激励，即一方面政府承担着约束企业行为的功能；另一方面，政府能够奖励环境保护行动，提升参与者的积极性。[②] 但是，政府主导的环境保护还是有其固有缺陷。

在宏观层面，政府同时承担了两个相互矛盾的任务，一是经济发展；二是环境保护，在实际操作过程中往往顾此失彼。传统的观点认为，政府监管机构是充当维护公众环境利益的唯一代言人；科斯及其后来的研究者则认为应由企业自身来解决环境问题。[③] 然而，政府往往会和地方企业进行“合谋”而牺牲环境。在环境事故发生时对受害者的疾苦充耳不闻，不去及时采取补救措施。有的地方政府感到利益受到威胁时，还会对民间社会力量进行压制，迫使其退出环境领域。例如，罗亚娟博士在其调查文献《苏北“癌症村”》中提及，一个化工厂的建立，村镇干部及化工厂负责人承诺，化工厂生产的是感冒胶囊等生活化学品，采用循环用水技术，废水不外排，对周围的水源和空气污染没有任何影响，而且可以带动地方经济。然而，真相却是该化工厂生产的是对氯苯酚、2，4－二氯苯酚和间苯三酚等剧毒化学品。对当地村民的健康产生了严重损害。村民的抗争以“破坏生产和破坏社会治安”为名

---

① ［德］托马斯·海贝勒，［德］迪特·格鲁诺，李惠斌．中国与德国的环境治理——比较的视角［M］，北京：中央编译出版社，2012：7～9.

② 刘超．政府、企业与公众环境保护中的三方博弈分析与数学模型的构建［J］．数学学习与研究，2010（23）：12.

③ ［德］托马斯·海贝勒，［德］迪特·格鲁诺，李惠斌．中国与德国的环境治理——比较的视角［M］，北京：中央编译出版社，2012：214.

最终失败。最后，一些村民选择了消极抗争，携家带口，向外地迁移。这个案例表明，政府、企业与公众相比，是两个强势力量为了经济利益，对公众进行“合谋”和欺骗；而一旦公众发现了真相，又开始合谋利用政府的专政力量。因此，村民的博弈失败是必然的。①

面对政府和污染企业的“合谋”，公众的抗争可以根据规模大小和组织形式分为三种基本形式：一是个体抗争，即环境污染的个体受害者单枪匹马进行抗争。通常出现在非突发性环境污染事件的初期，由于污染损害的严重性和普遍性尚未出现，往往只有风险意识相对较强的个人或极少数人进行抗争。二是集体抗争，主要指与某个污染侵害事件直接相关者联合起来的抗争行动。三是联合抗争，指不同地区因为环境污染而受到侵害者联合起来的抗争行动。② 典型的如湖南、贵州、重庆三省市交界处的清水江流域农民的联合环境抗争行动。所有受到污染的村子共有几十位村干部联合起来，成立了“拯救母亲河行动代表小组”。2005 年 5 月 26 日，几十位村干部聚集在湖南花垣县茶峒镇隘门村村主任华某某家中，签署了一份集体辞职报告，并盖上鲜红印章。媒体对事件的集中报道引起了中央高层领导的重视，清水江的污染治理被迅速提上了议事日程并实质性地加以实施。当然，环境污染与健康风险并不一定能够使得周围居民进行环境抗争。如巴西的库巴陶（Cubatao）地区的生活垃圾填埋和工业产生的污染和生态破坏。虽然工业排污使得当地居民的健康受到了严重损害，患无脑畸形病的婴儿很多，并且患有白细胞减少症、呼吸系统疾病等也非常多；但是，库巴陶居民在很长时间却并没有采取任何反对污染的行动。③ 这种“非参与”可能主要有两种原因：一是因为主观上不作为，不愿意参与；二是客观上不能，即无法参与。

（五）环保社会组织的“嵌入式行动”

20 世纪 50～60 年代，发达国家出现大量的环境运动，极大地影响了世界环境污染治理的进程和制度的变革。以美国洛杉矶烟雾事件为例，1943 年，当时正处于第二次世界大战的中期，当地的居民受到了严重的环境污染

---

① 陈阿江，等.“癌症村”调查［M］. 北京：中国社会科学文献出版社，2013：28～66.

② 朱海忠. 环境污染与农民环境抗争［M］. 北京：社会科学文献出版社，2013：98～99.

③ 朱海忠. 环境污染与农民环境抗争［M］. 北京：社会科学文献出版社，2013：168.

影响，受烟雾影响，公众看不到蓝天，呼吸系统的疾病也急剧上升。但是，寻找烟雾产生的根源非常曲折。最初，专家怀疑是炼油厂等工厂排放的二氧化硫所致。但是，即使对二氧化硫的排放采取严格的限制和净化措施，仍然不能解决大气污染问题。最后，由一位来自荷兰的任职于加州理工学院的杰出化学家阿里·哈根·斯米特（Arie Hangen-Smit）研究出洛杉矶烟雾的来源。[①] 在这一案例中，环保组织起到非常重要的作用，其中最著名的是SOS组织。该组织是由一群所谓的社会名媛发起的，她们巧妙地将“驱除烟雾(stamp out smog)”的首字母缩写，模仿国际通用求救信号“SOS”，并将其作为自己的组织符号。SOS组织早期提出了七点治理烟雾的建议，她们依据专家们多年累积的常识总结起来提出宣言，并在第一次的活动中喊出了“禁止含硫燃料”的口号。该组织在20世纪60年代的烟雾抗议运动中起到了主导作用。[②]

近年来，我国许多环境问题已经逐步发展成为群体性事件，从而影响了社会的稳定。公众的环境意识开始觉醒，环境运动不断兴起，环保组织在这样的社会背景下得到发展。但是，由于中国政治体制的二重性，即集限制性与有益性于一身的特征，中国当代社会组织在环保运动中具有“嵌入性行动”的基础。[③]

对于政府而言，致力于环境保护的民间组织显得比较“政治友善”，能够和政府进行合作，实现可持续发展的目标。但是，政府还是对环保组织进行严格的限制，防止环保组织以环保的名义进行政治活动，主要是吸取了中东欧1989~1990年的历史巨变过程中的教训，曾经以环保为名的环保组织以

---

① ［美］雅各布斯，凯莉．洛杉矶雾霾启示录［M］．曹军骥，等，译．上海：上海科学技术出版社，2014：46~64.

② ［美］雅各布斯，凯莉．洛杉矶雾霾启示录［M］．曹军骥，等，译．上海：上海科学技术出版社，2014：134~135.

③ 中国对非政府组织采取双重注册制度，即非政府组织必须在民政部门进行注册，同时也要在自己的行政主管部门注册。为了规避这种麻烦又拖沓的双重管理体制，一些非政府组织往往选择不注册，如以研究中心的名义存在。但这种情形与其宗旨不符，往往会受到政府税务部门的审核。［荷］皮特·何，［美］瑞志·安德蒙．嵌入式行动主义在中国——社会运动的机遇与约束［M］．李婵娟，译．北京：社会科学文献出版社，2012：18.

及环境运动在该变革中扮演了重要的角色，被视为民主转型的先锋。[①] 近几年，在中亚和中东一些发生在乌克兰和吉尔吉斯斯坦等国家的“颜色革命”更加剧了中国政府对于非政府组织的控制和监管。基于这些政治现实，一些环保组织就采用一种“嵌入式行动”的方式，严格在国家限定范围内行动来避免压力。一些政府主导下的环保组织则与政府协商以获得更多的自主空间并同时推动社会发展。这些非政府组织处于政府和社会之间，能够对新的集体认同以及政治联合形成影响。

“嵌入式行动”不仅是环保组织的一种生存策略，更是一种发展模式。环保组织一方面依赖政府获得合法性身份，另一方面求助公众获得资源。[②] 采取“嵌入式行动”的环保组织，虽然其行动会带有政治倾向，但绝大多数行动都会尽量远离任何政治目标。环保组织更愿意与政府合作，而不是站在其对立面，同时回避一些敏感问题并竭力避免其具有广泛的支持者或者拥有组织群众运动的姿态。因此，有时候迫于地方政府的压力，“嵌入式行动”的非政府组织不太愿意为污染受害者主动进行法庭辩护或介入普通公众的环境抗争行动。在涉及公众对污染抗议的案件中，只有极少数案例得到了非政府组织的支持。有研究表明，在2007年以来的公众环境抗争事件中，环保组织缺席了绝大多数地方的大规模环境抗争。直到2013年，昆明反“PX”事件才出现了专业环保组织的介入。[③] 如前所述，采取“嵌入式行动”的环保组织竭力将其有关行动“去政治化”，即使是要和政府进行抗争也是如此，这也正是其弱点所在，地方政府要抵御其抗争，就竭力将其行动“政治化”，堂而皇之地利用相关法律法规进行压制。这种情况往往发生在和基层政府抗争的过程中，由于基层政府和上级政府的目标并不一致，故不能说环保组织和基层政府抗争就表明其已经不再坚持“嵌入式行动”。

也有研究者批评这种“嵌入式行动”，认为环保组织出于保护自身的需

---

① ［荷］皮特·何，［美］瑞志·安德蒙．嵌入式行动主义在中国——社会运动的机遇与约束［M］．李婵娟，译．北京：社会科学文献出版社，2012：5～11.

② ［荷］皮特·何，［美］瑞志·安德蒙．嵌入式行动主义在中国——社会运动的机遇与约束［M］．李婵娟，译．北京：社会科学文献出版社，2012：58.

③ 冉冉．中国地方环境政治：政策与执行之间的距离［M］．北京：中央编译出版社，2015：192～196.

要，在有关环境议题上去政治化，避免政治风险，采取“嵌入式行动”是环保组织官僚化的一种倾向，希望从政府获得更多的资源，通过与政府的合作甚至妥协来换取生存和发展的资源。环保组织自身运作方式上的逐利化，跟着资金走，政府设立专门的资金鼓励环保组织外包环境宣传教育的项目，造成环保组织将更多的精力放在环境教育而非环境抗争的议题上。如 2015 年，环保部通过的《环境保护公众参与办法》第 18 条规定“环境保护主管部门可以通过项目资助、购买服务等方式，支持、引导社会组织参与环境保护活动”。该规定似乎验证了上述的说法。环保组织近年来还存在能力建设方面的不足，同政府的沟通能力、对法律法规的熟悉和运用能力、更为专业的环境知识等方面的缺欠也是导致其缺席环境事件，影响力降低的重要原因。①

（六）人大监督制度

根据宪法的规定，各级人民代表大会代表人民选举和组织政府，决定政府领导人；政府必须对人大负责并定期报告工作，接受人大监督。2007 年实施的《中华人民共和国各级人民代表大会常务委员会监督法》专门规定了人大监督的形式、内容和程序等。② 政协不是权力机关，它的监督是一种“民主监督”，包括国家宪法和法律的实施情况；党和国家的领导机关制定的重要方针政策的执行情况；国家机关及其工作人员的履行职能、遵纪守法、为政清廉情况等。③ 从宪法和相关法律的规定来看，人大和政协是监督的核心部门。但是，实际情况是，地方人大和政协对同级政府的环境治理政策的监督功能微弱，饱受质疑，难以制约和纠正地方政府的政策偏差。新修订的《环境保护法》专门将人大监督环境保护制度写入法律，该法第 27 条规定：“县级以上人民政府应当每年向本级人民代表大会或者人民代表大会常务委员会报告环境状况和环境保护目标完成情况，对发生的重大环境事件应当及时向本级人民代表大会常务委员会报告，依法接受监督。”

从人大代表和政协委员的组成人员构成上分析，在一定程度上可以发现，

---

① 冉冉．中国地方环境政治：政策与执行之间的距离［M］．北京：中央编译出版社，2015：192～196.

② 盛涛．人大监督的性质及其完善途径［J］．党政干部学刊，2007（9）．

③ 冉冉．中国地方环境政治：政策与执行之间的距离［M］．北京：中央编译出版社，2015：130.

人大和政协监督制度的有效性。有学者经过研究发现，十一届全国人大代表中，国家机关工作人员占50%以上，企业管理者占28%左右，公众社会组织的代表极少。对于大多数代表和委员而言，人大代表和政协委员的身份只是作为一种荣誉和政治资本，而不是代表本地选民参与政治的桥梁。人大代表多数都是国家机关工作人员，难以实现自我监督。① 环保组织在中国发展很快，到2012年，全国各类型环保组织的数量已经达到8000多个。但是，这些环保组织的成员难以进入地方人大和政协的正式组织结构中。地方人大和政协无法为普通公众参与地方环境治理提供制度渠道；相反，主要成为了中央和党的意志的代表，造成了党政权力自我监督的悖论。过度依赖于强势的中央和党的授权和支持，地方人大、政协失去了代表民意进行决定和监督的独立性，监督能力难以提升。②

二、环境保护信息公开制度

（一）信息公开是环境知情权的体现和公众参与的前提

公众知情权的实现必须依赖于信息资料的公开。如果没有信息公开，公众的知情权成为无源之水，信息公开是环境影响评价中公众参与的基础，没有环境信息的公开，环境影响评价中公众参与就无从谈起。2006实施的《环境影响评价公众参与暂行办法》第4条规定："国家鼓励公众参与环境影响评价活动；公众参与实行公开、平等、广泛和便利的原则。"同时，特别指出："公众参与是解决中国环境问题的重要途径，而环境信息披露制度是公众参与环境事务的前提。"在美国《国家环境政策法》的早期实施过程中，就提出了环境影响评价公开的原则，通过著名的卡尔弗特悬崖核电站案，环境影响评价演变成正式的信息披露程序，美国的一位联邦地区法院法官于

---

① 刘乐明，何俊志．谁代表与代表谁？十一届全国人大代表的构成分析［N］．中国治理评论第4辑，中央编译出版社，2013．转引自：冉冉．中国地方环境政治：政策与执行之间的距离［M］．北京：中央编译出版社，2015：136.

② 冉冉．中国地方环境政治：政策与执行之间的距离［M］．北京：中央编译出版社，2015：137～139.

1971 年说："《国家环境政策法》至少是一部环境全面披露的法律。"① 欧盟的《环境信息自由途径指令》第 1 条规定，该指令的宗旨保证公共部门持有的环境信息能自由获取和传播，并规定信息获取的基本形式和条件，公开是原则，保密是例外。在厦门 PX 事件中，前期最为令人质疑的也即信息的公开。由于一开始本地媒体对有关消息的封杀，前期的消息民众几乎是一无所知直至政府主动公开披露有关信息，可以说公众为参与其中并采取一定的方式逐步地推动了信息的公开，也可以说整个事件中信息的披露是在公众的推动下进行的。英国的环境信息从保密到公开经历了长达 150 多年的时间。在 1974 年之前，英国通过立法禁止环境信息披露。在此之后，开始执行污染控制登记制度，要求有关污染的环境信息要向公共当局登记。20 世纪 90 年代后期，在《奥胡斯公约》和欧盟指令的推动下，以《环境信息规制》为标志，环境信息逐渐向公众公开。②

1998 年 6 月 25 日，联合国通过的《奥胡斯公约》中，对知情权、参与权和诉讼权作了一般性的原则规定，各国应采取必要的立法、规章以及适当的执行措施，建立和维持清楚的、有透明度的、统一的制度框架，来执行公约规定和保证公约所规定的公众知情、参与和获得救济的权利的实施；各国应保证有关官员和政府当局向公众提供为获得信息、参与和获得救济权利的指南。③ 我国由于在环境影响评价过程中对公众的知情权的缺失，出现了公众参与环评信息披露制度的盲点，造成公众对参与事件的无知或少知。不仅给公众参与带来不便，甚至在一些对环境有重大影响的事件中造成了政府和民众之间不必要的误解，不但破坏了稳定和谐，也不利于环境影响评价工作的效率。④

在环境信息公开制度的应用中，信息的数量、质量和传递方式都会影响到公众参与的效率。公开的信息过少无法满足公众及其他利益相关者的需求；

---

① ［美］理查德．拉撒拉斯，奥利弗．哈克．环境法故事［M］．曹明德，等，译．北京：中国人民大学出版社，2013：78 ~79.

② 卢洪友，等．外国环境公共治理：理论、制度与模式［M］．北京：中国社会科学出版社，2014：221.

③ 李艳芳．公众参与环境影响评价制度研究［M］．北京：中国人民大学出版社，2003：122.

④ 郭志锋．我国环境影响评价中公众参与制度完善研究［D］．昆明理工大学硕士学位论文，2009：10.

公开的信息过多则会增加处理信息的成本，使其难以选择有效信息。信息质量的高低和传递方式则影响到信息的可信性和传递效率。信息公开的制度目标不在于仅仅公开信息，而是要通过公开信息激励利益相关者采取行动。①当然，获取环境信息需要成本，包括信息收集及传递成本、时空信息成本和科学成本。②

（二）环境信息不对称

环境保护工作涉及社会的各方面和各行各业。从现代西方国家环境法治建设的实践经验表明，环境保护除了政府的力量外，更要依靠和发动公众积极参与其中。公众参与对于提高环境保护的效益具有重要促进作用。公众参与的必要前提是享有环境知情权，只有了解和掌握有关环境信息，才能真正进行参与和监督。长期以来，我国缺乏相应的环境信息公开的法律依据，环境信息公开制度基本空白，环保部门获取环境信息的能力有限，环境信息也未得到应有的重视。环保部门所掌握的环境信息局限于企业的排污申报登记、备案和少数的现场监测数据。即使是现场监测数据也不一定能够真实反映企业的排污行为，许多企业会通过各种手段获知监测的安排而千方百计地隐瞒实情、制造现场假象以逃避可能的惩罚。环境信息的不对称导致环境管理效率低下，环境污染加剧。企业把环境信息看成可有可无的东西，没有意识到环境信息的潜在经济价值，甚至将其看成企业的负担。民众对于环境信息的关心程度取决于是否“利己”。涉及自身则非常重视和高度关注，否则，事不关己，高高挂起。③

我国环境信息公开还存在如下问题：（1）公开程度较低。政府掌握的绝大多数环境信息，处于相对的封闭或闲置状态，许多涉及公众利益的规范性文件只被政府部门作为执法的内部规定，不向公众公开。（2）为公众提供环境信息的方式和渠道过少。我国政府环境信息公开的方式较为单一，只有政府通过公报、新闻媒体、发布会等方式的信息公开，公民和社会组织向环保行政机关申请提供信息一般很难得到满足。（3）环境政务公开存在明显不

① 张红凤，张细松，等．环境规制理论研究［M］．北京：北京大学出版社，2012：127.
② 王蓉．中国环境法律制度的经济学分析［M］．北京：法律出版社，2003：34.
③ 周厚中．环境保护的博弈［M］．北京：中国环境科学出版社，2007：368.

足。公开的内容几乎全部由环保部门自行决定，公众没有选择权，真正想了解的一些与自己利益相关的环境信息仍是困难重重。有些政府网站则在重复媒体的新闻报道，信息陈旧，甚至成为看不到任何实际内容的“空头网站”。（4）环境信息公开的内容单薄、滞后与反应迟钝，使得管理人员仓促应对环境信任危机，引发行业信任危机和从业人员的焦躁和无所适从。[①]

（三）环境信息公开的共识

随着人们生活水平的提高，公众环境意识普遍增强，要求政府、企业公开环境信息，接收社会监督的呼声日益高涨。现代的环境管理制度极力提倡政府、公众和企业建立一种新型合作伙伴关系，引导企业重视环境保护工作并改善自身环境行为。企业的环境形象已成为企业整体形象、企业声誉和企业产品形象的重要组成部分，关系到企业的生存和发展。以前企业的环境信息不公开，企业环境行为不管好坏，都不会给企业的生产经营或产品销售造成影响。[②] 但是，随着环境管理模式的转变、相关法律法规的完善、公众环境意识的提高、新媒体的发展等，企业的环境信息公开已经成为法定义务和履行其社会责任的重要方式，也是和公众进行良性互动的基本要求。企业公开环境信息，是政府环境管理行为、企业环境行为和公众参与之间的纽带，有利于政府环境主管部门与企业建立新型合作关系，有助于加强公众对企业环境行为是否合法、守法的监督。

根据新修订的《环境保护法》《环境信息公开暂行办法》和《企业环境信息公开办法》等法律法规的规定，企业要公开的环境信息主要包括：（1）企业年度资源消耗总量；（2）企业排放污染物种类、数量、浓度和去向；（3）企业环保设施的建设和运行情况；（4）企业在生产过程中产生的废物处理、处置情况。废弃产品的回收、综合利用情况；（5）与环保部门签订的改善环境行为的资源协议，以及企业自愿公开的其他环境信息。目前，我国政府环境信息公开的主要表现有：（1）公共性信息的公开。如环境质量公报，重点流域重点断面水质质量周报，城市空气质量周报、日报、预报；（2）重大污染事故紧急通报；（3）中央和地方政府各级环保部门实行的政府上网工程和政

---

① 环境保护部宣传教育中心．环境保护基础教程［M］．北京：中国环境出版社，2014：426.

② 周厚中．环境保护的博弈［M］．北京：中国环境科学出版社，2007：370.

务公开。

三、环境保护公众参与制度

（一）环境保护公众参与的法律依据

国际上，1969年美国在《国家环境政策法》中最早对公众参与环境影响评价进行了规定。加拿大《环境评价法》规定“加拿大政府将努力促进公众参与由加拿大政府或经加拿大政府批注或协助实施项目的环境影响评价，并提供环境评价所依据的基础材料。”世界银行早在1981年就将公众参与作为一项世界银行政策予以实施。世界银行明确要求，在其提供贷款或其他资助的项目进行环境影响评价时，应充分考虑受影响群体和相关组织的意见。《里约环境与发展宣言》提出：“环境问题最好是在全体有关市民的参与下，在有关级别上加以处理。在国家一级，每一个人都应能适当地获得公共当局所持的关于环境资料，包括关于在其社区内的危险物质和活动的资料，并应有机会参与各项决策进程。各国应通过广泛提供资料来鼓励公众的认识和参与，应让人人都能有效地使用司法和行政程序，包括补偿和补救程序。”《21世纪议程》指出：“实现可持续发展，基本的先决条件之一是公众的广泛参与决策。在环境和发展这个较为具体的领域，需要新的参与方式，包括个人、团体和组织需要参与环境影响评价程序以及了解和参与决策，特别是那些可能影响到他们生活和工作的社团的决策。个人、团体和组织都应有机会获得国家当局掌握的有关环境和发展的信息，包括关于对环境有或可能有重大影响的产品和活动的信息和关于环境保护措施的信息。”

我国宪法规定了人民参与管理国家和社会事务的权利。中共十六大提出扩大公民的有序参与，“健全民主制度，丰富民主形式，扩大公民有序的政治参与。……各级决策机关都要完善重大决策的规则和程序，建立社情民意反映制度，建立和群众利益密切相关的重大事项社会公示制度和社会听证制度等”。[①] 在中共十七大上又进一步提出“坚持国家一切权力属于人民，从各个层次、各个领域扩大公民有序参与政治，最广泛地动员和组织人民依法管

① 中共共产党第十六次全国代表大会政治报告.

理国家事务和社会事务、管理经济和文化事业”；“要健全民主制度，丰富民主形式，拓宽民主渠道，依法实行民主选举、民主决策、民主管理、民主监督，保障人民的知情权、参与权、表达权、监督权”；“推进决策科学化、民主化，完善决策信息支持和智力支持系统，增强决策透明度和公众参与度，制定与群众利益密切相关的法律法规和公共政策原则上要公开听取意见”。[①] 2005年，国务院《关于落实科学发展观加强环境保护的决定》中规定，实施环境信息公开，及时发布污染事故信息，为公众参与创造条件，并明确提出："发挥社会团体的作用，鼓励检举和揭发各种违法行为，推动环境公益诉讼。企业要公开环境信息。对涉及公众环境权益的发展规划和建设项目，通过听证会、论证会或社会公示等形式，听取公众意见，强化社会监督。"2002年通过的《环境影响评价法》第5条规定，国家鼓励有关单位、专家和公众以适当的方式参与环境影响评价。第11条、第21条对公众参与环境影响评价做了更为明确的规定。2014年，新修订的《环境保护法》用专章规定了信息公开与公众参与的内容，充分体现了公众参与环境保护的重要性。该法第53条第1款规定了公众的环境知情权和参与权。其余条款分别规范了政府、企业和信息公开义务，环评的公众参与制度，环境举报制度和环境公益诉讼制度。

（二）公众参与的形式

2015年，环保部新颁发的部门规章《环境保护公众参与办法》的第4条规定："环境保护主管部门可以通过征求意见、问卷调查，组织召开座谈会、专家论证会、听证会等方式征求公民、法人和其他组织对环境保护相关事项或者活动的意见和建议。公民、法人和其他组织可以通过电话、信函、传真、网络等方式向环境保护主管部门提出意见和建议。"在环境影响评价过程中，公众参与的一个目标就在于公众和决策者（包括建设方和审批机构）之间开展对话和交流，确保决策者吸取公众的意见。[②]《环境影响评价公众参与暂行办法》中详细规定了包括问卷调查、咨询专家意见、座谈会、论证会、听证

① 中共共产党第十七次全国代表大会政治报告.

② John Glasson, Riki Therivel, Andrew Chadwick. 环境影响评价导论［M］. 鞠美庭，等，译. 北京：化学工业出版社，2007：123.

会等参与形式。在编制环评报告书过程中，建设单位或者规划编制机关在信息公开后，会组织相应的参与活动。目前，较为常用的公众参与形式为：问卷调查、咨询专家意见（论证会）、座谈会、听证会等。

调查问卷可以分为封闭式和开放式。封闭式问卷所涉及的问题一般采取选择题的形式，受调查公众从一系列的应答选项中作出选择。其优点是便于公众回答问题，对统计结果易于量化，覆盖面广，参与人员多。其缺点在于问卷一般为标准化的调查，很难反映出受影响群众的个别的特殊意见，同时还会局限被调查公众的思维，容易产生误导效应。开放式问卷只提问题，不给具体答案，其优点是可以让公众充分发表自己的意见，调查者能够得到大量的信息。缺点是对受访公众的素质要求较高，要求其具有较高的专业能力和认知水平，否则调查无法进行。问卷调查和总结的设计要求专门的技巧，业余设计会使结果具有很大的偏颇。在选择问卷发放对象时也应充分考虑地域和影响程度不同的公众的代表性。

论证会一般指专家论证会，例如在环境影响评价过程中，在环评报告书的技术评估①过程中进行，由决策方邀请权威专家和相关部门负责人对环评文件进行专家论证，作为技术评估的重要依据。论证会一般仅限于技术专家和相关行政部门的代表，精英色彩浓厚，几乎不会邀请普通公众代表参与论证会。

座谈会则和论证会刚好相反，形式比较自由，公众可以较为自由地表达自己的意见，但其缺点是不容易获得关键或有用的信息。座谈会一般由有关机构组织进行，征询影响范围内的居民和单位的意见。受邀的公众包括普通的公众代表、单位的代表，有时候还会邀请当地的人大代表和政协委员。

听证会作为最正式的参与形式，也是最为严格的公众参与方法，发言非常正式，除了进行类似于庭审的控辩双方的发言外，参与者之间很少进行交流。听证一般分为正式听证和非正式听证，正式听证类似法庭的控辩式辩论，

---

① 环评文件（报告书和报告表）的技术评估是由建设方委托第三方对环评报告书和报告表进行技术评估，技术评估机构在环保主管部门确定的专家库里选取专家对环评文件可能存在的技术问题和公众参与情况进行论证，形成的技术评估意见是环保主管部门审批环评文件的重要依据和参考。但是技术评估机构的法律地位并没有被法律所明确。

听证过程有记录，并且听证结果具有一定的法律效力，决策机关依据听证记录作出决定；非正式听证主要是给予当事人表达意见的机会，决策部门并不一定以听证作出决定。

（三）公众意见的反馈

有效公众参与的最终体现是对公众意见的反馈，以及公众如何影响决策。反馈并不表示决策者必须采纳公众的意见和建议，决策者有自由裁量权。以环评为例，《环境影响评价公众参与暂行办法》和《规划环评条例》均规定，建设单位、规划编制单位和环保主管部门应当认真考虑公众意见，并在环境影响报告书中附具对公众意见采纳或者不采纳的说明。由于这些规定仅仅要求建设单位、规划编制单位在环评报告书中附具对公众意见的采纳或者不采纳的说明，并未要求其对公众进行直接的、当面的回应，而公众一般也无法得到环评报告书，因此公众很难知晓其意见采纳与否，这就可能成为没有实质意义上的公众意见的反馈机制。建设单位和规划编制单位只需面对环保部门或规划审批主管部门，只要对“上”负责而不用对公众负责，容易导致公众参与的符号化、表面化，甚至弄虚作假。

美国的环境影响评价的公众参与的反馈或回应形式有以下几种：（1）修改原方案或其他替代方案；（2）发展或评估原先未慎重考虑的方案；（3）补充、改进或修正原来的方案；（4）作事实资料上的修正；（5）若对评论意见不积极采纳，则说明其缘由。不论评论意见是否得到采纳，都应附于环评文件的定稿中。[①] 我国的环境影响评价制度很大程度上参照了美国的经验和实践，因此，两者在公众参与的反馈机制的形式上具有一定的相似性，如均要求公众意见附于环评文件的正式定稿中，并附有意见采纳与否的说明等。但是，这仅仅是形式上的类似：其一，我国环境影响评价制度并未要求替代方案，则实际上公众没有多少选择的机会；其二，美国的环评文件一般情况下是向公众公开的，公众可以通过查阅环评文件知晓其意见的反馈情况，而我国的环评文件公众很难获得，公众无法知晓意见的反馈情况；其三，美国的公众可以通过公民诉讼的方式寻求第三方的法律救济，我国的公众很难提起

---

① 朱谦．公众环境保护权利构造［M］．北京：知识产权出版社，2009：260．

与环境影响评价有关的诉讼。

（四）公众参与的组织化改进

乔舒亚·科恩认为："任何运转良好的、满足参与和共同利益原则的民主秩序都需要一个社会基础。除了政党和选民以外，次级组织——市场和国家之间的有组织团体——既需要代表那些未经充分代表的利益，也需要增强促进共同利益的公众能力。前者有助于确保政治平等，增强公众能力有助于促进共同利益。"① 公民组织和信息公开被认为是公众参与的两大基础性制度。② 分散的、未经组织的公众个体，在面对环境保护过程中的利益博弈，他们要么在"搭便车"心理支配下无所事事，要么在"群体无意识，也不必承担责任的群氓心理"支配下无所顾忌，③ 这些都表明他们采取有效的、理性的行动能力的缺乏。解决的路径有两种：一是分散利益的组织化；二是环保 NGO 等社会团体的参与。④ 然而，公众在参与环境影响评价过程中，同样面临利益多元化的诉求，诸如关注经济利益和环境权益之间的利益冲突，落后地区的发展利益和生态利益之间的冲突等；即使有时候公众可能会有某种共同利益或关注某个共同的问题，但是对于利益的实现方式和问题的解决路径会有不同的意见，这就导致利益的整合非常困难。即便是组成了临时性利益组织，由于这些群体大多数情况下是一些随机性、松散的和临时性的组织，又面临着步调一致和选择代表人的问题。临时性利益组织的代表往往会被政府视为"意见领袖"或"激进分子"而被加强监控，更为严重者甚至被拘捕。但是，如果没有临时性利益组织并推举代表，建设单位或环保部门就有可能利用公众个体参与的弱点，有意识地选择公众代表，造成表面的决策民主和正当性，并形成所谓的民意表达的"虚假繁荣"。⑤

环保 NGO 以其专业性和组织性的特征长期活跃于国外的环境保护活动

---

① 陈家刚．协商民主［M］．上海：上海三联书店，2004：185.

② 王锡锌．公众参与和行政过程——一个理念和制度分析的框架［M］．北京：中国民主法制出版社，2007：69.

③ 勒庞在其《大众心理》一书中指出："群体是个无名氏，因此也不必承担责任。"参见勒庞．乌合之众——大众心理研究［M］．冯克利，译．北京：中央编译出版社，2005：16～20.

④ 朱谦．公众环境保护权利构造［M］．北京：知识产权出版社，2009：183～194.

⑤ 陈虹．环境与发展综合决策法律实现机制研究［M］．北京：法律出版社，2013：331.

中，但在中国，由于种种原因，环保 NGO 尤其是草根 NGO 并不能很有效地参与到环境保护中，在环评领域更是如此。在建设项目环评实践中，决策者一般以没有法律依据为由，认为其与项目没有利害关系而把 NGO 排斥在环评公众参与主体之外。法律的模糊影响了 NGO 作为环境影响评价参与者的地位和作用，[①] NGO 的直接参与环境影响评价活动显得困难重重。

NGO 参与环境影响评价的体制内途径的受阻，存在 NGO 进行体制外表达意见的风险，使得社会潜在的不稳定因素增加。如在反对怒江大坝建设的过程中，就有 NGO 在泰国等地实施抗议活动，影响了我国政府的形象。更有甚者，由于普通公众缺乏有组织的参与，会导致公众参与的混乱和无序，甚至引发环境群体性暴力事件。考察从 2007 年厦门 PX 事件到 2012 年的四川什邡事件、浙江宁波 PX 事件的演进过程，可以发现，厦门的公众的“散步”是相对文明而有序的，甚至散场的时候带走所有的纸屑垃圾，由于政府和公众的双方理性，并未产生过激的暴力行为。同时，可以从相关的报道中看到，很多专家在发表专业性意见，也可以看到 NGO 理性的身影。到了 2012 年，无论是四川什邡、江苏启东、浙江宁波，均产生了群体性暴力事件，政府和公众的冲突日益明显。此外，也鲜见专家和 NGO 的身影以及其意见表达。这种演进，一方面表明了政府和公众之间对于环境权益的诉求的矛盾日益扩大，政府更依赖于“堵”，而非“疏”；另一方面，体现了有组织参与的缺失，这不能说是社会的进步。法国思想家勒庞指出，“作为个体的人是理性的、有教养的、有独立性的，但是随着聚众密度的增大，身处其中的个体的思维和行动方式将渐趋一致，变得越来越情绪化和非理性……”[②]

政府对公众参与的态度似乎是相互矛盾的。一方面，通过法律如《环境保护法》等对公众的环境参与权进行规定；另一方面，在具体的执行领域，似乎又比原来的立场有所倒退。如 2015 年环保部大张旗鼓地宣传其出台的规章《环境保护公众参与办法》，除了对《环境保护法》的一些规定进行进一步细化外，并没有扩展公众参与的权利。而正在征求意见进行修改的《环境

---

① 孙法柏，魏静．环境影响评价公众参与机制的比较和借鉴——以奥胡斯公约为中心［J］．黑龙江政法干部管理学院学报，2009（1）：122～125.

② ［法］古斯塔夫·勒庞．乌合之众——大众心理研究［M］．冯克利，译．北京：中央编译出版社，2005.

影响评价公众参与暂行办法》，将标题改为《建设项目环境影响评价公众参与办法》，直接取消了原来规定的规划环评的公众参与程序，在有关修订说明文件中，并没有明确是否在后续过程中专门制定一部关于规划环评公众参与的规范性文件。

（五）公众意见领袖被“收编”的利弊

“收编”是美国学者塞尔兹尼克（P. Selznick）在其对田纳西河流域管理局的经典研究中提出的一个概念。他认为，一个组织可以通过民众中的一些关键人物提供政治参与，或者通过对这些领袖提供行政职位的方式消解某个社区的敌视或抵制态度。收编可以实现两种功能：政治功能——捍卫合法性；行政功能——建立可靠的交流和疏通渠道。[①] 在此基础上，墨弗瑞（D. W. Murphree）提出了“收编”的三个条件：（1）导引（channeling）——将反对势力导入一个有组织的、权力集中的实体；（2）包容/参与（inclusion/participation）——如果敌对方感到他们被纳入了决策过程，感到他们是决策参与者的话，即使他们的建议对最终结果影响不大，他们也会放弃敌对立场；（3）显著度控制（salience control）——使某个群体或组织觉得他们所关注的一些重要问题已经得到了充分表达，不需要再列入未获解决的问题的前列，通过这种方式使这些问题的显著度降低。显著度控制得越好，收编越有可能成功。

当然，能否成为收编对象是有条件的：一是所代表的群体拥有一定的权力，这种权力有可能使得收编集团的目标和利益受到威胁。潜在的威胁越大，收编越可能发生。二是在所代表的群体中拥有领袖地位或者享有很高的威望，这样才值得权力集团收编。通过授予反对精英某种“表面权力”可以破坏反对团体的领导结构和权力基础。三是支配的权力集团有一套将对抗者纳入决策或参与进程的制度化渠道，不管对方的意见或参与对最终的决策结果有无作用，这些渠道让对方感觉到他们被包容进入了决策过程。四是利益受损一方的民众要对它们的领袖有足够的信任，相信他们被收编后能够维护他们的利益。如果民众认为领袖背叛了他们的利益，收编就不能起到平息不满和对

---

① 朱海忠．环境污染与农民环境抗争［M］．北京：社会科学文献出版社，2013：233~234.

抗的作用。[①] 我国目前的公众参与环境保护的制度化渠道不足。现有的公众参与制度，很多徒具形式，即使在最为典型的公众参与环境影响评价制度中，一些企业或利益集团并没有采取“收编”的手段，而是试图操纵和控制民意，将一些意见不一致的代表排斥在外，故意将现有的参与渠道堵塞，往往起不到公众参与的作用，让公众没有“参与”决策的感觉，很多时候，矛盾就愈加激化，最终酿成环境群体性事件。

将污染的根源归咎于监督机制的不健全和公众环境教育与环境意识的缺乏，实际上是在污染的行动主体之外寻找污染的根源，有避实就虚之嫌。监督的缺位和环境意识的滞后可能恰恰是污染的制造者希望出现的结果。[②] 有研究者于2009年8月在江苏省苏州市进行了问卷调查，调查共收回了343份有效问卷。调查结果表明，企业附近的居民有近60%担心企业的排放行为对周边环境的影响，以及给人们健康所带来的风险，但是，他们仍然不愿意对周边污染企业表示抗议。有近10%的被调查者从来没有对污染企业采取过任何行动，偶尔参与过的人数占总人数的66.2%。人们更喜欢采取自己力所能及的行动。而环保行动的其他方式，例如，要求居民与政府或者污染企业直接进行沟通所占的比例却很低，只有5%~25%。此外，居民都有很强的倾向性，希望能够共同采取行动，反对他们邻近的污染企业。该研究表明，目前阶段的公众的环境维权行为水平尚处于较低水平，对社会规范的认知评估很大程度上影响了居民环境维权行为目的意向的形成，提供企业环境信息将在很大程度上促进人们对于环境维权行为意向的形成。除了行为意向，周围居民参与的认知很大程度上决定环境维权行为的准备。但充分获取企业环境信息并不直接导致居民的实际环境维权行动。成功的环境维权行动需要说服居民用共同行动去对抗其周边的污染企业。[③]

① 朱海忠．环境污染与农民环境抗争［M］．北京：社会科学文献出版社，2013：234-236.

② 朱海忠．环境污染与农民环境抗争［M］．北京：社会科学文献出版社，2013：71.

③ 刘宪兵，王灿，等．中国企业周边居民环境维权行为的实证研究［A］//［德］托马斯·海贝勒，［德］迪特·格鲁诺，李惠斌．中国与德国的环境治理——比较的视角［M］，北京：中央编译出版社，2012：214~231.

四、舆论对环境健康集体行动及公众参与效果的影响

（一）新闻舆论在环境健康风险中的功能定位

作为环境监督的重要形式，新闻舆论监督发挥着独特的作用和功能。新闻媒体在环境传播中发挥了环境预警、风险沟通、舆论监督等作用，有效发挥媒体的环境风险预警功能，那么环境报道需满足公众的环境知情需要，监测生态环境的变化，告知公众环境中存在的危险，使其作出相应的风险决策，趋利避害。尽管风险具有“不确定性”，但媒体还是应该首先呈现环境危机的可能性，即首先满足受众的风险知情权，其次才是受众知情后的选择与消费。例如，媒体对废弃电池与家庭装修中甲醛危害的报道，既起到环境预警功能，也可以为受众提供环保知识。媒体在社会风险的呈现、认知和解决中具有非常重要的地位和作用。①

中国著名的环保人士廖晓义女士认为，环保与传媒仿佛一枚硬币的两面，没有了媒体的信息传播、舆论监督，环保事业将举步维艰。媒体是绿色生活的倡导者，通过对一些环境污染企业进行舆论监督起到了很大的作用。媒体的公开批评和揭露，使环境问题转化为舆论和政治压力，迫使环境破坏者改变做法，从而起到监督生态变化，约束政府和利益团体的作用。

风险社会理论赋予媒体的首要责任是：揭露具体存在的风险，使社会大众认知到风险确实存在。媒体是风险社会的瞭望台，是风险社会的舆论监督者，对风险社会的集体不负责提出批评，从而唤起公众改变政治议程的能力。对切尔诺贝利核泄漏的报道就是一个典型案例，核泄漏被丹麦一家研究机构检测到，通过欧洲的一家电视台传遍整个西方世界。面对舆论的谴责，苏联领导人对切尔诺贝利的有关信息采取分类区别对待的政策。

（二）环境传播对集体行动的作用

公众对环境保护的监督，还可以通过新闻媒体等舆论方式，舆论监督是保障公众知情权的重要途径。随着各种报纸杂志的日益丰富以及网络的普及

---

① 郭小平. 环境传播：话语变迁、风险议题建构与路径选择［M］. 武汉：华中科技大学出版社，2013：113.

和发展，这种监督方式已日益发挥重要的作用。新闻舆论监督主要是指新闻从业人员经过调查，将公权力行使中的违法失职或其他不公现象通过媒体公之于众，督促有关机关加以改正。新闻舆论监督具有时效性强、影响广泛的特点，是社会监督的重要手段和环节。[①] 许多环境污染事件和突发环境事件都是通过新闻报道而为大众所知晓。如厦门 PX 事件、四川什邡钼铜项目事件、江苏启东造纸厂排污事件、浙江宁波 PX 事件等，就是通过新闻媒体和网络的不断曝光，促使越来越多的人关注这些问题，成为公共事件。新闻舆论监督在推进政府和环保部门履行其职责方面起到了重要的作用。

现代媒体已成为公众发表意见和讨论问题的平台。报刊、广电媒介以及互联网使得公众有机会参与到公共事件的讨论中，当这种讨论聚集到一定程度，便会形成舆论压力，迫使政府及其他权力部门修正原有决策或制定新的政策。展江教授认为，在处于转型时期的中国，公众参与大多具有“媒体驱动”（media-driven）的鲜明特点。媒体不仅是公众参与的必要条件，而且还担负沟通等功能。若无大众传媒以连续的报道和评论进行介入，某一“事情”（happening）难以成为地区性乃至全国性的公共“事件”（event）；若无大众媒体的关注、呈现、传播及加温，某一“话题”（topic）将难以成为地区性乃至全国性的公共“议题”（agenda）。假如公共事件或公共议题难以形成，则公众参与也将缺乏关怀对象而不复存在。[②] 媒体在公众参与中具有监督功能、放大功能和动员功能；媒体在公众参与的作用主要是呈现、关注和升温。[③] 这三个作用既可以独立也可以相互结合而发挥媒体的功能，即媒体可以通过报道呈现出一个公共议题，并通过持续的关注，引起更多人的参与，通过加温而使得公共议题产生舆论压力。

我国的新闻报道领域还存在一系列的严格管制。关于环境污染，特别是重大环境污染事件的新闻，常常与新闻发布纪律中要特别谨慎和严格控制的政治性、敏感性宣传报道相关。如果新闻媒体曝光了本地严重环境违法事件，地方政府甚至中央政府也会承担舆论上、政治上的不利后果，危及环境违法

---

① 汪劲. 环保法治三十年：我们成功了吗 [M]. 北京：北京大学出版社，2011：338～339.

② 展江，吴麟. 社会转型与媒体驱动型公众参与 [A] //蔡定剑. 公众参与——风险社会的制度建设 [M]. 北京：法律出版社，2009：352～353.

③ 同上注：369～387.

企业和某些地方政府官员的利益，所以阻挠舆论监督的事件时有发生。因此，很多地方出台了一些限制新闻媒体报道环境群体性事件的内部规定。① 互联网的虚拟性使得公众对于自己的言论承担责任的风险大大降低，导致了网络信息真伪难辨、鱼龙混杂。因此，针对网络的舆论监督方式，需要谨慎鉴别，但其毕竟可以督促行政部门依法行政。

网络等新媒体成为公众获得信息的重要平台，有利于信息的公开和透明。但是严格的网络审查加上官方媒体的"舆论引导"妨碍了新媒体信息传播中的"去伪存真"的过程。自 2013 年昆明 PX 事件之后，主流媒体发起了"PX 科学保卫战"，主流媒体试图以科学的"权威"来尽量消除普通公众对"PX"项目的反对和担忧。主流媒体将自己设定为"辟谣者"的角色，试图主导讨论过程，科学的不确定性和复杂性被故意遮蔽了。② 例如，人民网环保频道策划了一组文章，题为"不该被妖魔化的 PX，揭开 PX 的神秘面纱"，包括《探析 PX 之惑：PX 产业我们可以不发展吗?》《日本 PX 工厂离居民区仅有 4000 米》《PX 小常识》等文章。央视等媒体也通过中国石油和化学工业联合会副会长、工程院院士等头衔的专家来试图为 PX"正名"。2014 年茂名反"PX"事件之后，关于 PX 的科学争论进一步升级。中央主流媒体组织重点报道了"清华学生捍卫百度 PX 词条"的新闻。《人民日报》发表了《清华化工系学生捍卫"PX"词条"低毒"描述，一次网络空间的科普责任担当》，文章报道了清华学生积极参与百度、人人、知乎等网站的解疑答惑，近 10 人昼夜自发捍卫 PX 低毒属性这个科学常识。PX 词条 6 天内被反复修改 36 次。③ 新华社在其文章《科普：PX 项目问与答》中，引用美国化学教授的话"PX 不属于严重毒性的化工原料"；④ 在另一篇文章中指出"日本是亚洲主要的 PX 出产国之一，其输出量为全球第一……千叶石化区与居民区无

---

① 汪劲．环保法治三十年：我们成功了吗［M］．2011：78．

② 冉冉．中国地方环境政治：政策与执行之间的距离［M］．北京：中央编译出版社，2015：232．

③ 清华化工系学生捍卫"PX"词条"低毒"描述，一次网络空间的科普责任担当［N］．人民日报，2014－04－05．

④ 科普：PX 项目问与答［OL］．新华网：http://news.xinhuanet.com/tech/2014－04/10/c_1110188006.htm．

明显界限；横滨 NPRC 厂区与居民区仅隔一条高速公路”。[①] 然而，主流媒体过分强调了 PX 的所谓低毒，试图提供一个权威、科学的答案，而忽视了环境问题的不确定性和复杂性。最初的厦门 PX 项目被搬迁到漳州偏远的古雷半岛时，在其后的有关报道中，将其宣传为典型的环保和安全的项目，官方还多次组织各方面人马进行参观考察，试图用现实的案例来进一步宣传 PX 的低毒性。然而，2015 年 4 月 6 日的第二次爆炸事件，对周边环境和居民造成的严重威胁和损害让所谓的 PX “低毒、安全” 的说法化为泡影，再一次让主流媒体的环境问题报道的公信力遭到质疑。

五、环境宣传教育对环境健康的促进

（一）国外环境教育的发展

1. 日本的环境教育

日本通过环境立法和政府重视，高度关注生态文明的建设，为后来开展全面而系统的环境教育打开了局面。日本通过持续、务实、有效的环境教育，传播了生态文明理念，培养了人们保护环境的习惯。特别是通过环境教育，使各行各业的人们掌握了保护生态的科学知识和责任意识，因此，研究日本环境教育的发展对我国环境教育的发展具有重要的借鉴意义。

日本对环境教育给予充分的法律和政策等保障。在日本《环境基本法》第 25 条规定：“国家应当采取必要的措施，在振兴有关环境保护的教育与学习好充实有关环境保护的宣传教育活动，加深企（事）业者和国民对环境保护的理解的同时，提高他们参加有关环境保护活动的积极性。” 把环境教育作为一项基本政策写入法律。日本还制定了推进环境教育的专门法《增进环境保护意识和推进环境教育法》。[②] 将环境保护课程贯穿于整个国民教育体系中，针对不同阶段国民教育的特点，制定更具针对性和适用性的课程计划、课程大纲，形成国民环境保护教育的全覆盖和终生教育的格局。

---

① PX 输出量全球第一，日本如何保安全［OL］. 载新华网：http://japan.xinhuanet.com/jpnews/2014-04/14/c_133260405.htm.

② 卢洪友，等. 外国环境公共治理：理论、制度与模式［M］. 北京：中国社会科学出版社，2014：159~160.

2. 美国的环境教育

美国是世界上最早开展环境教育的国家，教育部门、社会团体和学校一直重视环境教育，其成功经验有以下几个方面：一是有坚实的法制保障。1970年，美国国会通过《环境教育法》，提出环境教育的概念。1990年，联邦议会通过《国家环境教育法》，这些法案为美国有效开展环境教育，提高环境教育的质量，为环境教育的法制保障提供依据；二是政府、社会和学校的共同参与，其中环境保护局（EPA）与民间组织环境教育行动组织（EEA）发挥着重要的作用；三是发挥学生的主体作用，设置与学生生活紧密相关的环境项目或专题，充分发挥学生的主观能动性。①

3. 德国与印度的环境教育

德国的环境法律法规制度与公众参与结合比较紧密，其中，环境教育起到了非常重要的作用。德国的环境教育分为学校环境教育和社会环境教育。德国规定，环境教育是中小学的义务。要求学校向中小学生讲授环境知识，使他们懂得人与环境之间的关系并了解环境问题，培养环境意识，珍惜和爱护大自然。20世纪90年代开始，环境教育的内容直接或间接写入联邦各州中小学教学大纲，涉及各个学科。在环境教育的实际执行过程中，各个学校并不是单独开设环保课程，而是将环保融入所有学科，既使学生获得基础知识，又易于促进学生生态观的形成。因此，德国的环境教育形式多样，更注重实效，理论课程渗透环境教育和隐形开发环境教育内容，让师生共同建设生态校园，如一些学校师生一起种植各种花草树木、挖水塘、学生动手建水循环系统等。

印度的环境教育也具有自身的特色。印度的环境教育包括正规的高等教育在内的各界阶层。大学、研究所、学院和众多的其他机构都提供了较好的环境教育。企业也加强了对职工的环境教育。印度的环境教育分为正式的环境教育和非正式的环境教育。正式的环境教育主要是指在学校建立全面的环境教育体系，制定环境科学课程，以及在企业中普及环保知识。非正式的环境教育包括全民环境意识宣传运动、国家绿色俱乐部、全球化学习项目和媒

---

① 常晓薇，孙峰，孙莹．国外环境教育及其对我国生态文明教育的启示［J］．教育评论，2015(5)．

体传播等。这些都有效地提升了印度公众的环境意识和环境素养。①

（二）我国环境教育的发展

随着我国环境保护事业的不断发展，我国的环境教育事业已经取得一定的进步。我国环境教育事业经历了起步、成长与发展的阶段。早在1981年，我国的相关部门为积极推进各个区域的环境教育工作，开办了大量的培训班。意图将环境教育不断融入本地职工教育。《环境保护法》第9条规定："教育行政部门、学校应当将环境保护知识纳入学校教育内容，培养学生的环保意识。"这体现了环境教育的重要性。

环保组织的环境宣传也是我国环境教育的一项重要组成部分。我国绝大多数环境组织主要致力于开展形式多样的活动，促进环境教育与环境意识的提高，包括在各类学校开设环保课程，指导新闻记者进行环保方面的新闻报道；组织环境成员进行野外生态实地考察等。在开展各种活动中，他们常常利用各种媒体和公共平台，包括电视、广播、新闻、杂志、网站、展览、研讨会和沙龙。通过这些形式向公众传播环境知识和环境保护的理念。接受传媒中的环保信息是大众主要的环保经历，经过调查显示：公众接受的环境宣传方式主要有环保电视节目、纪录片、报刊、户外的环保公益广告或标语、宣传环保知识的传单或手册等，公众通过这些宣传方式获取环境保护的相关信息。②

环境教育的受众不仅要面向普通公众和学生，更要面向政府官员，即各级领导干部和政府公务人员。环境政治学者冉冉通过研究认为，地方环境管理者对环保价值理念的认同感不强，大多数官员的环境意识有待提高，其对自然、生态和环境问题的看法仍处于"物质主义"价值观阶段，受到"发展主义"和"消费主义"思潮的影响很深。地方环境管理官员很清楚自己在日常工作中没有严格执行国家的相关环境法律法规和政策，但是，很多官员并

---

① 卢洪友，等．外国环境公共治理：理论、制度与模式［M］．北京：中国社会科学出版社，2014：336~340．

② 郭小平，环境传播：话语变迁、风险议题建构与路径选择［M］．武汉：华中科技大学出版社，2013：10．

未表现出内心的愧疚和自责。[①] 领导干部的环境教育的缺失，可以从党校、行政学院的培训课程和安排可见一斑。党校和行政学院的环境教育的课程设置、培训内容和师资都存在问题。其环境教育的时间短、强度弱、课程比重低、随意性大，很难融入主体政治思想道德教育的框架，甚至与主体课程发生理念冲突。党校“主体班”的课程设置中，思想政治和道德方面的课程比重占60%～70%左右。[②] 但是，环境教育并没有取得一席之地，环境课程多以解决问题的“专题班”形式开展，时间很短，一些内容拼凑，这种短期速成的课程能否真正起到环境教育的功能受到质疑。[③]

（三）环境教育与环境健康

不论是通过学校教育还是环保组织的环境宣传，对公众的环境知识、环境意识、环境保护能力都将有极大的促进作用。环境教育在我国生态文明建设以及环境健康风险意识的培养中都发挥着重要的促进作用，通过上文的论述，国外成功的环境教育经验对我国的环境教育的发展提供了很好的经验。建立环境教育法律制度为其提供坚实的法律保障，实现政府、社会和学校环境教育的协同促进发展。学校的环境教育在环境课程内容中采用渗透式，教学注重实效性。我国生态文明环境教育应加强领导、注重相关基础研究，构建符合我国国情的环境教育的法律和制度体系，发挥政府、社会和学校的协同作用，尤其加强对政府官员的环境教育的传授与宣传，实现教学方法、教学评价体系的创新等。因此，不断加强环境教育，对提高人们的环保意识、环境健康风险的认识与防范，具有促进作用。

参考文献

[1] 周厚中．环境保护的博弈［M］．北京：中国环境科学出版社，2007，11.

---

① 冉冉．中国地方环境政治：政策与执行之间的距离［M］．北京：中央编译出版社，2015：120.

② 赵勇．“主义”认同与“问题”探析——中央党校“主体班”课程的政治学分析（1990～2010）［J］．青年研究，2011（6）.

③ 冉冉．中国地方环境政治：政策与执行之间的距离［M］．北京：中央编译出版社，2015：121～127.

[2] 谭森，许金禅，何爱桃，贺栋梁，让蔚清. 湖南省某市居民经大米途径镉暴露的风险概率评估 [J]. 中华疾病控制杂志，2014 (8).

[3] 范华斌. 环境健康风险的公众感知 [M]. 北京：经济科学出版社，2014.

[4] [英] 安东尼·吉登斯. 失控的世界 [M]. 周红云，译. 南昌：江西人民出版社，2001.

[5] 陈阿江，程鹏立. 村民是如何化解环境健康风险的？[J]. 南京农业大学学报 (社会科学版)，2011 (2).

[6] 朱海忠. 环境污染与农民环境抗争 [M]. 北京：社会科学文献出版社，2013.

[7] 陈阿江，等. "癌症村"调查 [M]. 北京：中国社会科学文献出版社，2013.

[8] 中国疾病预防控制中心承担淮河流域重点地区恶性肿瘤流行病学调查工作任务 [OL] [2005-08-19]. http://www/chinacdc.cn/zxdt/200508/t20050819_30963.htm.

[9] [丹] 波尔·哈勒莫斯. 疏于防范的教训：百年环境问题警世通则 [M]. 北京师范大学环境史研究中心，译. 北京：中国环境科学出版社，2012.

[10] [美] 索尔谢姆. 发明污染：工业革命以来的煤、烟与文化 [M]. 启蒙编译所，译. 上海：上海社会科学院出版社，2012.

[11] 李华强，范春梅，贾建民，王顺洪，郝辽钢. 突发性灾害中的公众风险感知与应急管理——以5.12汶川地震为例 [J]. 管理世界，2009 (6).

[12] 石利利，蔡道基，庞国芳. 有毒有害化学品在体脂中的蓄积及健康风险分析 [M]. 北京：中国环境出版社，2014.

[13] 倪彬，王洪波，李旭东，梁剑. 湖泊饮用水源地水环境健康风险评价 [J]. 环境科学研究，2010 (1).

[14] 于云江. 环境污染的健康风险评估与管理技术 [M]. 北京：中国环境科学出版社，2011.

[15] 于云江，等. 环境污染与健康特征识别技术与评估方法 [M]. 北

京：科学出版社，2014.

[16] 左玉辉，等．环境学原理 [M]．北京：科学出版社，2010.

[17] 吕忠梅．根治血铅顽疾回归法治 [N]，南方周末，2011－05－26 (9～10).

[18] 孟根巴根．探析环境风险预防原则在我国的适用 [J]．求是学刊，2012 (2).

[19] 毕军，曲常胜，黄蕾．中国环境风险预警现状及发展趋势 [J]．环境监控与预警，2009 (10).

[20] 李日邦，王五一，等．中国国民的健康指数及其区域差异 [J]．人文地理，2004 (3).

[21] 李湉湉．环境健康风险评估概述及其在我国应用的展望 [J]．环境与健康，2015 (3).

[22] 环境保护部宣传教育中心．环境保护基础教程 [M]．北京：中国环境出版社，2014.

[23] 卢洪友，等．外国环境公共治理：理论、制度与模式 [M]．北京：中国社会科学出版社，2014.

[24] 吕姿之．环境健康教育与健康促进 [M]．北京：北京大学医学出版社，2005.

[25] Oran R. Young Leslie A. King Heike Schroeder，等．制度与环境变化 [M]．廖枚，等，译．北京：高等教育出版社，2012.

[26] 高明，郭施宏．环境治理模式研究综述 [J]．北京工业大学学报（社科版），2015 (6).

[27] 肖建华．生态环境政策工具的治道变革 [M]．北京：知识产权出版社，2009.

[28] 黄恒学，何小刚．环境管理学 [M]．北京：中国经济出版社，2012.

[29] [德] 托马斯·海贝勒，[德] 迪特·格鲁诺，李惠斌．中国与德国的环境治理——比较的视角 [M]．北京：中央编译出版社，2012.

[30] 刘超．政府、企业与公众环境保护中的三方博弈分析与数学模型的构建 [J]．数学学习与研究，2010 (23).

[31]［美］雅各布斯，凯莉．洛杉矶雾霾启示录［M］．曹军骥，等，译．上海：上海科学技术出版社，2014.

[32]［荷］皮特·何，［美］瑞志·安德蒙．嵌入式行动主义在中国——社会运动的机遇与约束［M］．李婵娟，译．北京：社会科学文献出版社，2012.

[33] 冉冉．中国地方环境政治：政策与执行之间的距离［M］．北京：中央编译出版社，2015.

[34] 盛涛．人大监督的性质及其完善途径［J］．党政干部学刊，2007(9).

[35] 刘乐明，何俊志．谁代表与代表谁？十一届全国人大代表的构成分析［A］．中国治理评论第4辑［M］．北京：中央编译出版社，2013.

[36]［美］理查德·拉撒拉斯，奥利弗·哈克．环境法故事［M］．曹明德，等，译．北京：中国人民大学出版社，2013.

[37] 李艳芳．公众参与环境影响评价制度研究［M］．北京：中国人民大学出版社，2003.

[38] 王蓉．中国环境法律制度的经济学分析［M］．北京：法律出版社，2003.

[39] 中共共产党第十六次全国代表大会政治报告.

[40] 中共共产党第十七次全国代表大会政治报告.

[41] John Glasson，Riki Therivel，Andrew Chadwick. 环境影响评价导论［M］．鞠美庭，等，译．北京：化学工业出版社，2007.

[42] 朱谦．公众环境保护权利构造［M］．北京：知识产权出版社，2009.

[43] 陈家刚．协商民主［M］．上海：上海三联书店，2004.

[44] 王锡锌．公众参与和行政过程——一个理念和制度分析的框架［M］．北京：中国民主法制出版社，2007.

[45] 陈虹．环境与发展综合决策法律实现机制研究［M］．北京：法律出版社，2013.

[46] 孙法柏，魏静．环境影响评价公众参与机制的比较和借鉴——以奥胡斯公约为中心［J］．黑龙江政法干部管理学院学报，2009 (1).

[47]［法］古斯塔夫·勒庞．乌合之众——大众心理研究［M］．冯克

利，译．北京：中央编译出版社，2005.

[48] 郭小平．环境传播：话语变迁、风险议题建构与路径选择［M］．武汉：华中科技大学出版社，2013.

[49] 汪劲．环保法治三十年：我们成功了吗［M］．北京：北京大学出版社，2011.

[50] 蔡定剑．公众参与——风险社会的制度建设［M］．北京：法律出版社，2009.

[51] 赵勇．“主义”认同与“问题”探析——中央党校“主体班”课程的政治学分析（1990~2010）［J］．青年研究，2011（6）.

第八章

环境与健康损害的民事救济机制

当个人的生活环境和工作环境有健康风险的担忧时，可通过事前的法律预防和监管规避风险；而在健康损害已经成为事实之后，普通公民可以通过民事、行政乃至刑事方式获得救济。在这几种救济方式中，最常见也更为人们所采用的就是以自己的力量来弥补损失。

第一节　民事救济方式的分类

民事救济是通过让侵权人承担民事责任的方式来获得法律上的支持，《民法通则》第 134 条列举的承担民事责任的 10 种形式包括停止侵害，排除妨碍，消除危险，返还财产，恢复原状，修理、重作、更换，赔偿损失，支付违约金，消除影响、恢复名誉，赔礼道歉。就环境造成健康损害的法律后果而言，《环境保护法》第 41 条规定，“造成环境污染危害的，有责任排除危害，并对直接受到危害的单位或个人赔偿损失”，即规定了“排除危害”和“赔偿损失”两种民事责任形式；《水污染防治法》第 55 条第 1 款、《大气污染防治法》第 90 条、《环境噪声污染防治法》第 61 条第 1 款等都作了类似的规定，上述法律均把“排除危害”和“赔偿损失”作为承担民事责任的主要方式。结合民事立法的规定，适用于环境污染案件的民事责任方式可以有五种，即停止侵害、排除妨碍、消除危险、恢复原状、赔偿损失。不过，民事权利的受害人如何让侵害权利的一方承担民事责任，则可以通过不同的方式来进行。具体来说，按照与国家强制力的关系来划分，可以将民事救济方式区分为自力（私力）救济、社会救济和公力救济；而根据是否寻求司法救济来划分，则可以区分为诉讼方式和非诉（诉讼外）方式。不同救济方式的选择实际上意味着当事人在自我利益上的衡量。

第二节　通过诉讼获得救济

据统计，2002～2011年的十年间，全国法院共受理环境刑事犯罪案件81 844件，占同期刑事一审案件的1.16%；环境民事一审案件19 744件，占同期民事一审案件的0.04%；环境行政一审案件15 749件，占同期行政案件的1.49%。[①] 一方面是环境纠纷频发，另一方面则是进入诉讼程序的案件数量少之又少，除却人们的法律意识不强，作为专业人士从事的诉讼事项所需要的证据规则亦成为诉讼方式不能彰显的障碍。而在环境纠纷案件中，往往涉及环境科学领域，专业性极强，案件中所要运用到的证据更是需要科学家的专业辅助，证据的搜集、认定以及诉讼程序中环境侵害与损害后果之间的因果关系等因素，是人们在通过诉讼方式获得救济不得不正视的难题。

一、证据

证据是汉语中比较常用的词语，根据《辞海》中对证据的定义："法律用语，据以认定案情的材料"，可以看出，证据更多是与诉讼联系在一起。由于存在不同性质的诉讼程序，因此也就存在民事诉讼证据、行政诉讼证据和刑事诉讼证据，具体指代不同诉讼程序中所运用到的证据形式。我国目前

---

① 袁春湘．2002年～2011年全国法院审理环境案件的情况分析［J］．《法制资讯》，2012（12）．

尚未制定统一的《证据法》，因此关于证据的规定散见于三部不同的诉讼法中。《民事诉讼法》第63条规定了八类证据，包括当事人的陈述、书证、物证、视听资料、电子数据、证人证言、鉴定意见、勘验笔录，同时规定“证据必须查证属实，才能作为认定事实的根据”。《行政诉讼法》中的八类证据与《民事诉讼法》大致相同，只是增加了一种证据“现场笔录”。基于《刑事诉讼法》的特殊性，立法中规定的种类与《民事诉讼法》和《行政诉讼法》略有不同，除了物证、书证、证人证言、鉴定意见、视听资料和电子数据等证据种类外，还有被害人陈述、犯罪嫌疑人、被告人供述和辩解以及勘验、检查、辨认、侦查实验等笔录类证据；更为重要的是，《民事诉讼法》和《行政诉讼法》并未对证据进行界定，而在《刑事诉讼法》第48条明文规定：“可以用于证明案件事实的材料，都是证据。”因此，对于证据的认识一般是将其作为证明材料来看待的，诉讼中所指的证据，就是指证明案件事实存在与否的根据。当然，虽然定案根据都是证据，但是证据并不一定都能够成为认定案件事实的根据。

在不同性质的诉讼程序中，证据的资格标准并不完全相同，但仍然存在一般的共性标准，包括客观性、关联性和合法性。只有同时具备上述三个属性的证明材料才能够成为证据，因此这三个标准亦被理解为证据的属性或特征。

（一）客观性

证据的客观性是指证据应该具有客观存在的属性，即证据应客观存在，不以任何人的主观意志为转移。无论是在民事诉讼、行政诉讼或是刑事诉讼程序中，采纳的证据都必须具有客观存在性，具体包括形式和内容的客观性。在诉讼活动中，当事人和其他诉讼参与人在提交证据时必须提供客观真实的证据，不得伪造、变造和篡改证据；人民法院在调查收集、审查核实证据时，应当保持客观公正，不偏向任何一方当事人。当然，由于在举证、质证和认证过程中需要人为的判断，如法官认识过去事实的过程，是在当事人双方和法官的共同参与下，最大限度再现已经发生的事实的过程。过去的事实需要双方当事人提供证据，并对其中的矛盾予以充分的解释，使法官在法庭上能够最合理地重新建构过去的事实存在。判断证据的“形式”是“客观”的判断、是事实判断，而判断证据的“内容”是“真实”的判断、是价值判断。因此，归根结底，判断整个“证据”的“客观性”夹杂着判断人的主观意志，如此证据不可避免地带上主观化的烙印。为了尽量保证主观判断的客观化，在诉讼程序中通过确立举证责任及其分配规则，为最大限度发现客观真相提供了制度保障。

（二）关联性

证据的关联性又称证据的相关性，是指证据必须与待证的案件事实之间存在内在的联系。按照哲学的看法，客观事物之间的联系是普遍存在的，但是这种普遍存在的联系并不一定都具有法律意义，只有对于认定案件事实有帮助的证明材料才有法律意义。证据对于案件事实的证明能力大小不一，因此对于这种能力的要求需要达到一定的标准。对于当事人和法院来说，无论是调查收集证据或是调查审核证据，都应将范围集中在与案件有关的证明材料上。

（三）合法性

证据的合法性是指作为定案依据的证明材料必须符合法定的存在形式，并且在其适用程序上也必须符合法律规定，通常认为，证据的合法性包括三个方面的内容：一是存在形式合法，证据必须具备法律规定的特定形式要求；二是证据的取得合法，即当事人和法院调查收集证据都必须符合法律规定的手段和程序；三是证据的提交和认定程序合法，只有经过法定的程序，才能够作为认定事实的根据。总之，证据必须在主体、形式和程序上符合法律的规定，才能够被采纳。在现代法治社会中，强调证据采纳的合法性标准，对于当事人和法院而言具有重要的意义。

二、科学证据

关于科学证据的认识并不统一，截至目前，国内外还没有达成一致的看法。国内的多数学者大都是以科学作为切入点，以既有的证据种类作为参照系，概括性地给出科学证据的内涵，[①] 但仔细分析就会发现，这些内涵又大都失之空泛，缺乏实质性意义。[②] 国外学者大都从科学证据的外延入手对具体的种类加以列举，而不对其内涵进行清晰的界定或者做概括性的描述和分析。[③] 学界的观点是一方面，但是如果把注意力放在立法上，就可以看到不一样的认识。以美国为例，其对科学证据的界定来自于《联邦证据规则》第702条，"具有知识、技艺、经验、训练或教育的专家证人，因具备科学、技术或其他特殊知识，能够协助事实审理者理解证据或决定待证事实，得以意见或其他方式作证"。[④] 因此，美国科学证据出现在诉讼中的方式是由专家证人（expert witness）作为中介，表现出来则是专家证人陈述意见；换言之，如果没有专家证人，科学证据不可能呈现在法庭之上，科学证据与专家证人是结合在一起的。这是因为科学具有相当程度的专业性，而对于法官来说，科学检验的结果到底如何并不清楚，所以需要专业人士参与诉讼，通过专家证人表达意见。而在德国和日本等国家，立法中并没有规定专家证人的概念，而是通过以专业知识协助法院判断证据的鉴定人来完成，所以同样要通过科

---

① 台湾地区学者认为，"藉法科学进行采证而取得之证据，即可视为科学证据"，参见蔡墩铭．刑事证据法论［M］．五南图书出版公司，1997：5；何家弘认为物证及其相关的鉴定结论等证据为科学证据，具体可参见何家弘．法院杂谈［M］．中国检察出版社，2000：155～156；有的学者则认为，科学证据是具有一定技术水平，但同时要么由于其技术的可靠性难以得到科学界的一致肯定，要么由于其对人权的巨大侵犯而被许多法学家所排斥而导致其许容性经历了或者正经历着一个不断被肯定和否定的反复过程的证据种类。参见樊崇义．刑事诉讼法实施问题与对策研究［M］．中国人民公安大学出版社，2001：289.

② 杨波．对科学证据的反思——以程序为视角的关照［J］．当代法学，2005（6）：43.

③ 如美国证据法学家乔恩·R．华尔兹认为科学证据包括13个方面：（1）精神病学和心理学；（2）毒物学和化学；（3）法医病理学；（4）照相证据、动作照片和录像；（5）显微分析；（6）中子活化分析；（7）指纹法；（8）DNA检验法；（9）枪弹证据；（10）声纹；（11）可疑文书证据；（12）多电图仪测谎审查；（13）车速检测。参见［美］乔恩·R．华尔兹．刑事证据大全［M］．何家弘，等，译．中国人民公安大学出版社，2004：456～582；日本学者田口守一则认为科学证据涉及以下方面：（1）拍照、摄相；（2）采集体液；（3）监听；（4）测谎器检验结果；（5）警犬气味结果；（6）声纹鉴定和笔记检验；（7）DNA（基因）鉴定，参见［日］田口守一．刑事诉讼法［M］．刘迪，等，译．法律出版社，1999：239～242.

④ If scientific, technical, or other specialized knowledge will assist the trier of fact to understand the evidence or to determine a fact in issue, a witness qualified as an expert by knowledge, skill, experience, training, or education, may testify thereto in the form of an opinion or otherwise.

学家运用科学的专业知识帮助法院来进行事实认定。①

借助科学证据的背后在于客观真实的发现，人们相信能够通过科学还原过去的事实。在我国，《民事诉讼法》对科学证据虽无直接的规定，但是从证据种类乃至具体证据的运用，立法涉及科学证据时所遵循的法律程序，如将体现科学证据的诉讼证据从“鉴定结论”改为“鉴定意见”，鉴定人应当事人的要求必须出庭作证等。这些条款的变化充分说明：法官在面对科学证据的时候不似以前完全承认其有效性！科学证据与诉讼证据从学科的角度来说并不相同，自然科学在探索的过程中需要不断地证伪，而这源于科学本身的不确定性以及科学的不当使用；在面对需要运用科学证据说明诉讼中的事实之时，诉讼当事人可能会基于科学的不确定性而提出不同的解释，并且寻求不同的专家来支持各自的主张。

对于法官而言，面对专业人士在法庭上提出的不同的科学证据，应该如何确立科学证据的有效性？即便是美国成文法中对科学证据有所规定，审查科学证据的标准却仍然需要司法机关去具体确定。1993 年，美国联邦最高法院在 Daubert 诉 Merrell DowPharmaceuticals 案②中推翻了 1923 年 Frye 诉 United States 案③中所运用的“普遍接受”（general acceptance）标准④，认定联邦法官应审查鉴定证据，检视专家证人提出的科学推理及方法是否在科学上有效，

① 科学证据运用的差别还在于诉讼参与人的地位。美国实行当事人主义，人证中的专家证人势必成为某一方当事人的证人，辅助当事人进行诉讼；而在大陆法系国家，鉴定人具有相对中立的地位，其目的在于辅助法院对事实审理。

② 509 U. S. 579（1993）. 本案原告 Daubert（Jason Daubert）和 Eric Schuler 起诉美乐公司（Merrell Dow Pharmaceuticals, Inc.），主张他们的母亲由于在怀孕期间服用其生产的盐酸双环胺治疗清晨呕吐，导致两人出生时有缺臂的生理缺陷。原告的证据是将已发行的期刊论文资料流行病学分析构成，用来支持其诉讼请求。神立法院认为原告的证据不充分，因为该证据不符合所属领域中被普遍接受的程度。上诉法院维持原判。

③ 293 F. 1013（D. C. Cir. 1923）. 本案当事人弗耶（James Alphonzo Frye）被控二级谋杀罪，专家对被告测谎后认为被告并未说谎，辩方律师因而要求此领域的科学家作为专家证人检验测谎检查的结果，但遭到检控方的反对，法院也驳回辩方的提议。辩方律师随后提出由专家证人在法庭上进行测谎的要求也被拒绝。辩方律师主张：专家或者特殊技能的人的意见，在某些案件中作为证据，如果是未受过训练或没有经验之人不太可能作出正确判断。因此为了了解涉及科学的事项，需要先前的惯例、经验或研究。当问题不属于普通知识或经验的判断范围时，某科学专门领域的人的意见具有证据能力。最高法院认为测谎检查在相关科学领域并未达到普遍接受的程度，因此认定不允许该项证据。

④ 一般认为，“普遍接受”标准包括两方面的含义：一是该证据来自科技领域；二是该证据所赖以建立的科学原理以及技术方法已经获得本领域中的专家们的普遍接受。此后，法院在审理案件时，如果决定采信科技证据，那么前提条件是该科技证据必须已经达到被“普遍接受”的标准。

与待证事实的关联性是否可靠。在本案中，联邦最高法院认为联邦法官应依据《联邦证据规则》（Federal Rules of Evidence）第702条判断科学证据（scientific evidence）的证据能力，并认为本条中的“科学知识”是指以科学方法产生的推论（inference）或主张（assertion），其有效性须已获得适当证实，专家证言应能帮助事实裁判者确认该证言与案件有关联性（relevance），或与问题争点之间具有有效的科学关联性（valid scientific connection）。[①] 因此，联邦法院对于专家证人所提交的证言，在采信或是排除之前，应审查其推理或方法在科学上是否有效，从而拒绝使用1923年起确立的“普遍接受”标准。与之前的审查科学证据的标准不同，此次判例要求法官必须对科学方法或数据加以审查，审查以往对法律人来说完全生疏的试错率、对照组、标准变量、相对风险、统计有效值等概念，并且要进行发问。对于法官而言，法律人士去审查科学上的有效性是个难题，[②] 因此，联邦最高法院对于专家证人所提出的证言（意见）是否符合科学上有效的原则，提出一系列的标准以便让法官能否在审查时按图索骥：[③]（1）该理论或技术应能接受实证检验（empirical test），应审查其应用的方法或技术能否或已经过实验；（2）该理论或技术是否曾为同行审查（peer review）或在专业期刊上发表（publication）；（3）特别的科学技术法院也应考虑已知或潜在的错误比率（the known or potential rate of error）及有无建立客观的应用或技术操作标准（existence and maintance of standards controlling the techniques operation）；（4）Frye案所揭示的普遍接受原则也应成为了解的重点。如果把Daubert案与Frye案相比，到底是提高或是降低了科学证据的证据能力标准，这可能还是要回到个案中去具体考量。[④]

---

① 509U. S. 590（1993）.

② 由于本案中的判决法官可能不慎重地引用了卡尔·珀普尔的可证伪性概念，作为科学陈述的界定标准，最高法院就开始和科学哲学纠缠不清。首席大法官伦奎斯特就抱怨他自己或是大多联邦法官都搞不清可证伪性是个什么东西，而本案的多数意见看起来是要求法官成为业余科学家——一个法官未曾接受训练且不可能擅长的角色。

③ 509 U. S. 598（1993）.

④ 据调查，32%的法官认为Daubert案意在提高标准，23%的法官认为降低标准，还有36%认为既非提高也非降低，而是阐明了证据能力的架构。参见Gatowski SI, Dobbin SA, Richardson JT, Ginsburg GP, Merlino ML, Dahir V. 2001. Asking the gatekeepers: a national survey of judges on judging expert evidence in a post-Daubert world. Law Hum. Behav. 25: 433～458.

1999年，美国联邦最高法院在Kumho Tire Co.，Ltd. 诉Carmichael一案[①]中，将Daubert案的上述原则，扩大适用于其他科技知识领域，认为即使鉴定人不是科学家而是工程师或技术人员也可适用，只要是鉴定得来的证据即可；因为《联邦证据规则》第702条并未区分“科学知识”与“技术知识”或“其他专业知识”，只是规定任何知识都可能成为专家证言。事实上，强行区分“科学知识”以及“技术知识”或其他专业知识本身亦是困难。联邦最高法院指出，法官决定专家证言的证据能力，可以考虑Daubert案件中提到的特定因素，强调四个审查因素并非要逐一核对。事实上，除了要求试验的精确度，法官还要确定如何评价大量的专业人士根据各种方法进行的日常操作以及严格控制的实验。[②] 具体到民事案件，比如制药公司并无内在动力对产品的安全性或有效性加以测试，这就是强制测试的法律规定有时存在的原因。一旦产品被批准上市，对于公司来说对其了解的越少越好。当原告开始怀疑其副作用，依据Daubert判例的话他们的主张经常会在审前听审程序中即告失败，因为有限的证据意味着他们的专家甚至不能在庭审中作证，这样Daubert判例就讽刺性地变成了提升产品科学知识的抑制因素。为改善这一难题，可以考虑程序设置：当一方当事人实质上有更强的收集数据的能力时，举证责任可以转由此方当事人承担；如果不能举证，可允许另一方的专家就存在的有限知识作证。[③]

其实，就科学证据的鉴定而言，借鉴美国判例的经验，在证据制度的传承方面并不存在难度。美国法庭之所以设定审查科学证据的诸多标准，乃是将避免垃圾科学进入法庭视为法律问题而非科技问题。在涉及科学证据的情

---

① 本案发生于1993年，一辆行驶中的小货车由于爆胎导致翻车，一名乘客死亡、数人受伤。死者家属及幸存者以轮胎制造和设计有瑕疵为由对轮胎制造商和销售商提起诉讼。原告提出一名机械工程师Carlson作为专家证人，证人鉴定认为爆胎是因为制造或设计缺陷，理由有二：一是其已目测并触摸检查轮胎；二是认为理论上轮胎如因过度使用爆胎，会存在四个特定的物理特征，如果缺少两个以上特征，爆胎原因便指向制造或设计缺陷。被告在地方法院申请排除该鉴定人的专家证言获得法院准许，但上诉法院认为地方法院将Daubert案的标准应用在轮胎鉴定意见上法律适用错误，只应适用于科学知识，因此撤销原判并发回重审。

② Seton Hall Symposium 2003. Expert admissibility symposium：What is the question to which standards of reliability are to be applied? Seton Hall Law Rev. 34：1～388.

③ Michael J. Saks，David L. Faigman. Expert Evidence after Daubert. Annual Review of Law and Social Science（2005），Vol. 1，pp. 127～128.

况下，鉴定人实际上分担了法官必须认定事实的职能，由于法官对科学证据无法根据经验法则加以认定，在这种情况下只能借助相关领域专业人士的意见作出判断，这也就不难理解为何鉴定证据具有相对独立的法律地位。按照诉讼法理，法官事实审理要对证据资格以及证据的证明力、依据自由心证进行判断；但在必须将事实交付鉴定并由专业人士出具鉴定意见的情况下，法官应全面考量相关科学知识并依据法律进行判断，从而避免出现认知上的谬误。不过，对于法官来说，利用科学知识得出结论必须具备一定程度的专业基础。作为外行人士，法官只能考量形成鉴定意见的理论、原则或方法，并通过鉴定人的解释，才能对鉴定意见作出权威的裁判结果，这个过程不仅适用于对科学证据资格的确定，同样适用于对证据证明力的判定。因此，对于鉴定人来说，能否从专业的角度说服法官接受己方的鉴定意见便成为诉讼的中心议题，科学证据必须接受科学有效性①与否的检验；对于法官来说，除却科学证据的专业特性外，科学证据的运用应依据证据能力以及证明力的相应证据规则检视，毕竟，科学证据是否存在非法收集、是否与待证事实关联等仍然是需要解决的问题。认定科学证据具有证据能力，应保证证据是以法律规定的形式或方式来收集，否则即违反非法证据排除规则；② 同时，证据能力的认定还需明确证据与待证事实应存在关联性；如果不存在关联性，应排除其证据能力。

法官认定科学证据欲证明的事实，除了遵守法定的证据规则之外，尚有赖于法官的自由判断。《最高人民法院关于适用〈中华人民共和国民事诉讼法〉的解释》（法释〔2015〕5 号，以下简称《民诉法司法解释》）第 105 条规定："人民法院应当按照法定程序，全面、客观地审核证据，依照法律规定，运用逻辑推理和日常生活经验法则，对证据有无证明力和证明力大小进行判断，并公开判断的理由和结果。"本条规定意指基于相信法官的理性判断，从而赋予法官自由判断证据能力和证明力的权力。尽管如此，自由判断并非是法官的恣意判断，而应是合理判断。就科学证据而言，如果鉴定人出

① 所谓科学有效性，是指作为科学证据的基础原理以及科学证据运用的技术和推理在科学上可靠。

② 《民事证据规定》第 68 条规定：以侵害他人合法权益或者违反法律禁止性规定的方法取得的证据，不能作为认定案件事实的依据。

具的鉴定内容是基于科学知识和方法所得出的有效专业性判断，此鉴定内容应拘束法官的自由判断，保证法官心证的合理性。科学证据是由鉴定人依据所掌握的专业知识，运用科学技术或者科学推理等方法，对鉴定事项所得出的结论。在法官基于科学方法所推导出结论的整个过程审查无误后，则法官应受鉴定结论的约束；如果法官不愿受鉴定结论的拘束，则应按照《民事诉讼法》[①] 及《民诉法司法解释》的要求，在判决理由中说明鉴定人的科学推导过程存在问题导致结论无效，因此不予采纳。在民事诉讼中，按照《民事诉讼法》的规定，“当事人可以就查明事实的专门性问题向人民法院申请鉴定。当事人申请鉴定的，由双方当事人协商确定具备资格的鉴定人；协商不成的，由人民法院指定”。亦即当事人可以选择鉴定人，同时，“当事人可以申请人民法院通知有专门知识的人出庭，就鉴定人作出的鉴定意见或者专业问题提出意见”。在这种情况下，鉴定人和专家同时出现，两者相比，鉴定人更具有中立性，而专家则具有从属于当事人的党派性，辅佐提出一方的当事人进行诉讼。因此，对于要证明的事项，如果是原告提出的专家，则此专家具有从属于原告一方证人的性质；反之，如果是被告提出的专家，其证言具有反证的性质，能够使法官动摇心证即可。

科学知识不同于其他知识，通过不断地证伪，科学家追求真实，希望逻辑与客观一致。作为社会科学的法律制度，亦是在追求规律，希望对于人类和社会现象提出理解和系统化解释，只不过这种理解和解释与自然科学知识相比客观性不强，也无法量化达到精确；在诉讼中，发现真实亦是诉讼目的，将追求真实的科学知识运用于诉讼上在这个方面达成一致。运用科学知识追求诉讼上的真实，所面临的问题即是科学证据的运用。虽然世人越来越迷信科学，坚信科学的合理性与客观性，但在诉讼发现真实的过程中，法官要认定案件事实，却需要反过来审查科学证据的有效性，方能决定是否采信科学证据并认同科学证据的证明力，这其实也在说明：法官应保持对科学证据的警惕性，以免迷信科学而牺牲利用科学证据发现真实的诉讼本意。

---

① 《民事诉讼法》第152条明确规定：判决书应当写明判决结果和作出该判决的理由。

三、如何证明因果关系

毫无疑问，依赖于化工、激光、红外线产品的工业革命导致科技时代的来临，每个人直接或间接地享受通常会产生有害的环境污染，这种污染悄无声息甚或经年累月；不过当今的人们越来越认识到环境污染的严重后果，如甲醛在家庭装修中的污染使人们更倾向于选择更为环保的材料。尽管如此，目前的环境诉讼中的损害后果并不能迅速、便捷地确定污染源，但如果提起诉讼，首当其冲的任务即是确立损害后果与污染源之间的因果关系。之所以如此，是因为按照现行的立法和审理要求，因果关系的成立需要原告来证明。[①] 如果原告能够在行为与损害之间建立起充分的因果关系，那么被告方就必须就不存在因果关系或免责事由承担起举证责任。这样造成的结果就是原告为证明事实责任过大，其很有可能需要掌握环境工程、医药科学、定性与定量盖然性、事实上和法律上的因果关系等一系列综合性的科学知识，以便说服法官其已完成证明责任。许多案件中，识别污染源或者找到适格的被告就是不可能完成的任务，因为被告可能在多年前制造、处理了污染物质，而当时原告并未因此而受害，这样原告可能就不会想到保留证据，以便将其受害与特定污染源或特定被告联系起来。何况，就现实的环境污染来说，在原告本身面临各种环境风险时，如何证明是此污染源而非彼污染源造成其损害，这在认定事实因果关系时并非易事。如果经过了若干年后原告再就其损害向当初实施行为的被告提出赔偿要求时，诉讼时效的限制也是值得考虑的问题。

在因果关系相关理论的发展过程中，基于法律体系的要求派生出不同的理论。

（一）条件理论

最基本的条件理论认为，原因是结果的必要条件，与结果发生相关的一切前行事实都被视为条件，所有条件同等重要，只要有一个条件不存在则后

---

① 如《民事诉讼证据若干问题的规定》第4条规定，下列侵权诉讼，按照以下规定承担举证责任……（三）因环境污染引起的损害赔偿诉讼，由加害人就法律规定的免责事由及其行为与损害结果之间不存在因果关系承担举证责任……

续结果就不会发生，因此条件理论又称“全部条件等价理论”。[1]

（二）相当因果关系理论

由于条件理论割裂了事实判断和价值判断，将哲学上的因果关系与语法学上的因果关系混为一谈，19 世纪德国 von Kries 教授在法律体系中开始运用数学上的概率理论，来解释法律中的因果关系，[2] 其认为先行事实如果是后行事实的相当性原因，必须符合两个要件，一是必须是此损害的必要条件，二是必须提高到此损害发生的客观概率到一个显著程度。举例言之，马车夫因为打瞌睡而偏离正常路径，但乘客因此而被雷电击毙；在理论上，由于马车夫的疏忽导致行经雷击之处，此疏忽为乘客死亡的必要条件，但是由于在雷雨天气中偏离正常路径并未实质增加被雷击的客观概率，所以此疏忽与乘客死亡之间无法成立相当因果关系。总之，相当因果关系的重点即是在行为人的不法行为增加被害人既存状态的危险，或是行为人使受害人暴露于与原有危险不同的危险状态，行为人的行为就构成结果发生的相当性原因。相当性因果关系理论在德国、希腊、奥地利和葡萄牙仍然占据支配性的地位，至今仍在上述司法实践中运用。德国侵权行为法中因果关系必须要以相当因果关系理论加以检验。[3] 在实践中，德国联邦法院主张，损害应否赔偿，首先须认定其有无相当因果关系，其次再探究其是否符合法规之目的。换言之，加害行为与损害之发生之间虽有相当因果关系，但在法规目的之外者，仍不得请求损害赔偿。[4]

（三）事实因果关系与法律因果关系理论

英美侵权行为法对于因果关系的认识采取了一种“两分模式”，即将因果关系分为事实上的因果关系和法律上的因果关系。所谓事实上的因果关系，是指不论损害发生是否仍有其他原因，只要被告行为促成损害发生，即应认

---

① 林山田. 刑法通论［M］. 北京：北京大学出版社，2012：184～186.

② Hart, Honore. Causation in the Law. 2nd ed. Oxford：Clarendon，1985. pp. 469～470.

③ 冯·巴尔. 欧洲比较侵权行为法［M］. 法律出版社，2001：527. 如德国法院有一民事案例，被告因故拖延船只，导致隔日天气变化遭遇暴风受损，拖延成为该损失的必要条件，且实际增加船只受损的风险，因此认为两者间具有相当因果关系。具体参见 Spier，Busnelli. Unificaiton of tort law：causation. The Hague；London：Kluwer Academic，2000：132.

④ 王泽鉴. 侵权行为法（第一册）［M］. 北京：中国政法大学出版社，2001：221～222.

定具有因果关系；而所谓法律上的因果关系，是考量受害人行为以外的其他因素是否降低或免除受害人的法律责任，即责任限制问题。① 一旦认定行为人的行为与损害事实之间存在法律上的因果关系，行为人就要承担损害赔偿责任。此时，法律原因（近因）蕴涵着过失（可预见性），主客观统一在因果关系中得到高度的体现，普通法将上述理论称之为“近因理论”。②

事实因果关系发展的基础在于“若无，则不”法则（but for rule），也有人称之为必要条件理论或不可欠缺的条件（conditio sine qua none rule），即指“如果没有被告的行为，则不曾有原告的损害”，反之亦然，即“如果没有被告的行为，员工的损害仍然发生，则被告的行为就不是发生损害的原因”。不过也存在例外情形，③ 如共同加害行为与共同危险行为发展出的多重充分因果关系。在认定了事实上的原因之后，要想行为人对自己的行为承担法律上的责任，还要继续认定侵权人的侵权行为与原告的损害结果之间存在法律上的因果关系。法律上因果关系的成立，要满足：（1）被告行为对他人具有危险性；（2）原告受到损害；（3）被告行为对原告的损害有合理可预见性；（4）被告危险行为的作用力持续到原告发生损害时止，中间没有其他因素阻却该作用力。④

在事实上的因果关系方面，日本公害诉讼中因果关系的判定发展出两种学说：⑤ 一是高度的可能性学说，要求原告在公害发生的情况下只要证明被告的行为造成其损害的可能性极大就可以，被告则要举出充分的证据证明原

---

① 陈聪富．因果关系与损害赔偿［M］．元照出版社，2007：24.

② 刘信平．侵权法因果关系理论之研究［M］．法律出版社，2008：31.

③ 如 Anderson v. Minneapolis, St. P. & S. S. M. Ry. Co. , 179N. W. 45（Minn. 1920），该案中的被告火车头失火，火势蔓延指向原告不动产，正巧原告端的他处也失火，火势蔓延同样指向原告不动产，结果两端大火共同烧毁原告不动产。原告不甘受损向法院诉求被告赔偿，法院审理时发现任一火源都足以摧毁原告不动产，亦即如果没有被告的失火，原告不动产也会烧毁，如果存在被告的失火，结果亦同，在这种情况下，“若无，则不”法则无法用来判断事实上的因果关系是否成立，于是法院采用事实因素（substantial factor）只是陪审团，阐明任一单独火源都是同时造成损害的事实原因时，此多数火源均视为损害的事实原因，原告胜诉。

④ 陈聪富．因果关系与损害赔偿［M］．元照出版社，2007：100. 如 Williams v. State 一案，甲自纽约州外役监狱逃脱，持械闯入民宅，导致乙惊吓过度引发脑溢血死亡。家属丙控告州政府要求对乙的死亡负责。法院判决州政府无法合理预见甲的脱逃会造成乙的死亡，因此败诉；法院认为外役监狱是鼓励犯人改过自新为重返社会作准备，此制度对社会有益，如果加重州政府注意的责任，将会妨碍狱政单位继续办理外役监狱的意愿。参见 308 N. Y. 548, 127 N. E. 2d 545（1955）.

⑤ 冷罗生．日本公害诉讼理论与案例评析［M］．商务印书馆，2005：46～47.

告的损害与自己无关。这种学说要求被告人能够提供两方面的事实：第一，从企事业单位等排放的污染物达到并蓄积于发生损害的区域，且已发生作用；第二，该地域因此发生许多损害。如果存在符合上述两方面的事实，法院就应推动其侵权行为与侵害结果之间存在高度可能的因果关系；被告只要不能充分举出反正证明因果关系不存在，就不能免除其侵权行为责任。这种理论被称为适于公害诉讼本质的正确见解。[①] 二是间接反证论，被害人对于加害行为与加害结果之间的因果关系证明不强求其直接证明，而是指出与加害行为相关的间接证据，然后从这些事实入手加以推定，此时就可以认定存在因果关系；对于加害的企事业单位，只需提出不存在因果关系的证据或者对因果关系表示怀疑的证据，就可判定加害行为与损害事实之间不存在因果关系。

（四）疫学（流行病学）因果关系理论

这是指利用统计学的计量方法找出各种流行病趋势极可能发生原因的一套科学方法。在运用这种方法时，因果关系的探讨可分为两个阶段:[②] 第一个阶段，必须利用某些因素、变量或调查结果，来确定某特性或事物与某疾病之间是否具有关联性（association），这以许多直接或间接的测量为根据；第二个阶段，如果关联性确实存在，再探究其间是否有因果关系上的意义。所有统计学的方法都无法真正证明两件关联事实的因果关系，因果关系上的意义最终仍不是纯粹用统计数据可以解决，在疫学上判断两件事实之间是否有因果关系，必须考量以下五个要素:[③]（1）关联性的不变性（the consistency of the association），指关联性不会因为研究方法的不同而得到大相径庭的结果；（2）关联性的强度（the strength of the association）。当先行事实存在或不存在的时候，后行事实是否会跟随存在或不存在的可能性；（3）关联性的特异性（the specificity of the association）。特异性是指需要检验因果关系的两个事实之间，任一事实的出现是否可以预测另一事实出现概率的精确程度；（4）关联性的时序性（the temporal relationship of the association），指前因后果的时间

① ［日］大冢直．环境法［M］．有斐阁，2002：504．

② 参见 Surgeon General, Advisory Committee of the U. S. P. H. S.，“Smoking and Health”，PHS Publ No. 1103. Washington DC, Superintendent of Documents, 1964. 20.

③ Ibid.，pp. 182 ~ 189.

顺序，原因必须发生在结果之前，否则难以成立因果关系；（5）关联性的一致性（the coherence of the association）。一致性是指与其他已知的相关知识或研究成果或逻辑性是否一致。在日本的司法实践中，疫病学作为一种减轻被害者举证负担的手段一直被司法机关采用，其因果关系的存在需要满足若干条件：[①]（1）该因素从发病前已经开始发生作用；（2）该因素的作用程度越明显，该疾病的患病概率越高；（3）该因素被消除或者有所减轻的话，该疾病的患病概率或者程度就会降低；（4）该因素作为疾病的原因在作用机制上基本可以得到生物学上的合理说明，即使病理学上不能严密地加以说明，也可以肯定因果关系的存在。但无论如何，疫学的因果关系脱胎于统计学，作为运用在流行病或公共卫生方面检验两件事实之间是否有前因后果关系的方法学，在许多临床情形中并非最佳方式。

在各国立法实践中，[②] 基于不同因果关系理论而在侵权法领域设计不同的因果关系构成要件。如奥地利《普通民法典》规定，加害方必须赔偿他对原告造成的损失，只有造成损害的人才应当承担责任。在侵权法领域，因果关系理论是一种责任理论，解决可归因的损害赔偿问题。奥地利盛行“等同理论”（theory of equivalence）：每一个事实都是有原因的，这是损害赔偿的“无之则不然”条件。但在比利时，其立法将承担侵权责任的条件限制为过错、损害后果以及过错与损害后果之间存在因果关系这三个条件。作为法律认定的原因，一个事件必须满足导致损害发生的“无之则不然”这一构成要件，所有原因都被认为是等同的，事实上的因果关系与法律上的因果关系之间并无原则性差别。具体到环境侵权责任，因果关系的证明必须在法律意义上证实确凿无疑，即使损害极可能达到某种程度。

法国在其侵权责任和合同责任立法中，因果关系、违法行为和损害后果是确立责任的一般构成要件，一旦因果关系能够加以证实，加害人将负担全部责任；只要被告的行为是损害发生的一个必要因素，其就将在全部范围内负责。至于因果关系的具体含义，法国最高法院并没有明确，“法官凭感觉判断，损害是否是某一无法预期行为之后果，因而行为人不必为之承担责

① 冷罗生．日本公害诉讼理论与案例评析［M］．商务印书馆，2005：49.

② J. 施皮尔．侵权法的统一：因果关系［M］．易继明，等，译．法律出版社，2009.

任”。与法国立法相同，在德国，因果关系同样是侵权法或合同法中损害赔偿责任的基本要件和必要的先决条件。因果关系被理解为“一种情形引发另一种情形的判断”，在两个层面上都是必要的：一方面，侵权行为和受害人权利被侵害之间必须存在因果关系，即责任成立因果关系；另一方面，被侵犯的权利与后续损失（如恢复成本）之间必须存在因果关系，即责任范围因果关系。两种因果关系之间虽无太大区别，但仍有其重要性，如在过错责任的案件中，过错通常必须与行为和权力侵害之间的因果关系联系在一起，但并不必然与后续损失有联系；而在证据法中，事实和主要侵害行为的因果关系通常要求充分的证据，法院据此可以判断损失或者损失是否来自对权利的侵害。在大多数情况下，如果是加害人单独造成损害，那么因果关系并不需要特别关注；只有在其他原因存在共同造成侵权后果时，德国法院才对因果关系的确立加以讨论：第一个必要但非充分的步骤是，一个行为必须是所导致的结果“无之则不然”条件，行为不存在则结果不会发生；[①] 第二步是，法院通常分析因果关系的充分性，如果一个事实“不仅在非正常情况下而且在宜忽略的日常情况中，都会导致已发生的结果出现”，那么就可以确立因果关系。但是由于充分标准的不精确性而受到批评，法院第三步通常使用政策考虑，依据此规则，只有当被讨论的损害属于条文规定保护的范畴，才成立因果关系。

对于具有不确定性但却有潜在因果关系的案件，德国立法规定所有潜在侵权人都将承担连带责任；特别是在德国《环境责任法》（the Environmental Liability Act）中确立起可辨驳的因果关系推定。如果侵权人有能力造成损害就构成充分证据，除非被告证明没有也不可能造成损害。

在因果关系的认定上，作为侵权责任的构成要件，各国都把“无之则不然”条件作为确定因果关系——不管是事实因果关系抑或是法律因果关系——的判断标准。即便如此，仍然无法解决环境侵权因果关系的确定，因为对于原告来说，此标准要求原告证明是若非由于被告的疏忽大意，就不会

---

① 不过此条件的适用有两个限制：如果要确定是否因未能尽到注意义务而导致损害的发生，那么存在可能性即可；如果数个侵权人导致损害发生，而且每个人的行为足以发生损害（选择性因果关系），那么提出“即使没有他，损害也会发生”的申辩理由不成立，如果不能确定侵权人损害的程度亦同。

对原告造成损害；这一标准只能就一个原因作出解释，在被告主张其行为是由于其他原因而导致原告伤害的情况下，责任的确立就不能按照此标准加以判断，复合原因的存在使得标准不合时宜。除了复合原因，还有聚合原因、不充分原因以及因果关系不确定情形下，各国对于因果关系的处理均不大相同。譬如在复合原因情形下，为了避免不公平地对待逃避责任的被告，美国侵权法律在复合原因情形中修订“无之则不然”的判断标准为“实质因素”标准，从而在多个行为人或原因与受伤害的原告之间达至平衡；依据“实质因素”标准，当每个被告的单独行为都可造成同样伤害，则原告就可向两个或多个行为人请求赔偿。

对于环境侵权因果关系之立法，最早体现在1992年最高人民法院《关于适用〈民事诉讼法若干问题的意见〉》之中第74条规定：“在环境污染引起的损害赔偿诉讼中，对于原告提出的侵权事实，被告否认的，由被告负举证责任。”2002年4月1日起开始实施的最高人民法院《关于民事诉讼证据的若干规定》第4条规定：“因环境污染侵权引起的损害赔偿诉讼，由加害人就法律规定的免责事由及其行为与损害后果之间不存在因果关系承担举证责任。”2004年12月29日修订通过的《固体废弃物环境污染防治法》第86条之规定：“固体废弃物环境污染引起的损害赔偿诉讼，由加害人就法律规定的免责事由及其行为与损害结果之间不存在因果关系承担举证责任。”2008年2月28日修订通过的《水污染防治法》第87条规定：“饮水污染引起的损害赔偿诉讼，由排污者就法律规定的免责事由及其行为与损害结果之间不存在因果关系承担举证责任。”2010年7月1日开始实施的《侵权责任法》第66条规定，“因环境污染发生纠纷，污染者应当就法律规定的不承担责任或者减轻责任的情形及其行为与损害结果之间不存在因果关系承担举证责任。”从2011年之前的立法或司法解释来看，对于环境污染案件中因果关系并无直接的规定。而法院在具体案件中对因果关系的重要性有所认识，案件性质和民事责任承担的确定有赖于侵权行为因果关系的确立。在《最高人民法院公报》中有不少案例体现出司法实践处理侵权行为因果关系的基本思路，如在《五月花餐厅案》中，[①] 两级法院均认为被告的行为如果仅仅是原

① 具体判决参见本书附录2。

告损害发生的条件而不是原告损害发生的必然原因，或者说如果原告的损害发生不是被告行为的必然结果，那么被告行为与原告损害之间不存在侵权行为构成意义上的因果关系，进而被告也不需要承担侵权责任。同时，一审法院在判决中认为被告行为和原告损害之间如果只是间接因果关系，那么被告就不需要承担侵权责任。实质上，司法实践对侵权行为法因果关系的传统理论一直强调因果关系的必然性，可以说渊源来自苏联民法理论普遍持有的传统观点，亦即认为只有当行为人的行为与损害结果之间存在内在的、本质的、必然的联系时，才具有法律上的因果关系；如果行为与后果之间是外在的、偶然的联系时，则不能认为两者之间具有因果关系。① 值得注意的是，本案二审法院就被上诉人使用了不符合安全标准的隔墙材料、上诉人主张被上诉人应该承担侵权责任的问题上，法院认为隔墙是否符合消防安全管理规定，与本案的损害后果之间没有必然的因果关系，且对隔墙应当具有何种抗爆性能，法律没有强制性规定，因此不能判令被上诉人承担法律责任。对照一审法院的分析以及上文关于因果关系理论和实践的梳理，二审法院对条件关系的认定符合其他各国对因果关系的认定方式，即采纳“若无则不然”的认定方式。但究竟这是有意为之或是无心插柳，原因已无从知晓；不过可以肯定的是，就目前侵权行为因果关系的认定来说，从立法到实践仍然遵循必然的因果关系理论，亦即要侵权责任的成立，就必须证明加害行为与损害后果之间存在内在、本质、必然的因果关系。环境侵权因果关系的认定亦然。

近10年来，我国海事法院受理船舶污染损害赔偿一审案件300余件，诉讼标的总金额约30亿元人民币，成功调处了“塔斯曼海”轮、“现代独立”轮等一批在国际和国内有重大影响的油污案件。据统计，1988~1997年10年间，共发生了溢油事故1856起，平均每年186起，其中溢油50吨以上的事故74起，溢油量达3.7万吨；1998~2008年10年间，中国沿海发生了718起溢油事故，溢油总量达11 749吨，平均每年发生事故71.8起，其中溢油50吨以上的事故34起，溢油量达10 327吨。② 2011年1月10日，最高人

① 梁慧星．民法学说判例与立法研究［M］．中国政法大学出版社，1992：277；王利明．民商法研究：第8辑［M］．法律出版社，2009：641.

② 以上数据来源于最高人民法院网站。

民法院审判委员会第1509次会议通过《关于审理船舶油污损害赔偿纠纷案件若干问题的规定》（2011年7月1日起施行），其中第14条规定，海洋渔业、滨海旅游业及其他用海、临海经营单位或者个人请求因环境污染所遭受的收入损失，具备下列全部条件，由此证明收入损失与环境污染之间具有直接因果关系的，人民法院应予支持：（1）请求人的生产经营活动位于或者接近污染区域；（2）请求人的生产经营活动主要依赖受污染资源或者海岸线；（3）请求人难以找到其他替代资源或者商业机会；（4）请求人的生产经营业务属于当地相对稳定的产业。

现代化社会中的环境侵权人得益于对环境（包括人）的伤害而获益，虽然损害的发生并不一定能够及时得到证实，但是面对因果关系问题，通过解决当事者双方的争议能够达成社会正义。传统侵权法律关系中的受害人能够通过因果关系的证明以诉讼方式获得正义，环境侵权行为的受害人应享有同样的权利，不切实际的证明责任划分不应成为权利行使的绊脚石。

环境侵权案件中同样需要解决环境污染行为是否是受害人利益受损的原因。世界各国所运用的“无之则不然”标准对事件和后果之间的因果关系作出判断，此标准认为在一事件和预期发生的另一事件之间存在线性演绎关系，除此之外，衡量复合催化事件中的因果关系要依据“实质因素”标准。此标准认为事件可同时发生作用导致后续事件的发生。关于因果关系的基础性观念在传统侵权法律体系中很少受到质疑，不能依据“无之则不然”标准或“实质因素”标准来加以解释的后续结果或伤害，同样也不能归结于对先前发生事件负责的一个或多个行为人，未曾预料到的后果只能依据司法规则中的近因或法律原因加以处置。近因原则允许法官将公共政策引入，通过扩大行为人的义务达到纠正正义或赔偿的侵权法目标。在现行侵权制度中，这种确定义务的方法对于保护个人免于遭受他人不当行为的精神或身体伤害发生了作用。

四、证明标准的确定

证明标准是指在诉讼过程中运用证据证明必须达到的程度和水平，只有在证明达到一定程序和水平之后，法官才能够认为符合法律的要求，从而作出其认为适当的裁判。我国理论学界对于证明标准的认识由来已久，并且对其重要性有过深刻的论述。考察民事诉讼证明标准的演变过程可以发现，从客观真实说、相对真实说、法律真实说以及为现今学界普遍体认的高度盖然性，证明标准在不断引起争论的同时，亦在昭示其重要性。很明显，证明标准是民事诉讼法学体系不可回避的理论课题；而这一课题在立法和司法实践中又是如何认识的呢？

《刑事诉讼法》第195条第（1）项规定，“案件事实清楚，证据确实、充分，依据法律认定被告人有罪的，应当作出有罪判决”；但相同或者相似的规定并未出现在《民事诉讼法》中。《民事诉讼法》第64条第3款规定，“人民法院应当按照法定程序，全面、客观地审查核实证据”，第170条第（3）项规定，“原判决认定基本事实不清的，裁定撤销原判决，发回原审人民法院重审，或者查清事实后改判”；另外，第200条第（2）项、第208条规定，“原判决、裁定认定的基本事实缺乏证据证明”是当事人申请再审和检察机关提起抗诉的法定情形之一。在这些规定中，第64条是对法官证据调查义务的一般性规定，完全不涉及事实的认定。第170条第（3）项提到“认定基本事实不清”，第200条第（2）项提到“基本事实缺乏证据证明”，但都没有给出“认定事实不清”或者“基本事实缺乏证据证明”的标准。从字面意义上讲，这些条文都很难说构成了通常意义上的“证明标准规范”，因为它们中的任何一条都没有回答“什么情况下可以认定一项事实已得到证明”的问题。因此，不管将民事诉讼证明标准看作“事实清楚，证据确实充分”，还是进一步将其界定为所谓的客观真实、相对真实或是法律真实。

最高人民法院2002年颁布的《关于民事诉讼证据的若干规定》（以下简称《若干规定》）第73条第1款规定，“双方当事人对同一事实分别举出相反的证据，但都没有足够的依据否定对方证据的，人民法院应当结合案件情况，判断一方提供证据的证明力是否明显大于另一方提供证据的证明力，并对证明力较大的证据予以确认”。依照最高人民法院时任大法官的解释，该条规定在我国民事诉讼中正式确立了高度盖然性的证明标准。[①] 不过反观这一规定，确认证明力较大的证据并非等同于下判的标准，作为诉讼证明的其

① 李国光．关于民事诉讼证据的若干规定的理解与适用［M］．北京：中国法制出版社，2002：462；黄松有．民事诉讼证据司法解释的理解与适用［M］．北京：中国法制出版社，2002：353.

中一个环节，确认证据只是认证而已！从词源的角度来看，证明力虽然和证明标准都是裁判者主管层面的判断事项，都可以在一定条件下加以数据化或量化，但本质上仍然存在明显差异：（1）证明力是作用力，强调评价或测量的过程，是一种具有主动性的能量释放，而证明标准只是单纯地作为静态的度量尺度；（2）从证明标准的发展历史可以看出，两大法系国家将证明标准规范化，目的在于能够让一般民众明确掌握证明标准的内涵，存在主观客观化的趋势，而证明力则将代表客观事物的事实转化为可作为不同种类的证据，方便裁判者能够以内心确信加以判断，存在可以说是客观主观化的概念；（3）证明标准是法律问题，因此往往是固定的，虽然可能因为诉讼形态的不同而不同，如刑事诉讼采取的超越合理怀疑证明标准，民事诉讼采取优势证据的证明标准，而证明力则属于事实问题。与证明标准针对单一诉讼形态不同，一个案件中往往会存在诸多证据，要求裁判者逐一判断，直至最后综合判断全案证据的证明力。按照学界的理解，高度盖然性是指："法官基于盖然性认定案件事实时，应当能够从证据中获得事实极有可能如此的心证，法官虽然还不能够完全排除其他可能性（其他可能性在缺乏证据支持时可以忽略不计），但已经能够得出待证事实十之八九是如此的结论。"[①] 事实上，作为标准与尺度，证明标准的设置肯定应该是清晰、具体和精确的，这样才能够被用来准确判断下判与否。即便按照上述理论和实务界的解释，高度盖然性同样是具有相当模糊性的标准，如何才算"高度盖然性"以及所谓"高度盖然性"究竟代表的是一种什么样的状态，怎样才算达到这一要求，标准本身并不能给出确切的答案。[②]

（一）司法实践中的证明标准

法官在审理具体案件的时候，如果适用《若干规定》第 73 条进行证据的综合判断，当能够确认一方当事人提出证据的证明力明显大于另一方当事人提出的证据时，那么就可以直接下判；[③] 而如果一方当事人提出证据的证明力并非明显大于而只是略占优势，则不能完全适用证明责任的分配原则，

---

① 李浩．民事诉讼证明标准的再思考［J］．法商研究，1999（5）．

② 李浩．证明标准新探［J］．中国法学．2002（4）：132．

③ 当然，前提是法官提示调解当事人不同意。

因为对于法官来说，最好的情况仍然是不能让案件陷入真伪不明的状态，否则可能带来案结事不了，则是个体法官不愿意发生的情形；因此此种状态下仍然要作出判决，而此时民事诉讼的证明标准已然演变成为优势证据的证明标准。有学者根据“北大法宝—中国法院裁判文书库”数据库以“证明标准”作为“全文关键词”检索2003年以来审理的民商事案件，400多个裁判文书中，部分判决是适用“优势证据”的证明标准判案的。[①] 按照调研中法官们的解释，这种情形并非“适用法律错误”，而是有意为之。所以，司法实践中的法官实际上在有意无意地避开证明标准这个难题，表面上运用《若干规定》中的内容，如“内心确信”“高度盖然性”或是“优势证据”等字眼，但事实上《若干规定》第73条第1款的内容已经在实际运用过程中分崩离析、难以得到统一的理解和适用。也许正因为如此，《民诉法司法解释》第108条重新对证明标准进行了界定：“对负有举证证明责任的当事人提供的证据，人民法院经审查并结合相关事实，确信待证事实具有高度可能性的，应当认定该事实存在。对一方当事人为反驳负有举证证明责任的当事人所主张事实而提供的证据，人民法院经审查并结合相关事实，认为待证事实真伪不明的，应当认定该事实不存在。法律对于待证事实所应达到的证明标准另有规定的，从其规定。”

我国的三大诉讼法中一致规定了“客观真实”的证据制度，其证明标准则为案件事实、情节清楚，证据确实充分。即诉讼中对案件的证明要求达到绝对真实（案情的本来面目）。这被学者称之为一元制的证明标准并遭到批判。[②] 单从民事诉讼中所适用的证明标准而言，笔者认为，追求客观真实这一目标是正常的。证明达到“真实”的要求是各种证据理论的普遍追求。从古至今没有一种证据制度承认自己的诉讼制度不要求真实（只不过人们对“真实”有不同的理解而已），否则，就失去了正当性，也不可能确立裁判的权威。无论是在大陆法系还是在英美法系国家，其证明标准的设计都在努力接近真实。

就我国而言，除了认识论上的哲学基础，确立这一目标也是能动性国家

---

① 吴泽勇. 中国法上的民事诉讼证明标准［J］. 清华法学，2013（1）：80~81.

② 宋朝武. 民事证据法学［M］. 高等教育出版社，2003：90.

在寻求实施其确立的政策的要求，这一寻求力图在每一个案件中发掘出事实的真相，实现国家的治理。[①] 而在我国更有特殊的人文背景，从新中国成立后到20个世纪90年代，一直在诉讼审判中践行的寻求客观真实的目标并不为人们所反对，这也就从反面说明了这一目标得到了广泛的接受。[②] 如今延续着的审判方式改革的进展让学界和司法实务界对证明标准的看法发生了变化，很少有人再去坚持所谓的客观真实说。但是，需要我们反思的是，这种对客观真实目标彻底的抛弃是否合适？施行多年的这一目标难道没有其合理性存在？另外，更需要不断作出提醒的是，在法学理论和司法实践上固然可以作出这样或者那样的制度设计，但设计后的完美制度最终还需要人去实施，法律家们的设想能否产生好的效果还需要法律术语向民众语言的转化。

在证明标准问题上，笼统地反对客观真实目标是否能为民众所接受就存在疑问。同时，为了适应审判方式改革的要求，一些学者对“客观真实说”提出了许多批判，取而代之的是“相对真实说”或“法律真实说”。[③] 此说认为，人民法院在裁判中对事实的认定遵循了证据规则，符合民事诉讼中的证明标准，从所依据的证据看，已到了可视为真实的程度即可。这种学说事实上认识到重新还原客观真实的不可能，因此主张进入法定空间的证据所呈现出来（最终认定）的事实为法定真实，这种法律上的真实即是认定案件真实的标准。这种学说讲求形式上的正确性，其实是以法律自身的逻辑来达到对事物的认识，以合法的形式外表确定最终结果的正当性，体现出强烈的正当程序保障意味。但法律真实说也是存在缺陷的，在案件事实认定及其真实性评价上，一味地强调法律因素的作用，那么对案件真实情况的歪曲也是需要作出回答的。正如有学者批评的，“法律真实”的观念提倡一种“形式精确”，很少提倡从道德的、文化的、社会的或者其他外部视角来评判法律制度本身，有可能带来法律制度的机械化、形式化弊端，限制法律制度的发

---

① ［美］米尔伊安·R. 达玛什卡. 司法和国家权力的多种面孔［M］. 郑戈，译. 北京：中国政法大学出版社，2004：238～239.

② 从中国民事经济审判方式的传统来看，彻底查明案件真相、认识反映客观真实一直是法院进行判决的要求，旨在保证判决的正当性和内容的正确性。参见王亚新. 社会变革中的民事诉讼［M］. 北京：中国法制出版社，2001：13、63.

③ 田平安. 民事诉讼法原理［M］. 厦门：厦门大学出版社，2012：240.

展。① 法律真实最大可能地追求“制度上的真实”，它所要强调的是程序和制度安排的确定性，可以看作一种追求自然真实（客观真实）与制度真实的结合而并不能排斥客观真实，客观真实仍旧是法律真实的基础所在。

（二）证明标准的降低：环境侵权诉讼中证明标准的设计

降低证明标准的主要目的在于解决因证明责任负担的不公造成的问题，并借助减轻证明责任维护司法公正。具体来说，司法实践中可能因案件性质、证明困难或妨碍等原因而产生降低证明标准的要求。证明标准降低的同时，带来的是认定事实错误的可能性增大，错误裁判的概率增加。不过，过于强调客观真实、追求事实真相牺牲的可能是诉讼经济、效益等价值，程序的公平与合理、当事人程序权益的保障亦是程序正义的要求。不论是大陆法系国家或是英美法系国家，由于各国的历史文化、风土人情、政治经济以及法律制度等因素影响而有所不同，因而很难简单地将他国的证明标准简单地套用在我国民事诉讼法中。上已叙及，证明标准是裁判者主观抽象的概念，不利于审判公正，所以世界各国都存在主观的证明标准客观化的问题。这样做的理由在于：虽然各国普遍地实现法官自由心证，尊重法官自由裁量权，但为防止恣意判断，主观证明标准须有客观的限制。正因为如此，证明标准的客观化包括证明标准的量化及其公开化。以日本为例，民事诉讼中坚持高度盖然性的证明标准，亦即达到在社会上一般人的日常生活能依赖并且安心无忧行动的程度。② 就日本最近的司法实践来看，由于法官主观确信的证明程度确定为高度盖然性，内容缺乏客观合理性，因而不断有客观化的改变。就自由心证本身来讲，其应该是基于经验法则、通过合理的心证、依据事实认定而形成，并且要有客观及合理的根据。即使裁判者可以利用科学证明和统计学的手段去认定事实，但同时也要注意证明程度客观化的界限，毕竟存在客观证据导出错误结论的危险。

作为特殊侵权诉讼的一种，环境侵权诉讼的证明标准设置也存在特别之

---

① 陈响荣，等．诉讼效益与证明要求［J］．法学研究，1995（5）：53．

② 少数学者认为民事诉讼中的证明标准应与美国民事诉讼相同，只要达到证据优势或与此相近的证明程度即可。特别是在公害诉讼等领域更不需要高度盖然性，主张一定的盖然性即可。参见小林秀之．新证据法［M］．弘文堂株式会社，1999：72～74，81．

处。有学者提出应设立多级证明标准体系，并根据不同主体、不同证明对象涉及不同的证明标准。[①] 在民事案件中，依性质不同区分普通民事案件和特殊民事案件，这在各国已成惯例，具体到证明标准上则呈现多样化的趋势。[②] 在德国的环境侵权、交通事故、产品责任和医疗纠纷等判例中，最高法院为了减轻原告举证上的困难，采用表见证明的方法；在日本诉讼法中，由于案件事实内部性质的不同，证明至少分为三个层次：证明、疏明、推知。疏明的证明要求显然低于证明。[③] 因此，在环境公益诉讼案件中，伴随着证明责任的转换，证明度对于公益诉讼人（原告）来说已然降低；尤其是在行政机关作为原告的情况下，因为环境民事公益诉讼中行政先行，也就是说在提起环境民事公益诉讼之前，被告一半已经接受过行政处罚，因此环保行政机关在行政执法中取得的调查笔录、询问笔录、监测数据、检验结果都可以作为证据。这就使得在环境公益诉讼中法院下判的时间大大提前，甚至可以说在案件正式审理之前，原告基本上已经能把案情证明清楚，更不用说可能存在检察机关支持起诉的情形下，检察机关可以提供证据，且证据利益归于原告。如此一来，似乎证明标准在环境公益诉讼的设计比起一般环境侵权案件更容易为法官所把握，前提是环保行政机关履行其行政职责。[④]

五、证明责任的界定

证明责任一词一般被认为是来自大陆法系中的德国，在德国的诉讼法中证明责任被称为“beweislast”。作为复合词，“beweis”意指“证明”，“last”

---

① 吕忠梅. 环境侵权诉讼证明标准初探［J］. 政法论坛（中国政法大学学报），2003（5）：31～32. 其认为在其他国家通过过错推定、间接证明等方法降低了证明标准，因此我国高度盖然性的证明标准只适用于民事诉讼中的一般情形。当事人作为诉讼请求依据或反驳诉讼请求依据的实体法事实成为证明对象时，一般都应当适用高度盖然性的证明标准。在环境侵权诉讼等例外情形可以适当降低证明要求，适用较高程度盖然性的证明标准。具体而言，环境侵权诉讼中的因果关系、免责事由证明方面，对于原告适用较高程度盖然性标准，对于被告适用高度盖然性标准；而在其他证明对象方面，如损害事实、损害后果的证明等方面则对原被告适用相同的证明标准；在特殊情况下，甚至可以适用低度盖然性标准。

② 李浩. 民事举证责任研究［M］. 北京：中国政法大学出版社，1993：219.

③ 王圣扬. 论诉讼证明标准的二元制［J］. 中国法学，1999（3）：138.

④ 可以说，正是援用这样的认证思路，在云南环境公益诉讼第一案中，一审、二审法院对于案件的事实认定才如此的明确清晰，而被告（上诉人）试图将案件事实陷于“真伪不明”从而利用证明责任的努力在法理思维上远未达到。

意指“责任”“负担”或“义务”。① 在英美法系国家，与之相类似的法律术语为“burden of proof”，意指“证据负担”“证明负担”，甚或是“证明责任”。法官对案件进行裁判时，当案件事实已经查清，当事人之间的争议可以解决，此时法官就能够适用相关法律，依法作出判定。但是，在一些情况下，查清案件事实的证据缺乏，或者即便是双方当事人都提交了证据，案件事实对于法官来说仍处于一种真假难辨的状态。从司法权的功能来说，法官必须下判，判定当事人双方何方胜诉、何方败诉，而不能以事实未查清为由拒绝作出判定。此时，法官作出判定的依据即证明责任。按照证明责任的划分，如果案件事实真伪不明，则有义务负担证明责任的一方当事人必然承担败诉的法律后果，这就是证明责任的本义所在。就国内的研究而言，证明责任并非固有法律术语。证明责任或举证责任的概念来自日本对德国法的译述，现今民事诉讼立法或学界更多的是沿用日语“举证责任”，以此来表达德语中的证明责任。② 如果要追溯这一用语在国内的适用，不得不提及清末修法时期由日本学者参与起草的《大清民事诉讼律草案》。在此草案中所使用的是“举证责任”，意指当事人有提供证据的责任，并将其与可能承担的不利后果结合在一起。所谓“举证责任者，即当事人为避免败诉之后果或蒙受不利于自己之裁判起见，有就其主张之特定事实加以证明之必要也”。③ 虽然《大清民事诉讼律草案》因为清朝的覆亡而未能颁行适用，但其基本内容随后却被北洋政府所继承。这种继承还表现在中华民国政府制定的一系列民事诉讼立法中，一直到形成完备的六法全书。不过，新中国的成立废除了六法全书，期间民事诉讼法被边缘化，一直到1982年《民事诉讼法（试行）》才正式颁布，但由于1949～1982年对苏联证据理论的学习，1982年《民事诉讼法（试行）》第56条规定，当事人对自己提出的主张，有责任提供证据。1991年，正式颁行的《民事诉讼法》延续了此条规定，包括2007年以及2012年两次大规模的对《民事诉讼法》的修订并没有对此项内容作出修改，这也是长久以来国内民事诉讼理论认为“举证责任就是当事人对自己提出的

---

① 常怡. 比较民事诉讼法学［M］. 中国政法大学出版社，2002：400.

② 不过，就学界对举证责任的界定来说，可能会有比较细致的区分：如把举证责任区分为行为举证责任和后果举证责任，而把后果举证责任与德日法上的证明责任等同。

③［日］松岗义正. 民事证据论［M］. 张知本，译. 北京：中国政法大学出版社，2004：32.

主张有提出证据加以证明”的原因，因此，从表面含义看来，这种理解与最初德国法上的证明责任已经有所偏离。不过，学界对举证责任或证明责任的研究从未停下脚步。从最初严格区分证明责任和举证责任，认为举证责任只是证明责任的组成部分，[①] 到为了符合证明责任的本意以及实现其本应有的功能，提出将举证责任区分为行为意义上的举证责任和结果意义上的举证责任，直至有学者认为应当吸收乃至移植西方的通说，主张“证明责任，是证明主体为了使自己的诉讼主张得到法院裁判的确认，所承担的提供和运用证据支持自己的主张以避免对于己方不利的诉讼后果的责任”。[②] 除此之外，还有学者主张结合中国实际情况，建立具有中国特色的证明责任制度，具体而言区分为两个层面：一是举证责任，即在法庭审判中当事人（控辩）双方向法庭提出证据证明自己对案件事实所主张的证明义务，分为行为责任和结果责任；二是证明职责，即法院（刑事诉讼中包括公安机关和检察机关）在职务上负有收集、审查和判断证据、认定案件事实的责任。[③] 司法实践中则更注重对举证责任的分配，《民诉法司法解释》第 90 条规定：“当事人对自己提出的诉讼请求所依据的事实或者反驳对方诉讼请求所依据的事实，应当提供证据加以证明，但法律另有规定的除外。在作出判决前，当事人未能提供证据或者证据不足以证明其事实主张的，由负有举证证明责任的当事人承担不利的后果。”第 1 款对当事人行为意义上的举证责任作了规定。第 2 款则属于实质意义上的举证责任，此款规定保持了与其他国家证明责任内容的一致。按照一般意义上对举证责任的理解，举证责任应当包括三个层次的含义：（1）当事人对自己主张的事实，应当提供证据；（2）当事人提供的证据，应当能够证明自己的主张具有真实性；（3）当事人对其主张不能提供证据，或者提供的证据不能证明其主张，可能承担不利的裁判后果。

英美法系国家一般认为民事诉讼中的举证责任分配情况各异，很难制定一套分配举证责任的统一标准，只能针对案件事实的具体情况个别考虑并加以判断；而大陆法系国家，尤其是德国和日本分配法律举证责任则主要依据

---

① 裴苍龄．论举证责任［J］．法学杂志，1985（5）：45.

② 卞建林．证据法学［M］．北京：中国政法大学出版社，2005：429.

③ 陈光中．证据法学［M］．北京：法律出版社，2011：325.

法律要件说，即依据实体法规定的法律要件事实的不同类别分担举证责任，着眼于法律事实在实体法上的效果。简单来说，主张权利存在的当事人对权利发生的法律事实负举证责任，主张权利不存在的当事人对权利消灭、妨碍或者限制权利的法律事实负举证责任。这种学说认为，实体法规范中已经预先设置了举证责任分配，可以将实体法规范分为四类：权利发生规范、权利消灭规范、权利妨碍规范和权利限制规范。权利发生规范是引起权利发生的法律要件，权利消灭规范是导致权利消灭的法律要件，权利妨碍规范是妨碍权利发生的法律要件，权利限制规范是指权利发生后限制权利行使的法律要件。不过近年来的德日法学界为了矫正法律要件分类说的不足，又提出各种学说，例如：（1）危险领域说。从当事人对生活领域的支配范围入手，将当事人于法律上或事实上能支配的生活领域范围界定为危险领域。在损害赔偿案件中，如果损害原因出自加害人所控制的危险领域范围，则被害人对于损害发生的主客观要件均不负举证责任，应由加害人就发生损害的主客观要件不存在的事实举证；如果属于被害人和加害人均能同时支配控制的情形，则不能采用此种分配标准。这种举证责任的分配标准适用于合同纠纷和侵权纠纷。（2）盖然性说。主张以待证事实发生的盖然性高低作为举证责任分配的依据，当案件事实处于真伪不明的状态时，如果根据统计资料或人们的生活经验，该事实发生的可能性高，则主张该事实发生的一方不服举证责任，而由对方当事人对该事实没有发生负担举证责任。（3）损害归属说。认为举证责任分配的原则同时是民事实体法中的具体原则，尤其是损害赔偿责任归属的原则，如果在实体法方面能正确界定责任归属或损害归属的原则，则举证责任分配可以此为标准。

通过吸收其他国家对举证责任的研究及司法实践的经验，最高人民法院针对不同诉请的案件，在《民诉法司法解释》中做了更详细的规定，第 91 条明确了举证责任分配："人民法院应当依照下列原则确定举证证明责任的承担，但法律另有规定的除外：（1）主张法律关系存在的当事人，应当对产生该法律关系的基本事实承担举证证明责任；（2）主张法律关系变更、消灭或者权利受到妨害的当事人，应当对该法律关系变更、消灭或者权利受到妨害的基本事实承担举证证明责任。"而在法律没有具体规定、现有司法解释无法确定举证责任承担的特殊情形下，法院可以根据公平原则和诚信原则，综合当事人举证能力等因素确定举证责任的承担。

在环境污染诉讼中，同样涉及损害赔偿责任，而普通的侵权责任一般有四个构成要件：主观过错、违法行为、损害后果以及违法行为与损害后果之间存在因果关系。在上述四个要件同时具备的情况下，加害人才能承担侵权损害赔偿责任；同时，加害人如果想要减轻或者免除自己的赔偿责任，则可以通过证明自己主观无过错、行为不违法、无损害后果或者行为与损害后果之间没有因果关系等一种或几种途径，来反驳受害人的主张。由于环境侵权诉讼存在特殊性，例如科学证据的存在，需要专业鉴定人员的意见或是受害人很难就损害后果与加害人的违法行为之间存在因果关系加以证明等因素，证明责任的分配不应该等同于一般侵权责任。《民法通则》第 124 条规定："违反国家保护环境防止污染的规定，污染环境造成他人损害的，应当依法承担民事责任。"实体法规范明确了环境侵权作为一种特殊侵权行为应当承担的法律后果，《关于适用〈中华人民共和国民事诉讼法〉若干问题的意见》第 74 条规定："在诉讼中，当事人对自己提出的主张，有责任提供证据。但在下列侵权诉讼中，对原告提出的侵权事实，被告否认的，由被告负责举证：……（3）因环境污染引起的损害赔偿诉讼……"这可以看作举证责任的转移，但是并不能认为举证责任已经完全倒置给了被告，因为原告还需要证明侵权事实的存在，只不过在提出侵权事实后，被告如果否认，则举证责任转移给被告而已。而到了 2001 年，《民事证据规定》第 4 条则就加害人的具体举证责任作了规定："因环境污染引起的损害赔偿诉讼，由加害人就法律规定的免责事由及其行为与损害后果之间不存在因果关系承担举证责任。"从实体法到程序性的司法解释，虽然环境侵权行为被视为一种特殊侵权行为，但是具体到损害赔偿责任的承担，却与举证责任的分配息息相关；而在上述规范中，并不能说举证责任已经倒置给了加害人，因为一方面是受害人需要证明侵权行为的存在，另一方面并没有明确加害人需要承担侵权行为构成要件中的一项或几项，这也是我国环境污染引起的损害赔偿诉讼裹足不前的重要原因。

六、当事人如何举证

2008 年，河南省某县村民起诉某化工公司，称其承包经营的位于被告院墙外的1.4 亩土地，因被告的生产活动（特别是近两年被告新增了高炉烟囱）而受到严重污染，造成其所种蔬菜受污染致死或难以销售，其50 棵树木也因污染严重而死亡，故请求法院依法判令被告赔偿其各项损失14 860元。被告辩称：其烟囱排放符合国家标准，不存在污染事实；其已与原告所在的村组达成赔偿协议并已按协议予以赔偿。一审法院审理后认为，被告因生产经营需要建造高炉烟囱，所排废气使原告所种之地受到严重污染，造成树木枯死和蔬菜质量下降的损失。由于被告并未就法律规定的免责事由及其行为与损害结果不存在因果关系进行举证，被告应承担举证不能的法律后果。原告要求被告赔偿损失14 860元，因未向法院提交充分有效的证据予以证实，故法院对其所受实际损失无法认定而依法驳回其诉讼请求。一审判决后原告提出上诉。二审法院审理后认为，上诉人所种植蔬菜及树木所受损害系被上诉人所建高炉烟囱排放有害气体所致，但上诉人要求赔偿损失的诉求因其缺乏有力证据且其所在村组已与被上诉人达成赔偿协议并受领款项而不予支持，最终作出了驳回上诉、维持原判的终审判决。

在本案中，受到环境污染侵害的村民要想让涉嫌侵权的某化工公司赔偿损失，就应按照《民事诉讼法》及相关司法解释的规定，举证证明其损失的确是化工公司排出的污染物造成的。在这里，如果将要证明的事实加以分解，即包括侵权行为、损害后果、行为与后果存在因果关系。因为是村民作为原告提出诉请要求赔偿，在受到损失的村民一方，其需要举证证明：（1）化工公司与村民的菜地和林地相邻；（2）化工公司存在侵权行为，化工公司建设的高烟囱排出了有毒气体；（3）村民的蔬菜和树木遭受到损失，损失的价值需要举证。而对于侵权行为与损害后果之间的因果关系是存在或不存在，则应由侵权人化工公司来承担举证责任。如果化工公司能够举证证明排放气体存在法律规定的免责事由，或者证明其排放行为与村民的菜地和林地受损之间不存在因果关系，那么就可以免除赔偿责任，否则就应赔偿损失。

上述案件中的村民应有收集保存证据的意识，因为在民事诉讼中，当事人及其律师是调查收集证据的主体。取证权是重要的一项诉讼权利，《民事诉讼法》第49 条规定，当事人有权委托代理人，提出回避申请，收集、提供证据，进行辩论，请求调解，提起上诉，申请执行。当事人可以查阅本案有关材料，并可以复制本案有关材料和法律文书。《民事诉讼法》第61 条规定，代理诉讼的律师和其他诉讼代理人有权调查收集证据，可以查阅本案有关材料。同时，《律师法》也有类似的权利规定，第30条规定："律师参加诉讼活动，依照诉讼法律的规定，可以收集、查阅与本案有关的材料，同被限制人身自由的人会见和通信，出席法庭，参与诉讼，以及享有诉讼法律规定的其他权利。"调查取证要求快速及时、深入细致，在提取证据的时候应注意合法的要求，具体的方式包括：（1）走访、谈话并制作笔录；（2）复印、抄录、拍照资料，证据可能包括物品、文件、函电、账簿、图表等形式，且为他人所保管，在征得持有人的同意下可以通过上述方式制作证据；（3）录音、录像，制作视听资料或电子证据。借助科学手段可以更真实地反映谈话内容。

不过在有些情况下，法院也可以主动去收集证据。《民事诉讼法》第64条规定："当事人及其诉讼代理人因客观原因不能自行收集的证据，或者人民法院认为审理案件需要的证据，人民法院应当调查收集。"至于法院调查收集证据的范围，1998年6月19日最高人民法院审判委员会通过的《关于民事经济审判方式改革问题的若干规定》第3条规定，下列证据由人民法院调查收集：（1）当事人及其诉讼代理人因客观原因不能自行收集并已提出调取证据的申请和该证据线索的；（2）应当由人民法院勘验或者委托鉴定的；（3）当事人双方提出的影响查明案件主要事实的证据材料相互矛盾，经过庭审质证无法认定其效力的；（4）人民法院认为需要自行调查收集的其他证据。2001年12月21日，最高人民法院发布最高人民法院审判委员会第1201次会议通过的《关于民事诉讼证据的若干规定》，其中第15条更是明确了《民事诉讼法》第64条规定的"人民法院认为审理案件需要的证据"的情形：（1）涉及可能有损国家利益、社会公共利益或者他人合法权益的事实；（2）涉及依职权追加当事人、中止诉讼、终结诉讼、回避等与实体争议无关的程序事项。该规定第16条规定，人民法院调查收集证据，应当依当事人的申请进行。至于当事人及其诉讼代理人可以申请人民法院调查收集证据，必须符合下列条件：（1）申请调查收集的证据属于国家有关部门保存并需人民法院依职权调取的档案材料；（2）涉及国家秘密、商业秘密、个人隐私的材料；（3）当事人及其诉讼代理人确因客观原因不能自行收集的其他材料。而《民诉法司法解释》第96条则规定："民事诉讼法第六十四条第二款规定的人民法院认为审理案件需要的证据包括：（一）涉及可能损害国家利益、社会公共利益的；（二）涉及身份关系的；（三）涉及民事诉讼法第五十五条规定诉讼的；（四）当事人有恶意串通损害他人合法权益可能的；（五）涉及依职权追加当事人、中止诉讼、终结诉讼、回避等程序性事项的。”如果涉及上述情形并且符合条件，当事人及其诉讼代理人就可以申请人民法院调查收集证据，不过申请不得迟于举证期限届满前七天，同时应当提交书面申请，上面写明被调查人的姓名或者单位的名称、住所地等基本情况、所要调查收集的证据内容、需要由人民法院调查收集证据的原因及其要证明的事实。尽管如此，如果当事人及其诉讼代理人提出申请，法院却不准的话，当事人及其诉讼代理人可以在收到通知书的第二天起 3 天内向受理申请的法院申请复议一次，法院会在收到复议申请之日起 5 天内作出答复。

在环境污染引起的损害赔偿诉讼中，要举证证明的最重要内容莫过于侵权行为与损害后果之间的因果关系，因为受害者往往缺乏专业知识去判断是否如此，而只能根据个人的感性理解去认定，在这种情况下则需要借助科学证据，通过鉴定来帮忙。不过，按照现行《民事诉讼法》对鉴定证据的归类，更多的是将其看作“鉴定意见”。《民事诉讼法》第 78 条规定：“当事人可以就查明事实的专门性问题向人民法院申请鉴定。当事人申请鉴定的，由双方当事人协商确定具备资格的鉴定人；协商不成的，由人民法院指定。当事人未申请鉴定，人民法院对专门性问题认为需要鉴定的，应当委托具备资格的鉴定人进行鉴定。”因此，单是一方当事人寻求鉴定机构的帮助而作出的鉴定意见，如果对方当事人不认可的话，其效力就容易引起争执，特别是在侵权人不配合的情况下，如鉴定取样时拒不到场、过后又对样本提出异议，故意拖延时间等等；此外，2012 年修订的《民事诉讼法》将证据种类从“鉴定结论”改为现行的“鉴定意见”，本身即是在说明鉴定之后并非盖棺定论，而只是鉴定机构或个人所表达的一种书面意见，这种意见不排除人为因素的干扰以及具有倾向性。从法院审查证据的角度来看，鉴定意见证据的效力不能直接认定，应经过当事人的质证；“当事人对鉴定意见有异议或者人民法院认为鉴定人有必要出庭的，鉴定人应当出庭作证。经人民法院通知，鉴定人拒不出庭作证的，鉴定意见不得作为认定事实的根据；支付鉴定费用的当事人可以要求返还鉴定费用。”甚至当事人可以另寻他人对鉴定意见证据提出质证意见，“当事人可以申请人民法院通知有专门知识的人出庭，就鉴定人作出的鉴定意见或者专业问题提出意见”。从《民事诉讼法》的规定可以看出，鉴定意见证据只有在经历一系列的证明程序、当事人质证之后，其效力才可能获得法官的认可。

调查取证要求快速及时，尤其是在遭受环境污染侵害后，不及时固定证据可能存在证据灭失的风险。2013 年实施的国内首部家居行业的贸易标准《家居行业经营服务规范》中明确规定：顾客需要时，商家应配合顾客进行对包括甲醛、苯、氨、甲苯、二甲苯、TVOC（总挥发有机化合物）等的室内环境检测服务，检测结果应符合 GB50325 的要求，验收时应由顾客在场监督并签字确认。专业机构的环境监测报告具有固定证据的作用。同时，我国《民事诉讼法》第 81 条规定：“在证据可能灭失或者以后难以取得的情况下，当事人可以在诉讼过程中向人民法院申请保全证据，人民法院也可以主动采取保全措施。因情况紧急，在证据可能灭失或者以后难以取得的情况下，利害关系人可以在提起诉讼或者申请仲裁前向证据所在地、被申请人住所地或者对案件有管辖权的人民法院申请保全证据。”证据保全是调查取证制度的组成部分，一旦发现证据有风险即可采取措施提取并固定，保证证据收集以及证据的完整，方便解决争议，帮助法院作出正确的裁判。证据保全可以在诉讼之前或是在诉讼中间进行，如果当事人在起诉前要保全证据的，当事人可以向公证机关提出申请，公证机关以公证的形式即可实现保全证据的目的；如果诉讼进行过程中需要保全证据，当事人可以向人民法院提出申请，但不得迟于举证期限届满前七天，并且人民法院可以要求当事人提供相应的担保。证据一经保全，即免除了当事人提供该证据的责任，双方当事人都可加以利用。

七、当事人如何质证

质证，是指当事人双方在法庭上出示各种证据之后，在法庭的主持下，相互对双方所出示的证据进行对质核实，以便法官认定证据证明力的诉讼活动。《民事诉讼法》第 68 条规定：“证据应当在法庭上出示，并由当事人互相质证。对涉及国家秘密、商业秘密和个人隐私的证据应当保密，需要在法庭出示的，不得在公开开庭时出示。”《民诉法司法解释》第 103 条对质证作出原则性要求："证据应当在法庭上出示，由当事人互相质证。未经当事人质证的证据，不得作为认定案件事实的根据。"因此，质证作为法庭审理过程的重要环节，是法官正确认证的前提，是法定的证据运用的必经程序。法庭审理大体分为法庭调查和法庭辩论两个阶段，而质证贯穿了法庭审理的整个过程。鉴于证据种类的不同，对于不同形式的证据，应采用不同的质证方法，如视听资料证据，可以采取播出、质疑、说明等方法；物证，可以采用辨认、质疑等方法；证人证言证据，应当要求证人出庭作证，接受当事人双方的交叉询问。无论是何种形式的证据，"人民法院应当组织当事人围绕证据的真实性、合法性以及与待证事实的关联性进行质证，并针对证据有无证明力和证明力大小进行说明和辩论"。①

八、法官如何认证

作为诉讼证明的程序，在当事人完成举证和质证的任务之后，接下来就是法官结合当事人举证、质证的情况，对与待证事实有关的证据加以审查认定，以确认证据有无证明力以及证明力大小，并以此为基础作出裁判。因此，认证是法官——不管是独任法官或合议庭——所实施的诉讼行为。法官审核认定证据亦是从证据的合法性、真实性、关联性三个方面来进行，在法院认证时，首先，审查判断证据是否具备法定形式、手续是否完备，是否具备《民事诉讼法》所规定的八种法定证据种类，否则不能作为诉讼证据。其次，审查判断当事人收集证据的程序是否合法，《民诉法司法解释》第106条规定，"对以严重侵害他人合法权益、违反法律禁止性规定或者严重违背公序良俗的方法形成或者获取的证据，不得作为认定案件事实的根据"，这就反过来要求当事人及其诉讼代理人在调查收集证据的时候，注意证据的法定形式和程序本身的合法性。最后，审查判断证据在证明待证事实上所体现的证明力大小，也就是证据的真实性和关联性问题，具体到单一证据，法官的审核认定内容包括：（1）证据是否为原件、原物，复印件、复制品与原件、原物是否相符；（2）证据与本案事实是否相关；（3）证据的形式、来源是否符合法律规定；（4）证据的内容是否真实；（5）证人或者提供证据的人，与当

---

① 《民诉法司法解释》第104条。

事人有无利害关系。

法院认证还需要结合一系列的证据规则，除了上述的“非法证据排除规则”，还有补强证据规则和最佳证据规则。补强证据规则就是某一证据不能单独作为认定案件事实的依据，只有其他证据以佐证方式补强的情况下才能作为定案证据。《民事诉讼法》第70条规定：“书证应当提交原件。物证应当提交原物。提交原件或者原物确有困难的，可以提交复制品、照片、副本、节录本。”第71条规定：“人民法院对视听资料，应当辨别真伪，并结合本案的其他证据，审查确定能否作为认定事实的根据。”第75条规定：“人民法院对当事人的陈述，应当结合本案的其他证据，审查确定能否作为认定事实的根据。”《民诉法司法解释》第111条规定，在有些情况下，证据也可以具有完全证明力，而不需要补强证据规则，“民事诉讼法第七十条规定的提交书证原件确有困难，包括下列情形：（一）书证原件遗失、灭失或者毁损的；（二）原件在对方当事人控制之下，经合法通知提交而拒不提交的；（三）原件在他人控制之下，而其有权不提交的；（四）原件因篇幅或者体积过大而不便提交的；（五）承担举证证明责任的当事人通过申请人民法院调查收集或者其他方式无法获得书证原件的。前款规定情形，人民法院应当结合其他证据和案件具体情况，审查判断书证复制品等能否作为认定案件事实的根据。”

在结合证据规则、法官审核认定证据及其证明力之后，就要作出判断，“对负有举证证明责任的当事人提供的证据，人民法院经审查并结合相关事实，确信待证事实的存在具有高度可能性的，应当认定该事实存在。对一方当事人为反驳负有举证证明责任的当事人所主张事实而提供的证据，人民法院经审查并结合相关事实，认为待证事实真伪不明的，应当认定该事实不存在”。[①] 也就是说，如果双方当事人手中都有证据，且证据都具有证明力，法官就要判断何方当事人主张的事实可能性比较大，如果能够认定一方当事人所主张的事实相比较而言具有高度可能性（亦称“高度盖然性”），那么就应当依据这一事实作出裁判。如果双方证据的证明力大小不明显或无法判断，即双方证据支持的事实均不能达到高度盖然性的程度，人民法院应当依据举

---

① 《民诉法司法解释》第108条。

证责任（证明责任）的分配规则作出裁判，由负有举证责任的一方当事人承担举证不能的不利后果。

第三节　诉讼外的民事救济方式

通过诉讼方式解决纠纷，通常被人视为权利救济的最后渠道，但因为其正式的法律依据带有国家强制的色彩，所以在制度设置上更为规范，而基于程序正义的要求，规范的诉讼制度常伴随着迟延、昂贵、耗时等弊病。与民事诉讼救济方式相对应，诉讼制度之外存在各种救济方式可供人们选择。

一、自力救济方式

自力救济又称为私力救济，即通过本人的力量或其他个人方式解决纠纷，保护自己的权利，私力救济可分为自卫行为和自助行为。自卫行为主要是指正当防卫，[①] 即对于现实中不合法的侵害，为防卫自己或他人之权利而在必要的程度内所实施的防卫行为，正当防卫是各国都认可的一般抗辩事由。《民法通则》第128条规定："因正当防卫造成损害的，不承担民事责任。正当防卫超过必要的限度，造成不应有的损害的，应当承担适当的民事责任。"正当防卫是正（权利防卫）对不正（侵害行为）之关系，被害人为排除不法侵害而向不法侵害者本人加以反击，其目的在于保护本人或他人的权利，正当防卫乃防卫人的一种权利，相对人对之负有忍受之义务，故正当防卫为一种权利行为。民事法上的正当防卫，很多情况下亦是当事人出于解决纠纷的目的而选择的救济方式，比如个人生活环境受到隔壁装修噪音的干扰，夜不能眠，为身体健康的原因就可以强行要求邻居停止装修。在这种情形下即成立所谓民法上的正当防卫，实施的条件是有现时急迫的侵害，即情势紧迫，不得已而为之，否则将损害自己或他人之权利。

自助行为主要是指和解。和解是指当事人在自愿互谅的基础上，就已经

---

① 除了正当防卫，自卫行为还包括紧急避险，不过从纠纷解决的角度来说，紧急避险更多的时候是纠纷的开始。

发生的争议进行协商并达成协议，自行解决争议的一种方式。作为一种民事法律行为，和解是当事人依法处分自己民事实体权利的表现。和解成立后，当事人所争执的权利即归确定，所抛弃的权利随即消失。和解一经成立，当事人不得任意反悔要求撤销。双方当事人和解的，可以缔结和解协议。民事纠纷大多发生在熟人之间，通过双方当事人主动寻求解决办法，自身的权利获得救济。如果是发生在诉讼过程中的和解，和解协议还需要通过法院的司法审查。正是因为和解的民事行为性质，所以如果当事人对争议事项有重大误解，可以要求撤销和解。就环境侵权行为来说，侵权人和受害人之间属于平等的民事法律关系，无论侵权人的经济地位或社会地位如何，如果对受害人提出的赔偿要求侵权人加以满足，进而达成了和解，只要还没有进入履行阶段，任何一方都可基于重大误解或显示公平提出撤销先前达成的和解协议。

私力救济方式解决纠纷简单、快捷，从符合民事法律的角度必须提出私力救济的正当性问题，包括不构成违法犯罪，手段相当，不损害社会秩序和公共利益。① 只要符合上述条件，在法律制度的框架下就应当承认私力解决纠纷的正当性和合理性，即法无明文规定不违法。

二、社会救济方式

这类救济方式包括调解、仲裁、公证等，又可称为民间救济方式，这种救济方式着眼于通过社会力量解决纠纷，包括如调解人、仲裁人、公证人这些具有不同于国家公权力享有者的角色，更多时候是以个人能力来解决纠纷，所以可以由当事人来选择。我国通过民间救济的方式来解决纠纷的历史由来已久，具有丰富的实践和文化积淀。在中国古代，民事纠纷大多由民间组织进行解决，如明清时期，可通过乡里组织（里甲、保甲）、乡约组织、同乡组织（会馆）、乡间结社集会组织（文会）等多种解纷的民间组织来解决纠纷，② 同时，由于传统中国地缘社会的特征，解决纠纷更多时候不是通过国家正式的机关设置，而是通过作为社会精英的乡绅来解决民事纠纷，也正因

---

① 徐昕．论私力救济［M］．北京：中国政法大学出版社，2005.

② 陈会林．地缘社会解纷机制研究——以中国明清两代为中心［M］．北京：中国政法大学出版社，2009.

为如此，解决纠纷的目标在于息事宁人，毕竟地缘社会的主体不论是表达抑或是实践，强调的是“和为贵”。基于这样的目的，纠纷解决方式更多的时候是以民间自行处理为主，但需结合国家权力，通过结合多种解决纠纷方式、适用正式和非正式规则、多元效力保障机制来达到息事宁人的目标。不过中国古代社会的乡土人情社会、熟人社会的基本特质在现代社会日益不复存在，注定现在民间救济的方式与以前也大为不同。[①] 在这种情况下，一方面是发展现代形式的民间救济方式；另一方面，在现代纠纷日益增多的情况下，一味地强调“法治”似乎并不能从根本上解决纠纷，很多时候更成为纠纷的起源，因此如何汲取城市化进程中的“乡村中国”在古代社会中民间解纷的经验成为必要，回首历史就会发现，民事纠纷在古代社会并不成为一个影响社会和谐的重大课题。国家权力似乎从未深入到基层社会去那么认真地对待过。因此，现代中国虽然在不断城市化，[②] 但并不意味着纠纷解决方式就能现代化、法律化，应给民间社会及其衍生出的民间解纷方式保留出足够的发展空间，国家权力过分挤压这一空间带来的结果不会是法治国家，而是“国家（诉讼）单边主义”倾向，导致大量社会纠纷不能有效解决，以致有些纠纷恶化成灾。[③]

现代中国社会在经济不断高速发展的同时，生态环境却在不断遭受破坏，继之而来的是因人们身体健康的伤害而产生的纠纷。虽然我们不可能像古代社会一样援用乡土社会的逻辑和方式获得救济，但现代社会发展出来的社会救济各种方式亦可达到目的。在环境纠纷的解决中，同样可以适用社会救济方式。

（一）调解

调解是指双方或多方当事人就争议的实体权利、义务在有关机关或组织的主持下，自愿进行协商，通过教育疏导，促成各方达成协议、解决纠纷的办法。因此，根据不同的主持主体可区分为法院调解、人民调解和行政调解

---

① 且不论明清时期的各种解纷组织在现代社会分崩离析，即使现在仍存在会馆、文会，其功能与以前相比大相径庭。

② 目前中国城市化在50%以上。

③ 陈会林．地缘社会解纷机制研究——以中国明清两代为中心［M］．北京：中国政法大学出版社，2009：478.

等，如某省环保机关特别对调解解决环境纠纷作出规定，[①] 明确处理环境污染纠纷坚持以调解为主的原则，并且规定环境污染纠纷由环境保护行政主管部门负责调解处理，不过行政调解方式需要符合法定的条件才能受理调解处理申请。

调解的方式多种多样，调解员可以采用其认为有利于当事人达成和解的方式对争议进行调解。这种方式包括但不限于：调解程序开始之后，调解员可以单独或同时会见当事人及其代理人进行调解；调解员单独会见一方当事人的，可向他方当事人通报单独会见的情况，当事人另有要求的除外；调解员可以对争议进行面对面的调解，也可以进行背对背的调解；在调解过程中，调解员可以要求当事人提出书面或口头的建议或方案。

（二）仲裁

仲裁一般是当事人根据他们之间订立的仲裁协议，自愿将争议提交由非官方身份的仲裁员组成的仲裁庭进行裁判，并受该裁判约束的一种制度。仲裁活动和法院的审判活动一样，关乎当事人的实体权益，是解决民事争议的方式之一。根据《仲裁法》的规定："平等主体的公民，法人和其他组织之间发生的合同纠纷和其他财产权益纠纷，可以仲裁。"所以，仲裁的适用范围包括：一是发生纠纷的双方当事人必须是民事主体，包括国内外法人、自然人和其他合法的具有独立主体资格的组织；二是仲裁的争议事项应当是当事人有权处分的；三是仲裁范围必须是合同纠纷和其他财产权益纠纷。在我国，仲裁法规定了协议仲裁制度、或裁或审制度和一裁终局制度。

2004 年，为了保障因工作遭受事故伤害或者患职业病的职工获得医疗救治和经济补偿，促进工伤预防和职业康复，分散用人单位的工伤风险，国务院制定发布了《工伤保险条例》。按照该条例的相关规定，职工发生事故伤害或者按照职业病防治法规定被诊断、鉴定为职业病，所在单位应当自事故伤害发生之日或者被诊断、鉴定为职业病之日起 30 日内，向统筹地区社会保险行政部门提出工伤认定申请。遇有特殊情况，经报社会保险行政部门同意，申请时限可以适当延长。用人单位未按前款规定提出工伤认定申请的，工伤

① 参见本文附录 3。

职工或者其近亲属、工会组织在事故伤害发生之日或者被诊断、鉴定为职业病之日起1年内，可以直接向用人单位所在地统筹地区社会保险行政部门提出工伤认定申请。按照规定应当由省级社会保险行政部门进行工伤认定的事项，根据属地原则由用人单位所在地的设区的市级社会保险行政部门办理。用人单位未在规定的时限内提交工伤认定申请，在此期间发生符合本条例规定的工伤待遇等有关费用由该用人单位负担。社会保险行政部门受理工伤认定申请后，根据审核需要可以对事故伤害进行调查核实，用人单位、职工、工会组织、医疗机构以及有关部门应当予以协助。职业病诊断和诊断争议的鉴定，依照职业病防治法的有关规定执行。对依法取得职业病诊断证明书或者职业病诊断鉴定书的，社会保险行政部门不再进行调查核实。职工或者其近亲属认为是工伤（职业病），用人单位不认为是工伤的，由用人单位承担举证责任。同时根据《劳动合同法》的规定，职业病的劳动仲裁，从知道或应当知道患有职业病之日起1年内申请劳动仲裁，申请仲裁地为劳动关系所在地。

（三）公证

公证程序由申请与受理、审查、出具公证书（出证）这三个基本环节构成。申请是指公民、法人向公证机构提出办理公证的请求的行为。受理是指公证机构接受公民、法人的公证申请，并同意给予办理的行为。公证审查是指公证机构受理当事人的申请后，在制作公证书之前，对当事人申请办理的公证事项及提供的有关证明材料从法律和事实两个方面所进行的调查、核实工作。出具公证书，简称“出证”，是指公证机构根据审查的结果，对符合公证条件的公证事项，按照法定程序审批、制作、出具、送达公证书的活动。特别程序是公证机构在办理特定公证事务时，依照法律规定所适用的公证程序。特别程序是针对招标、拍卖、提存、遗嘱、有奖活动等公证事务的特殊需要，而在公证程序上作出的特殊规定。公证特别程序是相对一般的公证程序而言的，它只适用于法律规定的特定的公证事务，比如公证抽奖程序。

参考文献

[1] 袁春湘. 2002年~2011年全国法院审理环境案件的情况分析[J].

法制资讯，2012（12）.

[2] 蔡墩铭．刑事证据法论［M］．台北：五南图书出版公司，1997.

[3] 何家弘．法院杂谈［M］．北京：中国检察出版社，2000.

[4] 樊崇义．刑事诉讼法实施问题与对策研究［M］．北京：中国人民公安大学出版社，2001.

[5] 杨波．对科学证据的反思——以程序为视角的关照［J］．当代法学，2005（6）.

[6]［美］乔恩·R. 华尔兹．刑事证据大全［M］．何家弘，等，译．北京：中国人民公安大学出版社，2004.

[7]［日］田口守一．刑事诉讼法［M］．刘迪，等，译．北京：法律出版社，1999.

[8] Seton Hall Symposium 2003. Expert admissibility symposium：What is the question to which standards of reliability are to be applied? Seton Hall Law Rev. 34：1 ~ 388.

[9] Michael J. Saks，David L. Faigman. Expert Evidence after Daubert. Annual Review of Law and Social Science（2005），Vol. 1，pp. 127 ~ 128.

[10] 林山田．刑法通论［M］．北京：北京大学出版社，2012.

[11] Hart，Honore. Causation in the Law. 2nd ed. Oxford：Clarendon，1985.

[12] 冯·巴尔．欧洲比较侵权行为法［M］．北京：法律出版社，2001.

[13] Spier，Busnelli. Unificaiton of tort law：causation. The Hague；London：Kluwer Academic，2000.

[14] 王泽鉴．侵权行为法（第一册）［M］．北京：中国政法大学出版社，2001.

[15] 陈聪富．因果关系与损害赔偿［M］．台北：元照出版社，2007.

[16] 刘信平．侵权法因果关系理论之研究［M］．北京：法律出版社，2008.

[17] 冷罗生．日本公害诉讼理论与案例评析［M］．北京：商务印书馆，2005.

[18]［日］大冢直．环境法［M］．有斐阁，2002.

[19] J. 施皮尔．侵权法的统一：因果关系［M］．易继明，等，译．北

京：法律出版社，2009.

[20] 梁慧星. 民法学说判例与立法研究 [M]. 北京：中国政法大学出版社，1992.

[21] 王利明. 民商法研究：第8辑 [M]. 北京：法律出版社，2009.

[22] 李国光. 关于民事诉讼证据的若干规定的理解与适用 [M]. 北京：中国法制出版社，2002.

[23] 黄松有. 民事诉讼证据司法解释的理解与适用 [M]. 北京：中国法制出版社，2002.

[24] 李浩. 民事诉讼证明标准的再思考 [J]. 法商研究，1999 (5).

[25] 李浩. 证明标准新探 [J]. 中国法学，2002 (4).

[26] 吴泽勇. 中国法上的民事诉讼证明标准 [J]. 清华法学，2013 (1).

[27] 宋朝武. 民事证据法学 [M]. 北京：高等教育出版社，2003.

[28] [美] 米尔伊安·R. 达玛什卡. 司法和国家权力的多种面孔 [M]. 郑戈，译. 北京：中国政法大学出版社，2004.

[29] 王亚新. 社会变革中的民事诉讼 [M]. 北京：中国法制出版社，2001.

[30] 田平安. 民事诉讼法原理 [M]. 厦门：厦门大学出版社，2012.

[31] 陈响荣，等. 诉讼效益与证明要求 [J]. 法学研究，1995 (5).

[32] [日] 小林秀之. 新证据法 [M]. 东京：弘文堂株式会社，1999.

[33] 吕忠梅. 环境侵权诉讼证明标准初探 [J]. 政法论坛（中国政法大学学报），2003 (5).

[34] 李浩. 民事举证责任研究 [M]. 北京：中国政法大学出版社，1993.

[35] 王圣扬. 论诉讼证明标准的二元制 [J]. 中国法学，1999 (3).

[36] 常怡. 比较民事诉讼法学 [M]. 北京：中国政法大学出版社，2002.

[37] [日] 松岗义正. 民事证据论 [M]. 张知本，译. 北京：中国政法大学出版社，2004.

[38] 裴苍龄. 论举证责任 [J]. 法学杂志，1985 (5).

[39] 卞建林. 证据法学 [M]. 北京：中国政法大学出版社，2005.

[40] 陈光中. 证据法学 [M]. 北京：法律出版社，2011.

[41] 徐昕. 论私力救济 [M]. 北京：中国政法大学出版社，2005.

[42] 陈会林. 地缘社会解纷机制研究——以中国明清两代为中心 [M]. 北京：中国政法大学出版社，2009.

Chapter 9

第九章 环境与健康损害的行政救济机制

普通公民在个人权益遭受损失之时，基于政府机关为民做主的心理需求，有寻求行政机关帮助的行为，即使政府机关无救济的义务，但因为各种原因而由政府提供金钱等方式的救助亦是解决问题的途径。[①]

第一节 行政救济方式的分类

行政救济是指行政相对人认为行政机关的行政行为造成自己合法权益的损害，请求行政主体审查，有权的行政主体依照法定程序审查后对违法或不当的行政行为给予补救的法律制度。行政救济是行政系统的内部监督，是基于行政监督理论而产生的一种监督制度，其任务和目的是通过这种监督纠正违法或不当的行政行为，弥补行政相对人的损失，是现代法治社会国家保护相对人合法权益的一种制度。行政救济是法律救济的一种，由多项单个行政救济制度组成，包括行政仲裁、行政复议、行政诉讼、行政信访、行政赔偿制度等。按照学界的划分，行政救济可以做如下分类。[②]

---

① 近期亦有不少事件出现，说明普通公民对政府的要求，如2010年发生在贵州省关岭布依族苗族自治县，两村民因袭警被派出所副所长开枪击中死亡，后年收入仅20多万元的镇政府与死者家属签《补偿协议》，补偿70万元。

② 黄启辉．行政救济构造研究——以司法权与行政权之关系为路径［M］．武汉：武汉大学出版社，2012：14～16.

（1）从被审查行为与提供救济主体的关系，可以将行政救济分为行政内救济与行政外救济。行政内救济是指由行政体系内的机关或者机构为权利受侵害的相对人提供救济，如行政复议、行政仲裁；行政外救济是指由行政体系外的权力主体所提供的行政救济方式，如行政诉讼。

（2）根据行政机关行为侵犯行政相对人合法权益的性质，可以将行政救济分为对不良行为的救济与对不法行为的救济。不良行为救济是指行政机关的行为既符合实体法规定，也满足程序法要求，但存在合理性问题。

（3）根据法律依据、形式要求和处理结果的不同，可分为正式的行政救济和非正式的行政救济。正式的行政救济是指公民因自己权利受行政机关行政行为的侵害，依据法律规定，在一定期限内、以一定方式请求受理机关为一定处置，受理请求机关必须依照一定程序，对请求作出正式裁断的救济方式；非正式行政救济则是指法律没有规定，或法律虽有规定但对公民的请求受理机关无须以一定方式或者程序处置，请求人对处理方式或结果不得表示不服的救济方式。

（4）根据救济途径的先后顺序可分为首次救济和二次救济，因行政行为导致的争议需要救济时，必须先除去行政行为的效力；当除去不能时，产生填补损害的救济。首次救济即指请求去除行政行为效力的救济，二次救济则是请求填补损害的救济。

上述各种救济方式见于世界各国的行政立法体系，种种区分在于更好地理解行政救济方式。当然，各国行政救济方式存在共性，亦存在差异，共性和差异有助于人们更好地理解我国行政救济制度。

第二节　行政复议

行政复议是指法定的行政机关（行政复议机关）根据公民、法人或者其他组织请求，对引起争议的行政行为进行审查并作出决定的制度。制度设置的目的在于防止和纠正违法或不当的具体行政行为，保护公民、法人和其他组织的合法权益，保障和监督行政机关依法行使职权。

一、行政复议的范围

行政复议作为一种行政救济方式，其范围大小直接关系到制度价值与功能的实现。具体到我国现有行政复议的范围，《行政复议法》第二章作了规定，第6条规定："有下列情形之一的，公民、法人或者其他组织可以依照本法申请行政复议：（一）对行政机关作出的警告、罚款、没收违法所得、没收非法财物、责令停产停业、暂扣或者吊销许可证、暂扣或者吊销执照、行政拘留等行政处罚决定不服的；（二）对行政机关做出的限制人身自由或者查封、扣押、冻结财产等行政强制措施决定不服的；（三）对行政机关作出的有关许可证、执照、资质证、资格证等证书变更、中止、撤销的决定不服的；（四）对行政机关作出的关于确认土地、矿藏、水流、森林、山岭、草原、荒地、滩涂、海域等自然资源的所有权或者使用权的决定不服的；（五）认为行政机关侵犯合法的经营自主权的；（六）认为行政机关变更或者废止农业承包合同，侵犯其合法权益的；（七）认为行政机关违法集资、征收财物、摊派费用或者违法要求履行其他义务的；（八）认为符合法定条件，申请行政机关颁发许可证、执照、资质证、资格证等证书，或者申请行政机关审批、登记有关事项，行政机关没有依法办理的；（九）申请行政机关履行保护人身权利、财产权利、受教育权利的法定职责，行政机关没有依法履行的；（十）申请行政机关依法发放抚恤金、社会保险或者最低生活保障费，行政机关没有依法发放的；（十一）认为行政机关的其他具体行政行为侵犯其合法权益的。"除了上述范围，《行政复议法》还规定："公民、法人或者其他组织认为行政机关的具体行政行为所依据的下列规定不合法，在对具体行政行为申请行政复议时，可以一并向行政复议机关提出对该规定的审查申请：（一）国务院部门的规定；（二）县级以上地方各级人民政府及其工作部门的规定；（三）乡、镇人民政府的规定。"因此，行政复议的范围主要针对具体行政行为，而在申请复议具体行政行为时，对于部分抽象行政行为亦可间接申请复议。同时，在《行政复议法》中，对于不可申请复议的事项亦作了规定，包括：(1）不服国务院部、委员会规章和地方人民政府规章的，不能附带申请行政复议。规章的审查依照法律、行政法规办理；(2）不服行政机关作出的行政处分或者其他人事处理决定的内部行政行为的，不能申请行政复议。当事人应当依照有关法律、行政法规的规定提出申诉；（3）不服行政机关对民事纠纷作出的调解或者其他处理的，不能申请行政复议，当事人应当依法申请仲裁或者向人民法院提起民事诉讼；（4）国防、外交等国家行为不服的。上述行为都属于行政复议范围的排除事项。

二、行政复议机关

行政复议机关同样为行政机关，但为避免行政机关自身作为自己案件的裁判者，我国确定行政复议机关是以上一级机关管辖为原则，以原机关管辖为例外，并根据不同情形设计不同制度。

（一）一般情形下是由上一级行政机关作为行政复议机关

具体来说：对省级以下地方各级人民政府的具体行政行为不服的，向上一级地方人民政府申请行政复议。对省、自治区人民政府依法设立的派出机关所属的县级地方人民政府的具体行政行为不服的，向该派出机关申请行政复议。对地方各级人民政府工作部门的行为申请复议，复议机关的确定主要取决于工作部门的领导机构。

（1）实行双重领导的，复议机关既可以是上一级主管机关，也可以是本级政府，由申请人选择，即对县级以上地方各级人民政府工作部门作出的具体行政行为不服的，可以向该部门的本级人民政府申请行政复议，也可以向上一级主管部门申请行政复议，由申请人选择。

（2）实行中央垂直领导的行政机关，由上一级主管机关作为行政复议机关。具体来说包括海关、金融、国税、外汇管理等实行垂直领导的行政机关和国家安全机关，对上述机关作出的具体行政行为不服的，向上一级主管部门申请行政复议。

（3）实行省以下垂直领导的，原则上与双重领导的相同，但省级有规定的除外，即对经国务院批准实行省以下垂直领导的部门作出的具体行政行为不服的，可以选择向该部门的本级人民政府或者上一级主管部门申请行政复议；省、自治区、直辖市另有规定的，依照省、自治区、直辖市的规定办理。

（4）对国务院部门或者省、自治区、直辖市人民政府的具体行政行为不服的，向作出该具体行政行为的国务院部门或者省、自治区、直辖市人民政府申请行政复议，由原机关作为行政复议机关。[①]

（二）由于行政体制和行政行为存在的多样性，对于行政复议中的特殊情形，行政复议机关的确定与一般情形有所不同

（1）对县级以下地方人民政府依法设立的派出机关所作出的具体行政行为不服的，向设立该派出机关的人民政府申请行政复议。

（2）对政府工作部门依法设立的派出机构依照法律、法规或者规章规定，以自己名义作出的具体行政行为不服的，向设立该派出机构的部门或者该部门的本级地方人民政府申请行政复议。

（3）对法律、法规授权的组织作出的具体行政行为不服的，分别向直接管理该组织的地方人民政府、地方人民政府工作部门或者国务院部门申请行政复议。

（4）对两个或者两个以上行政机关以共同名义作出的具体行政行为不服的，向其共同上一级行政机关申请行政复议。

（5）对被撤销的行政机关在撤销前作出的具体行政行为不服的，向继续行使其职权的行政机关的上一级行政机关申请行政复议。

三、行政复议当事人

《行政复议法》第5条规定："公民、法人或者其他组织对行政复议决定不服的，可以依照行政诉讼法的规定向人民法院提起行政诉讼。"《行政复议法实施条例》第11条规定："公民、法人或者其他组织对行政机关的具体行政行为不服，依照行政复议法和本条例的规定申请行政复议的，作出该具体行政行为的行政机关为被申请人。"《行政复议法》第10条规定："依照本法申请行政复议的公民、法人或者其他组织是申请人。有权申请行政复议的公民死亡的，其近亲属可以申请行政复议。有权申请行政复议的公民为无民事行为能力人或者限制民事行为能力人的，其法定代理人可以代为申请行政复议。有权申请行政复议的法人或者其他组织终止的，承受其权利的法人或者其他组织可以申请行政复议。同申请行政复议的具体行政行为有利害关系的

---

① 为避免原机关管辖可能带来的不公正，《行政复议法》规定，对行政复议决定不服的，可以向人民法院提起行政诉讼，也可以向国务院申请裁决，国务院依照复议法的规定作出最终裁决。

其他公民、法人或者其他组织，可以作为第三人参加行政复议。”因此，行政复议申请人是行政复议的启动者，对行政行为不服的，以自己的名义向行政复议机关提出申请的公民、法人或者其他组织。《行政复议法实施条例》第6条规定：“合伙企业申请行政复议的，应当以核准登记的企业为申请人，由执行合伙事务的合伙人代表该企业参加行政复议；其他合伙组织申请行政复议的，由合伙人共同申请行政复议。前款规定以外的不具备法人资格的其他组织申请行政复议的，由该组织的主要负责人代表该组织参加行政复议；没有主要负责人的，由共同推选的其他成员代表该组织参加行政复议。”第7条规定：“股份制企业的股东大会、股东代表大会、董事会认为行政机关作出的具体行政行为侵犯企业合法权益的，可以以企业的名义申请行政复议。”

《行政复议法实施条例》第11条规定：“公民、法人或者其他组织对行政机关的具体行政行为不服，依照行政复议法和本条例的规定申请行政复议的，作出该具体行政行为的行政机关为被申请人。”因此，行政复议被申请人是指复议申请人指控其作出的行政行为侵犯其合法权益的行政机关或者法律、法规、规章授权的组织。作出具体行政行为的行政组织有多种样态，所以行政复议的被申请人也有多种，《行政复议法实施条例》第12～14条对此作出了详细规定，具体来说：

（1）独立被申请人。作出具体行政行为的一级人民政府和其工作部门是独立被申请人。

（2）共同被申请人。《行政复议法实施条例》第12条规定：“行政机关与法律、法规授权的组织以共同的名义作出具体行政行为的，行政机关和法律、法规授权的组织为共同被申请人。行政机关与其他组织以共同名义作出具体行政行为的，行政机关为被申请人。”因此，如果是多个行政机关以共同名义作出具体行政行为的，共同作出具体行政行为为共同被申请人；但其他组织和行政机关以共同名义作出具体行政行为的，其他组织不能成为被申请人，只有行政机关是被申请人。

（3）继续行使被撤销行政机关权限的被申请人，作出被申请具体行政行为的行政机关在提出申请时已经被撤销，继续行使其权限的行政机关为被申请人。

（4）法定授权组织作为被申请人，法律、法规授权的组织作出具体行政行为的，公民、法人或者其他组织不服提出行政复议，该法定授权组织为被申请人。

（5）批准机关作为被申请人，《行政复议法实施条例》第13条规定："下级行政机关依照法律、法规、规章规定，经上级行政机关批准作出具体行政行为的，批准机关为被申请人。"

（6）派出机关、派出机构、内设机构作为被申请人，行政机关的派出机关，经法律、法规授权的行政机关设立的派出机构、内设机构或者其他组织对外以自己的名义作出具体行政行为的，该派出机关、派出机构和内设机构为被申请人，同时，根据《行政复议实施条例》第14条的规定："行政机关设立的派出机构、内设机构或者其他组织，未经法律、法规授权，对外以自己名义作出具体行政行为的，该行政机关为被申请人。"

四、申请行政复议的条件

《行政复议法》第9条规定："公民、法人或者其他组织认为具体行政行为侵犯其合法权益的，可以自知道该具体行政行为之日起六十日内提出行政复议申请。"作为行政复议申请人向行政复议机关提出审查行政行为的请求，行政复议申请是行政复议程序开始的前提条件，根据立法规定，行政复议申请必须满足一定的条件，包括：申请人是认为具体行政行为直接侵犯其合法权益的公民、法人或者其他组织；有明确的被申请人；有具体的行政复议请求、事实和依据；属于复议范围和受理复议机关的管辖；在法定期限内提出复议申请。

针对具体的行政复议申请期限，《行政复议法实施条例》第15条规定："行政复议法第九条第一款规定的行政复议申请期限的计算，依照下列规定办理：（一）当场作出具体行政行为的，自具体行政行为作出之日起计算；（二）载明具体行政行为的法律文书直接送达的，自受送达人签收之日起计算；（三）载明具体行政行为的法律文书邮寄送达的，自受送达人在邮件签收单上签收之日起计算；没有邮件签收单的，自受送达人在送达回执上签名之日起计算；（四）具体行政行为依法通过公告形式告知受送达人的，自公告规定的期限届满之日起计算；（五）行政机关作出具体行政行为时未告知公民、法人或者其他组织，事后补充告知的，自该公民、法人或者其他组织收到行政机关补充告知的通知之日起计算；（六）被申请人能够证明公民、法人或者其他组织知道具体行政行为的，自证据材料证明其知道具体行政行为之日起计算。行政机关作出具体行政行为，依法应当向有关公民、法人或者其他组织送达法律文书而未送达的，视为该公民、法人或者其他组织不知道该具体行政行为。”第16条规定：“公民、法人或者其他组织依照行政复议法第六条第（八）项、第（九）项、第（十）项的规定申请行政机关履行法定职责，行政机关未履行的，行政复议申请期限依照下列规定计算：（一）有履行期限规定的，自履行期限届满之日起计算；（二）没有履行期限规定的，自行政机关收到申请满60日起计算。公民、法人或者其他组织在紧急情况下请求行政机关履行保护人身权、财产权的法定职责，行政机关不履行的，行政复议申请期限不受前款规定的限制。”如果存在不可抗力或者其他正当理由耽误法定申请期限的，申请期限自障碍消除之日起继续计算。

行政复议申请人提出申请既可以书面提出，也可以口头提出。对于书面申请，《行政复议法实施条例》规定了书面申请的内容，第19条规定：“申请人书面申请行政复议的，应当在行政复议申请书中载明下列事项：（一）申请人的基本情况，包括：公民的姓名、性别、年龄、身份证号码、工作单位、住所、邮政编码；法人或者其他组织的名称、住所、邮政编码和法定代表人或者主要负责人的姓名、职务；（二）被申请人的名称；（三）行政复议请求、申请行政复议的主要事实和理由；（四）申请人的签名或者盖章；（五）申请行政复议的日期。”对于口头申请，第20条规定了具体的要求：“申请人口头申请行政复议的，行政复议机构应当依照本条例第十九条规定的事项，当场制作行政复议申请笔录交申请人核对或者向申请人宣读，并由申请人签字确认。”

行政复议机关受到行政复议申请后，应当在五日内进行审查，并根据具体情形作出不同处理。

（1）如果审查认为行政复议申请符合下列规定的，应当予以受理，包括：①有明确的申请人和符合规定的被申请人；②申请人与具体行政行为有利害关系；③有具体的行政复议请求和理由；④在法定申请期限内提出；⑤属于行政复议法规定的行政复议范围；⑥属于收到行政复议申请的行政复议机构的职责范围；⑦其他行政复议机关尚未受理同一行政复议申请，人民法院尚未受理同一主体就同一事实提起的行政诉讼。如果行政复议申请材料不齐全或者表述不清楚的，行政复议机构可以自收到该行政复议申请之日起5日内书面通知申请人补正。补正通知应当载明需要补正的事项和合理的补正期限。无正当理由逾期不补正的，视为申请人放弃行政复议申请。补正申请材料所用时间不计入行政复议审理期限。申请人就同一事项向两个或者两个以上有权受理的行政机关申请行政复议的，由最先收到行政复议申请的行政机关受理；同时收到行政复议申请的，由收到行政复议申请的行政机关在10日内协商确定；协商不成的，由其共同上一级行政机关在10日内指定受理机关。协商确定或者指定受理机关所用时间不计入行政复议审理期限。

（2）如果上级行政机关认为行政复议机关不予受理行政复议申请的理由不成立的，可以先行督促其受理；经督促仍不受理的，应当责令其限期受理，必要时也可以直接受理；认为行政复议申请不符合法定受理条件的，应当告知申请人。

五、案例链接

在董某某等53人与杭州市环境保护局行政复议案中，[①] 原告等人认为被告杭州市环保局作出的杭环复决〔2011〕03号行政复议决定，虽然撤销了富阳环保局关于涉嫌污染环境公司的环境影响评价审批意见，但富阳环保局一直未责令污染公司停止生产，该公司继续污染原告等人的生存环境。因此，原告向被告提出复议申请，请求被告责令富阳环保局限期责令涉嫌污染公司停止生产。综上所述，原告是因为对被告作出的行政决定不满，认为涉嫌污染公司继续影响原告的生存环境、切身利益受到侵犯，因而才对作出具体行政行为的杭州市环保局申请行政复议，并以自己的名义作为复议申请人，当事人双方符合行政复议的要求。同时，申请人提出复议申请亦提交了证据清单，说明其具体的行政复议请求有事实和证据的支持。在期限方面，2012年3月19日，原告等人向被告杭州市环保局提交行政复议申请书，杭州市环保局书面告知其补正材料后于3月31日受理复议申请。因案件复杂，不能在法定期限内作出行政复议决定，杭州市环保局经审批决定延期至2012年6月30

---

① 具体判决内容可参见本文附录4。

日前作出复议决定。同年6月27日，杭州市环保局因案件审理需以富阳市人民法院〔2011〕杭富行初字第55号案的终审结果为依据而中止行政复议，上述期限并未超过法定期限的要求，符合行政复议的期限条件。在被告受理复议申请后，于2012年7月4日作出杭环复决〔2012〕02号行政复议决定，认为原告应该先向富阳环保局提出履行职责要求，直接向被告提出复议申请于法无据，从而驳回了原告的复议申请。只不过，由于行政复议申请人不服行政复议机关作出的复议决定，因而选择向人民法院提起行政诉讼；法院认为被告杭州市环保局将应主动履行的职责定性为依申请履行的职责，并以董某某等人未提供要求富阳保护局履职被拒的证明材料，其复议申请不符合受理条件为由而驳回行政复议申请，法律适用错误，其作出的行政复议决定应予撤销，所以作出判决：撤销被告杭州市环境保护局于2012年7月4日作出的杭环复决〔2012〕02号行政复议决定，并在判决生效后60日内重新作出行政复议决定。

第三节 行政诉讼

行政诉讼是法院监督行政机关，赋予公民、法人或者其他组织救济的制度，通过人民法院在行政诉讼中对行政机关所作出的行政行为的审查和裁判，审查行政管理工作、提高依法行政水平。

一、行政诉讼与行政复议区别

行政复议和行政诉讼是行政救济方式中不同的两种方式，均具有权利救济的功能，但两者在解决行政纠纷时是不同的制度设计。

（1）两者性质不同。行政复议是因公民、法人或者其他组织对行政机关的行政行为不服，向法定的行政机关提出申请，并由行政机关对行政行为的合法性和合理性进行审查并裁判的制度；而行政诉讼是由法院解决行政争议的制度，作为司法制度的一种，行政诉讼具有严格的司法程序，与行政诉讼制度相比，行政复议具有很强的行政性。

（2）受案范围不同。一般情况下，凡与行政有关的行政争议都有可能允许进入行政复议，而就行政诉讼来说，受案范围要符合法律的规定。从我国现有的规定来看，行政复议的受案范围宽于行政诉讼。

（3）审查程度不同。由于行政复议机关是行政机关的上级机关，作为审查机关，其有权力对下级行政机关作出的行政行为进行全面审查。《行政复议法》第 1 条规定："为了防止和纠正违法的或者不当的具体行政行为，保护公民、法人和其他组织的合法权益，保障和监督行政机关依法行使职权，根据宪法，制定本法。"第 3 条规定："依照本法履行行政复议职责的行政机关是行政复议机关。行政复议机关负责法制工作的机构具体办理行政复议事项，履行下列职责：……（三）审查申请行政复议的具体行政行为是否合法与适当，拟订行政复议决定。"而按照《行政诉讼法》的规定，"人民法院审理行政案件，对具体行政行为是否合法进行审查"。

作为两种不同的行政纠纷解决途径和方式，当事人可以自由选择适用，《行政诉讼法》第 37 条规定："对属于人民法院受案范围的行政案件，公民、法人或者其他组织可以先向上一级行政机关或者法律、法规规定的行政机关申请复议，对复议不服的，再向人民法院提起诉讼；也可以直接向人民法院提起诉讼。法律、法规规定应当先向行政机关申请复议，对复议不服再向人民法院提起诉讼的，依照法律、法规的规定。"具体来说，首先，行政救济方式的自由选择，原则上，当事人享有自由选择救济途径的权利，可以不经复议直接向法院提起行政诉讼，也可以选择申请行政复议；同时，在选择行政复议后，当事人对行政复议不服仍然可以再向法院起诉。其次，行政复议前置，当事人必须先申请行政复议，对行政复议不服，才能向法院起诉，即行政复议是行政诉讼的必经程序，作为行政复议与行政诉讼之间关系的例外，行政复议前置程序必须由法律、法规作出规定。最后，行政复议和行政诉讼两者之间的排他性选择，亦即当事人有权在行政复议与行政诉讼之间作出选择，一旦当事人选择了行政复议，行政复议决定即是发生法律效力的终局决定，当事人则会因选择行政复议而丧失提起行政诉讼的权利。同时，当事人一旦先选择了行政诉讼，则不能再选择行政复议作为行政救济方式。

二、行政诉讼的受案范围

公民、法人或者其他组织对具有国家行政职权的机关和组织及其工作人员的行政行为不服，依法提起诉讼的，属于人民法院行政诉讼的受案范围。《行政诉讼法》第11条对行政诉讼的受案范围作出明确规定：“人民法院受理公民、法人和其他组织对下列具体行政行为不服提起的诉讼：（一）对拘留、罚款、吊销许可证和执照、责令停产停业、没收财物等行政处罚不服的；（二）对限制人身自由或者对财产的查封、扣押、冻结等行政强制措施不服的；（三）认为行政机关侵犯法律规定的经营自主权的；（四）认为符合法定条件申请行政机关颁发许可证和执照，行政机关拒绝颁发或者不予答复的；（五）申请行政机关履行保护人身权、财产权的法定职责，行政机关拒绝履行或者不予答复的；（六）认为行政机关没有依法发给抚恤金的；（七）认为行政机关违法要求履行义务的；（八）认为行政机关侵犯其他人身权、财产权的。除前款规定外，人民法院受理法律、法规规定可以提起诉讼的其他行政案件。”同时，第12条作出了除外规定：“人民法院不受理公民、法人或者其他组织对下列事项提起的诉讼：（一）国防、外交等国家行为；（二）行政法规、规章或者行政机关制定、发布的具有普遍约束力的决定、命令；（三）行政机关对行政机关工作人员的奖惩、任免等决定；（四）法律规定由行政机关最终裁决的具体行政行为。”而在2000年，最高人民法院发布《关于执行〈中华人民共和国行政诉讼法〉若干问题的解释》（以下简称《行政诉讼司法解释》）第1条第2款对《行政诉讼法》的除外规定进一步解释：“公民、法人或者其他组织对下列行为不服提起诉讼的，不属于人民法院行政诉讼的受案范围：（一）行政诉讼法第十二条规定的行为；（二）公安、国家安全等机关依照刑事诉讼法的明确授权实施的行为；（三）调解行为以及法律规定的仲裁行为；（四）不具有强制力的行政指导行为；（五）驳回当事人对行政行为提起申诉的重复处理行为；（六）对公民、法人或者其他组织权利义务不产生实际影响的行为。”其中，《行政诉讼法》第12条第（1）项规定的国家行为，是指国务院、中央军事委员会、国防部、外交部等根据宪法和法律的授权，以国家的名义实施的有关国防和外交事务的行为，以及经宪法和法律授权的国家机关宣布紧急状态、实施戒严和总动员等行为。该条第（2）项规定的“具有普遍约束力的决定、命令”，是指行政机关针对不特定对象发布的能反复适用的行政规范性文件。该条第（3）项规定的“对行政机关工作人员的奖惩、任免等决定”，是指行政机关作出的涉及该行政机关公务员权利义务的决定。该条第（4）项规定的“法律规定由行政机关最终裁决的具体行政行为”中的“法律”，是指全国人民代表大会及其常务委员会制定、通过的规范性文件。

总体来看，除上述特殊情形下不能对行政行为提起行政诉讼之外的其他事项，原则上都属于行政诉讼的受案范围，就目前的发展趋势来说，行政诉讼作为司法监督的表现具有很大的拓展空间。

三、行政诉讼中的当事人

行政诉讼中的当事人主要是指原被告双方，就原告来说，是指认为行政机关和行政机关工作人员的具体行政行为侵犯其合法权益、有权依照本法向人民法院提起诉讼的公民、法人或其他组织，有权提起诉讼的公民死亡，其近亲属可以提起诉讼；有权提起诉讼的法人或者其他组织终止，承受其权利的法人或者其他组织可以提起诉讼。“近亲属”包括配偶、父母、子女、兄弟姐妹、祖父母、外祖父母、孙子女、外孙子女和其他具有扶养、赡养关系的亲属。公民因被限制人身自由而不能提起诉讼的，其近亲属可以依其口头或者书面委托以该公民的名义提起诉讼。与具体行政行为有法律上利害关系的公民、法人或者其他组织对该行为不服的，可以依法提起行政诉讼。具体来说，按照《行政诉讼司法解释》的规定，如果存在：（1）被诉的具体行政行为涉及其相邻权或者公平竞争权的；（2）与被诉的行政复议决定有法律上利害关系或者在复议程序中被追加为第三人的；（3）要求主管行政机关依法追究加害人法律责任的；（4）与撤销或者变更具体行政行为有法律上利害关系等的情形的，公民、法人或者其他组织可以依法提起行政诉讼。

按照《行政诉讼法》第25条的规定，“公民、法人或者其他组织直接向人民法院提起诉讼的，作出具体行政行为的行政机关是被告。经复议的案件，复议机关决定维持原具体行政行为的，作出原具体行政行为的行政机关是被告；复议机关改变原具体行政行为的，复议机关是被告。两个以上行政机关作出同一具体行政行为的，共同作出具体行政行为的行政机关是共同被告。由法律、法规授权的组织所作的具体行政行为，该组织是被告。由行政机关委托的组织所作的具体行政行为，委托的行政机关是被告。行政机关被撤销的，继续行使其职权的行政机关是被告。”具体来说：

（1）在存在复议机关的情况下，如果复议机关维持原具体行政行为的，以作出原具体行政行为的行政机关为被告；复议机关改变了原具体行政行为，复议机关作为被告；复议机关在法定期间内不做复议决定，当事人对原具体行政行为不服提起诉讼的，应当以作出原具体行政行为的行政机关为被告；当事人对复议机关不作为不服提起诉讼的，则应当以复议机关为被告；复议机关不受理、拒绝受理复议申请或不予答复的，复议机关作为被告。按照《行政诉讼司法解释》第33条的规定："法律、法规规定应当先申请复议，公民、法人或者其他组织未申请复议直接提起诉讼的，人民法院不予受理。复议机关不受理复议申请或者在法定期限内不作出复议决定，公民、法人或者其他组织不服，依法向人民法院提起诉讼的，人民法院应当依法受理。"

（2）委托行政情况下，行政机关是根据法律、法规、规章的规定，将自己的行政职权委托给有关组织，但受委托的组织并不因此取得行政主体资格，而应该是以该行政机关的名义在委托权限范围内从事活动，由此产生的法律后果相应地应由委托的行政机关承担。按照《行政诉讼司法解释》第21条的规定，"行政机关在没有法律、法规或者规章规定的情况下，授权其内设机构、派出机构或者其他组织行使行政职权的，应当视为委托。当事人不服提起诉讼的，应当以该行政机关为被告。"

（3）两个以上行政机关作出同一具体行政行为的，共同作出具体行政行为的行政机关是共同被告。

（4）经上级行政机关批准的具体行政行为，应以行政文书署名机关为被告。《行政诉讼司法解释》第19条规定："当事人不服经上级行政机关批准的具体行政行为，向人民法院提起诉讼的，应当以在对外发生法律效力的文书上署名的机关为被告。"

（5）派出机构和内设机构作出具体行政行为的情况下，派出机构和内设机构不具有行政主体资格，即便以自己的名义作出具体行政行为，当事人提起行政诉讼时，还是应以行政机关作为被告。《行政诉讼司法解释》第20条规定："行政机关组建并赋予行政管理职能但不具有独立承担法律责任能力的机构，以自己的名义作出具体行政行为，当事人不服提起诉讼的，应当以组建该机构的行政机关为被告。行政机关的内设机构或者派出机构在没有法律、法规或者规章授权的情况下，以自己的名义作出具体行政行为，当事人不服提起诉讼的，应当以该行政机关为被告。法律、法规或者规章授权行使行政职权的行政机关内设机构、派出机构或者其他组织，超出法定授权范围实施行政行为，当事人不服提起诉讼的，应当以实施该行为的机构或者组织为被告。”

四、行政诉讼证据

按照《行政诉讼法》第32条的规定，“被告对作出的具体行政行为负有举证责任，应当提供做出该具体行政行为的证据和所依据的规范性文件。”最高人民法院2002年发布《行政诉讼证据规定》第6条规定：“原告可以提供证明被诉具体行政行为违法的证据。原告提供的证据不成立的，不免除被告对被诉具体行政行为合法性的举证责任。”从上述规定可以看出，我国行政诉讼法确立了被告行政机关在行政诉讼中承担主要举证责任的基本原则，即承担责任的行政机关必须对自己主张的主要事实，举出主要证据证明其确实存在，否则就要承担败诉的不利后果。通常情况下，行政机关作出具体行政行为应存在合法的依据，因此能够对自己主张的具体行政行为的合理合法作出说明和解释，在行政诉讼中能够证明具体行政行为的合理合法，因此行政诉讼证据更多地侧重于行政机关，要求其执法的合法性，这应该进一步引导法治行政的基本行政局面。

尽管行政诉讼中由被告对具体行政行为承担举证责任，但并不意味着行政诉讼中原告不承担举证责任，被告对于原告主张的一切事实都承担举证责任既不合理亦不可能，对此，《行政诉讼证据规定》第4条规定：“公民、法人或者其他组织向人民法院起诉时，应当提供其符合起诉条件的相应的证据材料。在起诉被告不作为的案件中，原告应当提供其在行政程序中曾经提出申请的证据材料。但有下列情形的除外：（一）被告应当依职权主动履行法定职责的；（二）原告因被告受理申请的登记制度不完备等正当事由不能提供相关证据材料并能够作出合理说明的。被告认为原告起诉超过法定期限的，由被告承担举证责任。”第5条规定：“在行政赔偿诉讼中，原告应当对被诉具体行政行为造成损害的事实提供证据。”原告提供证据应当按照司法解释的规定，具体来说，《行政诉讼证据规定》第7条规定：“原告或者第三人应当在开庭审理前或者人民法院指定的交换证据之日提供证据。因正当事由申请延期提供证据的，经人民法院准许，可以在法庭调查中提供。逾期提供证据的，视为放弃举证权利。原告或者第三人在第一审程序中无正当事由未提供而在第二审程序中提供的证据，人民法院不予接纳。”第 8 条规定：“人民法院向当事人送达受理案件通知书或者应诉通知书时，应当告知其举证范围、举证期限和逾期提供证据的法律后果，并告知因正当事由不能按期提供证据时应当提出延期提供证据的申请。”

而对于被告来说，对其作出的具体行政行为负有举证责任，应当在收到起诉状副本之日起十日内，提供据以作出被诉具体行政行为的全部证据和所依据的规范性文件。被告不提供或者无正当理由逾期提供证据的，视为被诉具体行政行为没有相应的证据。被告因不可抗力或者客观上不能控制的其他正当事由，不能在前款规定的期限内提供证据的，应当在收到起诉状副本之日起十日内向人民法院提出延期提供证据的书面申请。人民法院准许延期提供的，被告应当在正当事由消除后十日内提供证据。逾期提供的，视为被诉具体行政行为没有相应的证据。原告或者第三人提出其在行政程序中没有提出的反驳理由或者证据的，经人民法院准许，被告可以在第一审程序中补充相应的证据。因此，作为被告的行政机关向法院提供的证据，应是行政机关在行政程序中已经收集，并用来证明被诉的具体行政行为合法的证据。在行政诉讼中，对被诉行政行为的证据有严格要求，下列证据不能作为被诉具体行政行为合法的依据，具体包括：（1）被告及其诉讼代理人在作出具体行政行为后或者在诉讼程序中自行收集的证据；不过，原告或者第三人提出其在行政程序中没有提出的反驳理由或者证据的，经人民法院准许，被告可以在第一审程序中补充相应的证据；（2）被告在行政程序中非法剥夺公民、法人或者其他组织依法享有的陈述、答辩或者听证权利所采用的证据；（3）原告或者第三人在诉讼程序中提供的、被告在行政程序中未作为具体行政行为依据的证据；（4）复议机关在复议程序中收集和补充的证据，或者作出原具体行政行为的行政机关在复议程序中未向复议机关提交的证据，不能作为人民法院认定原具体行政行为合法的依据。

五、行政诉讼的法律适用

按照《行政诉讼法》第 5 条的规定：“人民法院审理行政案件，对具体行政行为是否合法进行审查。”合法性审查是法院在审理行政案件时所采用的基本要求。同时，第54条规定：“行政处罚显失公正的，可以判决变更。”人民法院在对被诉具体行政行为进行合法性审查时，主要围绕是否超越职权、主要证据是否充分、适用法律法规是否正确、是否违反法定程序、是否滥用职权等几个方面进行。

（1）是否超越职权是指行政机关实施的具体行政行为是否超越法律、法规授予的权力界限。如果实施了无权实施的具体行政行为，如行政机关行使了宪法、法律没有授予任何国家机关的权限，或者行使法律授予其他国家机关的权力；或者超越行政机关行使权力的地域范围；或者超过法定时间行使权力；或者超越法律、法规规定的数额规定，这些行为都会构成超越职权。

（2）主要证据是否充分是指被诉具体行政行为是否缺乏必要的证据，以至于不足以证明被诉具体行政行为所认定的事实情况。通常主要证据缺乏包括行政机关在没有查清案件基本情况或在没有证据证明的情况下作出具体行政行为，导致具体行政行为缺乏事实基础，因此人民法院有权撤销具体行政行为。

（3）适用法律法规是否正确是指行政机关作出具体行政行为时是否错误适用法律法规或者法律法规中的条款。

（4）是否违反法定程序是指行政机关在实施具体行政行为时是否违反法律规定，作出该行为应当遵循的步骤、顺序、方式和时限等要求。在行政诉讼中，人民法院审查是否撤销行政机关作出的具体行政行为。程序性的合法审查构成审查的重要内容，只要行政机关作出的具体行政行为违反法定程序，无论作出具体行政行为的实体决定是否正确，都构成人民法院撤销具体行政行为的理由。

（5）是否滥用职权是指虽然行政机关具有实施具体行政行为的权力，程序上合法，但行政机关行使权力的目的违反法律法规授予该项权力的目的，构成权力的不当行使。

行政诉讼中，人民法院要运用法律规则审查具体行政行为的合法性，进而再作出裁判；人民法院在行政诉讼中适用的法律包括：

（1）法律、行政法规、地方性法规是人民法院审查具体行政行为的依据，人民法院审查具体行政行为、判断其是否合法时，在法律、法规具体规定的情况下，法律法规是人民法院适用法律作出裁判时的根据，无权拒绝适用。

（2）参照适用规章，与法律法规作为审查依据不同，规章在行政诉讼中处于参照地位，即人民法院审理行政案件时，应对符合法律、行政法规规定的规章予以适用，参照规章进行审理，并将规章作为审查具体行政行为合法性的根据；对不符合或不完全符合法律、法规的规则，人民法院可不予以适用。

（3）其他规范性文件在行政诉讼中的适用，其他规范性文件包括规章以下具有普遍约束力的行政决定、命令等，行政诉讼法对其他规范性文件在行政诉讼中的法律效力并没有作出规定，人民法院在参考其他规范性文件作出审理时，其他规范性文件只具有辅助作用，而并不能直接作为审理的根据。

六、行政诉讼判决

行政诉讼判决是指人民法院审理行政案件终结时，根据审理所查清的事实，依据法律规定对行政案件实体问题作出的结论性判定。行政诉讼判决包括一审判决、二审判决和再审判决，根据判决的不同内容，行政诉讼判决又可区分为维持判决、撤销判决、履行判决、变更判决、确认判决和驳回诉讼请求判决等。

（1）维持判决，是指人民法院通过审理，认定具体行政行为合法有效，从而作出否定原告对被诉具体行政行为、维持被诉具体行政行为内容的判决。根据《行政诉讼法》第 54 条第 1 款的规定，人民法院作出维持被诉具体行政行为的判决必须满足以下条件：证据确凿；适用法律、法规正确；符合法定程序。

（2）撤销判决，是指人民法院经过对案件的审理，认定被诉具体行政行为部分或全部违法，从而部分或全部撤销被诉具体行政行为，并可责令被告重新作出具体行政行为的判决。撤销判决可分为三种形式：①全部撤销，适用于具体行政行为全部违法或具体行政行为部分违法但具体行政行为不可分的情形；②部分撤销，适用于具体行政行为部分违法、部分合法，且具体行政行为可分的情形；③判决撤销并责令被告重新作出具体行政行为，适用于撤销违法具体行政行为后，需要对具体行政行为所涉及事项重新处理的情形。

判决撤销违法的被诉具体行政行为，将会给国家利益、公共利益或者他人合法权益造成损失的，人民法院在判决撤销的同时，可以分别采取以下方式处理：①判决被告重新作出具体行政行为；②责令被诉行政机关采取相应的补救措施；③向被告和有关机关提出司法建议；④发现违法犯罪行为的，建议有权机关依法处理。

按照《行政诉讼法》第 54 条第 2 款的规定，人民法院在具体行政行为有下列情形之一的，判决撤销或者部分撤销，并可以判决被告重新作出具体行政行为：①主要证据不足，即被诉具体行政行为缺乏必要的证据，不足以证明被诉具体行政行为所认定的事实情况；②适用法律、法规错误，即行政机关作出具体行政行为时错误适用法律、法规及相关条款；③违反法定程序，即行政机关在实施具体行政行为时违反法律规定，不遵循应当遵循的步骤、顺序、方式和时限等要求；④超越职权，即行政机关在实施具体行政行为时超越法律、法规授予的权限，实施了无权实施的具体行政行为；⑤滥用职权，即行政机关具备实施行政行为的权限，并且形式合法，但行政机关行使权力的目的违反法律、法规赋予该项权力的目的，不当行使该项权力。

（3）履行判决，是指人民法院经过审理认定被告负有法律职责，但其无正当理由不履行职责，人民法院责令被告限期履行法定职责的判决。

（4）变更判决，是指人民法院经过审理，认定行政处罚行为显失公正，从而审理作出直接改变行政处罚行为的判决。变更判决是对具体行政行为合理性的审查，而人民法院对具体行政行为的司法监督重点在于合法性审查，因此人民法院运用审判权变更具体行政行为只能是针对行政处罚行为，在行政处罚行为显失公正的情况下才能作出变更判决。人民法院作出的变更处罚行为一般情况下只能减轻不能加重，不过在利害关系人同为原告的情况下，如果人民法院认为行政机关的处罚过轻，亦可作出加重处罚的变更判决。

（5）驳回原告诉讼请求的判决，是指人民法院经过审理认为原告的诉讼请求不能成立，但不适于对被诉的具体行政行为作出其他类型判决的情况下，人民法院直接作出否定原告诉讼请求的判决形式。按照《行政诉讼司法解释》第56条的规定，有下列情形之一的，人民法院应当判决驳回原告的诉讼请求：①起诉被告不作为理由不能成立的；②被诉具体行政行为合法但存在合理性问题的；③被诉具体行政行为合法，但因法律、政策变化需要变更或者废止的；④其他应当判决驳回诉讼请求的情形。除上述情形外，人民法院在审理行政案件时发现不能或不适宜作出其他类型的判决，同时原告的诉讼请求又不能成立的，人民法院可以作出驳回原告诉讼请求的判决。

（6）确认判决，是指人民法院通过被诉具体行政行为的审查，确认被诉具体行政行为合法或违法的一种判决形式。根据具体确认内容的不同，可分为确认具体行政行为合法的判决和确认具体行政行为违法的判决。根据《行政诉讼司法解释》第57条和第58条的规定，人民法院认为被诉具体行政行为合法，但不适宜判决维持或者驳回诉讼请求的，可以作出确认其合法或者有效的判决；有下列情形之一的，人民法院应当作出确认被诉具体行政行为违法或者无效的判决：①被告不履行法定职责，但判决责令其履行法定职责已无实际意义的；②被诉具体行政行为违法，但不具有可撤销内容的；③被诉具体行政行为依法不成立或者无效的；④被诉具体行政行为违法，但撤销该具体行政行为将会给国家利益或者公共利益造成重大损失的，人民法院应当作出确认被诉具体行政行为违法的判决，并责令被诉行政机关采取相应的补救措施；造成损害的，依法判决承担赔偿责任。

七、案例链接①

杨某诉巢湖市环境保护局（以下简称巢湖市环保局）行政不作为一案，经历了合肥市中级人民法院和安徽省高级人民法院两级法院审理，对当事人提出的行政机关作出的具体行政行为进行审查，以便确认行政行为的合法性及合理性。在一审中，原告提出被告巢湖市环保局行政不作为，没有对造成污染的公司施以处罚、履行相关法律程序。原一审法院认为此案存在委托行政的情形，即因区划调整，巢湖市环保局新成立，目前尚未取得监测资质，其过渡期的环境监测工作，由上级机关合肥市环境保护局委托巢湖管理局环境监测站开展，也就是合肥市环境保护局作为委托行政机关，巢湖管理局环境监测站作为受委托机关，但受委托的组织并不因此取得行政主体资格，而应该是以该行政机关的名义在委托权限范围内从事活动，由此产生的法律后果相应地应由委托的行政机关承担。相应地，如果当事人对受委托机关所作

① 具体判决内容可参见本文附录5。

出的行政行为不服提起诉讼的，应当以委托行政机关作为被告。一审法院认为巢湖环保局在收到原告杨某投诉后，未能将该事项告知原告，而是自行对涉嫌环境污染的公司进行监测显然是错误的，其取得的监测结果不具有法律效力。现原告依据被告不具有法律效力的监测结果，要求被告对新恒生公司进行处罚，缺乏事实依据，因此认定原告起诉被告行政不作为理由不能成立，不予支持，判决驳回原告的诉讼请求。

原告不服提起上诉，由于在行政诉讼中，被告对作出的具体行政行为负有举证责任，应当提供作出该具体行政行为的证据和所依据的规范性文件，所以二审中，被告向法院提供了包括监测数据、处罚决定等在内的一系列证据，主张合肥市环境保护局应是适格的执法主体，并辩称上诉人要求答辩人对涉嫌污染环境公司进行行政处罚或履行相关行政程序没有事实和法律依据。当然，虽然行政诉讼中主要由被告承担举证责任，但原告亦有提供证据的义务，本案中原告就提供了身份信息和申请信息的证据材料。

本案的二审法院认为，巢湖市环保局提供其已履行法定职责的证据，如现场检查（勘察）笔录、噪声监测结果表和责令整改通知书等，法院采信，同时，上述证据证明巢湖市环保局在明知下属的环境监测站未取得监测资质的情况下，不是委托具备资质的监测机构进行监测，而仍然指派该环境监测站进行监测并根据监测结果作出责令改正的具体行政行为，该具体行政行为违法，巢湖市环保局没有正确履行其法定职责，其对涉嫌环境污染公司应当除依照国家规定加收超标准排污费外，还可以根据所造成的危害后果处以罚款，或者责令停业、搬迁、关闭；但巢湖市环保局只是再次作出责令改正的具体行政行为，使责令改正流于形式，没有取得法律效果，其行为同样属于没有正确履行其法定职责。因此，二审法院认为具体行政行为合法，但合理性不足，巢湖市环保局提供的证据不足以证明其已履行法定职责，原审判决认定事实清楚，但适用法律错误，判决确有不当，上诉人杨某的诉讼请求成立，二审法院予以支持，从而终审作出确认和履行判决，撤销安徽省巢湖市人民法院〔2014〕巢行初字第 00014 号行政判决，确认巢湖市环境保护局未履行噪声污染监督管理法定职责行为违法，巢湖市环境保护局于本判决生效之日起 30 日内履行法定职责。

第四节 行政信访

2005年，国务院常务会议通过并在当年开始施行的《信访条例》，以行政法规的形式明确规定了信访工作机构的性质和任务，包括受理、转送、交办、协调处理、督促检查、调研以及提出完善政策和改进工作的建议在内的职责，并规定了配套的信访工作制度，如联席会议制度、排查调处制度、信访政务公开制度、信访工作信息化制度、社会力量参与制度、听证制度、信访工作责任制度、考核制度、督办制度，加强对信访活动的依法管理，对于保护公民合法权益大有裨益。2007年，中共中央、国务院颁发《关于进一步加强新时期信访工作的意见》，明确信访工作在构建社会主义和谐社会中的基础性地位，明确了新时期信访工作的指导思想和目标任务、工作机制以及具体措施，并在2008年制定并发布《关于违反信访工作纪律适用〈中国共产党纪律处分条例〉若干问题的解释》和《关于违反信访工作纪律处分暂行规定》，归纳概括了信访工作需要追究领导责任的违纪行为，有利于落实信访工作责任主体的责任，促进信访工作的制度化、规范化和法制化建设，对于维护普通公民的合法权益具有重要作用。

一、作为普遍制度设计的信访

如果将信访一词回归本源，我们不难在其他国家及地区发现类似的制度安排，尽管如此，将中国的信访制度生硬地等同于其他国家及地区的制度，并希望从其他国家及地区获取有益的借鉴经验的话，无疑是生搬硬套，源于不了解中国的国情，不了解中国特有的信访制度扎根于社会制度，不了解中国的信访体系设计亦只有深刻理解才可能摸索出未来的发展方向。不过，这并不影响我们对其他国家制度设计的参考和借鉴，因为，那也许是未来中国信访制度可能的发展方向之一。

（一）加拿大的公民投诉机制[①]

加拿大公民向立法机构和政府部门反映意愿，提出诉求、意见、建议的途径主要有三种：一是通过所在地区的各级议员代为反映；二是通过联邦政府各部门、各省政府部门专设的投诉机构，就这些部门职权范围内的事项进行投诉；三是通过联邦和各省政府分别设立的专门受理公民对政府及其公务员进行投诉的机构进行投诉。加拿大联邦申诉专员署是设在联邦议会下面、完全独立于各党派和政府部门的机构，主要受理对联邦政府各部门在行政中的过失投诉。申诉专员署有权决定对投诉事项是否进行独立的调查。如果公民反映的情况属实，该署就会提出报告或建议，要求存在问题的政府部门副部长加以解决，否则就向议会报告并公之于众。加拿大联邦廉政专员署是专门负责监督政府高级官员不良行政行为的机构，专员由总理任命，无任职期限。该署的职责是对联邦政府官员和拥有重大决策权的人员进行监督，作用是以预防政府高级官员的不良行政行为为目的。各省操守专员署是独立于各党派和省政府各部门的中立机构，对议会负责，主要负责受理公民、公司、团体组织等提出的对政府部门和公营机构的投诉，有权决定展开独立调查，并根据调查结果向有关政府部门提出修改法律或改变行政行为的建议或要求作出答复。

（二）德国的公民申诉机制[②]

德国联邦议会和州议会均设立申诉委员会。任何人都可以就本人或其他人共同关心的事务向申诉委员会申诉。申诉委员会是德国议会中处理德国公民利益诉求的机构。为了方便公民申诉，德国议会开通网络在线服务，设立申诉电话咨询服务；有的州议会还举办咨询活动和建立议员接待日等，指导公民采用正确申诉方式进行书面申诉。电子政府的发展为申诉工作信息化建设奠定了很好的基础。这不仅为公众通过网络了解政府的工作情况增加了透明度，同时，对公众申诉给予正确指导，使申诉渠道保持畅通。

---

① 胡冰．国外民愿表达机制与我国信访制度改革［J］．特区理论与实践，2003（12）：60.

② 刘树枝．瑞典等欧美国家公民利益诉求的解决机制及启示［J］．今日浙江，2006（20）：50.

（三）法国的信访工作[①]

法国为开展信访工作设有总统府通信局和共和国协调员制度。

（1）总统府通信局是总统办公厅下属机构，相对独立，主要负责处理公民给总统的来信来电，不接待公民来访。根据情况，工作人员将信件转交有关行政部门，或转呈总统的相关顾问。重要信件由总统顾问直接出面处理，并将结果转告通信局。通信局每两个月向总统报送一份公众来信及处理情况的书面综合报告。通信局对公民来信的办理主要有三道程序：一是认真登记，所有来信经过严格的安全检查后，全部实行电脑登记；二是分类处理，工作人员每天从来信中摘出1～2件送总统审阅，挑选出50～60件送总统顾问审阅，其余来信根据不同内容分类处理；三是复信反馈，对公民来信基本上做到件件回复，复信率高达95%。多数来信由通信局负责回复，持不同政见的来信和要求总统参加活动、会议的公务信函则由总统办公厅回复，涉及社会团体组织内容的信由社会团体组织复信。对文化、体育方面提建议的来信，还专门设立了总统奖项。

（2）法国共和国协调员制度是根据法国《共和国协调员法》（1973年颁布施行）建立的。它是对法国行政诉讼体系的补充，在缓解行政机构和司法部门与公民矛盾、督促行政体制改革、维护社会公平公正与稳定、巩固政权方面发挥了重要作用。共和国设一名协调员，由协调员组织成立协调员办公室。协调员的席位是完全独立的，由总统任命，一届6年，不能连任，届中不能因任何理由将其撤换。《共和国协调员法》规定，行政协调员有7项权利，即调查权、调停权、建议权、报告权、命令权、追诉权、促进行政改革权；同时还规定，协调员在行使职权时，除涉及国防、国家安全、外交政策的外，有权查询所有的行政档案或文件。协调员的主要职责是负责协调公民与各级政府、各级行政管理部门以及司法机关的矛盾和纠纷，对有关法律条文提出修改意见，对行政部门的设置及职能调整提出建议。协调员任职期间，必须辞去其他所有职务。

（四）美国的投诉处理机制

在美国，作为与选民联系较多的制度设计，议员有专门的办公室和助手

---

① 钱先发．法国信访工作概览［J］．楚天主人，2006（3）：49．

负责处理选民投诉，因此，向所在选区的议员反映问题、提出诉愿是较常见的美国公民投诉方式。在政府层面，美国联邦政府设有专门的处理机构，而在每个州的州长办公室亦有专人负责处理民众的来信来访和电话。在州政府层面，接到民众投诉后，由州长办公室负责民众的投诉，每个月要定期向州长汇报民众反映的问题，并通报各地政府官员，问题则由专职政府工作人员调查处理。如果民众对处理结果不满意，可起诉到法院裁决。①

（五）瑞典的调查官制度②

瑞典法律的根本原则是在个人同政府的关系中保护个人的权利。瑞典根据这一原则实施的调查官制度能防止司法政府管理中出现不公或不正当行为，具体根据任命机构的不同设置有三种类型的调查官。

（1）议会调查官。议会调查官的权力由宪法赋予，是议会对政府行使管理权的方式。议会调查官有权监督所有中央及地方政府机构、政府职员和其他管理公共事务的人员的工作，但无权监督内阁部长、议员或直选产生的地方政府官员的工作，每位议会调查官均担任不同领域的监督工作。任何遭受不公正对待的个人都可向议会调查官递交书面投诉信。调查官大约对其中20%～25%的投诉进行全面调查。瑞典每年仅有数例涉及纪律处罚的诉讼和报告，但议会调查官被授予实施预备调查、法律诉讼及纪律处罚的权力，显著加强了调查官的重要性和威信。瑞典议会调查官每年仅提交几例此类提案，立法机构通常会根据这类提案修正有关法律或法规。瑞典议会调查官办公室享有充分的自主权，它的上级机构议会无权对其发布指令，但议会的一个常务委员会负责检查调查官提交的正式年度报告。

（2）政府调查官。包括消费者权益调查官、男女平等调查官、种族歧视调查官、儿童事务调查官、残疾人调查官是保护所有公民不应由于性取向问题而遭受歧视。

（3）新闻调查官。一个由瑞典议会调查官、瑞典法庭协会主席及新闻俱乐部组成的特别委员会负责任命大众新闻调查官办公室负责人。新闻调查官负责受理有关违反报界职业道德的投诉，并在当事人同意的情况下有权主动

① 仁谧．美、日、荷的“信访”［J］．人民论坛，2003（5）：14.

② 刘树枝．瑞典等欧美国家公民利益诉求的解决机制及启示［J］．今日浙江，2006（20）：50.

进行调查。但如该投诉导致报纸刊登针对投诉的批评文章时，投诉人不得表示不满。新闻调查官的调查结论通常分为两种：无须就投诉反映的问题对报纸提出批评；要求新闻委员会针对投诉反映的问题所涉及的报纸进行审查。

（六）日本行政相谈和苦情制度①

上述两种制度是行政不服审查制度，即行政复议之外，集政策评估、行政评价、监察、行政救济于一体的综合性很强的行政申诉救济制度，其体制机制包括三个方面的内容，即行政相谈、行政苦情申诉与处理、行政投诉解决促进委员会制度，这主要体现在两部专门的信访法规，《行政相谈委员法》是以法律的形式公布的，《行政苦情协调处理要领》是以总务省的训令形式颁布的，是保证行政相谈制度发挥作用的机制保障。两部法规加起来只有23条，规定了责任主体工作原则、主要环节，做到主体明确、规制明确、重要程序法制化，给予执行者和当事人选择空间和执行灵活性。这些制度通过反映公民的各种意见和要求，以使这些意见和要求能成为影响政治决策的因素。在通过特定渠道所反映的各种公民意见和要求中，以要求有关部门帮助解决某一具体困难或纠正某一工作中的错误最为常见，并且通过这一结构实现公民对政府机构及其工作人员的监督，实现公民的政治参与。

（七）香港地区的申诉专员制度

香港地区的申诉专员制度是指香港地区的申诉专员依投诉或主动调查、处理行政失当的制度。按照《香港特别行政区申诉专员条例》第2条的规定，行政失当是指行政欠效率、拙劣或不妥善，并在无损此解释的一般性的情况下，包括不合理的行为、滥用权力（包括酌情决定权）或权能、不合理、不公平、欺压、歧视或不当的偏颇的程序。申诉专员的职权有调查权（申诉专员可按市民的投诉展开调查，也可主动立案调查行政失当事宜，调查时有权向被调查的部门或其他任何人索取或听取有关资料和意见，必须将调查结果通知投诉人）、建议权（根据调查结论，向有关部门及公职人员提出纠正违法或不当行为和给予受到违法或不当行为侵害的相对人以救济的建议）、公开调查结论权（申诉专员可以根据公共利益的需要，在不披露所涉

① 邓志峰．日本行政相谈制度与中国信访制度比较［J］．日本研究，2010（4）：52～53．

人士身份的情况下，用适当的方式将调查报告公开）、报告权（申诉专员可以向行政长官或立法会提交报告）。[①]

（八）台湾地区陈情制度[②]

台湾地区“立法院”1999 年通过、2001 年 1 月 1 日开始实施的《行政程序法》第七章对陈情制度作了专门规定，从而使其成为一种法定救济方式。陈情制度非常灵活，陈情人可以采用书面、言词等不特定方式并不受时间和次数限制，也无管辖之等级限制，具有即时性与程序简便性的特点；陈情内容既包括人民对行政措施的建议也包括对行政违法的检举控告，不仅关乎个人私益保障，也关乎国家公益，具有行政救济、行政监督、改善行政、指导服务的多重功能。另外，相关法令还要求行政机关协助人民行使陈情权利，进行必要的教示，告知公民最佳的处理方法。

从上述其他国家及地区的制度设计来看，公民权利表达的机制并不独存于中国大陆地区。信访制度只能说是一种比较有特色的现实制度设计，而其他国家及地区处理公民申诉的制度设计对于信访制度的完善无疑具有法治意义。

二、作为程序制度的信访

2005 年的国务院《信访条例》对于行政信访做了比较全面的规定，从信访事项的管辖、提出和受理、办理和督办以及信访法律责任，可以说从程序上规范行政信访，以便保持各级人民政府同人民群众的密切联系，保护信访人的合法权益，维护信访秩序。

（一）信访事项的管辖

信访事项以地域管辖为原则，《信访条例》第 4 条规定：“信访工作应当在各级人民政府领导下，坚持属地管理、分级负责，谁主管、谁负责，依法、及时、就地解决问题与疏导教育相结合的原则。”第 16 条规定：“信访人采用走访形式提出信访事项，应当向依法有权处理的本级或者上一级机关提出；

---

① 林莉红．香港申诉专员制度介评［J］．比较法研究，1998（2）：184.

② 徐东．台湾地区陈情制度介评暨其与大陆信访制度之比较［J］．台湾法研究学刊，2002（1）.

信访事项已经受理或者正在办理的，信访人在规定期限内向受理、办理机关的上级机关再提出同一信访事项的，该上级机关不予受理。”当然，如果有管辖的争议，则应按照第24条的规定：“涉及两个或者两个以上行政机关的信访事项，由所涉及的行政机关协商受理；受理有争议的，由其共同的上一级行政机关决定受理机关。”由于信访管辖的层级，在级别管辖上实行三级审查制度，第34条规定：“信访人对行政机关作出的信访事项处理意见不服的，可以自收到书面答复之日起30日内请求原办理行政机关的上一级行政机关复查。收到复查请求的行政机关应当自收到复查请求之日起30日内提出复查意见，并予以书面答复。”第35条规定：“信访人对复查意见不服的，可以自收到书面答复之日起30日内向复查机关的上一级行政机关请求复核。收到复核请求的行政机关应当自收到复核请求之日起30日内提出复核意见。复核机关可以按照本条例第三十一条第二款的规定举行听证，经过听证的复核意见可以依法向社会公示。听证所需时间不计算在前款规定的期限内。信访人对复核意见不服，仍然以同一事实和理由提出投诉请求的，各级人民政府信访工作机构和其他行政机关不再受理。”

（二）信访事项的处理

按照《信访条例》第21条的规定：“县级以上人民政府信访工作机构收到信访事项，应当予以登记，并区分情况，在15日内分别按下列方式处理：（一）对本条例第十五条规定的信访事项，应当告知信访人分别向有关的人民代表大会及其常务委员会、人民法院、人民检察院提出。对已经或者依法应当通过诉讼、仲裁、行政复议等法定途径解决的，不予受理，但应当告知信访人依照有关法律、行政法规规定程序向有关机关提出。（二）对依照法定职责属于本级人民政府或者其工作部门处理决定的信访事项，应当转送有权处理的行政机关；情况重大、紧急的，应当及时提出建议，报请本级人民政府决定。（三）信访事项涉及下级行政机关或者其工作人员的，按照‘属地管理、分级负责，谁主管、谁负责’的原则，直接转送有权处理的行政机关，并抄送下一级人民政府信访工作机构。县级以上人民政府信访工作机构要定期向下一级人民政府信访工作机构通报转送情况，下级人民政府信访工作机构要定期向上一级人民政府信访工作机构报告转送信访事项的办理情况。

（四）对转送信访事项中的重要情况需要反馈办理结果的，可以直接交由有权处理的行政机关办理，要求其在指定办理期限内反馈结果，提交办结报告。按照前款第（二）项至第（四）项规定，有关行政机关应当自收到转送、交办的信访事项之日起15日内决定是否受理并书面告知信访人，并按要求通报信访工作机构。”同时，第22条规定：“信访人按照本条例规定直接向各级人民政府信访工作机构以外的行政机关提出的信访事项，有关行政机关应当予以登记；对符合本条例第十四条第一款规定并属于本机关法定职权范围的信访事项，应当受理，不得推诿、敷衍、拖延；对不属于本机关职权范围的信访事项，应当告知信访人向有权的机关提出。有关行政机关收到信访事项后，能够当场答复是否受理的，应当当场书面答复；不能当场答复的，应当自收到信访事项之日起15日内书面告知信访人。但是，信访人的姓名（名称）、住址不清的除外。”

对于信访事项，行政信访机关有义务进行处理。《信访条例》第31条规定：“对信访事项有权处理的行政机关办理信访事项，应当听取信访人陈述事实和理由；必要时可以要求信访人、有关组织和人员说明情况；需要进一步核实有关情况的，可以向其他组织和人员调查。对重大、复杂、疑难的信访事项，可以举行听证。听证应当公开举行，通过质询、辩论、评议、合议等方式，查明事实，分清责任。听证范围、主持人、参加人、程序等由省、自治区、直辖市人民政府规定。”并且，“对信访事项有权处理的行政机关经调查核实，应当依照有关法律、法规、规章及其他有关规定，分别作出以下处理，并书面答复信访人：（一）请求事实清楚，符合法律、法规、规章或者其他有关规定的，予以支持；（二）请求事由合理但缺乏法律依据的，应当对信访人做好解释工作；（三）请求缺乏事实根据或者不符合法律、法规、规章或者其他有关规定的，不予支持。有权处理的行政机关依照前款第（一）项规定作出支持信访请求意见的，应当督促有关机关或者单位执行。”

在具体的行政信访事项的处理期限上，第33条规定：“信访事项应当自受理之日起60日内办结；情况复杂的，经本行政机关负责人批准，可以适当延长办理期限，但延长期限不得超过30日，并告知信访人延期理由。法律、行政法规另有规定的，从其规定。”

（三）行政信访的法律责任

在行政信访程序中，信访事项处理的责任追究程序涉及行政责任乃至刑事责任。《信访条例》第40条规定：“因下列情形之一导致信访事项发生，造成严重后果的，对直接负责的主管人员和其他直接责任人员，依照有关法律、行政法规的规定给予行政处分；构成犯罪的，依法追究刑事责任：（一）超越或者滥用职权，侵害信访人合法权益的；（二）行政机关应当作为而不作为，侵害信访人合法权益的；（三）适用法律、法规错误或者违反法定程序，侵害信访人合法权益的；（四）拒不执行有权处理的行政机关作出的支持信访请求意见的。”第41条规定：“县级以上人民政府信访工作机构对收到的信访事项应当登记、转送、交办而未按规定登记、转送、交办，或者应当履行督办职责而未履行的，由其上级行政机关责令改正；造成严重后果的，对直接负责的主管人员和其他直接责任人员依法给予行政处分。”第42条规定：“负有受理信访事项职责的行政机关在受理信访事项过程中违反本条例的规定，有下列情形之一的，由其上级行政机关责令改正；造成严重后果的，对直接负责的主管人员和其他直接责任人员依法给予行政处分：（一）对收到的信访事项不按规定登记的；（二）对属于其法定职权范围的信访事项不予受理的；（三）行政机关未在规定期限内书面告知信访人是否受理信访事项的。”第43条规定：“对信访事项有权处理的行政机关在办理信访事项过程中，有下列行为之一的，由其上级行政机关责令改正；造成严重后果的，对直接负责的主管人员和其他直接责任人员依法给予行政处分：（一）推诿、敷衍、拖延信访事项办理或者未在法定期限内办结信访事项的；（二）对事实清楚，符合法律、法规、规章或者其他有关规定的投诉请求未予支持的。”第44条规定：“行政机关工作人员违反本条例规定，将信访人的检举、揭发材料或者有关情况透露、转给被检举、揭发的人员或者单位的，依法给予行政处分。行政机关工作人员在处理信访事项过程中，作风粗暴，激化矛盾并造成严重后果的，依法给予行政处分。”第45条规定：“行政机关及其工作人员违反本条例第二十六条规定，对可能造成社会影响的重大、紧急信访事项和信访信息，隐瞒、谎报、缓报，或者授意他人隐瞒、谎报、缓报，造成严重后果的，对直接负责的主管人员和其他直接责任人员依法给予行政处分；

构成犯罪的，依法追究刑事责任。”第46条规定：“打击报复信访人，构成犯罪的，依法追究刑事责任；尚不构成犯罪的，依法给予行政处分或者纪律处分。”以上条文规定了信访机关及工作人员应当承担法律责任的情形。

（四）行政信访程序的不足及完善建议

从近几年的数据看，[①] 全国环境信访的总量不断加大。2005年，全国因环境污染来信总数高达608 245封，全国因环境污染来访为88 237批次；2006年，全国因环境污染来信总数为616 122封，全国因环境污染来访为71 287批次。面对这样的实际情况，各地环境信访部门也在不断摸索应对办法。[②] 就目前的行政信访实践来看，实际情形与行政信访制度设置的目标差距甚大，有人直言“信访表达渠道的高层级化、表现形式的非理性化、解决机制的非终结化、解决形式的‘批条’化表明，我国信访法治化的进程尚处于立法虚置化的困境之中”，[③] 而《信访条例》的立法层级不够、信访机构的定位不清以及其他行政救济方式的欠缺，导致行政信访程序功能存疑。以涉诉信访为例，近年来出现信访人员数量逐年增多、缠诉缠访现象严重、集体上访增加、无理信访比较高等新形势，原因则可归于司法权威缺失、诉讼制度设计不科学、司法体制和法院自身制度以及信访人和社会环境等多方面。[④] 原因尽可多方位地全面分析，但一切终归还是要归结到信访制度本身，是存是废、强化或是弱化都是可以探讨的话题。不过，亦有学者提出职业主义才是改革的正当路径，包括职业组织和制度构建、专门人才的引入、信访信息化建设、和谐使者、数字信息村村通工程以及信访职业理念的深化等，上述各个方面构成信访制度改革的新课题。[⑤]

---

① 国家环境总局．环境统计年报［OL］［2014－03－07］．http//www. zhb. gov. cn/plan/hjij/.

② 如江苏海门环境信访的实践经验，参见顾春铵．治本清源疏堵结合［J］．环境保护，2011（14）：67；上海市青浦区环境信访工作经验，参见上海市青浦区环境保护局．关于印发《青浦区2008年环境信访工作总结》和《2009年青浦区环境信访工作要点》的通知［R］．http：//env. shqp. gov. cn/gb/content/2009－07/01/content_ 260106. htm；衢州市环境信访的工作经验，参见衢州市环境保护局：“衢州市本级环境信访工作调研报告”［R］．衢州市环境保护局网．http：//www. zjepb. gov. cn/root14/auto486/200906/t20090618_ 2018. html，上次访问日期：2014年6月18日。

③ 高小勇．信访法治化的困境与出路［J］．山西省政法管理干部学院学报，2008（4）：66.

④ 李微．涉诉信访：成因及解决［M］．北京：中国法制出版社，2009：146～191.

⑤ 张炜．公民的权利表达及其机制建构［M］．北京：人民出版社，2009：183～203.

三、案例链接：小造纸厂环境污染信访案件①

1996年4月1日，山东省滨州地区环保局接到省电视台转来的博兴县陈户镇官王村村民反映陈户三中校办造纸厂污染环境引起民愤的信后，局领导批示迅速立案查处，滨州环保局与博兴县环保局共7人到现场调查取证。该造纸厂建于三中院内，居官王村约10米远，建厂之初规模很小，只是利用废纸再生。1995年6月，在未办理任何环保手续的情况下，造纸厂集资30余万元改用麦草制浆造纸，并扩大生产规模。现有水泥蒸煮池5个，日产箱板纸3吨，造纸污水未经任何处理就排入河中，生产过程中的污水、粉尘、蒸煮麦草的恶臭气味，直接影响到村民及学校师生的身心健康，还对附近农田灌溉造成污染。为此，村民代表自1995年11月开始上访。调查组在局长办公会议上作了专题汇报，会议一致认为造纸厂违反《环境保护法》《水污染防治法》等有关法律规定，必须严肃处理。于是由博兴县环保局向造纸厂发出了立即停产治理和罚款2000元的处理决定，但造纸厂无视环保法规，继续我行我素，在检查落实情况时，造纸厂负责人拒不出面。1996年5月8日，地区环保局再次责成博兴县环保局查处造纸厂污染问题。此后，县环保局在县委、县政府的大力支持下，6月29日对该厂实施关闭，同时限期拆除制浆设备和清理污染现场，这起长达半年多的信访问题得到彻底解决。

按照文中的介绍，查处这起环境信访案件的主要措施包括上级行政机关的重视、实行逐级上访制度和分级负责、归口办理的原则以及安抚上访人员、防止事态发展和扩大等。事实上，行政信访作为法定的行政救济途径，应具有法定的救济措施和后果，但在本案中，行政信访更多的并不是依靠法定的程序和措施，本应履行环保行政职责的环保行政机关并没有充分发挥行政执法功能，而是需要上级行政机关和领导的重视，并采取安抚上访人员的措施，避免矛盾往上级转移；尽管本案中行政执法机关面对的只是一个小造纸厂，但其处理却需要党委、政府以及上下两级的环保行政机关等各方面的国家力量共同参与，起始于村民上访的环境信访案件虽然最终花费半年时间得以解

---

① 于庆昌，王红霞，李光英．查处一起小造纸污染环境信访的始末［J］．中国环境管理，1997（3）：30．

决，但所动用的成本和代价不菲；2005 年的《信访条例》专门对信访机构的地位作了规定，不过从上述案件亦可看出：具体的环境信访纠纷对于信访机构来说，并不足以拥有权力妥善地予以解决！

第五节　行政赔偿

作为一种国家赔偿方式，行政赔偿是指因行政主体的职务行为给公民、法人或者其他组织造成合法权益的侵害，而由国家承担赔偿责任的法律制度。只有行政行为，即行政主体行使行政权、执行公务的行为，才能构成行政赔偿。非行政行为，如立法机关的立法行为、司法机关的司法行为，行政机关的民事行为及行政人员的个人行为等，均不能构成行政赔偿。

一、行政赔偿的条件及认定

按照《国家赔偿法》的规定："国家机关和国家机关工作人员行使职权，有本法规定的侵犯公民、法人和其他组织合法权益的情形，造成损害的，受害人有依照本法取得国家赔偿的权利。"具体来说，行政赔偿需要满足以下要件。

（1）主体方面的条件，是指承担赔偿责任的国家机关和个人，而国家赔偿中的主体名为"国家"，但实际侵权主体则包括行政机关、行政机关的工作人员、法律法规授权的组织以及行政机关委托的组织及个人。当然，在实践中还包括委托行使行政职权的情形，如果受委托的组织和个人行使职权的行为造成他人损害的，责任应归属于委托行政机关，行政机关应当承担国家赔偿责任；当然，如果受委托的组织和个人并非行使职权行为造成损害，则委托行政机关不承担国家赔偿责任。

（2）行为方面的条件，是指侵权主体实施的行为必须是与行使职权行为有关的行为，国家才能承担行政赔偿责任。

（3）损害结果条件，是指公民、法人或者其他组织的合法权益受到损害，当然，行政赔偿申请人应对造成损害的实施承担举证责任。

（4）因果关系条件，是指侵权主体的侵权行为与损害结果之间存在法律上的因果关系，这种因果关系应该是直接的、必然的因果关系。

认定行政赔偿，应确认国家机关及其工作人员是违法行使职权造成的损害而承担赔偿责任，《国家赔偿法》第7条规定："行政机关及其工作人员行使行政职权侵犯公民、法人和其他组织的合法权益造成损害的，该行政机关为赔偿义务机关。两个以上行政机关共同行使行政职权时侵犯公民、法人和其他组织的合法权益造成损害的，共同行使行政职权的行政机关为共同赔偿义务机关。法律、法规授权的组织在行使授予的行政权力时侵犯公民、法人和其他组织的合法权益造成损害的，被授权的组织为赔偿义务机关。受行政机关委托的组织或者个人在行使受委托的行政权力时侵犯公民、法人和其他组织的合法权益造成损害的，委托的行政机关为赔偿义务机关。赔偿义务机关被撤销的，继续行使其职权的行政机关为赔偿义务机关；没有继续行使其职权的行政机关的，撤销该赔偿义务机关的行政机关为赔偿义务机关。"在行政赔偿中，国家是最终的赔偿责任主体，但行政机关承担具体赔偿义务，作为赔偿义务机关参加行政赔偿程序、支付赔偿费用；行政机关的工作人员因其职务行为引发的赔偿责任，侵权行为后果由工作人员所在的行政机关承担。

二、行政赔偿的范围

《国家赔偿法》对行政赔偿的范围作了列举式加排除式的规定，按照第3条的规定："行政机关及其工作人员在行使行政职权时有下列侵犯人身权情形之一的，受害人有取得赔偿的权利：（一）违法拘留或者违法采取限制公民人身自由的行政强制措施的；（二）非法拘禁或者以其他方法非法剥夺公民人身自由的；（三）以殴打、虐待等行为或者唆使、放纵他人以殴打、虐待等行为造成公民身体伤害或者死亡的；（四）违法使用武器、警械造成公民身体伤害或者死亡的；（五）造成公民身体伤害或者死亡的其他违法行为。第4条规定："行政机关及其工作人员在行使行政职权时有下列侵犯财产权情形之一的，受害人有取得赔偿的权利：（一）违法实施罚款、吊销许可证和执照、责令停产、停业行政处罚的；（二）违法对财产采取查封、扣押、冻结等行政强制措施的；（三）违法征收、征用财产的；（四）造成财产损害的其他违法行为。"同时第5条又对不承担国家赔偿责任作排除性规定："属于下列情形之一的，国家不承担赔偿责任：（一）行政机关工作人员与行使职权无关的个人行为；（二）因公民、法人和其他组织自己的行为致使损害发生的；（三）法律规定的其他情形。”

三、案例链接

在原告梦灵钒加工厂诉被告高新区管委会环境行政赔偿纠纷一案中，[①]原告梦灵钒加工厂诉请人民法院，要求法院依法确认被告对其作出的停产通知违法并予以撤销，赔偿原告各项经济损失。这事实上包括了两项诉请，一是确认并撤销违法的行政行为，二是赔偿损失；法院对此两项诉请分别予以评判。法院经审理认为，“原告未依法报批环境影响评价文件擅自开工建设并投入生产使用，应当由有权审批该项目的环境保护行政主管部门河南省环保局进行相应处罚。被告在无法律授权、无法律依据的情况下于2009年5月18日致函靳岗电管所要求其对原告进行断电并通知该厂停产的行为违法”。亦即被告处罚原告的行为师出无名，一没有法律授权，二没有法律依据，即使原告在未取得环境影响评价文件擅自开工建设并投入生产使用的情况下，被告作为处罚主体的资格并不具备，因此虽然原告应受到环保行政部门的处罚，但并不应该由不适格的被告来进行，其无权处罚原告的违法行为，而应由相应主管审批的环保行政部门进行执法活动，因此被告违法作出的处罚行政行为无效，应确认违法并撤销。在行政赔偿方面，则需要满足若干条件才能进行国家赔偿；原告诉请人民法院，要求法院支持其各项经济损失的赔偿。本案中，被告的处罚行为与原告的损失之间存在直接的法律上的因果关系，被告也的确是未在法律法规明确授权的情况下发文要求对原告的生产断电，进而造成原告的损失；但同时，原告实施的是非法生产行为，按照《国家赔偿法》及相关法律法规的规定，国家赔偿的对象是公民、法人或其他组织的合法权益，原告违法生产所得利益非法，因此并不受法律保护，损害结果方面的条件并不成就。因此，法院认为“原告在未办理环评的情况下违法建设、生产，其利益是非法的，不应受到法律保护”，行政赔偿的构成条件无法得到满足，其相应的经济损失主张没有受到法律支持。

---

① 具体判决内容可参见本书附录6。

参考文献

[1] 黄启辉．行政救济构造研究——以司法权与行政权之关系为路径[M]．武汉：武汉大学出版社，2012.

[2] 胡冰．国外民愿表达机制与我国信访制度改革[J]．特区理论与实践，2003（12）.

[3] 刘树枝．瑞典等欧美国家公民利益诉求的解决机制及启示[J]．今日浙江，2006（20）.

[4] 钱先发．法国信访工作概览[J]．楚天主人，2006（3）.

[5] 仁谧．美、日、荷的“信访”[J]．人民论坛，2003（5）.

[6] 刘树枝．瑞典等欧美国家公民利益诉求的解决机制及启示[J]．今日浙江，2006（20）.

[7] 邓志峰．日本行政相谈制度与中国信访制度比较[J]．日本研究，2010（4）.

[8] 林莉红．香港申诉专员制度介评[J]．比较法研究，1998（2）.

[9] 徐东．台湾地区陈情制度介评暨其与大陆信访制度之比较[J]．台湾法研究学刊，2002（1）.

[10] 顾春铵．治本清源疏堵结合[J]．环境保护，2011（14）.

[11] 高小勇．信访法治化的困境与出路[J]．山西省政法管理干部学院学报，2008（4）.

[12] 李微．涉诉信访：成因及解决[M]．北京：中国法制出版社，2009.

[13] 张炜．公民的权利表达及其机制建构[M]．北京：人民出版社，2009.

[14] 于庆昌，王红霞，李光英．查处一起小造纸污染环境信访的始末[J]．中国环境管理，1997（3）.

Chapter 10
第十章
环境与健康损害的刑事救济机制

考察人类权利救济的文明史即可发现，刑事救济机制随着国家垄断刑事处罚权而成为公力救济的重要组成部分。远至公元前18世纪的《汉谟拉比法典》即开始规定刑事被害人的权利救济方式，同时通过规定巴比伦公民义务，以国家惩戒犯罪的形式取代家庭复仇，亦可以认为不能再由刑事被害方行使刑事追诉权，这一方面让国家开始主导刑事追诉的过程，从涉嫌犯罪的侦查、起诉和惩罚通通由相关政府机构完成，代表政府的公诉人享有和实施处理犯罪的权力和责任，决定起诉与否以及建议法官对刑事被告人施以何种刑罚；而另一方面被害人却逐步丧失决定犯罪人的控制权，其在刑事司法体系中的地位亦被逐步削弱，由被害人充当警察、检察官、法官和执行官等数重角色的时代渐成明日黄花。[①] 与通过国家行使追诉和惩罚一样，需要国家通过公力救济的方式完成对刑事被害人的救济。而事实上，刑事诉讼程序中的重心在于嫌疑人和被告人的诉讼地位，虽然不能说对刑事被害人完全漠视，但过分地强调公民与政府之间的对抗、强调刑事被告人的权利和地位，必然带来刑事被害人的权利救济不够。

---

① 张鸿巍．刑事被害人保护的理念、议题与趋势——以广西为实证分析[M]．武汉：武汉大学出版社，2007：30.

第一节　刑事救济中的被害人

基于刑事程序中被害人的特殊地位，自20世纪60年代开始出现以被害人为主要研究对象的学问或学科，以研究被害现象、被害人及其与犯罪的相互作用、被害补偿和被害预防的科学称为被害人学（又称刑事被害人学）。[①]国外学者将被害人学界定为研究被害的一门科学，包括被害人与犯罪人之间的关系、被害人与刑事司法系统之间的互动、被害人与其他社会团体和机构的联系等。[②] 但归根结底，被害人学仍是以被害人作为中心发展起来的学科，仍需要对被害人及其权利、地位等作出界定。在《元照英美法词典》中，被害人是指“包括自然人、公共或私人企业、政府、机关、合伙企业或者未组成法人的联合体”。[③] 也有人认为：“刑事诉讼中的被害人，广义而言，是指自身合法权益遭受犯罪行为直接侵害并有权在刑事诉讼中执行控告职能的当事人；狭义而言，被害人仅指公诉案件的当事人。”[④] 因此，刑事被害人一是指程序中的诉讼地位，二是指实体上的合法权益受侵犯的当事人。

一、我国立法中的刑事被害人

按照《刑事诉讼法》中的规定，刑事诉讼中的当事人有被害人、自诉人、犯罪嫌疑人、被害人、附带民事诉讼的原告人和被害人。被害人是执行控诉职能的当事人，具有独立的诉讼地位。

（1）虽然现代的国家机关垄断了对刑事犯罪的追诉权，但是如果没有被害人的主动参与，侦查和公诉机关很难展开对刑事犯罪的打击。这体现在刑事诉讼程序中，即刑事被害人与侦查、公诉机关的相互配合和相互制约，应

---

① 郭建安．犯罪被害人学［M］．北京：北京大学出版社，1997：5．不过，对于被害人学能否成为一门独立的学科仍存在争议。

② Andrew Karmen. Crime Victim: An Introduction to Victimology (5th ed.). Belmont, CA: Wadsworth, 2004.

③ 薛波．元照英美法词典［M］．北京：法律出版社，2003：1402.

④ 杨正万．论被害人诉讼地位的理论基础［J］．中国法学，2002（4）：167.

该说，刑事诉讼中的侦查、公诉机关与刑事被害人共同承担控诉犯罪的职能，存在着相互配合的关系，但侦查、公诉机关代表国家行使侦查权、起诉权，因此在刑事诉讼中既要惩罚犯罪，又要保障无罪的人不受刑事追究。在侦查中要全面收集犯罪嫌疑人有罪与无罪、罪轻与罪重的证据，在起诉时要全面考虑被害人罪重与罪轻的情节，而被害人作为遭受犯罪行为直接侵害的人，参与诉讼的目的一方面是履行公民义务，与违法犯罪作斗争，更主要的是通过惩罚犯罪维护自身的合法权益，实现自身的诉求，因而其提供的往往只是被害人或犯罪嫌疑人有罪、罪重的证据；同时，立法也只是要求被害人不捏造事实，不能伪造证据，而不要求其承担全面收集证据的义务。由于诉讼目的、任务不完全一致，因此，侦查、公诉机关处理案件的结果并不一定符合被害人的利益和愿望；如不立案决定、不起诉决定、从轻或减轻处理意见等，而被害人认为司法机关处理不公的，亦可通过提出申诉、要求复议等其他救济途径。因此，被害人与侦查、公诉机关在刑事诉讼中又是相互制约的关系。

(2) 刑事被害人与被告人（犯罪嫌疑人）是完全对立的两方当事人。犯罪嫌疑人（被告人）与被害人是侵害者与被侵害者、控告方与被控告方的关系，两者的利益是完全对立的，在诉讼活动中具有对抗性。被害人为惩罚犯罪嫌疑人（被告人）在诉讼活动中竭力举证揭露和证实对方有罪、罪重；而被害人或犯罪嫌疑人则努力为自己作无罪或罪轻的辩解辩护。

二、刑事被害人的诉讼权利

按照《刑事诉讼法》的规定，刑事被害人在公诉案件的诉讼活动中，其诉讼权利主要有以下几个方面。

（一）被害人在立案侦查阶段享有的诉讼权利

(1) 被害人有权向公安机关、人民检察院举报、提出控告或举报，要求立案。《刑事诉讼法》第108条规定：“被害人对侵犯其人身、财产权利的犯罪事实或者犯罪嫌疑人，有权向公安机关、人民检察院或者人民法院报案或者控告。”刑事诉讼法将单位和个人的报案、举报的权利和义务与被害人特有的控告权加以区分；报案、举报的权利义务主体是一般的单位和个人，而控告权的主体是被害人或其近亲属；报案和举报的对象是针对国家、集体或他人合法权益的犯罪事实或犯罪嫌疑人，而控告的对象是侵害其本人合法权益的犯罪事实或犯罪嫌疑人；报案和举报是单位和个人与犯罪作斗争的一种形式，既是权利，也是任何单位和个人应尽的社会义务，而控告是被害人的诉讼权利，是公民维护自身合法权益的重要手段，是被害人参与诉讼活动的第一步。对于告诉才处理的案件，被害人可以决定不控告、不起诉。

（2）被害人有权申请回避。按照《刑事诉讼法》的规定，被害人作为刑事诉讼的当事人，在法庭上对合议庭组成人员、书记员、侦查人员、公诉人、鉴定人和翻译人员具备法定回避情形的，有申请回避的权利。

（3）被害人有权委托诉讼代理人。随着被害人诉讼地位的变化，被害人能否充分行使诉讼权利，直接关系到被害人能否按照被害人的愿望受到法律制裁，关系到被害人自身合法权益能否得到应有的尊重和保护。特别是当被害人对案件事实和处理意见与公诉意见不完全一致时，被害人及其委托代理人参加诉讼的重要性就更为明显。《刑事诉讼法》第44条规定："公诉案件的被害人及其法定代理人或者近亲属，附带民事诉讼的当事人及其法定代理人，自案件移送审查起诉之日起，有权委托诉讼代理人。"

（4）被害人有权提起刑事附带民事诉讼。《刑事诉讼法》第99条规定："被害人由于被告人的犯罪行为而遭受物质损失的，在刑事诉讼过程中，有权提起附带民事诉讼。被害人死亡或者丧失行为能力的，被害人的法定代理人、近亲属有权提起附带民事诉讼。"

（5）被害人有自诉权。被害人如果有证据证明被告人侵犯自己人身、财产权利的行为应当追究刑事责任，而公安机关或者人民检察院作出不予追究被害人刑事责任的决定的案件，被害人有权向人民法院起诉，保证被害人可以充分、独立地行使控告权，避免被害人的合法权益因有关机关懈于职守而受损害。《刑事诉讼法》第112条规定："对于自诉案件，被害人有权向人民法院直接起诉。被害人死亡或者丧失行为能力的，被害人的法定代理人、近亲属有权向人民法院起诉。人民法院应当依法受理。"

（6）被害人有请求立案权和不立案异议权。《刑事诉讼法》第110条规定："人民法院、人民检察院或者公安机关……认为没有犯罪事实，或者犯罪事实显著轻微，不需要追究刑事责任的时候，不予立案，并且将不立案的原因通知控告人。控告人如果不服，可以申请复议。"第111条规定："……

被害人认为公安机关对应当立案侦查的案件而不立案侦查，向人民检察院提出的，人民检察院应当要求公安机关说明不立案的理由。人民检察院认为公安机关不立案理由不能成立的，应当通知公安机关立案，公安机关接到通知后应当立案。”

（7）被害人有权申请侦查机关补充鉴定或重新鉴定。《刑事诉讼法》第146条规定：“侦查机关应当将用作证据的鉴定意见告知犯罪嫌疑人、被害人。如果犯罪嫌疑人、被害人提出申请，可以补充鉴定或者重新鉴定。”

（8）未成年被害人的权利。按照《刑事诉讼法》第270条的规定，对于未成年人被害人，在询问和审判的时候，应当通知未成年被害人的法定代理人到场。无法通知、法定代理人不能到场，也可以通知未成年被害人的其他成年亲属，所在学校、单位、居住地基层组织或者未成年人保护组织的代表到场，并将有关情况记录在案。到场的法定代理人可以代为行使未成年被害人的诉讼权利。到场的法定代理人或者其他人员认为办案人员在询问、审判中侵犯未成年人合法权益的，可以提出意见。讯问笔录、法庭笔录应当交给到场的法定代理人或者其他人员阅读或者向他宣读。询问女性未成年被害人，应当有女工作人员在场。

（二）被害人在审查起诉阶段享有的诉讼权利

（1）在审查起诉时，被害人有权发表意见。《刑事诉讼法》第170条规定：“人民检察院审查案件，应当讯问犯罪嫌疑人，听取辩护人、被害人及其诉讼代理人的意见，并记录在案。辩护人、被害人及其诉讼代理人提出书面意见的，应当附卷。”第271条规定：“……人民检察院在作出附条件不起诉的决定以前，应当听取公安机关、被害人的意见。”

（2）被害人不服起诉决定有权提出申诉或起诉。《刑事诉讼法》第176条规定：“对于有被害人的案件，决定不起诉的，人民检察院应当将不起诉决定书送达被害人。被害人如果不服，可以自收到决定书后七日以内向上一级人民检察院申诉，请求提起公诉。人民检察院应当将复查决定告知被害人。对人民检察院维持不起诉决定的，被害人可以向人民法院起诉。被害人也可以不经申诉，直接向人民法院起诉。人民法院受理案件后，人民检察院应当将有关案件材料移送人民法院。”

（三）被害人在审判阶段享有的诉讼权利

（1）被害人有权当庭陈述发问。《刑事诉讼法》第186条规定："公诉人在法庭上宣读起诉书后，被告人、被害人可以就起诉书指控的犯罪进行陈述，公诉人可以讯问被告人。被害人、附带民事诉讼的原告人和辩护人、诉讼代理人，经审判长许可，可以向被告人发问。"

（2）被害人有权申请通知新的证人到庭、调取新的物证，以及申请重新鉴定或者勘验的权利。《刑事诉讼法》第192条规定："法庭审理过程中，当事人和辩护人、诉讼代理人有权申请通知新的证人到庭，调取新的物证，申请重新鉴定或者勘验。公诉人、当事人和辩护人、诉讼代理人可以申请法庭通知有专门知识的人出庭，就鉴定人作出的鉴定意见提出意见。法庭对于上述申请，应当作出是否同意的决定。"

（3）被害人有权提请抗诉和申诉的权利。《刑事诉讼法》第218条规定："被害人及其法定代理人不服地方各级人民法院第一审的判决的，自收到判决书后五日以内，有权请求人民检察院提出抗诉。人民检察院自收到被害人及其法定代理人的请求后五日以内，应当作出是否抗诉的决定并且答复请求人。"

（四）被害人在审判监督阶段享有的诉讼权利

被害人及其法定代理人、近亲属有权对生效裁判提出申诉的权利。《刑事诉讼法》第264条规定："当事人及其法定代理人、近亲属，对已经发生法律效力的判决、裁定，可以向人民法院或者人民检察院提出申诉，但是不能停止判决、裁定的执行。"

尽管被害人存在上述立法规定的诉讼权利，但如果真正做到对刑事诉讼中被害人加以救济，意味着应当尊重被害人的程序主体地位，使其在诉讼过程中获得公正的对待，并为此享有必要的程序权利。就目前的司法实践来看，被害人的被害程度更多的是作为对犯罪嫌疑人（被告人）侦查、起诉、审理和裁判的条件之一，而并非将被害人作为刑事诉讼程序中的主体，诉讼活动中诉讼权利的不足已经深刻影响到被害人权利的救济。在刑事诉讼程序中，刑事案件的控诉权牢牢掌握在公诉机关手中，被害人自诉权的行使受到相当严格的限制；公诉案件被害人并不是充当主角的"当事人"，其诉讼地位并不独立，也不能对刑事诉讼的产生、发展和结果有决定性作用。虽然名为案件当事人，却因无独立的起诉权和上诉权而不能拥有完整的诉权，自然也就不具备与被告人自我防御相应的较强的自我救济权。在自诉案件中，被害人的起诉权是以承担举证责任为条件的，必须能够明确提供被告人的身份，有确实、充分的证据证明该被告人对自己实施了犯罪行为，而不是由国家权力的代表者去行使“查证”的职能，自诉权名不副实。“这实际上是将应由国家追诉机构承担的收集证据、证明犯罪的责任转嫁给了被害人，要求被害人自己保护自己，而司法机构则乐观其成。”①

第二节　刑事救济制度的现状及比较

在明了刑事被害人的处境之后，我们可以发现，刑事被害人的确存在被国家的刑事追诉权边缘化的风险，一方面，刑事被害人辅助国家机关惩罚和打击犯罪；另一方面，却可能丧失本应享有的人身和财产权利，遭受事实上的二次打击。不过，我国不少地方已经意识到刑事被害人的尴尬处境，进而出台相应措施对刑事被害人实施救助。

一、我国目前的刑事被害人救助制度

（一）立法及司法解释中的救助制度

《刑法》对刑事被害人的处境有所考虑，并作了救助的简单规定，《刑法》第36条规定：“由于犯罪行为而使被害人遭受经济损失的，对犯罪分子除依法给予刑事处罚外，并应根据情况判处赔偿经济损失。”第37条规定：“对于犯罪情节轻微不需要判处刑罚的，可以免予刑事处罚，但是可以根据案件的不同情况，予以训诫或责令具结悔过、赔礼道歉、赔偿损失，或者由主管部门予以行政处分。”由上述规定可以看出，人民法院在进行刑事审判的同时，对于被害人遭受到的物质损失，可依职权判决赔偿被害人的经济损

① 韩流．论被害人诉权［J］．中外法学，2006（3）：288.

失，让刑事被告人承担相应的民事责任。同时，《刑法》第 64 条规定：“犯罪分子违法所得的一切财物，应当予以追缴或者责令退赔；对被害人的合法财产，应当及时返还。”依据该条规定，有关的司法机关在刑事案件的办理过程中，如果发现犯罪分子有从被害人处取得了违法所得应当进行追缴并发还给被害人。

另外，按照《刑事诉讼法》第 77 条的规定，“被害人由于被告人的犯罪行为而遭受物质损失的，在刑事诉讼过程中，有权提起附带民事诉讼。”亦即可由被害人自行提起民事诉讼，通过民事救济方式获得救助。不过，最高人民法院《关于刑事附带民事诉讼范围问题的规定》对刑事附带民事诉讼亦作了详细规定，其第 1 条规定：“因人身权利受到犯罪侵犯而遭受物质损失或者财物被犯罪分子毁坏而遭受物质损失的，可以提起附带民事诉讼。”第 5 条规定：“犯罪分子非法占用、处置被害人财产而使其遭受物质损失的，人民法院应当依法予以追缴或者责令退赔……经过追缴或者退赔仍不能弥补损失，被害人向人民法院民事审判庭另行提起民事诉讼的，人民法院可以受理。”因此，当被害人的财产被犯罪分子非法占用、处置造成一定的损失时，人民法院应当依职权判决追缴、责令退赔，只有在该判决执行后被害人的损失仍得不到弥补时，被害人此时才可以另行提起民事诉讼。[①] 这对被害人来说其实是一种救济途径的限制，被害人对于被非法占用、处置财物造成的财产损失，只有在刑事诉讼结束后才可以提起民事诉讼，并且在追缴、责令退赔判决执行后，被害人的损失仍然得不到弥补时才可以提出民事诉讼。而实际情形则是，非法占用、处置财物在财产性犯罪中所占比例甚大，被害人很少另行提起民事诉讼，作为补充救济方式很少适用。

---

① 时下在司法实务部门流行的案款提留制度亦是财产性犯罪中被害人损失得不到救济的原因之一。所谓案款提留是指公检法办案部门的办案经费与其办理案件中获得的罚没款数量挂钩的财政制度。按照立法及财务规定，检察院、公安机关在办案中所获得的赃款赃物应当全数移送至法院，再由法院上报地方财政上缴入库。然而在现实操作中，诸多地方的公检机关都未如此移送。其原因在于，在实行收支两条线的同时，诸多地方公检法部门财政上还实行财政返还制度。公检法三家的收入上缴地方财政后，地方财政会按照一定比例返还给这些单位。公安上缴的钱返还给公安，检察院上缴的钱返还给检察院，法院上缴的钱就返还给法院。这种返还款项往往成为公检法预算的重要组成部分。如果公安局和检察院将罚没的款物全数移送给法院，公安局和检察院会觉得吃亏。

（二）救助办法

为进一步保障刑事被害人的权利，各地根据经济情况出台刑事被害人救助办法，以便真正实现刑事救济。2004 年 11 月，青岛市政法委、青岛市中级人民法院、青岛市财政局联合发布《青岛市刑事案件受害人生活困难救济金管理办法》，设置刑事被害人救济金管理制度。根据上述办法，对刑事被害人救助金额限于3000～30 000元，特殊情况再行研究；救济金一次性给付等。[①] 此后，福州市中级人民法院制定《关于刑事受害人实施司法救助的若干规定》、珠海市人民检察院出台《对部分刑事案件受害人实施经济救助的若干规定》。2006 年 12 月 30 日，浙江省政法委、省财政厅下发《关于印发〈浙江省司法救助专项资金使用管理办法（试行）〉的通知》。为了帮助刑事被害人或者其赡养、抚养、扶养的近亲属解决特殊生活困难，规范刑事被害人救助工作，促进社会和谐稳定，根据宪法和有关法律、法规，结合实际，制定救助办法，[②] 规定“在本市行政区域内的刑事被害人或者其近亲属生活困难需要给予救助的，适用本条例”。

刑事被害人救助，是指因受犯罪行为侵害造成被害人严重伤残或者死亡。某省更是为有效缓解“执行难”和解决因“执行难”导致的涉诉特困人员生存难问题，切实关注民生、关爱弱势群体，落实司法为民，维护社会稳定，保障社会和谐，根据相关法律法规和政策的规定，结合实际，发布有涉诉困难人员的救助办法。[③] 规定凡符合规定的申请执行人和刑事被害人，可以获得救助，对涉诉人员给予司法救助。

从各省市陆续出台以及上述援引的两个救助办法可以看出，各地为给予刑事被害人乃至困难人员司法救助，由不同的国家机关充任社会保障机构，一方面，说明接触到刑事被害人或涉诉人员的经济生活困难，需要这些国家

---

① 宋学春．青岛法院实行刑事受害人救济金制度［N］．人民日报，2007－01－09（10）．

② 具体内容可参见本书附录7。

③ 办法由省委政法委、省高级人民法院、省民政厅、省财政厅、省人力资源和社会保障厅、省住房和城乡建设厅、省卫生厅负责解释。涉诉特困人员救助，是指在党委领导，政府主导下，人民法院推动，社会各界广泛参与，并与政府现有的社会保障相衔接的专项救助机制。在人民法院穷尽执行措施，被执行人仍无财产可供执行，案件被依法终结后，对有衣、食、就医困难或其他特殊困难的申请执行人和刑事被害人进行救助的一种社会救济方式。具体内容可参见本书附录8。

机关承担起道义上的责任；另一方面，说明目前立法中对上述人员的司法救助并无统一的规定，不同的国家机关只能把本来应由特定部门承担的救助任务揽于怀中，只不过救助对象限于刑事受害人或诉讼当事人。这是否意味着国家机关亦意识到国家对刑事受害人救济力度不够，因此才“出手相助”？并且，这种救助同时带有“特殊情况特殊处理”的关照色彩，以便安抚当事人的情绪，这种做法虽然在现实的政治框架中亦无不可，但其合法性、规范性值得关注。

二、其他国家及地区的刑事补偿制度

如果将目光放在世界的范围，可以发现世界各国无不重视对刑事被害人的救济，并制定立法规范刑事救济措施。目前，英国、美国、法国、日本、韩国、加拿大、澳大利亚、爱尔兰、瑞典、芬兰、挪威、荷兰等几十个国家以及我国港台地区等相继建立了刑事被害人补偿制度。

（一）英国的刑事救济

英国《1995年刑事伤害补偿法》及《2001年刑事伤害补偿方案》的对象是遭受犯罪的被害人。如果被害人因为遭受犯罪而死亡，则被害人的家属是补偿对象。因下列事由而成为受伤者，也可以成为补偿的对象：因逮捕或意图逮捕犯罪嫌疑人而受到伤害的；因阻止或意图阻止正在实行的犯罪行为而受到伤害的；因帮助从事逮捕犯罪人或负有防止犯罪发生任务的警察人员而受到伤害的；由纵火、投毒等暴力犯罪导致的损害等；铁路上的侵权犯罪。根据《2001年刑事伤害补偿方案》，人身伤害包括身体伤害、精神伤害以及疾病。在未报案、未协助追诉犯罪、未提供必要的协助的情况下将不予以补偿。如果被害人对于被害的发生有可归责的事由亦不能获得补偿。方案中详细规定了补偿的范围及标准，将刑事被害补偿区分普通刑事伤害及致命伤害，从而实行不同的补偿标准，补偿的标准金额由附属于方案的伤害种类价目表予以公布。

据统计，英国约90%的被告人是以国家的生活救济金为主要收入的，法官为使得被告人能够有钱赔偿，只得判决被告人以救济金来偿还赔偿金，事实上还是由国家来补偿的。①

（二）美国的刑事救济

美国联邦和多数州都建立了被害人补偿制度，按照美国《1984年刑事被害人法》的规定，补偿项目包括身体和精神医疗费、误工费和丧葬费等。在财政部内设立犯罪被害人特别基金，每年可获得资金最高金额达1亿美元，而在各州，除了联邦政府的40%补助，其他经费来源于州政府的税收、罚金、附加罚金、假释后工作收入、监狱作业成品所得、犯罪人出售有关犯罪情节及犯罪动机等文字或影片所得和保释金。

在加州，《犯罪补偿法》规定补偿的对象包括：（1）需是直接因暴力犯罪被害而致死或受到伤害的；（2）需是依法由被害人所扶养的人，即依赖被害人生活的人；（3）犯罪发生当时是被害人的家属或者近亲属的；（4）被害人死亡时应当支付或愿意支付医疗丧葬费的人；（5）申请人需在犯罪发生当时为本州居民，暂时离开本州的居民在本州外被害的也可申请；（6）需是因犯罪被害而经济陷入严重困难时方可申请。但有下列情形之一的，则不予以补偿：（1）被害人故意参与犯罪的；（2）被害人对于犯罪人的逮捕与审判不能与司法机关合作的；（3）被害人的经济并未因犯罪而发生严重困难的。②

（三）德国的刑事救济

德国1976年颁布的《暴力犯罪被害人补偿法》将刑事补偿的对象限于被害人及其近亲属（配偶、子女、父母、祖父母），补偿给付以人身伤害为限，具体包括：医疗及康复费用；生活基本保障的费用，含基础年金、职业的损失补偿、因被害人年老体弱而给付的衡平年金等；对被害人家属给付的一般津贴、医疗补贴、死亡津贴、丧葬费、救济金等。

（四）法国的刑事救济

《法国刑事诉讼法典》第4卷特别程序第14编规定了刑事被害人的国家补偿制度，确定补偿的范围是因犯罪行为致使被害人死亡或者受重伤害，无论其经济上是否困难或生活条件是否恶劣，均予以补偿，且补偿金额无限度。

---

① 许永强．刑事法治视野中的被害人［M］．北京：中国检察出版社，2003：173.

② 许启义．犯罪被害人权利［M］．台北：五南出版公司，1987.

受轻伤及财产犯罪的被害人仅限于收入在250法郎以下、经济困难、无其他损失弥补办法者，补偿金额不得超过月收入的3倍。

（五）日本的刑事救济

日本在1980年颁行《犯罪被害人等给付金支付办法》，规定给付金的对象限于危害生命或身体的犯罪行为所致的死亡或重伤者。侵害行为包括紧急避险、心神丧失、聋哑人以及不满14周岁等不予处罚或从宽处罚者的行为，但正当防卫行为和依法令行为除外。给付金一般采用一次付清的方式，分为对死亡者家属的“遗属给付金”和对于重伤者的“残废给付金”两种。日本的被害人补偿金来源原则上由国家的预算支付。

（六）我国香港地区的刑事救济

香港特区1975年即发布《暴力及执法伤亡赔偿计划》，旨在向暴力罪行及执法人员使用武器执行职务而伤亡的受害人提供援助。计划由暴力伤亡赔偿委员会和执法伤亡赔偿委员会管理，两委员会的成员由行政长官委任，对行政长官负责。委员会的文书和行政支援工作由社会福利署派员处理，并由社会福利署支付委员会的行政费用。[①] 赔偿计划详细区分了暴力伤亡及执法伤亡，申请赔偿需符合以下条件：有关事件发生在1997年5月23日或以后；暴力伤亡个案中所指事件包括暴力罪行（包括纵火及下毒）、逮捕或试图防止罪行发生、协助警务人员或其他人士逮捕或设法逮捕罪犯或疑犯、防止或试图防止犯罪发生（第5条）；执法伤亡赔偿的条件类似，[②] 另外还应包括后果，即受害人伤势较为严重，令受害人至少损失三天的入息或工作能力，但如被害人死亡或变成伤残，或在特定情况下可豁免上述规定，则不在此限。

针对赔偿的罪行只限于故意犯罪。按照赔偿计划，交通意外受害人除非被人蓄意用车撞倒，否则不在赔偿计划范围之内。受害人有过错将会直接影响赔偿委员会对于赔偿数额甚至于直接否决申请。若委员会在考虑受害人的

① 2001~2002年，香港暴力及执法伤亡赔偿委员会共批出1050万港元，给予暴力及执法伤亡事件受害人或其家属。

② 执法伤亡赔偿是指执法人员执行职务时使用武器所致，不论其是疏忽或出于以下原因，包括：逮捕或试图逮捕罪犯或疑犯；防止或试图防止犯罪发生；协助替务人员或其他人士逮捕或试图逮捕罪犯或疑犯，或协助上述人员防止或试图防止罪行发生。

品行（包括引致赔偿申请的事件之前和之后的品行）、性格和生活方式后，认为受害人发放全数赔偿或任何赔偿并不恰当，可削减赔偿金额甚或否决受害人的申请。

赔偿计划规定了较为完备的申请及审批程序以及对不服裁（决）定者的救济程序，申诉人如不满意委员会所作的决定，可于接获通知后一个月内提出上诉，要求上诉委员会重新考虑有关事件。

（七）我国台湾地区的刑事救济

我国台湾地区 1998 年 10 月 1 日起施行《犯罪被害人保护法》，规定对被害人予以金钱补偿，以及被害人诉讼救助及成立被害人保护机构。在补偿对象上，因为犯罪行为被害而死亡的遗属或受重伤的被害人，可以向犯罪地“地方法院检察署”犯罪被害人补偿审议委员会索取并填写申请书，申请补偿金。各地“地方法院检察署”犯罪被害人补偿审议委员会均有义工接受询问并协助填写申请书。被害人补偿金的补额是：遗属补偿金中，医疗费总额最高新台币 40 万元、殡葬费最高 30 万元、法定抚养义务最高 100 万元；重伤补偿金中，医疗费总额最高 40 万元、丧失或减少劳动力或增加生活需要 100 万元。支付的方式上，兼采分期支付和信托支付的方式。

三、小结

综观其他国家及地区的刑事救济立法例，不难看出其以立法方式保护刑事被害人，通过规范制度满足了刑事被害人权利救济的要求，对于稳定社会公共秩序大有裨益。同时，上述国家及地区的刑事被害人救济立法亦在不断地完善和发展，以便与社会前进同步。而反观我国的被害人补偿制度，虽然不少地方已经先行实践，但更多的情况是步履蹒跚，“抽象的原则性规定较多，具体可操作的措施较少，从而导致我们有限的保护被害人的立法思想也无法得到有效的落实”。[①] 并且存在多元化的管理机关，在各地的不统一亦可能意味着救助的无序。因此，随着现代立法和司法实践中被害人诉讼地位的提升，除了将现有有效的措施提升到立法层次外，今后对被害人的刑事救济

① 孙彩虹．日本犯罪被害人保护法制度及其对我们的启示［J］．河南社会科学，2004（5）：71.

制度的设计，可以考虑以国家立法为主导，辅以其他配套措施，如确立被害人救助主管机构、依职权主动施救以及设定救助的正常程序等，[①] 进而使被害人的损害救济制度得到不断地完善。

第三节　环境侵害中的刑事救济

针对不断出现的破坏环境行为，《刑法》专节对破坏环境资源的刑事处罚作了规定，同时，各有关部委亦出台相应措施，配合司法机关的刑事处罚行为。

一、我国刑法对环境保护的规定

《刑法》第338～346条对破坏环境类犯罪作出规定，不过，作为刑事立法层面的基本法律，刑法对于环境保护犯罪的规定并不完善和细致，或许是出于"宜粗不宜细"的立法思路，刑法规定的概括性导致可操作性不强，因此，在具体办理涉嫌环境犯罪的案件时，又不得不出台相应规范。为规范环境保护行政主管部门及时向公安机关和人民检察院移送涉嫌环境犯罪案件，依法惩罚污染环境的犯罪行为，防止以罚代刑，依据《刑法》《刑事诉讼法》《行政执法机关移送涉嫌犯罪案件的规定》及其他有关规定，2007年5月17日，国家环境保护总局、公安部、最高人民检察院联合发布"关于环境保护行政主管部门移送涉嫌环境犯罪案件的若干规定"，以便对污染环境的犯罪行为依法打击。[②]

2013年6月8日，最高人民法院审判委员会第1581次会议、最高人民检察院第十二届检察委员会第7次会议通过《最高人民法院最高人民检察院关于办理环境污染刑事案件适用法律若干问题的解释》，目的在于依法惩治有关环境污染犯罪，因此根据《刑法》《刑事诉讼法》的有关规定，就办理此

---

① 陈彬，李昌林，薛竑，高峰，等．刑事被害人救济制度研究［M］．北京：法律出版社，2009：220～239.

② 具体内容可参见本书附录9。

类刑事案件适用法律的若干问题作出解释，以便对办理环境污染犯罪加以规范。[1]

2007 年 2 月 26 日最高人民法院审判委员会第 1419 次会议、2007 年 2 月 27 日最高人民检察院第十届检察委员会第 72 次会议通过《最高人民法院最高人民检察院关于办理危害矿山生产安全刑事案件具体应用法律若干问题的解释》，目的在于依法惩治危害矿山生产安全犯罪，保障矿山生产安全，因此根据刑法的有关规定，就办理此类刑事案件具体应用法律的若干问题作出解释，以便规范危害矿山生产安全犯罪的办理。[2]

上述规范的出台一方面因应了具体办案实践的需要，另一方面亦是打击环境刑事犯罪的救济措施，虽然在目前看来实属必要，但为保护环境之故，完善的环境刑事救济体系有其必要性。

二、我国环境侵害中刑事救济制度的构建

危害环境的行为一旦发生，事后的救济往往只能属于“亡羊补牢”，虽然“犹未晚矣”，但亦决定了对待破坏环境的犯罪行为不能等同于其他犯罪行为的刑罚措施，预防性更应成为刑事救济制度构建中着重考虑的方面。在现有刑罚措施的构建上，由于国家垄断刑事犯罪的追诉权，国家机关掌控主要的刑罚措施，因而从立法层面上规范刑罚措施应成为完善刑事救济制度的重要组成部分，包括细化刑罚措施的可操作性、扩展立法保护的范围、准确清晰表达法条等。同时，在现有环境刑事救济制度的构建上，事后的救济还应注重非刑罚措施的运用，这可进一步区分两个层面，包括国家机关和环境破坏后的受害方。

（一）国家机关层面

这主要是指有权施予处罚措施的国家机关，对涉嫌刑事犯罪的人员或单位所处以的非刑罚措施。

1. 教育措施

涉嫌环境犯罪的人员或单位并不必然意识到其行为后果的严重性，在面

---

① 具体内容可参见本书附录 10。

② 具体内容可参见本书附录 11。

对可能的危害后果时往往由于对法律的无知而存在侥幸心理。在这种情况下，鉴于环境犯罪的轻微后果，可考虑对其正面引导，使其认识到行为危害环境的法律后果，预防更严重犯罪行为的发生，避免环境再次遭受侵害。教育的方式和内容可以多样化，口头、书面形式可并用，内容上可针对不同对象施以不同的法律知识，延伸法律的威慑力。

2. 禁止措施

禁止措施主要适用于对涉嫌环境犯罪人员的相关行为的限制。对于侵害环境的行为如果是出于营利性行为，则应设置门槛，严格限制行为人再次进入相关行业，以免有危害环境的可能；对于侵害环境行为属于其他性质的，则可对当事者施以禁止令，禁止其从事相关活动。

（二）受害方层面

就环境犯罪来说，最直接的受害方当属被破坏的环境及受害人，因此恢复生态及赋予受害人一定的权利应是刑事救济的应有之义。

1. 恢复生态环境

生态恢复与重建是人类社会可持续发展所面临的迫切需要解决的重大问题，涉及土地利用及土壤恢复，森林恢复，草地、河流、湖泊和湿地的恢复，矿山和特殊污染环境的生态恢复，城市环境的生态恢复等科学领域，科学家们认为在遵循自然规律的前提下，把退化生态系统设计成既可最大限度为人类所利用，又恢复系统的必要功能并达到系统自维持状态是可能实现的。①人们对环境的破坏——哪怕看上去是不大的破坏——带来的可能是深远的影响，而恢复治理则需要更长的时间，因此通过科学上定性、定量等分析方法，找出破坏后恢复生态环境的原因，从而对症下药，恢复生态环境存在可能且确有必要。

2. 补偿被害人

对一个地方生态环境的破坏附带伤害的是生于斯、长于斯的人们，权利的声张、权益的救济必定加诸于受害人身上，对于受害人来说，长期的居住生活环境无论何种原因受到破坏，首先带来的是情感认知上的变化，尤其是

---

① 岑慧贤，王树功．生态恢复与重建［J］．环境科学进展，1999（6）：115.

在被动地接受环境破坏的情况下，从精神到身体不得不面对现实。因此，对于受害人的补偿不能仅仅着眼于物质赔偿，精神抚慰层面亦应赋予救济。除开前述的刑事补偿措施，对于环境破坏所带来的补偿更应强调其公益性，例如，公益基金的设置，在发展经济的同时注重保护环境并提前做好预防措施。

3. 刑事申诉

刑事申诉是在利害关系人对国家机关的判断不满的情况下所设置的程序机制，保障和规范申诉权的正常行使。按照《刑事诉讼法》的规定，当事人及其法定代理人、近亲属，对已经发生法律效力的判决、裁定，可以向人民法院或者人民检察院提出申诉，但是不能停止判决、裁定的执行。这就意味着赋予利害关系人在认为生效的裁决有错误的情况下，有获得救济的权利。

三、案例链接

温州市AA阀门有限公司、陈某某污染环境案中，[①] 人民法院要认定污染环境犯罪，必须符合罪名的相应构成要件，而在《刑法》中，此罪名的具体内容为：违反国家规定，排放有害物质。“排放有害物质”即在强调此罪名的客体要件，主要包括放射性废水、废气和废物：（1）放射性废水是指放射性核素含超过国家规定限值的液体废弃物，主要包括核燃料前处理（如铀矿开采、水冶、精炼、核燃料制造等过程中）产生的废水，核燃料后处理第一循环产生的废液，原子能发电站，应用放射性同位素的研究机构、医院、工厂等排出的废水。（2）放射性废气是指放射性核素含量超过国家规定限值的气体废弃物，如铀矿山和铀水冶厂会产生来自矿井的含有氡、钍、锕射气及其子体的气溶胶；核反应堆中产生的气体在后处理厂进行处理时释放的废气中含有氩、氪、氙等放射性核素、射碘蒸汽、氚以及二氧化碳形式存在的碳-14等；（3）放射性固体废物是指放射性核素含量超过国家规定限值的固体废弃物。主要包括从含铀矿石提取铀的过程中产生的废矿渣；铀精制厂、燃料元件加工厂、反应堆、核燃料后处理厂以及使用放射性同位素研究、医疗等单位排出的沾有人工或天然放射性物质的各种器物，放射性废液经浓缩、

① 人民检察院指控被告人温州市AA阀门有限公司的法定代表人陈某某违法排污超标，行为已触犯《刑法》第338条、第346条之规定，构成污染环境罪，应予处罚。

固化处理形成的固体废弃物。（4）含传染病病原体的废物（亦称传染性废物）是指带有病菌、病毒等病原体的废物。其中传染性是指由致病性的各种病原体引起的可在适宜传播途径下对人群有传播可能的感染。《传染病防治法》第3条对传染病作了规定："本法规定的传染病分为甲类、乙类和丙类。甲类传染病是指：鼠疫、霍乱。乙类传染病是指：传染性非典型肺炎、艾滋病、病毒性肝炎、脊髓灰质炎、人感染高致病性禽流感、麻疹、流行性出血热、狂犬病、流行性乙型脑炎、登革热、炭疽、细菌性和阿米巴性痢疾、肺结核、伤寒和副伤寒、流行性脑脊髓膜炎、百日咳、白喉、新生儿破伤风、猩红热、布鲁氏菌病、淋病、梅毒、钩端螺旋体病、血吸虫病、疟疾。丙类传染病是指：流行性感冒、流行性腮腺炎、风疹、急性出血性结膜炎、麻风病、流行性和地方性斑疹伤寒、黑热病、包虫病、丝虫病，除霍乱、细菌性和阿米巴性痢疾、伤寒和副伤寒以外的感染性腹泻病。"上述规定以外的其他传染病，根据其暴发、流行情况和危害程度，需要列入乙类、丙类传染病的，由国务院卫生行政部门决定并予以公布。（5）有毒物质是对机体发生化学或物理化学的作用，因而损害机体，引起功能障碍、疾病，甚至死亡的物质。有毒物质可分为无机毒物和有机毒物两大类。如汞、铅、砷、镉、铬、氟等属于无机毒物，其中有许多能在生物体中富集积累。有机毒物如酚、氰、有机氯、有机磷、有机汞、乙烯等。

除了客体要件，此罪在客观方面表现为违反国家规定，向土地、水体和大气排放危险废物，造成环境污染，致使公私财产遭受重大损失或者人身伤亡的严重后果的行为。此罪的主体并无特别之处，一般主体即可达到要求，即凡是达到刑事责任年龄具有刑事责任能力的人，单位可以成为本罪主体。此罪在主观方面表现为过失，指行为人对造成环境污染，致公私财产遭受重大损失或者人身伤亡严重后果的心理态度而言，行为人对这种事故及严重后果本应预见，但由于疏忽大意而没有预见，或者虽已预见到但轻信能够避免。

被告单位温州市AA阀门有限公司及其直接负责的主管人员被告人陈某某违反国家规定，排放有毒物质，严重污染环境，检察机关提交的相关证据已经足以证明被告人的行为达到污染环境罪的主客观要件，因此其行为已构成污染环境罪。

参考文献

[1] 张鸿巍. 刑事被害人保护的理念、议题与趋势——以广西为实证分析 [M]. 武汉：武汉大学出版社，2007.

[2] 郭建安. 犯罪被害人学 [M]. 北京：北京大学出版社，1997.

[3] Andrew Karmen. Crime Victim: An Introduction to Victimology 5th ed., Belmont, CA: Wadsworth. 2004.

[4] 薛波. 元照英美法词典 [M]. 北京：法律出版社，2003.

[5] 杨正万. 论被害人诉讼地位的理论基础 [J]. 中国法学，2002 (4).

[6] 韩流. 论被害人诉权 [J]. 中外法学，2006 (3).

[7] 宋学春. 青岛法院实行刑事受害人救济金制度 [N]. 人民日报，2007-01-09 (10).

[8] 许永强. 刑事法治视野中的被害人 [M]. 北京：中国检察出版社，2003.

[9] 许启义. 犯罪被害人权利 [M]. 台北：五南出版公司，1987.

[10] 孙彩虹. 日本犯罪被害人保护法制度及其对我们的启示 [J]. 河南社会科学，2004 (5).

[11] 陈彬，李昌林，薛竑，高峰，等. 刑事被害人救济制度研究 [M]. 北京：法律出版社，2009.

[12] 岑慧贤，王树功. 生态恢复与重建 [J]. 环境科学进展，1999 (6).

Chapter 11 第十一章
环境与健康损害的公益诉讼救济

环境是人类健康的基石，除了民事、行政和刑事救济方式之外，《民事诉讼法》还特别规定了环境公益诉讼制度，以便更有效地通过这种诉讼方式获得环境健康损害的救济。

第一节　环境公益诉讼的界定

环境公益诉讼制度的确立是在司法实践过程中逐渐形成的，2012 年由修订后的《民事诉讼法》特别加以规定："对污染环境、侵害众多消费者合法权益等损害社会公共利益的行为，法律规定的机关和有关组织可以向人民法院提起诉讼。"由于立法机关并未对此一条款再做解释，因此对于条款规定的具体内容一直存有争议，主要集中于对环境公益诉讼制度主体，如"法律规定的机关"是哪些机关？是否禁止国家行政机关？"有关组织"必须是"法律规定"或是登记注册的社会团体均符合要求？种种假设有赖于立法解释或是司法解释的回答，但就目前来看，似乎并不影响人们对环境公益诉讼制度本身展开探讨，包括环境公益诉讼制度的生成逻辑、适格主体、证明问题、制度的实效和功能及遭遇的困境等。

一、环境公益诉讼制度的生成

一般来说，对于环境公益诉讼制度起源的追究要回溯到发达国家的类似制度，如美国公民诉讼制度，有学者直接将其界定为公众提起的公益性环境诉讼。[①] 但事实上，在规定公民诉讼制度的1970年《清洁空气法》中，条文表述仅是“任何人都可以……提起诉讼”，至于何谓公益或环境公益，其立法中并没有明确。而公民诉讼制度是出于法治、权力制约，弥补政府权力的缺陷，放宽起诉资格的限制，由美国公民个人充任私人检察官，拓宽公民诉诸司法的权利、将公民诉讼作为施行法律的辅助的和有效的保证。后来这一制度被规定在美国1970年的《清洁空气法》和1972年的《清洁水法》，并经过美国司法判例的不断演进，使公民可以依法对违法排污的企业或未履行法定义务的主管机关提起诉讼，要求违法者消除污染，赔偿损失，并督促联邦环保局和各州执行其法定义务。就公民诉讼制度中的原告资格来说，美国法院亦经历了若干阶段，首先是20世纪七八十年代，在塞拉俱乐部诉内政部长莫顿案[②]等典型案例中，原告资格相对宽松；1990年以来，最高法院开始较为严格地限制环境公民诉讼的原告资格，其以鲁坚诉野生生物保护者案为代表；[③] 在2000年的地球之友诉兰得洛（Laidlaw）环境服务公司案中，原告资格出现了新的转机，最高法院认为原告环境团体享有提起公民诉讼的资格，

---

① 汪劲，严厚福，孙晓璞．环境正义：丧钟为谁而鸣——美国联邦法院环境诉讼经典判例选［M］．北京：北京大学出版社，2006：47.

② 作为环保组织的塞拉俱乐部，向美国联邦地区法院提起诉讼，要求作出判决并发布禁令，制止联邦官员批准的大规模滑雪场开发计划。地区法院判决支持原告请求，但上诉法院认为塞拉俱乐部及其成员并未受到任何损害，缺乏起诉的诉讼资格，因此推翻一审判决，联邦最高法院维持上诉法院的判决。具体案情可参见上引文献，第55～77页。

③ 1986美国内政部和商务部下属的国家海洋渔业署颁布了一部关于《濒危物种法》第7条解释的行政规章，之后野生动物保护者等环境团体依据《濒危物种法》的环境诉讼条款，在联邦地区法院对内政部部长提起诉讼，要求确认该行政规章对第7条的解释是错误的。1992年，最高法院对该案作出最终判决，认定原告不是政府作为或者不作为的直接相对人，缺乏起诉资格。参见吕忠梅，徐祥民．环境资源法论丛（第4卷）［M］．北京：法律出版社，2004：156.

表明原告资格趋向于宽松。① 从公民诉讼制度的历史演进来看，尽管不少研究者将美国公民诉讼的目的界定为环境公益，但事实上，美国公民诉讼的目的在于代替政府执法，通过授权允许个体的公民诉讼来阻止违反环境法的现象，毕竟对于政府来说，及时发现并制止破坏环境的违法行为并不容易，况且污染者如果势力强大可能更会让政府的执法面对困难；在这种情况下，通

---

① 李义松，苏胜利．环境公益诉讼的制度生成研究——以近年几起环境公益诉讼案为例展开［J］．中国软科学，2011（4）：92．本案案情为：1986 年，兰得洛公司（Laidlaw）在南卡罗来纳州购入一套有毒废物焚烧装置，并且获得该州健康与环境控制署发放的“国家污染物排放清除系统”（NPDES）许可证，允许它向北泰格河排放经过处理的废水，并对其特定的污染物实行排放限制。1987～1995 年，兰得洛公司超过限制向该河流排放了大量的污染物，尤其是汞。1992 年 4 月 10 日，地球之友等环境团体就采取了提起环境公民诉讼的必经程序——起诉前 60 天发出起诉前通知，将该通知发给兰得洛、联邦环境保护局和南卡罗来州健康和环境控制部，表明他们意欲根据《清洁水法》第 505（a）条的公民诉讼条款，在起诉前通知所要求的 60 天的期限届满后对兰得洛反复违反其 NPDES 许可证的行为提起环境公民诉讼。为了阻止地球之友的起诉，兰得洛公司要求健康与环境控制署起诉自己，兰得洛公司的律师起草了诉状并支付了诉讼费。在 1992 年 6 月 9 日，即环境公民诉讼条款所要求的起诉前通知的 60 天期限届满前最后一天，南卡罗来州健康和环境控制部在州法院对兰得洛提起诉讼，指控其违反 NPDES 许可证，并和兰得洛达成了一项协议，要求兰得洛支付100 000美元的罚款和作出所有努力以履行其 NPDES 许可证的义务。1992 年 6 月 12 日，地球之友等环境团体根据《清洁水法》第 505（a）条对雷德劳提起环境公民诉讼，指控兰得洛违反 NPDES 许可证，具体包括数百次的违反水银排放限制的排放行为。为了确保起诉资格，地球之友等向地区法院提供了其组织成员的法律誓词以此证明自己受到了损害，因为他们担心河流受到污染，而再也不在那里钓鱼、野营、游泳、夜餐等。当地的房主也证明损害了他们的财产价值，其他人也声明污染使他们放弃了在河边建房子的计划。兰得洛要求法院驳回原告的起诉，理由是原告不能提供证据证明事实损害，缺乏《宪法》第 3 条所要求的“起诉资格”（standing）；并且根据《清洁水法》的规定，南卡罗来州健康和环境控制部先前对兰得洛案件的“勤勉的执行”（diligently prosecuted）阻止了公民诉讼的提起。联邦地区法院认为“兰得洛是自己起草了州法院的起诉书和与南卡罗来州健康和环境控制部达成的解决协议，是自己提起了针对自己的诉讼，是自己支付了起诉费”。因此，联邦地区法院认为南卡罗来州健康和环境控制部对兰得洛的起诉并不是“勤勉的执行”，法院允许公民诉讼继续进行。地区法院认定兰得洛公司的排污行为没有给河流带来生态上的损害，然而，它还是作出了一个405 800美元的民事罚款。原告就联邦地区法院的民事处罚向联邦第四巡回上诉法院上诉，认为该民事处罚的数额是不足够的。兰得洛反诉，主张原告缺乏起诉资格，因为南卡罗来州健康和环境控制部对兰得洛所采取的行动是一项适格的、能够阻止原告起诉的“勤勉的执行”。1998 年 7 月 16 日，第四巡回上诉法院发布了其判决书，撤销了联邦地区法院的判决。最高法院受理了此案，并于 2000 年 1 月 12 日作出判决，撤销了上诉法院的判决。最高法院认为原告环境团体享有提起公民诉讼的资格。法院认为，《宪法》第 3 条的有关联邦司法权力的“事实或争议”是有关起诉资格问题的理论根基，与《宪法》第 3 条起诉资格的目的相关的情况并不是对环境的损害，而是对人的损害。最高法院认为，原告环境团体的多位组织成员的法律誓词已经对此作出了证明，这些成员的证词足以证明自己受到了事实损害，由原告环境团体提供的法律誓词和证据以及这些证人对排放的影响的合理的关心都表明兰得洛的排放直接影响了那些人娱乐的、美学的和经济的利益。张百灵，韩静，范娟．从地球之友诉兰得洛环境服务公司案谈环境公益诉讼的原告资格［J］．环境教育，2009（9）：32.

过公民诉讼执行美国联邦环境法律更会切实可行，受污染之苦的民众可以撇开政府通过诉讼手段保护自己、家庭和社区。在通过立法以及判例确立并完善公民诉讼制度的同时，法律对公民诉讼亦设置重要限制，目的在于保证政府部门的行政执法主导作用，保证公民不因不合理的个人利益而滥用行政执法权：（1）如果联邦或州级政府已经采取了执法行动，且正在认真开展执法起诉，公民原告通常来说不可以再针对污染者通过公民诉讼来采取执法行动，不过原告可以干预政府正在进行的执法行动；（2）公民原告起诉前必须书面通知被告、联邦政府和州政府；（3）部分法律规定公民诉讼的司法解决必须提前通知联邦政府；（4）私人原告不能获得补偿性的损害赔偿金，民事处罚金必须支付给联邦财政部。①

就我国的环境公益诉讼来看，其制度生成不同于美国，实践——立法——制度的逻辑并没有更好地促成环境公益诉讼在国内大行其道。公益涉及有关社会公众的福祉和利益，对其界定直接影响到环境公益的成立与范围，因此，在多大范围上能够认定为公益——尤其在国内公益事业遭遇波折之时，公益的界定牵涉到相关人员的切身利益。如果一味地去强调公益，而非着眼于对于受到伤害的被害人来加以救济，只为公益之目的而行公益诉讼，所获赔偿亦只能归于公益基金，只能用于对于所谓环境生态的恢复和保护，那么是否脱离环境保护的本意?② 有学者在论及环境公益诉讼时，更多的是从制度的必要和可行入手，认为我国现行环境保护手段（尤其是行政手段）难以

① Jennifer Holdway，王五一，叶敬忠，张世秋．环境与健康：跨学科视角［M］．北京：社会科学文献出版社，2010：167～168.

② 在云南环境公益诉讼第一案中即遭遇到了这样的难题。案件由环保行政机关作为公益诉讼原告、检察机关作为支持起诉人提起环境公益诉讼，而事实上本案的受害人——大龙潭水源地的村民只能作为环境公益诉讼中的证人出庭应诉，至于这些村民所受到的影响更为深远，他们是否可以提起民事诉讼主张相关赔偿并未明确。在此案中，原告所提诉讼请求是赔偿治理水污染所需的全部费用，计算依据并不是以处理嵩明县大龙潭全部出水量，而是以大龙潭全部出水量的大约1/4为依据，即300吨/日，这实际上就是大龙潭水源地村民生产生活的日用量，因此事实上并非治理水污染所需的全部费用。在这种情况下，一方面以受害人的伤害作为诉请的实质内容；另一方面却又要以公益诉讼之名由环保行政机关出面起诉，其环境公益诉讼的正当性和合理性是不是应打个问号？本案是否可以由受害的村民提出普通民事诉讼解决？虽然公益诉讼人宣称赔偿金将列入昆明市财政局统一管理的环境保护专项基金，以体现其公益性，但如此作为则村民的权益如何实现？诸如此类的种种问题在此案中并未得到完整的回应，私益和公益并不能因为打出的标识不同就会得到截然不同的区分，尤其在关涉普通民众的切身利益时，由利害关系人直接提出诉请更为符合诉讼法律制度设置的本来目的。

有效保护环境公益，同时现行的诉讼制度不足以有效保护环境公益，而环境公益诉讼制度具有独特的环境公益保护功能，现实生活中已有为环境公益进行诉、审的基础和需求。① 理论和实践两个层面的共同推动，促使环境公益诉讼制度在我国确立。就现有司法实践来看，部分环境私益诉讼不排除可以达到保护环境公益的效果，并且在现有条件下亦是构建环境公益诉讼制度的开始；因为环境法治的发展应该与整体法治的发展相协调，应该以法治环境的改善为中心。环境法律制度与环境司法实践创新的限度在于不违背法治的基本原则。环境法的理论研究应该尊重现有的法制框架，这是一种相对保守的态度，环境法治发展的总体态势，决定了环境公益诉讼制度的推进必须采用保守性态度。②

二、环境公益诉讼制度的主体

对于环境公益诉讼制度主体的研究集中于起诉主体，进一步来讲即主体的诉讼资格，环境公益诉讼司法实践中涉及的原告主体有公民个人、环保局及资源管理部门、检察机关、环保组织及地方政府。在云南环境公益诉讼第一案中，环境行政机关作为原告是否正当的问题即引起人们的关注。环境行政机关本是实施环境保护工作监督管理的法定机关，可以根据法律授予的职权依据法律制止污染环境的行为。如果其作为环境民事公益诉讼中的原告提起诉讼，对本应通过行政执法权处理的违法行为主张民事诉讼请求，那么行政权力和民事诉权的混同是否会导致行政权力的弱化，背离环境行政机关履行环境保护之责？司法实践如此，立法上的做法就更为慎重。2012 年修改发布后的《民事诉讼法》第 55 条规定了因污染环境行为向人民法院提起诉讼的主体为“法律规定的机关和有关组织”，但该条其实经历了一审稿、二审稿及三审稿修改阶段，变化的核心措辞是起诉主体：一审稿中规定可以向法院提起诉讼的主体包括“有关机关、社会团体”，二审稿则以“法律规定的

① 徐祥民，胡中华，梅宏．环境公益诉讼研究［M］．北京：中国法制出版社，2009. 不过亦有学者认为我国环境诉讼开展的理论缺失，应以国外的私人检察总长理论、私人实施法律理论和公共信托理论等加以修正，对此可能存在理论耦合上的难度。

② 李义松，苏胜利．环境公益诉讼的制度生成研究——以近年几起环境公益诉讼案为例展开［J］．中国软科学，2011（4）：92.

机关和有关社会团体”取代“有关机关、社会团体”，三审稿又将“法律规定的机关和有关社会团体”改为“法律规定的机关和有关组织”。《民事诉讼法》最终将向法院提起诉讼的主体确定为“法律规定的机关和有关组织”，原因则是对社会团体定义尚不清晰。[①] 其实，上述立法上的考虑同样是来自对环境公益诉讼主体资格的把握，有论者甚至直接表达对《民事诉讼法》对所谓环境公益诉讼规定的失望，认为立法把“污染环境”“损害社会公共利益的行为”规定为可以对其提起诉讼的“损害社会公共利益的行为”之一，当发生“污染环境”“损害社会公共利益的行为”时，该法规定的有关主体可以提起诉讼，这使由“污染环境”“损害社会公共利益的行为”所损害的利益成为可以通过诉讼程序得到保护的利益，因此依据这一法条对“污染环境”“损害社会公共利益的行为”或对这种行为的实施者提起的诉讼不是环境公益诉讼，为维护或实现社会公共利益提起的诉讼，按诉讼目的命名应是社会公共利益诉讼。[②] 这种质疑固然可以争论，但此种质疑同样引起对立法上所谓环境公益诉讼的提起主体的探讨，如法条中提到的“众多消费者”，其可通过诉讼获得应得的赔偿或补偿，但这种诉讼中的受偿者是私人，获得补偿的利益是私益，哪怕是侵权行为可能造成许多公民、法人的人身或财产损害，通过诉讼的目的亦只是实现“众益”，诉讼可以通过群体诉讼的方式（在我国表现为共同诉讼、代表人诉讼等方式）加以救济，而不是所谓“公益”。

上述的争辩根源于对“公益”词义的确定不明，因此对于环境公益诉讼的主体资格问题仍然需要结合公益的含义进行讨论。公益意指公共的利益，[③] 关涉民众的福祉。史尚宽先生认为，“在日本民法不用‘公益’二字，而易以‘公共福祉’者，盖以公益易解为偏于国家的利益，为强调社会性之意义，改用‘公共福祉’字样，即为公共福利。其实，公共利益不独国家的利益，社会的利益亦包括在内”。[④] 因此，公共利益包括国家利益和社会公共利

---

① 吕忠梅．环境公益诉讼：想说爱你不容易［J］．中国审判，2012（10）：22.

② 徐祥民，张明君．建立我国环境公益诉讼制度的便捷路径［J］．河北法学，2014（6）：10.

③ 中国社会科学院语言研究所词典编辑室．现代汉语词典［M］．北京：商务印书馆，2005：474.

④ 史尚宽．民法总论［M］．北京：中国政法大学出版社，2000：38～39.

益。就国家利益而言，撇开国际政治范畴中的国家利益（亦即一个民族国家的利益），国家利益是指政府利益或政府代表的全国性利益，[①] 如国家财产所有权益、国家政权的稳定等。我国《宪法》第 12 条明确规定，“禁止任何组织或者个人用任何手段侵占或者破坏国家的和集体的财产”，国家利益亦在其他法律中有所具化。有学者认为，国家利益包含经济利益和行政利益两大组成部分，并由不同的部门法调整，包括民商法、行政法、刑法等，一旦国家利益受到其他利益主体的侵害，需要代表国家利益的专门国家机关通过公诉手段救济。[②] 而在社会公共利益方面，传统理论认为由于国家机关产生的动因，以及其所享有的庞大权力，一直被认为是公共利益的代表，或者说是唯一代表，除法律授权外，公民、企事业单位、社会团体等主体无权作为公共利益的代言人对公益侵害行为采取法律措施，这是传统的公共利益保护模式。[③] 同时，国家机关的作用是双重的，它既可能增进社会公共福利，也可能侵蚀公众的利益，国家机关作为国家意志的执行者必须忠实于国家意志，维护国家利益，但国家利益并不等同于社会公共利益，政府只有将社会公共利益吸收为国家利益，或者使之与国家利益协调起来时，才能够真正成为社会公共利益的代表。[④] 在现有的条件下，社会公共空间不断被压缩，社会公共利益亦不断为国家利益所取代，因此，罔顾此一现实，将国家利益与社会公共利益截然区分缺乏对现实的关注，而以国家机关为主、辅以其他社会或个人主体作为社会公共利益的代表才是较为可行、合理的做法，哪怕是目前条件下作为过渡的制度设计，也不能不考虑上述现实，环境公益制度中的主体资格设计概莫能外。有学者认为，环境公益诉讼本质上是提供公共产品的行为，而提供公共产品要受到集体行动的逻辑影响构建环境公益诉讼原告制度应综合考虑集体行动的逻辑、滥诉的风险诉讼实施能力和诉讼结构的合理性等因素，环保行政机关、检察机关和公民个人均不宜成为环保法中环境公

---

① 阎学通．中国国家利益分析［M］．天津：天津人民出版社，1997：4.

② 吴启才，杨勇，冯晓音．论构建完整的公诉权——以国家利益、社会公共利益的完整性为视角［J］．政治与法律，2008（4）：109.

③ 雒彬．谁是公共利益代言人——公益诉讼原告主体范围探析［J］．法学理论，2014（9）：137.

④ 段华洽，王辉．政府成为社会公共利益代表的条件与机制分析［J］．中国行政管理，2005（12）：27.

益诉讼的原告，比较而言，环保团体应是我国环境公益诉讼原告的最佳选择。[①] 不能说上述观点毫无道理，但良好的愿景应建立在对现实情况充分了解和分析的基础之上。正是因为缺乏市民社会成长发达的机制，我国环境公益诉讼中应处在第一位序的公益诉讼启动者公民与社会组织，事实上是整体缺位的，而在理论分析上作为第二位序的行政机关实质上成为第一位序的公益诉讼启动者。[②] 按照辅助原则的制度安排，在个人层面（包括家庭）能解决的问题，就应由个人来解决，而不应交由社会或者国家来处理；在社会层面能够解决的问题，就应由社会来解决，而不应交由国家和国际组织来处理。[③] 检察机关理所当然应该成为国家利益的首要代表和维护者，也正因为如此，其不适合作为社会公共利益的最佳代表，进而在环境公益诉讼中的位序设计亦不能靠前。

第二节 环境公益诉讼的发展及未来

我国的环境公益诉讼实践肇始于21世纪初，屈指算来亦有十年光景，但一方面是理论界的摇旗呐喊，另一方面却是司法实践裹足不前。

一、国外发展状况

国内学界论述环境公益诉讼制度的生成时，时常会提及发达国家的类似制度，如美国和日本；美国的公民诉讼制度前有所述，而就日本的公害诉讼来说，其在20世纪六七十年代展开的四大公害诉讼，事实上是通过审判实现

---

① 樊振华．公共产品背景下环境公益诉讼原告制度构建——基于环境保护法修改的思考［J］．学海，2014（4）：160.

② 韩波．公益诉讼制度的力量组合［J］．当代法学，2003（1）：31．作者认为，公益诉讼实际上是不特定多数人愤懑、不满情绪在法治框架内正当的释放途径。如果正当的释放途径被封堵，法外释放方式的“阀门”将被撞开，迎合群众非理性维权冲动的民粹主义将很容易获得认同。也许正因为如此，2012年修订的《民事诉讼法》第55条规定的：“法律规定的机关和有关组织”可以提起公益诉讼，将国家机关放在了前面，而将有关组织放于其后，个人缺位，同时由于“有关组织”所指不明，在实践中又引起很大争议。

③ 熊光清．从辅助原则看个人、社会、国家、超国家之间的关系［J］．中国人民大学学报，2012（5）：72.

了对公害被害者的救济。

日本公害诉讼[①]起源于1956年熊本县发生的水俣病。事实上从1950年开始，海面上常会出现见死鱼、海鸟尸体，水俣市的渔获量开始锐减。1952年，水俣当地许多猫出现不寻常现象，走路颠颠跌跌，甚至狂奔，当地居民称之为“跳舞病”。1953年1月，有猫发疯跳海自杀，但当时尚未引起注意。一年内，投海自杀的猫总数达五万多只。接着，狗、猪也发生了类似的发疯情形。1956年4月21日，人类亦被确认发生同样的症例，来自入江村的小女孩田中静子成为第一位患病者，被送至窒素公司（チッソ株式会社，“窒素”是指氮）附属医院，病况急速恶化，一个月后双眼失明，全身性痉挛，不久死亡。不久，又发现许多村民都有问题。这些人开始只是口齿不清，走路不稳，最后高声大叫而死。在九州明海附近的熊本县水俣市氮素公司水俣工厂附属医院向水俣市保健所报告说“一种原因不明的疾病频发在渔民聚集区”，儿童是脑炎症状，成人则是脑肿瘤、脑出血及精神病症状，即使经过治疗保住性命的病患亦会有末端神经麻痹、知觉异常等神经障碍，以及听力减退、步行困难和语言障碍等后遗症。截至1967年，确认的病患有558人。不同于普通市民口中流传的传染病，熊本大学医学系根据类似重金属中毒的发病症状，发现是氮素工厂排出的有机水银废液导致海水污染，进而使经常食用受污染鱼虾贝类的渔民发病。虽然原因已然明确，但当时的水俣市甚是依赖氮素工厂，因此站在氮素工厂一边让病患与企业之间进行交涉，并在1959年达成补偿协议，给予病患一次性和年度慰问金，但同时规定病患不能再提出新的赔偿要求。

首先以诉讼方式寻求救济的是新泻市的病人。1964年6月，新泻市发生地震，震后数月在阿贺野河河口的渔民和农民先后手脚麻痹、语言迟钝以及精神病死等病例；1965年1月，新泻大学附属医院工作的人员推断是有机水银中毒，并在化验病患头发中发现极高的水银含量，从而向新泻县卫生局报

---

① 日本四大公害诉讼的介绍参见［日］山本祐司．最高裁物语：日本司法50年［M］．孙占坤，祁玫译．北京：北京大学出版社，2005：257～274．同时，公害意指“由于人类活动而引起的环境污染和破坏，造成对公众的安全、健康、生命、财产和生活的危害”，原为公益的相对用语，最早出现于日本1896年《河川法》中。参见辞海编辑委员会．辞海［M］．上海：上海辞书出版社，1999：796．

告，新泻县政府经过调查发现有机水银中毒患者都常吃阿贺野河中的鱼，而位于阿贺野河上游的制造乙醛的昭和电工鹿濑工厂连续30年把废水排到河里，科学家从工厂排水沟和废物堆内检查大量水银，但工厂拒不承认废液污染河水，辩解称是地震导致农药从仓库流出。无奈之下，病患方有77人对昭和电工提起诉讼。1971年9月，新泻地方法院判患方胜诉，并在判决书中认为：在民事审判中要求被害方进行科学阐明会封死救济途径，如果企业不能证明自己的工厂不可能成为污染源，可以事实上推断存在污染，证明法律上因果关系的存在；此案中的昭和电工工厂在乙醛制造过程中产生有机水银化合物，不注意、不处理就作为工业废水常年排入阿贺野河，构成过失。本案中的昭和电工赔款总额达2亿7024万日元，但昭和电工服从一审判决，并未上诉。

与此同时，新泻县邻县的富山县妇中町，神通河流域的农村中年妇女身上开始发生怪病，开始是腰和大腿疼痛，慢慢扩展到全身，最后丧失行走功能，简单的呼吸或发笑都会引起剧痛和骨折并最终导致死亡。当时的人们普遍怀疑位于神通河上游的三井金属矿业神冈矿业所。1968年3月，先是患者及死者家属28人向富山地方法院提起损害赔偿要求，后来原告人数持续增加，达到518人。政府社会福利省亦在同时宣布认定疼疼病为公害病，认为其原因是镉中毒引起肾脏功能不全和骨质软化症，加之怀孕缺钙等诱发因素导致发病，且病症只限于神通河流域的富山县妇中町及周围地区。但三井公司认为与病症发生没有丝毫关系，此病的发生源于农村地区营养状态差、维生素D不足。1971年6月，富山地方法院判决原告胜诉，判赔总额5700万日元，并认为发病原因应为镉中毒引起，被告所提出的理由不能得到证明。本案经被告上诉后，二审法院在1972年8月维持一审判决，并提高支付赔偿金到1亿4820万日元。

1967年9月，住在磯津地区的9名原告在津地方法院四日分院提起诉讼，要求以昭和四日市石油公司等6家联合企业损害赔偿。起因源于1961年成立的昭和四日市石油公司，以及三菱化成、三菱树脂、三菱蒙桑多、中部电力、石原产业等6家化学联合企业，这6家企业产生的噪音、煤灰、恶臭充斥磯津地区街道，居住于此的人们由此染上哮喘病。1972年7月，津地方法院四日分院宣布原告胜诉，认为被告不能证明排放和污染的因果关系，6

家企业之间有很强的关联共同性和紧密一体性，即使有工厂排放量不大，亦不能避免对疾病发生所负的责任；判决认定企业有选择地址和操作的过失，没有调查对附近居民健康的影响，判决被告6家企业共同支付损害赔偿金1475万1677日元。

由于受到慰问金补偿协议的限制，直到1969年6月，才有患病者在熊本地方法院提起水俣病诉讼，但同时也有将自身利益委托给政府而不诉诸于诉讼的患病者，也有通过购买被告公司股票而成为股东等方式直接与被告斗争。1973年3月，熊本地方法院判决患者胜诉，赔偿总额在9亿日元以上。法院认为，本案所涉及的慰问金协议中，加害方完全否定损害赔偿义务，利用被害人的无知、经济状况窘迫，故意以少额慰问金代替损害生命和身体的赔偿金额，同时要求被害方放弃损害赔偿请求权，违反公序良俗，视为无效；被告工厂排放废水之前，应作调查和分析废水的危险性，以免对地区居民的生命和健康构成危险，但被告未尽到上述义务，事后亦未采取适当措施，可推断被告工厂在乙醛废水排放上存在过失。判决后，直接交涉的病患亦和氮素公司达成以判决为标准的赔偿要求。

日本四大公害诉讼发生在日本经济高速发展的时期，被告方往往是大企业、大财阀，为了获得经济利益，企业往往不顾及环境，从而使得日本全国不断爆发公害；但同时，在“二战”后确立的日本宪法之下，公民权利意识提高，致力于公害司法审判的律师人数猛增，其他致力于公害问题研究的科学人员亦积极协助举证，[①] 加之地方法院由于受到当时最高法院的支持，勇于并敢于承担审判责任，从实现被害人的救济入手，一反传统民事审判中要求原告方举证加害行为和损害后果之间因果关系，通过革命性的举证方法使受害人免于对过失责任的举证，从而能够保护受害人利益。

二、国内发展现状

环境公益诉讼的运行首先来自实践的需要，为保护国家利益尝试由检察机关提起公益诉讼的模式对于环境公益诉讼产生深远影响，一些地方法院开

---

① 日本律师协会．日本环境诉讼典型案例与评析［M］．王灿发监修，皇甫景山译．北京：中国政法大学出版社，2011：7~8.

始尝试建立环保法庭，同时，为保障环境公益诉讼的顺利进行，不少法院单独或联合其他部门出台规范性文件，以便更顺利地解决案件，如贵阳市中级人民法院于2007年发布的《关于贵阳市中级人民法院环境保护审判庭、清镇市人民法院环境保护法庭案件受理范围的规定》、无锡市中级人民法院在2008年发布的《关于办理环境民事公益诉讼案件的试行规定》、昆明市中级人民法院与昆明市检察院于2010年联合制定的《关于办理环境民事公益诉讼案件若干问题的意见（试行）》以及昆明市中级人民法院与昆明市检察院、昆明市公安局于2010年联合制定的《关于办理环境保护刑事案件实行集中管辖的意见（试行）》。司法实践的需要推动环境公益诉讼制度在立法上的落实，2012年修订的《民事诉讼法》首先规定了“环境公益诉讼”，将其作为特别的制度规定在当事人章节，最高人民法院也成立了环境保护庭。尽管如此，目前的制度运行仍然遭遇到了困境。

（一）困境

环保法庭的设想由来已久。1989年，最高人民法院对湖南省高级人民法院发函，批复允许武汉市硚口区人民法院设立环保法庭，并可吸收人民陪审员参加；2007年，中国首个环境保护法庭在贵州省贵阳市成立；2010年，海南省高级人民法院成立环境保护审判庭；2014年6月12日，广西首个环境保护法庭在柳州市鱼峰区法院正式揭牌成立，截至目前，我国已成立180多个环保法庭、审判庭。不过，与雨后春笋般争相设立的环保法庭不相协调的现象则是环境污染案件总体数量偏少。2008年12月11日，正式挂牌成立的云南省昆明市中级人民法院环保审判庭，在成立四年零八个月的时间里，受理的案件不足100件；贵阳市中级人民法院环境保护审判庭成立以来，环境案件寥寥无几；与其同时成立的清镇市人民法院环保法庭，一年内受理的环境案件也只有90余起。上述法庭审理的即便是环境污染案件，真正的环境公益诉讼案件也是凤毛麟角。

（二）问题

环境公益诉讼实践中遭遇的困境，使得环保法庭最初设立的热情和初衷沦为泡影。提起公益诉讼、加强环境保护本是众心所向，但现实中何以出现事与愿违的怪现象？有论者将其归结为观念淡薄、立法空白、认识不

一、成本高昂，以及法律适用难点多，程序规则不明，审判中因果关系确定、损失认定、责任认定困难和法官审理案件的水平和能力不足等原因，亦有论者以公共选择理论中的“理性冷漠”现象在解释，认为是经济人追求自身利益最大化的必然结果。[①] 环境公益诉讼的困境值得检讨和分析。如果说立法空白的话，2013 年开始施行的《民事诉讼法》对环境公益诉讼制度的规定并没有带来实践的发达。究其原因，与理论和实践中的种种误导不无关系。

1. 理论界定不清

学界对于环境公益诉讼制度的确立一直在大力呼吁和提倡，并援引国外的类似制度作证明，但比不了“月亮总是外国的圆”，法律制度的本土性需要回溯到其根源才能梳理清楚制度的来龙去脉。以美国和日本为例，两国所谓的“环境公益诉讼”与我国现有制度并不一样，各国都有不同的诉讼制度发展历史，即便是公益本身就是值得探究的课题。私益诉讼不排除有公益的效果，但以公益之名所行诉讼不一定就是为了公益，尤其是国家机关在过多介入公益事件之后，除非为了国家利益，否则公益诉讼本身沦为部门利益扩张的工具不无可能。反观发达国家的诉讼制度，作为诉讼原告的只能是利害关系人，在环境公益诉讼中确定受到伤害的具体受害人来提起诉讼，一方面是对权利人的尊重；另一方面只有受害人有资格寻求司法救济、保护自身权利。即便是公害诉讼中的公害，其加害的仍是可落实到的具体个人，超出个人而以公益原告来提起诉讼，必然带来谁是适格主体的争议。就现有《民事诉讼法》的规定来说，第 55 条关于民事诉讼公益原告的确定不论是“法律规定的机关和有关组织”今后如何通过司法解释加以确定，但民事环境公益诉讼本身这样的制度设置已经突破传统民事诉讼，因为在主体资格上已经脱离原有诉讼理论中对原告的界定，这种突破可以看作立法制度上的重大创新，抑或是一种背离，背离民事诉讼的本质，背离司法救济的本意，这能否看作一种矫枉过正的“政治正确”，为了达到环境保护的公益目的而罔顾法律理论和制度中已有的方向和目的。

2. 实践的目的不明

无疑，立法中对公益诉讼制度的规定来自实践的推动，但具体到受案率

---

① 陈亮．环境公益诉讼“零受案率”之反思［J］．法学，2013（7）：130.

极低的司法实践，不能不让人怀疑原初推动设立环保法庭的目的。固然，最高人民法院设立了环境资源审判庭，按照其发言人的说法：全国各地的环保法庭依法审判了一批有影响的环境资源类案件，取得了良好的法律效果和社会效果，并在环境资源专门化审判方面积累了有益经验。在此基础上，为积极回应人民群众环境资源司法新期待，为生态文明建设提供坚强有力的司法保障，最高人民法院决定设立专门的环境资源审判庭。环境资源专门审判机构的设立，对于促进和保障环境资源法律的全面正确施行，统一司法裁判尺度，切实维护人民群众环境权益，在全社会培育和树立尊重自然、顺应自然、保护自然的生态文明新理念，遏制环境形势的进一步恶化，提升我国在环境保护方面的国际形象等，必将产生积极而深远的影响。① 最高人民法院环境资源审判庭的主要职能包括：审判第一、第二审涉及大气、水、土壤等自然环境污染侵权纠纷民事案件，涉及地质矿产资源保护、开发有关权属争议纠纷民事案件，涉及森林、草原、内河、湖泊、滩涂、湿地等自然资源环境保护、开发、利用等环境资源民事纠纷案件；对不服下级人民法院生效裁判的涉及环境资源民事案件进行审查，依法提审或裁定指令下级法院再审；对下级人民法院环境资源民事案件审判工作进行指导；研究起草有关司法解释等。而在此前最高人民法院副院长表示：成立专门的环境资源审判机构，实行环境司法专门化，是环境资源审判领域一项新的任务，应本着确有需要、因地制宜、分步推进的原则，建立环境资源专门审判机构，不能一窝蜂，一齐上；设立专业化审判机构需要考虑案件的数量，且要有一定的前瞻性。② 这种说法一方面是回应对全国设立的众多环保法庭的质疑，另一方面可理解为对全国各地纷纷设立环保法庭的批评。为汲取资源拓展权力，作为消极中立裁判权享有者的法院也有扩大自身规模的冲动；设立环保法庭的初衷虽好，但不论各地实际情况而一窝蜂地扩充法院编制，必然遭遇“英雄无用武之地”的尴尬，环保法庭的受案率很能说明问题所在：在环境保护成为社会普遍共识的情况下，环境污染事件层出不穷，但环保法庭无/少案可审只能说明现实打

---

① 安克明．司法助力美丽中国建设最高人民法院设立环境资源审判庭［N］．人民法院报，2014－07－04（1）．

② 最高人民法院环境资源审判庭成立［N］．中国环境报，2014－06－30（1）．

败理想，反过来再看环保法庭的设置就不能不怀疑当初设置的目的。

（三）未来发展

从行文分析的角度，对于环保法庭的批评算告一段落。作为一种方向性的预测，本书对于环境公益诉讼制度本身以及环保法庭的未来发展并不乐观。不过，从现有立法以及司法实践的角度，拟提出以下建议。

（1）虽然已有《民事诉讼法》对于环境公益人作了规定，但民事环境公益诉讼的起诉人仍应回归到传统利害关系人的解释范畴，让利益相关人通过司法途径寻求救济措施，限制不合适的“公益代表人”替代正当当事人。在目前情况下，也许更应该尝试的是支持受害人为维护自身合法权益（环境的、文化的、身体的）而勇于出面寻求司法救济，无论理论如何阐释，回归并落实到现实层面的受害者才是根本，脱离具体个人而构建出的公益只能是不以人为本的空中楼阁，如此“公益”又有何益?!

（2）在最高人民法院业已成立环境资源审判庭的情况下，鉴于最高人民法院本身很少处置一审案件，对于环境资源审判庭的职能发挥应更注重于政策性和导向性的案例。环顾其他国家的环境侵权案件以及环境保护发展的历史，最高法院在处置环保相关案件中充任的角色极其重要；就我国最高人民法院的地位而言，其变得越来越重要，[①] 虽然在现行权力体制安排下，目前尚不能与其他国家的最高法院比肩，不过起码在保持其绝对影响力的司法救济系统内，可以通过一系列案例的审理推动环境保护的发展方向，为各地有或者无环保法庭的法院大致勾勒出环境保护的重点，确定司法政策的导向。

第三节 环境公益诉讼的健康救济功能

2015 年 7 月 25 日，中国生物多样性保护与绿色发展基金会接到青岛海事法院的立案通知书，以该基金会为原告、康菲石油和中海油为被告的“康菲溢油案”环境公益诉讼正式立案，原告请求法院判令被告使渤海湾生态环

① 侯猛. 中国最高人民法院研究——以司法的影响力切入 [M]. 北京：法律出版社，2007：2~3.

境恢复到事故发生前的状态。2015 年 8 月，备受关注的中国生物多样性保护与绿色发展基金会起诉 8 家企业“污染腾格里沙漠”一案，却被宁夏中卫市中级人民法院立案庭以诉讼主体不适格为由驳回。自新环保法特别是最高人民法院《关于审理环境民事公益诉讼案件适用法律若干问题的解释》颁布实施以来，由于对提起环境公益诉讼的社会组织有了明确界定，人们普遍对通过公益诉讼方式推动环境保护充满期待。但环境公益诉讼在现实司法层面所面临的不同境遇说明：通过环境公益诉讼方式实施环境救济仍然任重道远。

一、环境公益诉讼的功能

作为诉讼形态之一种，环境公益诉讼同样是作为事后司法救济的方式呈现，因此，就环境公益诉讼的救济对象而言，环境公益诉讼具有预防和补救的功能。预防环境公益（继续）遭受损害以及对已经造成的环境损害采取积极的补救措施，前者彰显环境公益诉讼的预防功能（具体包括针对被告的特殊预防功能和针对普通民众的一般预防功能）；后者表征环境公益诉讼的救济功能。[①] 即便如此，环境公益诉讼的开展还可归结为直接和间接的功能发挥，并藉此具有不同于其他形态司法救济的作用。

（一）化解社会矛盾

环境群体性事件在近年来层出不穷，从农村到城市、从厦门 PX 到昆明 PX，不同的地方总在上演着类似的场景。自 1996 年以来，环境群体性事件一直保持年均 29% 的增速。2005 年以来，环保部直接接报处置的事件共 927 起，重特大事件 72 起，其中 2011 年重大事件比上年同期增长 120%，特别是重金属和危险化学品突发环境事件呈高发态势；但与此同时，真正通过司法诉讼渠道解决的环境纠纷不足 1%。一方面，群众遇到环境纠纷，宁愿选择信访或举报投诉等途径解决，而不选择司法途径；另一方面，司法部门也不愿意受理环境纠纷案件。[②] 有研究者发现，[③] 环境群体性事件频发与经济发展

---

① 肖建国，黄忠顺．环境公益诉讼基本问题研究［J］．法律适用，2014（4）：11.

② 近年来我国环境群体性事件高发年均递增 29%［OL］［2015－09－06］．http：//news.sina.com.cn/c/2012－10－27/021925449284.shtml.

③ 荣婷，谢耘耕．环境群体性事件的发生、传播与应对——基于 2003～2014 年 150 起中国重大环境群体事件的实证分析［J］．新闻记者，2015（6）：73～77.

高度相关，且抗争诉求单一、动员规模大，不过研究亦发现在接近20%的群体性事件中都存在谣言传播的情况。上述数据与研究说明，环境群体性事件发生的频率与频次加快，普通民众对于周遭环境污染的关注度在提升。虽然环境群体性事件来势汹汹，但纠纷的存在说明，普通民众存在利益表达的需求，希望自己的正当利益以及知情权得到保护，而一味地压制并不能带来纠纷的圆满解决。在这种情况下，开放表达诉求的正常渠道有利于缓解政府与民众之间存在的对抗情绪，更好地推进城市或乡村建设。

环境公益诉讼实则是纠纷解决的正常途径，一般是不得已情况下的司法救济，其将纠纷从法庭外纳入司法解决的通道，希翼通过合法途径、合理地表达诉求并寻求获得司法机关的支持，这对于缓和社会矛盾有极大裨益。同时，目前的环境公益诉讼往往由社会组织主动或参与提起，实质上是吸纳了正当的社会力量帮助消解社会冲突。如果一味地将纠纷推向社会，那么在社会不堪重压之下，群体性事件的爆发所招致的后果不可想象。

（二）示范功能

群体性事件的处理在国内的诉讼机制存在共同诉讼、代表人诉讼等诉讼形态，其中的优劣多有争议。环境公益诉讼形态的示范效应决定了所面临的污染问题的共通性，而就此种诉讼形态而言，可以尝试国外的示范诉讼形态，即法院从存在共同原告或共同被告、事实与证据相同、所要解决的法律问题也相同的数量众多的同类案件中选出一个典型案件作为示范案件，对该案件首先进行审理并作出裁判，其他案件当事人均受该裁判约束的诉讼形式，又称典型诉讼、实验性诉讼或样板。① 示范诉讼的出现正是现代诉讼机能扩张的客观要求，我国公益诉讼立法与制度构建应当紧跟世界趋势，积极尝试示范诉讼，最大限度地实现公益诉讼目标。②

（三）公共政策形成功能

目前，最高人民法院环境资源审判庭已经成立一年有余，其职能定位已如前述，但无论如何，其司法政策的导向功能应成为重点。除此之外，其他

① 齐树洁，徐雁．群体诉讼的困境与出路：示范诉讼制度的建构［J］．中州学刊，2009（1）：75．

② 李雄．公益诉讼的特殊“诉讼机制”［N］．检察日报，2012-06-21（003）．

有权审理环境公益诉讼的法院应将案件看作公共政策形成的契机。有论者直言，“我国环境法律规范体系庞杂凌乱，空白较多以及相互严重冲突的问题十分显著，而法院极其有限的司法能力造成它自身现代法院公共政策形成功能的缺失，妨碍了环境侵权的有效救济，这是我国环境公益诉讼构建必须克服的一个组织因素。”① 环境公益诉讼案件的提起、受理和审理吸引着人们关切的目光，人民法院以司法裁量的方式解决争议的同时，亦是在将法律适用于具体情形，充当法律与社会场景之间的桥梁，有力诠释社会公益的限度，进而形成环境公共政策。

二、环境健康的公益价值

环境健康归结为个体，而环境公益则归属于社会，虽说存在主体归属上的差别，但环境公益诉讼与环境私益诉讼系因同一宗或者同一系列环境污染/破坏行为所引发的，两者在认定环境污染/破坏行为的成立与否方面具有共通性。②

（一）私益与公益的衔接

通常认为，公益诉讼以保护社会公共利益为目的，私益诉讼则以实现私人利益为目标；但如果非要在公益与私益之间划出明确的界限，似乎并不那么容易。③ 因此，有主张认为，通过实体法上的另赋实体请求权或利用程序法上的诉讼担当制度，可以实现公益性诉讼实施权与私益性诉讼实施权的融合，进而实现公益诉讼与私益诉讼的融合。④ 而环境公益诉讼的先行进行对后续环境私益诉讼的进行具有类似中间确认判决的功能。通过节约诉讼成本、降低诉讼难度、提高胜诉概率、强化诉讼动力等方式在客观上为环境私益诉讼发挥着支持功能。⑤

---

① 刘萍．环境公益诉讼中我国法院的公共政策形成功能［J］．理论导刊，2010（12）：90.

② 肖建国，黄忠顺．环境公益诉讼基本问题研究［J］．法律适用，2014（4）：11.

③ 赵宇．公益诉讼界定之分析［J］．贵州大学学报（社会科学版），2008（6）：12～13.

④ 黄忠顺．论公益诉讼与私益诉讼的融合——兼论中国特色团体诉讼制度的构建［J］．法学家，2015（1）：20.

⑤ 肖建国，黄忠顺．环境公益诉讼基本问题研究［J］．法律适用，2014（4）：11.

（二）环境健康的公益性（生态文明）

后现代法学语境下的环境公益诉讼，价值不在于对传统诉讼理论的革新和突破，而在于寻求生态文明时代构建人与自然和谐前景的法律出口。囿于诉讼主体诉的利益的狭隘思维，社会团体、公益组织甚至遭到侵害的公民个体，都会以“法无规定”“权利主张无法可依”等为由，被拒于司法之外。[①] 环境与健康息息相关，环境是影响和决定人类健康的重要因素。环境中有毒有害物质的接触直接影响人类的生活质量、疾病负担和健康长寿。在个人身体健康由于处在有害的环境中造成不利后果时，其固然可以通过主张健康权利受损害来获得赔偿，但对于已经受到污染的环境并不能因身在其中的个人主张权利受损而理所应当地提出修复环境的权利，毕竟个人所提出受损的只能是私益，但论及环境则往往落入公共的范畴，以一己之良好愿景并不能当然获得代替受伤害的环境提出权利主张，[②] 即便环境与健康的关系如此密切。因此，环境健康的公益性必然要求有正当的适格主体能够站出来，为其公益性主张正当的权益。

三、具体构想

环境民事公益诉讼已经规定在《民事诉讼法》《环境保护法》等法律中，但仅有法律上的规定是远远不够的，现实具体制度的运行需要从目标开始进

---

① 崔金星．环境公益诉讼的后现代性解读与架构［J］．西南科技大学学报（哲学社会科学版），2010（3）：22.

② 2005年11月13日，中国石油天然气集团公司所属中国石油天然气股份有限公司吉林分公司双苯厂的苯胺车间因操作错误发生剧烈爆炸并引起大火，导致100吨苯类污染物进入松花江水体（含苯和硝基苯属难溶于水的剧毒、致癌化学品），导致江水硝基苯和苯严重超标，造成整个松花江流域严重生态环境破坏。2005年12月7日，北京大学法学院三位教授及三位研究生向黑龙江省高级人民法院提起了国内第一起以自然物（鲟鳇鱼、松花江、太阳岛）作为共同原告的环境民事公益诉讼，要求法院判决被告赔偿100亿元人民币用于设立松花江流域污染治理基金，以恢复松花江流域的生态平衡，保障鲟鳇鱼的生存权利、松花江和太阳岛的环境清洁的权利以及自然人原告旅游、欣赏美景和美好想象的权利。同时，鉴于本案标的额巨大，且涉及环境公益诉讼，原告方同时提出了减免诉讼费用的申请。黑龙江省高级人民法院立案庭拒绝接受此案。事实上，在新的法律规定未修改之前，北大师生所提出的诉请与当时的《民事诉讼法》有关当事人和起诉的规定不符，存在着原告不适格的法律障碍，其实际上已经预料到最终可能出现法院裁定不予受理的结果。即便是当时直接因松花江污染事件深受其害的哈尔滨市民，如果其提出恢复松花江流域生态平衡的诉求，想必法院亦不可能受理案件。

行设计，进而保护公民的环境健康。

（一）重新设定环境公益诉讼的目标

将环境民事公益诉讼规定在《民事诉讼法》中，立法者的考虑在于通过民事诉讼程序这一承载样式，借以实现环境公益的目的。正基于此，从《民事诉讼法》到《环境保护法》、从《民诉法解释》到《最高人民法院关于审理环境民事公益诉讼案件适用法律若干问题的解释》（法释〔2015〕1号），都对环境民事公益诉讼作出了规定。不过，上述法律及司法解释的目的在于解决这种诉讼形态的正当性问题，对于进入民事诉讼程序之后更为实质性的责任分担问题，上述文本并没有更为细致地作出规定，这样造成的后果就是不得不寻找其他法律作为归责依据，如《侵权责任法》以及相关司法解释（《最高人民法院关于审理环境侵权责任纠纷案件适用法律若干问题的解释》，法释〔2015〕12号）。环境公益诉讼与环境诉讼在法律适用上消灭了差异，而反过头来重新审视环境公益诉讼形态存在，抛开环境公益的目标设置，在《民事诉讼法》中再确立环境公益诉讼形态的必要性似乎大打折扣。

（二）区分生态环境损害赔偿诉讼，实现公益诉讼

生态环境损害赔偿制度作为生态文明建设中的重要内容，包括的种类繁多，在海洋、气候到大气、土地、动植物等环境损害方面，我国已有一定的行政管理基础；但生态环境损害赔偿制度的特殊性和复杂性业已超出传统侵权赔偿的范畴，世界各国尤其是欧美发达国家通过建立行政主导的法律救济体系、制定具体明确的法律条文等途径构建了成熟的生态环境损害赔偿制度，有效解决了生态环境损害赔偿难等一系列问题。十八大以来，我国将基本形成损害赔偿生态文明制度体系作为加快推进生态文明建设的主要目标之一，生态文明理念从顶层设计到全面部署，生态文明体制机制日趋完善。2015年12月，中共中央办公厅、国务院办公厅印发《生态环境损害赔偿制度改革试点方案》，要求通过试点逐步明确生态环境损害赔偿范围、责任主体、索赔主体和损害赔偿解决途径等，其中一项重要内容即是完善生态环境损害赔偿诉讼规则，探索多样化责任承担方式。作为一种迥异于环境公益诉讼的新型诉讼种类，生态环境损害赔偿诉讼不同于环境公益诉讼，这两种诉讼的原告、

诉讼发起时机以及诉求上存在差异。①

不能否认的是，生态损害与学界通常讨论的环境损害和环境侵权紧密相关。从法律权益角度看，生态损害侵犯了保障人类生存与发展的环境权益，环境侵权侵犯的是主体的人身或财产权益，从两者之间关系看，生态损害是环境危害行为与环境侵权之间的媒介，只有发生了生态损害，环境侵权才有可能出现。生态环境损害赔偿不同于传统民事责任的承担方式，在救济方式上亦有不同。作为司法救济方式，生态环境损害赔偿诉讼的界定需要从生态损害入手，生态环境损害赔偿诉讼区别于环境公益诉讼。生态环境损害赔偿诉讼并未在我国法律中明确界定，因此一方面迫切需要廓清生态环境损害赔偿诉讼中的大量理论问题，另一方面需要通过环境公益诉讼的设计达到生态环境修复的目标。

参考文献

[1] 汪劲，严厚福，孙晓璞．环境正义：丧钟为谁而鸣——美国联邦法院环境诉讼经典判例选［M］．北京：北京大学出版社，2006.

[2] 吕忠梅，徐祥民．环境资源法论丛（第4卷）［M］．北京：法律出版社，2004.

[3] 李义松，苏胜利．环境公益诉讼的制度生成研究——以近年几起环境公益诉讼案为例展开［J］．中国软科学，2011（4）.

[4] 张百灵，韩静，范娟．从地球之友诉兰得洛环境服务公司案谈环境公益诉讼的原告资格［J］．环境教育，2009（9）.

[5] Jennifer Holdway，王五一，叶敬忠，张世秋．环境与健康：跨学科视角［M］．北京：社会科学文献出版社，2010.

[6] 徐祥民，胡中华，梅宏．环境公益诉讼研究［M］．北京：中国法制出版社，2009.

[7] 吕忠梅．环境公益诉讼：想说爱你不容易［J］．中国审判，2012（10）.

[8] 徐祥民，张明君．建立我国环境公益诉讼制度的便捷路径［J］．河

① 张梓太．填补制度空白力促损害担责［N］．中国环境报，2015-12-08（2）.

北法学，2014（6）.

[9] 中国社会科学院语言研究所词典编辑室．现代汉语词典［M］．北京：商务印书馆，2005.

[10] 史尚宽．民法总论［M］．北京：中国政法大学出版社，2000.

[11] 阎学通．中国国家利益分析［M］．天津：天津人民出版社，1997.

[12] 吴启才，杨勇，冯晓音．论构建完整的公诉权——以国家利益、社会公共利益的完整性为视角［J］．政治与法律，2008（4）.

[13] 雒彬．谁是公共利益代言人——公益诉讼原告主体范围探析［J］．法学理论，2014（9）.

[14] 段华洽，王辉．政府成为社会公共利益代表的条件与机制分析［J］．中国行政管理，2005（12）.

[15] 樊振华．公共产品背景下环境公益诉讼原告制度构建——基于环境保护法修改的思考［J］．学海，2014（4）.

[16] 韩波．公益诉讼制度的力量组合［J］．当代法学，2003（1）.

[17] 熊光清．从辅助原则看个人、社会、国家、超国家之间的关系［J］．中国人民大学学报，2012（5）.

[18]［日］山本祐司．最高裁物语：日本司法50年［M］．孙占坤，祁玫译．北京：北京大学出版社，2005.

[19] 辞海编辑委员会．辞海［M］．上海：上海辞书出版社，1999.

[20] 日本律师协会．日本环境诉讼典型案例与评析［M］．王灿发监修．皇甫景山译．北京：中国政法大学出版社，2011.

[21] 陈亮．环境公益诉讼“零受案率”之反思［J］．法学，2013（7）.

[22] 安克明．司法助力美丽中国建设最高人民法院设立环境资源审判庭［N］．人民法院报，2014－07－04（1）.

[23] 最高人民法院环境资源审判庭成立［N］．中国环境报，2014－06－30（1）.

[24] 候猛．中国最高人民法院研究——以司法的影响力切入［M］．北京：法律出版社，2007.

[25] 肖建国，黄忠顺．环境公益诉讼基本问题研究［J］．法律适用，2014（4）.

[26] 荣婷，谢耘耕．环境群体性事件的发生、传播与应对——基于2003～2014年150起中国重大环境群体事件的实证分析［J］．新闻记者，2015（6）．

[27] 齐树洁，徐雁．群体诉讼的困境与出路：示范诉讼制度的建构［J］．中州学刊，2009（1）．

[28] 李雄．公益诉讼的特殊“诉讼机制”［N］．检察日报，2012－06－21（003）．

[29] 刘萍．环境公益诉讼中我国法院的公共政策形成功能［J］．理论导刊，2010（12）．

[30] 赵宇．公益诉讼界定之分析［J］．贵州大学学报（社会科学版），2008（6）．

[31] 黄忠顺．论公益诉讼与私益诉讼的融合——兼论中国特色团体诉讼制度的构建［J］．法学家，2015（1）．

[32] 崔金星．环境公益诉讼的后现代性解读与架构［J］．西南科技大学学报（哲学社会科学版），2010（3）．

[33] 张梓太．填补制度空白力促损害担责［N］．中国环境报，2015－12－08（2）．

附录1

各类救济中所使用到的法律文书样式

1. 民事起诉状

民事起诉状是公民、法人或其他组织作为民事原告在自己的民事权益受到侵害或者与他人发生争议时，为维护自身的民事权益，依据事实和法律，向人民法院提起诉讼，要求依法裁判时所提出的书面请求。

【文书样式】

原告：

被告：

诉讼请求：

事实与理由：

证据和证据来源：

证人姓名和住址：

此致

×××人民法院

附：本诉状副本　　份

起诉人：

年　　月　　日

【填写说明】

（1）当事人栏：系自然人的，要列出姓名、性别、出生年月日、民族、工作单位、住址、身份证号码；系法人或其他组织的，要列出单位名称、住所地、法定代表人或负责人姓名、职务。填写要准确，特别是姓名（名称）栏不能有任何错字。

地址要尽量详实，具体到门牌号、邮编及通讯方式、有电子邮箱的要提供电子邮箱。(下列文书的当事人栏要求同此)

(2) 诉讼请求。主要写明请求解决争议的权益和争议的事项。写明请求人民法院依法解决原告一方要求的有关民事权益争议的具体事项。

(3) 事实和理由。事实部分，要全面反映案件事实的客观真实情况。证据部分，有三项内容：列述提交有关书证、物证以及提起能够证明事实真相的材料；说明书证、物证以及其他有关材料的来源和可靠程度；证人的证言内容以及证人的姓名、住址。

(4) 在起诉状尾部，当事人是自然人的，要由本人签字，是法人或其他组织的，由法定代表人或负责人签字并加盖单位公章。日期要填写准确。

2. 民事答辩状

民事答辩状，是公民、法人或其他组织作为民事诉讼中的被告（或被上诉人），收到原告（上诉人）的起诉状（或上诉状副本）后，在法定期限内，针对原告（或上诉人）在诉状中提出的事实、理由及诉讼请求，进行回答和辩驳时使用的文书。

【文书样式】

答辩人：

因　　　　　　　　　　一案，提出答辩如下：

此致

×××人民法院

附：本答辩状副本　份

答辩人：

年　　月　　日

【填写说明】

(1) 答辩的理由，是答辩状的主体部分，通常包括以下内容：就案件事实部分进行答辩；就适用法律方面进行答辩。

(2) 提出答辩主张，即对原告起诉状或上诉人上诉状中的请求是完全不接受，还是部分不接受，对本案的处理依法提出自己的主张，请求法院裁判时予以考虑。

年 月 日

3. 民事反诉状

反诉状是在已经开始的诉讼程序中，民事案件的被告，以本诉的原告为被告，以抵销或吞并对方诉讼请求为目的，向同一人民法院提出与本诉有关的新的诉讼请求时使用的文书。

【文书样式】

反诉人（本诉被告）：

被反诉人（本诉原告）：

反诉请求：

事实与理由：

证据和证据来源，证人姓名和住所：

此致

×××人民法院

附：本反诉状副本 份

反诉人：

年 月 日

【填写说明】

（1）反诉请求。写明请求抵销或吞并本诉标的具体数额和方法。

（2）事实与理由，是整个反诉状的核心。在这一部分里，要从事实和法律的角度充分阐述反诉主张的正确性和抵销、吞并对方诉讼请求的合法性。

4. 民事上诉状

上诉状，是当事人或其法定代理人对人民法院作出的第一审民事判决或裁定不服，按照法定的程序和期限，向上一级人民法院提起上诉时使用的文书。

【文书样式】

上诉人：

被上诉人：

上诉人因　　　　　　　　　一案，不服　　　　人民法院　　　年　　月　　日（　）字第　　　号判决（裁定）现提出上诉。

上诉请求：

上诉理由：

此致

×××人民法院

附：本上诉状副本　份

上诉人：

年　　月　　日

【填写说明】

（1）上诉请求。简明扼要写明请求全部撤销原裁判还是部分撤销原裁判及变更原裁判的具体请求。

（2）上诉理由。主要是针对原审裁判而言，而不是针对对方当事人。针对原审判决、裁定论证不服的理由，主要是以下方面：认定事实是否清楚；主要证据是否充足；案件定性是否得当；适用法律是否准确；审判程序是否合法。

5. 财产保全申请书

财产保全申请书，是在民事案件审理过程中，公民、法人或其他组织为维护自身的合法权益和保证将来裁判的执行，请求人民法院对诉讼标的物或与本案有关的财物采取某种强制措施时使用的文书。

【文书样式】

申请人：

被申请人：

请求事项：要求保全（查封、扣押、冻结）被申请人　　　　价值　　　元的财产。如财产保全申请错误，造成对方损失的，我方愿意承担赔偿责任。

请求的事实和理由：

被申请人的财产线索：（写明财产的权属、位置、数量、金额等情况）

本申请人提供如下担保：

此致

×××人民法院

申请人：

年　　月　　日

【填写说明】

请求的事实和理由。首先写明申请人与被申请人因何发生纠纷，再具体写明需要采取保全措施的标的物的名称、数量，然后写请求保全的原因。着重写明必须实施财产保全所根据的事实，即被申请人有毁损诉争的标的物的行为，及其正在实施处分的行为。

6. 公示催告申请书

公示催告申请书是票据持有人在票据被盗、遗失和灭失的情况下，为使票据上所标示的权利与实体权利相分离，保护自己的实体权利不受侵害，而依法向票据支付地的人民法院申请作出公示催告时使用的文书。

【文书样式】

申请人（单位）及基本情况：

申请人于　年　月　日在　　处因票据遗失（被盗、灭失），申请公示催告。该票据由　　银行　支行（分理处、信用社）于　年　月　日签发。

票据号码：　　金额：　元

付款人：　开户银行：　账号：

收款人：　开户银行：　账号：

背书人：　开户银行：　账号：

此致

×××人民法院

申请人（单位）：

年　　月　　日

【填写说明】

公示催告由票据的最后持票人作为申请人。若票据未填写收款人，而票据在收款人手中丢失的，由出票人出具已将票据交付收款人的证明后，由收款人作为申请人。

7. 支付令申请书

支付令申请书，是债权人依照督促程序，以要求债务人给付金钱、有价证券为内容，请求有管辖权的基层人民法院向债务人发出催促债务人履行支付义务命令的法律文书。

【文书样式】

申请人：

被申请人：

请求事项：

事实和理由：

此致

×××人民法院

申请人：

年　　月　　日

【填写说明】

（1）请求事项。写明请求给付金钱或者有价证券的数量。

（2）事实和理由。写明要求给付金钱或者有价证券依据的事实、证据。

（3）债权人和债务人之间有明确的债权债务关系没有其他债务纠纷且支付令能够送达债务人。

8. 执行申请书

申请执行书，是公民、法人或其他组织在对方拒不履行裁判确定义务的情况下，根据已经发生法律效力的法律文书，向有管辖权的人民法院提出申请，责令对方履行义务时使用的文书。

【文书样式】

申请人：

被申请人：

上列当事人，因　　　　　　一案，业经　　　人民法院于　　　年　　月　　日作出（　）字第　号一审（或终审）民事判决【或仲裁委员会于　年　月　日作出（　）字第　　号裁决】，被申请人拒不遵照判决（或裁决）履行。为此，特申请你院给予强制执行。现将事实、理由和具体请求目的分述如下：

（如果是经公证处发给强制执行公证书的，其写法是：

上列当事人，因　　　　　事项经　　　　公证处于　　年　月　日，发给（　）字第　号强制执行公证书，据此，申请你院给予强制执行。现将事实、理由和具体请求目的分述如下：

事实和理由：

请求目的：

此致

×××人民法院

申请人：

年　　月　　日

附：

（1）书证　　，件

（2）物证　　，件

（3）证人　　　，住址：

（4）仲裁委员会裁决复印件一份；

（5）公证处强制执行公证书复印件一份。

【填写说明】

（1）事实和理由部分。简要地叙述原案情和处理结果，并说明现在执行状况，同时要阐明强制执行的必要性。

（2）请求目的。在叙述事实、论证理由的基础上提出具体、明确的请求目的。最好按照法律规定的几种执行措施，提出具体要求，以供人民法院考虑。

9. 民事撤诉状

民事撤诉申请书，是指民事案件中原告在依法提起诉讼后，人民法院判决之前，向人民法院撤回诉讼的书面申请。

【文书样式】

申请人：

案由：

撤诉请求与理由：

此致

×××人民法院

申请人：

年　　月　　日

【填写说明】

（1）案由。写明申请人撤诉申请所指向的原诉讼的案由、时间。

（2）撤诉的请求与理由。阐明申请人撤诉的原因，如双方经协商达成和解、对方当事人主动履行义务等。

10. 民事授权委托书

公民授权委托书，是公民、法人或者其他组织依法委托他人作为诉讼代理人，向人民法院提交的写明委托事项和委托权限的文书。

【文书样式】

委托人姓名：

受委托人姓名：　　性别：　　年龄：

工作单位：

住址：

现委托　　在我与　　　　一案中，作为我参加诉讼的委托代理人，委托权限如下：

委托人：

受委托人：

年　　月　　日

【填写说明】

（1）委托权限是授权委托书最重要的部分。一般授权委托书只授予代理人代为进行诉讼的权利，而无权处分实体权利。在委托书上只需要写明“一般委托”即可。特别授权代理，还授予代理人一定的处分实体权利的权利，如放弃、承认、变更诉讼请求、进行和解、提起反诉、上诉等。特别授权要对所授予的实体权利作列举性的明确规定，否则视为一般委托。

（2）授权委托书须由委托人，受委托人双方签名。

11. 刑事自诉状

刑事自诉状是指法律规定的自诉案件中，由受害人或者他们的代理人，直接向人民法院控告刑事被告人，要求法院追究其刑事责任所递交的书面请求。

自诉人：

被告：

案由：

请求事项：

事实和理由：

此致

×××人民法院

自诉人：

年　　月　　日

附：1. 本诉状副本　份

2. 证据　份

3. 其他材料　份。

12. 行政赔偿申请书格式

行政赔偿申请书是指受害人向行政赔偿义务机关提出行政赔偿请求时所适用的法律文书。

【文书样式】

申请人：

申请事项：

申请事由：

此致

被申请的行政机关

申请人：

年　　月　　日

附：1. 书证　份

2. 物证　份

3. 证人证言　份

13. 行政复议申请书格式

行政复议申请书是作为行政管理相对人的公民、法人或者其他组织，因行政机关的具体行政行为直接侵犯其合法权益而向有管辖权的行政机关申请复议时提交的，据以引起行政复议程序发生的法律文书。

申请人：

被申请人：

案由：

申请复议的要求和理由：

此　致

申请人：

年　　月　　日

附：本申请书副本　份

原处理决定书　份

其他证明文件　件

【填写说明】

申请复议的理由主要陈述原处理决定中事实不符，适用法律、法规不正确，处罚处理不当，程序违法等问题。

14. 行政起诉状（公民提起行政诉讼用）

行政起诉状即公民、法人或者其他组织不服行政机关的具体行政行为，而向人民法院提起诉讼的书面请求。

【文书样式】

原告：

被告：

法定代表人：　　　　　　　　　　职务：

诉讼请求：

事实与理由：

证据和证据来源，证人姓名和住址：

此致

×××人民法院

起诉人：

年　　月　　日

附：本诉状副本　　份

【填写说明】

1. 诉状供公民提起行政诉讼用。

2. “原告”栏，应写明起诉人的姓名、性别、出生年月日、民族、籍贯、职业或工作单位和职务、住址等。

3. 起诉状副本份数，应按被告的人数提交。

15. 行政上诉状

行政上诉状是行政诉讼当事人不服地方各级人民法院第一审行政判决或裁定，在法定的上诉期限内，向上一级人民法院提出上诉，请求撤消、变更原裁判的书状。

【文书样式】

上诉人：

被上诉人：

上诉请求：

上诉理由：

此致

×××人民法院

附：本上诉状副本　份

上诉人：

年　　月　　日

【填写说明】

1. 制作行政上诉状要求其上诉请求必须针对一审判决或者裁定中不当的部分提出。

2. 必须在规定的期限内提出，超过期限，原判决或者裁定依法生效，当事人必须履行裁判的内容。

附录2

《“五月花”案判决书》[1]

原告：李萍，女，39岁，广东省珠海市教育委员会职工，住珠海市香洲银桦新村。

原告：龚念，男，38岁，系原告李萍之夫，广东省珠海市水利局职工，住址同上。二原告的共同委托代理人：刘盖丘、黄雄周，广东省律师。

被告：广东珠海经济特区五月花饮食有限公司。住所地：广东珠海市香洲碧涛花园。法定代表人：唐楚源，该公司董事。

委托代理人：罗筱畸、曹宇瞳，广东南方律师事务所律师。

原告李萍、龚念因与被告广东珠海经济特区五月花饮食有限公司（以下简称五月花公司）发生人身伤害赔偿纠纷，向广东省珠海市中级人民法院提起诉讼。

原告诉称：二原告带领8岁的儿子龚硕皓前去被告经营的五月花餐厅就餐，被被告的礼仪小姐安排在一间包房的外边就座。这间包房内发生爆炸，包房的墙壁被炸倒，造成龚硕皓死亡、李萍残疾的后果。被告面向社会经营餐饮，其职责不仅应向顾客提供美味可口的饭菜，还应负责提供愉悦放心的消费环境，保证顾客的人身安全。被告对顾客自带酒水进入餐厅不予禁止，又在餐厅装修中使用了不符合安全标准的木板隔墙，以致埋下安全隐患。正是由于被告的经营管理不善，使餐厅发生了不该发生的爆炸，造成顾客人身伤亡。被告违反了《中华人

---

[1] 李萍、龚念诉五月花公司人身伤害赔偿纠纷案，具体可参见《最高人民法院公报》2002年第2期。

民共和国消费者权益保护法》第十一、四十一、四十二条的规定，应承担全部损害赔偿责任。请求判令被告：（1）给原告赔偿医疗费、营养费、护理费、交通费、假肢安装费、残疾生活补助费、后期继续治疗费、残疾赔偿金、丧失生育能力赔偿金以及丧葬费、死亡赔偿金和精神损害赔偿金等共计403万元；（2）负担本案全部诉讼费。

被告辩称：此次爆炸事件是犯罪分子所为。不知情的顾客把犯罪分子伪装成酒送给他的爆炸物带进餐厅，他根本没有预见到会发生爆炸，餐厅当然更不可能预见。对被告和顾客来说，发生爆炸纯属意外事件。对此次爆炸，被告既在主观上没有过错，也在客观上没有实施侵权行为。况且爆炸还造成被告的一名服务员身亡，餐厅装修、设备受到严重破坏，各种直接、间接损失近100万元，被告本身也是受害者。被告作为餐饮经营者，已经对前来就餐的顾客尽到了保障其人身和财产安全的责任。原告只能向真正的加害人主张权利，不能要求被告承担赔偿责任。原告现在的起诉缺乏事实根据和法律依据，诉讼主体也不合格，其请求应当驳回。

珠海市中级人民法院经审理查明：1999年10月24日傍晚6时左右，原告李萍、龚念夫妇二人带着8岁的儿子龚硕皓，与朋友到被告五月花公司经营的五月花餐厅就餐，由餐厅礼仪小姐安排在二楼就座，座位旁边是名为“福特”的餐厅包房。“福特”包房的东、南两墙是砖墙，西、北两墙是木板隔墙，龚硕皓靠近该房木板隔墙的外侧就座。约6时30分左右，“福特”包房内突然发生爆炸，李萍和龚硕皓随即倒下不省人事，龚念忍着伤痛推开被炸倒的包房木板隔墙，立即将龚硕皓送往医院抢救，李萍也被送往医院。龚硕皓因双肺爆炸伤外伤性窒息，呼吸、循环衰竭，经抢救无效死亡。李萍的左上肢神经血管损伤，腹部闭合性损伤，失血性休克，肺挫伤，进行了左上肢截肢术及脾切除术，伤愈后被评定为二级残疾。龚念右外耳轻度擦伤，右背部少许擦伤。

五月花餐厅的这次爆炸，发生在餐厅服务员为顾客开启“五粮液酒”盒盖时。伪装成酒盒的爆炸物是当时在“福特”包房内就餐的一名医生收受的礼物，已经在家中放置了一段时间。10月24日晚，该医生将这个“酒盒”带入“福特”包房内就餐，服务员开启时发生爆炸。现在，制造这个爆炸物并将它送给医生的犯罪嫌疑人已被公安机关抓获，正在审理之中。

上述事实，有双方当事人的陈述、证人证言、医疗诊断证书、死亡证书等证据证明。证据经庭审质证，可以作为认定本案事实的根据。

珠海市中级人民法院认为：原告李萍、龚念到被告五月花公司下属的餐厅就餐，和五月花公司形成了消费与服务关系，五月花公司有义务保障李萍、龚念的人身安全。五月花公司是否尽了此项义务，应当根据餐饮行业的性质、特点、要求以及对象等综合因素去判断。本案中，李萍、龚念的人身伤害和龚硕皓的死亡，是五月花餐厅发生的爆炸造成的。此次爆炸是第三人的违法犯罪行为所致，与五月花公司本身的服务行为没有直接的因果关系。在当时的环境下，五月花公司通过合理注意，无法预见此次爆炸，其已经尽到了保障顾客人身安全的义务。爆炸是使原告李萍、龚念受到人身伤害、造成龚硕皓死亡的必然原因。李萍、龚念认为被告五月花公司的木板隔墙不符合标准，由此埋下了安全隐患，应当承担民事责任。木板隔墙不符合标准，只是造成李萍、龚念、龚硕皓伤亡的条件，不是原因，它与损害事实之间没有直接的因果关系，五月花公司不能因此承担侵权损害的赔偿责任。

《中华人民共和国消费者权益保护法》第二十二条第一款规定："经营者应当保证在正常使用商品或者接受服务的情况下其提供的商品或者服务应当具有的质量、性质、用途和有效期限；但消费者在购买该商品或者接受该服务前已经知道其存在瑕疵的除外。"被告五月花公司除经营餐饮服务外，还有权利经营烟、酒。但是，根据法律规定，他们只对自己提供的商品负有保证质量的义务，对顾客带进餐厅的商品不负有此项义务。此次爆炸，是顾客将伪装成酒的爆炸物带进餐厅造成的，与五月花公司提供的商品或者服务无关。允许顾客自带酒水进入餐厅就餐，既是顾客的需要，也是餐饮行业的习惯，法律、法规以及行业规定对此并不禁止。五月花公司没有禁止顾客带"酒"进入餐厅，其行为并无过错。消费者权益保护法第十一条、第四十一条、第四十二条的规定，指的都是经营者因提供商品或者服务造成消费者伤亡时应承担的责任。李萍、龚念以这些规定要求追究五月花公司的责任，是不恰当的。

《中华人民共和国民法通则》规定的侵权损害之债，有一般侵权损害和特殊侵权损害之分。民法通则第一百零六条第一款规定："公民、法人由于过错侵害国家的、集体的财产，侵害他人财产、人身的，应当承担民事责任。”从这个规定可以看出，一般侵权损害必须同时具备损害事实客观存在、侵权行为与损害事实有因果关系、行为人有过错、行为是违法的这四个构成要件，缺一不可。在某些特殊情况下，即使四个要件没有同时具备，但法律规定当事人承担民事责任的，当事人也必须承担，这是特殊侵权损害。特殊侵权适用过错推定、无过错责任和公平责任几种归责原则，但必须是法律有明文规定。原告李萍、龚念提起的侵权损害赔偿之诉，其事由不具有法律规定的其他特殊侵权损害情形。本案有明显的加害人存在，不能适用无人因过错承担责任时才适用的公平责任原则，因此只能按一般侵权损害适用过错责任原则。被告五月花公司在此次爆炸事件中，已经尽到了应当尽到的注意义务，其本身也是此次事件的受害者。五月花公司对李萍、龚念、龚硕皓的伤亡没有过错，故不构成侵权。五月花公司与加害人之间也不存在任何法律上的利害关系，不能替代其承担法律责任。李萍、龚念应当向有过错的第三人请求赔偿，不能让同样是受害人的五月花公司代替加害人承担民事赔偿责任。五月花公司的抗辩理由充分，应予采信。《中华人民共和国民事诉讼法》第六十四条第一款规定：“当事人对自己提出的主张，有责任提供证据。”李萍、龚念主张判令五月花公司承担赔偿责任，但是却不能提供支持自己主张的事实根据和法律依据，故对其诉讼请求不予支持。据此，珠海市中级人民法院判决：驳回原告李萍、龚念的诉讼请求。本案受理费30 160元，由二原告共同负担。

一审宣判后，李萍、龚念不服，向广东省高级人民法院提起上诉。理由是：（1）一审既然认定上诉人与被上诉人五月花公司之间“形成了消费与服务的关系”，这就是肯定了本案是消费者权益之争，不是一般的人身损害纠纷。《消费者权益保护法》第十八条、第二十二条规定，经营者应保证提供的商品及消费场所安全。被上诉人接受顾客自带酒水，在为顾客开启酒瓶时，应当考虑到餐厅是群体消费的场所，有必要对顾客带来的物品实施安全检查。被上诉人未尽此项应尽的注意义务，所以才导致本案损害结果的发生。（2）被上诉人经营五月花餐厅，未向有关部门报批装修，违反了《中华人民共和国消防法》和《公共娱乐场所消防安全管理规定》；“福特”包房的西、北隔墙没有采用燃烧性能为A级的装修材料，违反了《建筑内部装修设计防火规范》的规定，对本案损害的发生有主观过错。一审既说餐厅使用不符合标准的木板隔墙，埋下了不安全的隐患，却又认为这只是造成伤害的条件而非原因，是不当的。(3) 被上诉人既有违约行为，也应该承担侵权责任。作为消费者的上诉人在五月花餐厅就餐，无过错而人身受到伤害，作为经营者的被上诉人应当对上诉人在接受其服务时受到的损害承担全部责任。一审无视消费者的权利，缺乏对消费者权益切实保护的观念，因而不可能正确适用法律，不能体现必要的公正。请求二审依照消费者权益保护法的规定，改判被上诉人承担赔偿责任。被上诉人五月花公司答辩称：允许顾客自带酒水进入餐厅就餐，是行业习惯。被上诉人已尽了本行业应尽的注意义务，对上诉人遭受的损害没有过错，也没有违约。上诉人和被上诉人同是本次爆炸事件的受害人，上诉人不能把被上诉人的服务行为和加害人的爆炸行为混为一谈。一审判决认定事实清楚，适用法律正确，应当维持。

广东省高级人民法院经二审，除确认了一审认定的事实以外，另查明：

“福特”包房内发生爆炸后，西、北两面的木板隔墙被炸倒，李萍、龚硕皓被压在木板隔墙下面。被上诉人五月花公司于 1998 年 8 月 31 日经工商注册登记成立，经营范围是：饮食服务，国产烟、酒的零售。公司设立登记申请书上，有珠海市公安局香洲分局消防科签署的“同意申办”意见。五月花餐厅分两层，营业面积大于 100 平方米。《建筑内部装修设计防火规范》(国家标准 GB50222－95) 第 3. 1. 17 条规定：“经常使用明火器具的餐厅、科研试验室，装修材料的燃烧性能等级，除 A 级外，应在本章规定的基础上提高一级。”该规范附表 3. 2. 1 中列明：“歌舞厅、餐馆等娱乐、餐饮建筑”“营业面积 >100 平方米”时，“墙面”、“隔断”所用“装修材料燃烧性能等级”为“B1”级。列入 A 级燃烧性能的墙面材料有：大理石、砼制品、玻璃等。列入 B1 级燃烧性能的墙面材料有：纸面石膏板、阻燃模压木质复合板材、彩色阻燃人造板等。列入 B2 级燃烧性能的墙面材料有：各类天然木材等。

制造爆炸物并把它伪装成酒盒送给医生的黎时康，是四川省大足县农民，在审理中其表示对自己一手造成的爆炸危害后果没有能力赔偿。

广东省高级人民法院认为：《中华人民共和国合同法》第一百二十二条规定：“因当事人一方的违约行为，侵害对方人身、财产权益的，受损害方有权选择依照本法要求其承担违约责任或者依照其他法律要求其承担侵权责任。”综观上诉人李萍、龚念在一审、二审提出的诉讼主张，既认为被上诉人五月花公司违约，又认为五月花公司侵权，并且还认为存在民事责任竞合的情形，但一直没有在违约和侵权两者中作出明确选择。依照该条法律规定，法院只能在全面审理后按照有利于权利人的原则酌情处理。

关于被上诉人五月花公司的餐厅装修问题。上诉人李萍、龚念认为，五月花餐厅的装修没有报批，且违反了消防安全管理规定，埋下了不安全的隐患，因而应该承担侵权责任。经查，五月花公司开业前，已经呈报公安消防部门批准，未经报批一说与事实不符。再有，装修材料是否符合消防安全管理的规定，只能体现该材料的阻燃性能高低，不代表该材料的抗爆性能强弱，并且阻燃性能高的材料不一定抗爆性能就强。例如，阻燃性能为A级的玻璃，其抗爆性能远不如阻燃性能为B2级的天然木材强。况且，李萍、龚念、龚硕皓并非因木板隔墙阻燃不力而被烧伤亡。使用木板作餐厅包房的隔墙是否符合消防安全管理规定，与本案的损害后果之间没有必然的因果关系。对木板隔墙应当具有何种抗爆性能，法律没有强制性规定，不能因此令五月花公司承担装修不当的法律责任。

关于被上诉人五月花公司是否违约的问题。五月花公司接受上诉人李萍、龚念一家在其餐厅就餐，双方之间形成了以消费与服务为主要内容的合同关系。《中华人民共和国合同法》第六十条第二款规定：“当事人应当遵循诚实信用原则，根据合同的性质、目的和交易习惯履行通知、协助、保密等义务。”五月花公司作为消费与服务合同中的经营者，除应该全面履行合同约定的义务外，还应当依照合同法第六十条的规定，履行保护消费者人身、财产不受非法侵害的附随义务。为了履行这一附随义务，经营者必须根据本行业的性质、特点和条件，随时、谨慎地注意保护消费者的人身、财产安全。但由于刑事犯罪的突发性、隐蔽性以及犯罪手段的智能化、多样化，即使经营者给予应有的注意和防范，也不可能完全避免刑事犯罪对顾客人身、财产的侵害。这种侵害一旦发生，只能从经营者是否尽到合理的谨慎注意义务来判断其是否违约。五月花餐厅接受顾客自带酒水到餐厅就餐，是行业习惯使然。对顾客带进餐厅的酒类产品，根据我国目前的社会环境，还没有必要、也没有条件要求经营者采取像乘坐飞机一样严格的安全检查措施。由于这个爆炸物的外包装酷似真酒，一般人凭肉眼难以识别。携带这个爆炸物的顾客曾经将其放置在自己家中一段时间都未能发现危险，因此要求服务员在开启酒盒盖时必须作出存在危险的判断，是强人所难。五月花餐厅通过履行合理的谨慎注意义务，不可能识别伪装成酒的爆炸物，因此不存在违约行为。

关于被上诉人五月花公司是否侵权的问题。依照消费者权益保护法的规定，经营者应当对自己提供的商品或者服务承担责任，这自然不包括对消费者自带的用品负责。上诉人李萍、龚念一家在五月花餐厅就餐时，被倒塌的木板隔墙撞压致死、致伤。木板隔墙倒塌是犯罪分子制造的爆炸所引起，其责任自应由犯罪分子承担。五月花公司既与犯罪分子没有侵权的共同故意，更没有实施共同的侵权行为，不能依消费者权益保护法的规定认定五月花公司侵权。

综上所述，被上诉人五月花公司在本案中既没有违约也没有侵权，不能以违约或者侵权的法律事由判令五月花公司承担民事责任。五月花公司与上诉人李萍、龚念同在本次爆炸事件中同遭不幸，现在加害人虽已被抓获，但由于其没有经济赔偿能力，双方当事人同时面临无法获得全额赔偿的局面。在此情况下应当看到，五月花公司作为企业法人，是为实现营利目的才允许顾客自带酒水，并由此引出餐厅爆炸事件，餐厅的木板隔墙不能抵御此次爆炸，倒塌后使李萍、龚念一家无辜受害。五月花公司在此爆炸事件中虽无法定应当承担民事责任的过错，但也不是与李萍、龚念一家受侵害事件毫无关系。还应当看到，双方当事人虽然同在此次事件中受害，但李萍、龚念一家是在实施有利于五月花公司获利的就餐行为时使自己的生存权益受损，五月花公司受损的则主要是自己的经营利益。两者相比，李萍、龚念受到的损害比五月花公司更为深重，社会各界（包括五月花公司本身）都对李萍、龚念一家的遭遇深表同情。最高人民法院在《关于贯彻执行〈中华人民共和国民法通则〉若干问题的意见（试行）》第157条中规定："当事人对造成损害均无过错，但一方是在为对方的利益或者共同的利益进行活动的过程中受到损害的，可以责令对方或者受益人给予一定的经济补偿。"根据这一规定和李萍、龚念一家的经济状况，为平衡双方当事人的受损结果，酌情由五月花公司给李萍、龚念补偿一部分经济损失，是适当的。一审认定五月花公司不构成违约和侵权，不能因此承担民事责任，是正确的，但不考虑双方当事人之间的利益失衡，仅以李萍、龚念应向加害人主张赔偿为由，驳回李萍、龚念的诉讼请求，不符合民法通则第四条关于“民事活动应当遵循自愿、公平、等价有偿、诚实信用的原则”的规定，判处欠妥，应当纠正。据此，广东省高级人民法院依照《中华人民共和国民事诉讼法》第一百五十三条第一款第（二）项的规定，于2001年11月26日判决：

一、撤销一审民事判决。

二、被上诉人五月花公司给上诉人李萍、龚念补偿30万元。

三、二审案件受理费共60 320元，由双方当事人各负担一半。

附录3

《湖北省环境污染纠纷调解处理办法》

第一条 为正确、及时、合法处理环境污染纠纷，维护国家、集体和公民的合法权益，保护和改善环境，依据《中华人民共和国环境保护法》和有关法规规定，结合我省实际情况，制定本办法。

第二条 本办法适用于发生在我省境内的环境污染纠纷。

第三条 本办法所称环境污染纠纷，是指违反环境保护法规，污染环境，使人体健康和经济利益遭受损害而产生的纠纷，包括因人为原因造成突发性环境污染事故而引起的纠纷。

第四条 因环境污染，而使当事人受损，当事人有权依据本办法向环境保护行政主管部门申请调解处理，也可直接向人民法院起诉。

第五条 处理环境污染纠纷坚持以调解为主的原则。

第六条 环境污染纠纷由环境保护行政主管部门负责调解处理。

第七条 受理调解处理申请应符合下列条件：

（一）必须是双方当事人同意调解处理；

（二）申请人必须是与环境污染纠纷有直接利害关系的单位或个人；

（三）有明确的被申请人和具体的事实依据与请求；

（四）属于环境保护行政主管部门受理范围。

第八条 省环境保护局处理下列纠纷：

（一）省内发生的具有重大影响的环境污染纠纷。

（二）省内跨地、市、州行政区域的环境污染纠纷。

（三）省人大、政协提案中有关的环境污染的纠纷。

第九条 市（地）环境保护行政主管部门处理下列纠纷：

（一）本辖区发生的环境污染纠纷。

（二）同级人大、政协提案中有关环境污染的纠纷。

（三）上级环境保护行政主管部门指定或委托受理的环境污染纠纷。

（四）本辖区内跨县（市）行政区域的环境污染纠纷。

第十条 县（市）环境保护行政主管部门受理下列纠纷：

环境污染纠纷：

（一）本辖区内发生的环境污染纠纷。

（二）同级人大、政协提案中有关环境污染的纠纷。

（三）上级环保部门指定或委托受理的环境污染纠纷。

第十一条 环境污染纠纷由发生地环境保护行政主管部门受理，受理的纠纷不属于自己处理范围的，应当移送有处理权的环境保护行政主管部门。

第十二条 上级环境保护行政主管部门有权处理下级环境保护行政主管部门处理范围内的环境污染纠纷，也可委托下级环境保护行政主管部门处理本应由上一级环境保护行政主管部门处理的环境污染纠纷。

委托处理环境污染纠纷应有委托书，被委托单位必须在委托权限内处理环境污染纠纷。

下级环境保护行政主管部门对其处理范围内的环境污染纠纷，认为需要由上级环境保护行政主管部门处理的，可以报请上级环境保护行政主管部门处理。

第十三条 处理权发生争议的，由上一级环境保护行政主管部门决定。如有下列情况之一的，不予受理。

（一）违反治安管理条例的纠纷，告知申请人向公安机关申请解决。

（二）依法应由其他部门处理的纠纷，告知申请人向有关部门申请解决。

（三）因污染环境，造成严重后果构成犯罪的纠纷。

（四）已向人民法院起诉，又以同一事实和理由申请的污染纠纷。

（五）不符合本办法规定的申请条件和要求的污染纠纷。

第十四条 申请书应写明如下事项：

（一）申请人与被申请人的姓名、性别、年龄、职业、住址、邮政编码等（单位的名称、地址、法定代表人的姓名）；

（二）申请事项，事实和理由；

（三）与申诉有关的资料。

申请书一式三份，申请人自留一份，两份递交受理单位。

第十五条 各级环境保护行政主管部门受理纠纷后，根据需要邀请有关部门或其他单位的人员参加调解处理工作。

负责和参加处理纠纷的人员与纠纷当事人有利害关系时，应当自行回避，当事人也可提出回避请求。

第十六条 环境保护行政主管部门应在收到申请书十日内将申请书副本送达被申请人。被申请人在收到申请书副本之日起十五日内提交答辩书和有关证据。被申请人不按期或不提出答辩书的，视为拒绝调解处理，环境保护行政主管部门应告知申请人可向人民法院起诉。

第十七条 负责处理环境污染纠纷的人员应认真审阅申请书、答辩书和有关证据，进行现场调查，收集证据。

负责处理环境污染纠纷的人员有权委托环境监测站进行测试和鉴定。测试结果报告书由有资格证的测试人员签名，并加盖监测站公章。

作为认定事实的依据，必须经过调查核实。

第十八条 下级环境保护行政主管部门有责任调查发生在本辖区域内属上级环境保护行政主管部门处理范围的环境污染纠纷，并有权提出初步处理意见。

第十九条 调解处理过程中，当事人一方向法院起诉，调解处理终止。

第二十条 调解处理过程中，应召集双方座谈协商，可邀请有关单位派员参加。经协商，双方自愿，可达成协议，签定协议书。协议书内容必须合法。

经两次调解达不成协议的，环境保护行政主管部门可依据事实作决定，制作环境污染纠纷行政处理决定书。属上一级环境保护行政主管部门委托受理的环境污染纠纷，在作出决定前，必须征得委托部门的同意。

第二十一条 各级环境保护行政主管部门处理环境污染纠纷，需要依法作出罚款决定的，按照《湖北省查处违反环境保护法规行为的规定》另行办理。

第二十二条 整个调解处理过程应记入笔录，经调解处理负责人核准后，由双方当事人签名；拒绝签名的，记入笔录。

第二十三条 环境保护行政主管部门作出决定后，应在作出决定之日起七日内，分别向双方送达决定书，并报上级环境保护行政主管部门备案。

当事人对环境保护行政主管部门处理环境污染纠纷决定不服的，可以按民事诉讼法规定的程序向人民法院提起诉讼。

第二十四条 环境保护行政主管部门调解处理环境污染纠纷收取受理费和其他调解处理费用。

受理费按照《人民法院诉讼收费办法》收取财产案件受理费的标准收取，污染纠纷所涉金额不满一千元的，每件交五十元，超过一千元至五万元的部分，按百分之四交纳；超过五万元到十万元的部分，按百分之三交纳；超过十万元至二十万元的部分，按百分之二交纳；超过二十万元至五十万元部分，按百分之一点五交纳；超过五十万元至一百万元部分，按百分之一交纳；超过一百万元部分，按百分之零点五交纳。

监测收费按湖北省环保局、湖北省物价局的规定执行。

其他调解处理的交通等费用按实际支出收取。

受理费和其他调解处理费用的负担由环境保护行政主管部门按实际情况确定。

监测费用由被申请人承担。

第二十五条 受理费由申请人自接到环境保护行政主管部门预交调解处理费用通知之日起七日之内按规定的标准预交。逾期未预交的，按自动撤销申请处理。

其他调解处理费用的收取办法由环境保护行政主管部门与双方当事人商定。

第二十六条 收取的受理费纳入各环境保护行政主管部门环保补助资金管理，专门用于环境污染纠纷的调解处理，不得挪作他用。

第二十七条 本办法中规定的委托书，环境污染纠纷行政处理决定书由省环境保护局统一印制。

第二十八条 本办法由省环境保护局负责解释。

第二十九条 本办法自公布之日起生效。

附录4

《浙江省杭州市下城区人民法院〔2012〕杭下行初字第39号行政判决书》

原告董仙珍等53人，被告杭州市环境保护局（法定代表人胡伟），第三人富阳市环境保护局（法定代表人李百山），第三人杭州华胜纸业有限公司（法定代表人俞文胜），第三人孙明锋。

原告董仙珍等53人不服被告杭州市环境保护局（以下简称杭州市环保局）作出的行政复议决定，于2012年7月19日向法院提起行政诉讼。法院于2012年8月3日受理本案，并于同月8日向被告送达起诉状副本及应诉通知书。因富阳市环境保护局（以下简称富阳环保局）、杭州华胜纸业有限公司（以下简称华胜公司）、孙明锋与本案有法律上的利害关系，法院通知上述当事人作为案件第三人参加诉讼。因案情复杂，经浙江省高级人民法院〔2012〕浙行延字第300号批复批准，案件延长审理期限三个月。原告董仙珍等53人诉讼代表人孙永军、孙洪良、陈惠英及委托代理人袁裕来，被告杭州市环保局委托代理人高亦良、莫显奇，第三人富阳环保局委托代理人李碧峰、徐小军，第三人华胜公司委托代理人曾荣晖到庭参加诉讼，第三人孙明锋经依法传唤未到庭参加诉讼。案件经合议庭评议，审判委员会讨论并作出决定。

2012年7月4日，杭州市环保局作出杭环复决〔2012〕02号行政复议决定，以董仙珍等54人未依法提供曾经要求富阳环保局履行法定职责而富阳环保局未履行的证明材料为由，依照

《中华人民共和国行政复议法实施条例》第48条第1款第（2）项之规定，驳回了董仙珍等54人行政复议申请。被告杭州市环保局在法定举证期限内向法院提供其作出被诉具体行政行为的证据、法律依据。

原告董仙珍等53人诉称：2011年7月18日，被告作出的杭环复决〔2011〕03号行政复议决定，撤销了富阳环保局富环开发〔2004〕21号《关于华胜公司年产4.8万吨白卡纸生产线扩建项目环境影响报告表的审批意见》，但富阳环保局一直未责令华胜公司停止生产，该公司继续污染原告等人的生存环境。2012年3月19日，原告向被告提出复议申请，请求被告责令富阳环保局限期责令华胜公司停止生产。被告受理后，于同年7月4日作出杭环复决〔2012〕02号行政复议决定，认为原告应该先向富阳环保局提出履行职责要求，直接向被告提出复议申请于法无据，驳回了原告的复议申请。原告认为，行政机关履行法定职责，分为依职权主动履行和依申请履行，依职权主动履行无须先申请。被告驳回原告行政复议申请理由不能成立。诉请判令：撤销被告作出的杭环复决〔2012〕02号复议决定，判令其重新作出行政复议决定。

被告杭州市环保局答辩称：一、2012年3月19日被告受理原告董仙珍等54人提出的行政复议申请后，因案情复杂，决定行政复议决定延期至6月30日前作出。同年6月27日，因行政复议所涉华胜公司相关行政案件二审尚未判决而中止复议审理。同年7月4日恢复审理并作出杭环复决〔2012〕02号行政复议决定，驳回原告行政复议申请，被告复议程序合法。二、被告作出的驳回原告复议申请的复议决定事实认定清楚、证据确凿、适用法律正确。原告要求撤销行政复议决定没有事实理由及法律依据，请求依法驳回原告的诉讼请求。

第三人富阳环保局述称，原告从未向富阳环保局提出责令华胜公司停止生产的申请，被告作出的杭环复决〔2012〕02号行政复议决定合法。

第三人华胜公司述称，首先，原告认为责令停止生产是富阳环保局的法定职责，依据行政复议法实施条例的规定原告应当先向富阳环保局要求履行该法定职责，而原告从未向富阳环保局提出过履职要求，其复议申请理应被驳回。其次，富阳环保局没有责令华胜公司停止生产的法定职责。根据《环境影响评价法》第31条、《建设项目环境保护管理条例》第28条、《浙江省建设项目环境保护管理办法》第38条的规定，建设项目无环境影响批准文件，应由有审批权的环境保护行政主管部门责令停止建设、生产或使用。而根据《建设项目环境影响评价文件分级审批规定》，造纸建设项目环评文件由省级或地级市环境保护部门负责审批。另根据杭州市环保局杭环发〔2010〕262号文，造纸建设项目应由杭州市环保局负责审批。因此，原告的复议申请依法应驳回。被告作出的杭环复决〔2012〕02号行政复议决定认定事实清楚，证据确实充分，适用法律法规正确，符合法定程序，应依法驳回原告的诉请。

第三人华胜公司未提交证据，第三人孙明锋未提交书面答辩意见，亦未提交证据。

庭审中，原告对被告提供的证据发表以下质证意见：证据1~8、10~19、22~28无异议，但部分证据的证明对象及法律适用有异议；证据9答复书内容有异议，理由不成立；证据20~21有异议，认为中止理由不成立。第三人富阳环保局、华胜公司对杭州市环保局的证据均无异议。

被告杭州市环保局、第三人富阳环保局、第三人华胜公司对原告提交的证据均无异议。

经庭审质证，法院对证据审查后认证如下：原告提交的证据以及被告提交的证据1~8、10、13~19、22~28，当事人均无异议，法院均予以确认；被告提交的证据9、20~21系于行政复议过程中形成，可以证实行政复议的受理及审理过程，具有证明效力；被告提交的证据11~12、17~18均为现行有效的法律法规，法院予以确认。

经审理查明，2012年3月19日，董仙珍等54人向杭州市环保局提交行政复议申请书，请求杭州市环保局责令富阳环保局限期责令华胜公司停止生产。杭州市环保局书面告知其补正材料后于3月31日受理复议申请。因案件复杂，不能在法定期限内作出行政复议决定，杭州市环保局经审批决定延期至2012年6月30日前作出复议决定。同年6月27日，杭州市环保局因案件审理需以富阳市人民法院〔2011〕杭富行初字第55号案的终审结果为依据而中止行政复议。同年7月4日，杭州市环保局恢复审理并作出杭环复决〔2012〕02号行政复议决定，以董仙珍等54人未依法提供曾经要求富阳环保局履行法定职责而富阳环保局未履行的证明材料为由，依照《中华人民共和国行政复议法实施条例》第48条第1款第（2）项之规定，驳回董仙珍等54

人的行政复议申请。除孙明锋外，董仙珍等其他53人不服该行政复议决定，向法院提起行政诉讼。

另查明，2011年7月18日，杭州市环保局作出杭环复决〔2011〕03号复议决定，撤销了富阳环保局富环开发〔2004〕21号《关于华胜公司年产4.8万吨白卡纸生产线扩建项目环境影响报告表的审批意见》。华胜公司不服该复议决定，向富阳市人民法院提起行政诉讼要求撤销该复议决定，案件经两级人民法院审理判决驳回了华胜公司的诉讼请求。

法院认为，根据《中华人民共和国行政复议法》第2条、第3条的规定，公民、法人或者其他组织认为具体行政行为侵犯其合法权益，向行政机关提出行政复议申请，行政机关有权受理有关行政复议申请、作出行政复议决定，故被告杭州市环保局有权作出本案被诉行政复议决定。被告杭州市环保局作出的行政复议决定书认定事实清楚，且复议决定延期、复议中止、复议恢复程序中均依法办理审批手续并履行告知义务，复议程序合法。《中华人民共和国环境保护法》第7条第2款规定县级以上地方人民政府环境保护行政主管部门，对本辖区的环境保护工作实施统一监督管理。《中华人民共和国环境影响评价法》第31条规定建设单位未依法报批建设项目环境影响评价文件，或者未依照本法第24条的规定重新报批或者报请重新审核环境影响评价文件，擅自开工建设的，由有权审批该项目环境影响评价文件的环境保护行政主管部门责令停止建设，限期补办手续；……本案中，富阳环保局《关于华胜公司年产4.8万吨白卡纸生产线扩建项目环境影响报告表的审批意见》被撤销后，华胜公司在未获环境影响评价文件的重新审核之情形下继续从事生产活动，其行为违反国家法律法规规定，环境保护行政主管部门理应依法主动履行监督管理职责。被告杭州市环保局将应主动履行的职责定性为依申请履行的职责，并以董仙珍等人未提供要求富阳保护局履职被拒的证明材料，其复议申请不符合受理条件为由而驳回行政复议申请，法律适用错误，其作出的行政复议决定应予撤销。综上，原告的诉请理由成立，其诉讼请求本院予以支持。依照《中华人民共和国行政诉讼法》第54条第（2）项第2目之规定，判决撤销被告杭州市环境保护局于2012年7月4日作出的杭环复决〔2012〕02号行政复议决定；被告杭州市环境保护局于判决生效后六十日内重新作出行政复议决定。

附录5

《安徽省合肥市中级人民法院〔2014〕合行终字00075号行政判决书》

上诉人（原审原告）杨俊，被上诉人（原审被告）：巢湖市环境保护局（法定代表人：夏四新，该局局长）。因上诉人不服安徽省巢湖市人民法院〔2014〕巢行初字第00014号行政判决，向安徽省高级人民法院提起上诉。

按照一审法院的查明案件情况：巢湖市新恒生纺织有限公司（以下简称新恒生公司）是在原巢湖市恒生纺织厂基础上改制成立的，于2011年3月投产。原告杨俊住所为原巢湖市纺织厂宿舍楼。原告因巢湖市新恒生纺织有限公司生产噪声扰民，多次向被告投诉。2013年9月26日晚11时，被告在原告家中阳台对新恒生公司生产噪声进行监测，监测结果为该处阳台噪声值为52.3分贝，超过《工业企业厂界环境噪声排放标准》规定的二类标准限值2.3分贝。9月29日，被告向新恒生公司下达责令改正通知书，责令该公司于2013年10月28日前采取有效隔音降噪措施，在规定期限内整改到位，生产噪声达标排放。但未将该处理结果告知原告。2013年10月14日，原告向被告提出书面申请，要求被告履行对新恒生公司超标排放生产噪声的违法行为进行处罚。2013年11月5日晚，被告再次对新恒生公司厂界西侧敏感点噪声进行监测，监测值为58.3分贝和60分贝，属于夜间生产噪声超标排放。次日，被告再次向新恒生公司下达责令改正通知书，责令该公司于2013年11月30日前进行整改，确保生产噪声达标排放。但仍未将处理结果告知原告。现原告诉讼至法院，要求被告履行法定职责，对新恒生公司超标排放生产噪声的违法行为进行处罚。另查明，因区划调整，巢湖市环保局于2012年1月新成立，其下属的环境监测站尚未取得CMA监测资质，其过渡期的环境监测工作，由合肥市环境保护局委托巢湖管理局环境监测站开展。由于新恒生公司未办理“三同时”验收手续，未按照环评批复要求建成“三同时”环境污染防治设施，合肥市环境保护局于2013年10月29日作出合环罚字〔2013〕18号行政处罚决定书，对该公司作出：（1）责令停止生产，办理“三同时”验收手续；（2）罚款五万元的行政处罚。

一审法院认为：《中华人民共和国环境噪声污染防治法》第6条第2款规定：县级以上地方人民政府环境保护行政主管部门对本行政区域内的环境噪声污染防治实施统一监督管理。因区划调整，巢湖市环保局新成立，目前尚未取得CMA监测资质，其过渡期的环境监测工作，由上级机关合肥市环境保护局委托巢湖管理局环境监测站开展。被告在收到原告杨俊投诉后，未能将该事项告知原告，而是自行对新恒生公司生产噪声进行监测，显然是错误的，其取得的监测结果不具有法律效力。现原告依据被告不具有法律效力的监测结果，要求被告对新恒生公司进行处罚，缺乏事实依据，其诉被告行政不作为理由不能成立，不予支持。依照《最高人民法院关于执行〈中华人民共和国行政诉讼法〉若干问题的解释》第56条第（1）项之规定，判决：驳回原告杨俊的诉讼请求。

杨俊上诉称：一、一审法院调取的合肥市环境保护局《关于委托开展过渡期巢湖市环境监测工作的函》和合肥市环境保护局《关于巢湖市环保局监测资质的证明》不符合法院依法调取证据的情形，并且该两份证据没有当庭出示也没有经过上诉人质证，不能作为定案的依据。其次，该两份证据属于间接证据，没有相应其他证据证明巢湖市环保局接受委托监测和噪声检测。二、从被上诉人提供的证据1和证据2可以看到被上诉人仍然行使调查取证的法定职能，但被上诉人没有履行《环保处罚法》有关处理决定的职责。三、上诉人提交的政府信件回函说明经重新检测，新恒生公司的噪声超标。合肥市中级法院的生效判决书证明被上诉人检测噪声数据合法。综合以上证据，证明被上诉人没有履行行政处罚也没有履行相关程序的事实。

巢湖市环保局辩称：一、2011年8月原地级巢湖市行政区划调整，现县级巢湖市环保局于2012年1月重新组建，其下属的环境监测站实验室尚未取得省级计量部门的计量认证，依据《中华人民共和国计量法实施细则》第32条：为社会提供公正数据的产品质量检验机构，必须经省级以上人民政府计量行政部门计量认证。因此，答辩人取得的相关监测数据只能作为环境监管的内部参考依据，不能作为政府环境信息向社会公开。答辩人对于上诉人的申请只能选择电话形式予以回复，而无法提供书面监测报告，也不能依此对新恒生公司进行行政处罚。二、对于原告的申请事项，答辩人根据上级主管部门转办意见，于2013年9月26日晚对该公司进行现场勘察，发现该公司夜间生产噪声超标，答辩人于2013年9月29日向新恒生公司下发责令整改通知书，要求该公司进行整改。2013年9月29日，合肥市环保局与答辩人工作人员共同至新恒生公司进行实地勘察，发现该公司未按环评批复要求落实污染防治设施，且未通过环保“三同时”竣工验收，为此，合肥市环保局于2013年10月29日作出合环罚〔2013〕18号《行政处罚决定书》，对巢湖市新恒生纺织有限公司处以：（1）责令停止生产；（2）办理环保“三同时”验收手续；（3）罚款五万元的行政处罚。因此，本案的执法主体应为合肥市环保局。上诉人现要求答辩人对新恒生公司进行行政处罚或履行相关行政程序没有事实和法律依据。

经审查，一审法院对证据的分析认定符合法律规定，二审法院予以确认。根据采信的证据，二审法院确认一审认定的案件事实。二审法院认为，根据《中华人民共和国环境噪声污染防治法》第6条第2款的规定，巢湖市环保局作为县级以上地方人民政府环境保护行政主管部门，对巢湖市行政区域内的环境噪声污染防治有监督管理的法定职责。本案中，巢湖市环保局提供其已履行法定职责的证据主要为现场检查（勘察）笔录、噪声监测结果表和责令整改通知书。上述证据证明，巢湖市环保局在明知下属的环境监测站未取得CMA监测资质的情况下，不是委托具备资质的监测机构进行监测，而是仍然指派该环境监测站进行监测并根据监测结果作出责令改正的具体行政行为。该行为违法，巢湖市环保局没有正确履行其法定职责。同时，巢湖市环保局责令改正的期限届满后，其下属的环境监测站进行监测的结果反映，新恒生公司没有完成治理任务。根据《中华人民共和国环境噪声污染防治法》第52条的规定，巢湖市环保局对新恒生公司应当除依照国家规定加收超标准排污费外，还可以根据所造成的危害后果处以罚款，或者责令停业、搬迁、关闭。但巢湖市环保局只是再次作出责令改正的具体行政行为，使责令改正流于形式，没有取得法律效果，其行为同样属于没有正确履行其法定职责。此外，合肥市环保局对新恒生公司未办理环保“三同时”验收手续的违法行为，依据《建设项目环境保护管理条例》第28条的规定，处以责令停止生产和罚款五万元的行政处罚，与上诉人杨俊举报的事项没有关联，不能代替巢湖市环保局履行自己的法定职责。综上，巢湖市环保局认为其已履行法定职责证据不足。原审判决认定事实清楚，但适用法律错误，判决确有不当。上诉人杨俊的诉讼请求成立，本院予以支持。依照《中华人民共和国行政诉讼法》第61条第（2）项、《最高人民法院关于执行〈中华人民共和国行政诉讼法〉若干问题的解释》第70条、《中华人民共和国环境噪声污染防治法》第6条第2款、第52条的规定，终审判决撤销安徽省巢湖市人民法院〔2014〕巢行初字第00014号行政判决；确认巢湖市环境保护局未履行噪声污染监督管理法定职责行为违法；巢湖市环境保护局于本判决生效之日起30日内履行法定职责。同时，本案二审案件受理费50元由上诉人巢湖市环境保护局负担。

附录 6

《河南省南阳市卧龙区人民法院〔2011〕宛龙行初字第 80 号行政判决书》

原告：南阳高新区梦灵钒业加工厂（以下简称梦灵钒加工厂，工厂负责人高峰）；被告：南阳市高新技术产业开发区管理委员会（以下简称高新区管委会，法定代表人郭斌）。原告梦灵钒加工厂诉被告高新区管委会环境行政赔偿纠纷一案，南阳市中级人民法院指令南阳市卧龙区人民法院审理。2009 年 5 月 18 日，高新区管委会内设机构高新区建设环保局致函靳岗电管所，要求其对原告进行断电并于同日通知原告停产。原告认为该通知是被告滥用职权的行为，诉至本院。

原告诉称，原告于 2004 年 11 月依法成立，并取得了工商营业执照。而被告于 2007 年 7 月 31 日及 2009 年 5 月 18 日，分别以宛开建环〔2007〕12 号文及宛开建环函〔2009〕01 号文的形式，要求电业部门对原告实施断电处理。电业部门在接到上述文件后对我厂实施了断电，致使生产无法进行。被告又于 2009 年 5 月 18 日，向原告送达了一份停产通知，责令原告停产。对上述行为，原告认为自己已依法取得工商营业执照，属合法经营，且生产用电也是合法的。而被告所作出的函、通知无事实根据，无法律依据，是被告违法滥用职权的行为。故诉请人民法院依法确认被告作出的宛开建环函〔2009〕01 号文及 2009 年 5 月 18 日的停产通知违法并予以撤销，赔偿原告各项经济损失共计 270.30 万元。

被告辩称，原告所诉不属实。首先，原告所从事的生产活动应当取得环保审批手续，原告在未经批准的情形下违法生产，严重地威胁到周边群众的生产生活。2005年10月，南阳市环保局就以宛环管〔2005〕106号文责令原告立即停止生产。我委建设环保局在2009年5月所制发的文件，无论是要求电业部门协助断电还是要求原告立即停止生产，都是监督执行南阳市环保局的宛环管〔2005〕106号文。其次，我委建设环保局作为高新区的环境保护工作部门，有义务接受人民群众的举报，有权力对原告违法生产情形进行监督管理。最后，原告作为一个高污染企业，本身就不符合产业发展规划，属于应当被取缔的企业。我委建设环保局多次接到周边群众的举报，并多次要求原告停止生产，而原告却置之不理，仍旧违法生产，造成了严重的环境危害。原告所主张的损失和我委的行为之间无因果关系。2010年年初，原告仍然在非法生产，我委的行为没有对原告的非法生产经营产生实质影响。根据法律规定，国家赔偿的对象是公民、法人或其他组织的合法权益，原告违法生产，其利益是非法的，是不应受到保护的。综上，请求人民法院依法驳回原告诉请。

针对被告举证，原告质证后认为：关于原告生产是否造成污染，电话举报及群众举报不能作为被告认定原告违法的事实依据；原告所提交的要求加快环保审批的申请报告也不能作为认定原告存在违法行为的事实依据；根据河南省环保局的批示，被告不能作为处理原告的行政主体，也不能作为南阳市环保局宛环管〔2005〕106号文件的执行者；被告所提交的文件不能作为认定原告存在违法行为的事实依据或法律依据，且根据文件规定，原告不属于应取缔的企业范围，即便原告违法，被告也未依照文件或法律规定对原告依法作出处理或处罚。被告提交的电费表是我厂的生活用电，停的是生产用电，我厂2010年1月7日又进行生产的电是租的；被告所作出的要求电业部门对原告断电及要求原告停止生产的函、通知，均无事实根据及法律依据，原告多次申领环保手续无果的责任在环保部门。

针对原告举证，被告质证后认为：原告所主张的损失和我委的监督执行行为之间无因果关系；原告作为钒业加工厂，应当首先取得环保审批手续，而自其生产以来就未办理相关手续，本身就是违法生产，其所举证要求的经济损失属非法利益，不应予以认定，不应受到法律保护。

根据当事人的陈述、举证和质辩意见，法院确认如下事实：原告梦灵钒业加工厂于2004年11月成立，取得了个体工商户营业执照，并于同年开始生产。2005年10月13日，南阳市环境保护局制发了宛环管〔2005〕106号文，认定原告在无任何环保审批手续的情况下，违法生产，对周边环境造成污染，责令原告：（1）立即停止生产；（2）自接到本通知之日起，到河南省环保局按环保审批程序办理有关环保手续；（3）项目未经河南省环保局审批同意，不得擅自开工生产，否则，将依法追究有关人员的责任。同时该文要求"南阳市环境监察支队和高新区管委会负责监督该项目停止建设和补办环评手续工作。高新区管委会应依法收回该厂的工商营业执照。"2005年12月15日，原告向河南省环保局申请补办该厂环评手续，河南省环保局认为原告项目不符合豫环监〔2005〕100号文《河南省环境保护局关于我省五氧化二钒建设项目环境管理的指导性意见》的要求不予受理原告的环评申请，并认定原告未批先建，要求南阳市环保局依法处理。2007年7月31日，高新环保局向南阳市电业局送发一份宛开建环〔2007〕12号文件，请南阳市电业局对原告实施断电处理。南阳供电公司西郊农电公司靳岗供电所于2007年8月6日向原告送达了一份停电通知，称因原告违法生产，根据宛开建环〔2007〕12号文件精神对原告生产用电进行停电处理；2009年5月18日，高新区环保局向南阳市电业局靳岗电管所送发一份宛开建环函〔2009〕01号文件，函请该所对原告实施断电；2009年5月18日，高新环保局向原告送达一份停产通知，责令原告停止生产。

法院认为：（1）根据《中华人民共和国环境影响评价法》第31条规定："建设单位未依法报批建设项目环境影响评价文件……擅自开工建设的，由有权审批该项目环境影响评价文件的环境保护行政主管部门责令停止建设，限期补办手续""建设项目环境影响评价文件未经批准……建设单位擅自开工建设的，由有权审批该项目环境影响评价文件的环境保护行政主管部门责令停止建设，……"根据《河南省建设项目环境保护管理条例》第19条规定："县级以上人民政府环境保护行政主管部门，应当对建设项目在建设过程中的环境保护措施落实情况进行检查，发现建设项目未按环境影响评价文件和审批意见进行建设的，应当及时向审批机关报告。"第27条规定："建设单位未依法报批建设项目环境影响评价文件或者报批后未获批准擅自开工建设的，由有审批权的环境保护行政主管部门按照《中华人民共和国环境影响评价法》第31条的规定处罚。建设单位未取得环境保护行政主管部门批准的环境影响评价文件，建设项目投入生产使用的，由有审批权的环境保护行政主管部门责令其停止生产使用，……其中，属于国家允许建设的项目，责令限期补办环境影响评价手续；属于国家禁止建设的项目，由有管辖权的县级以上人民政府责令限期拆除。”该条例第31条规定：“建设项目擅自投入试生产的，由审批机关责令停止试生产，……”环境保护部5号令《建设项目环境影响评价文件分级审批规定》第8条第（1）项规定：“有色金属冶炼……对环境可能造成重大影响的建设项目环境影响评价文件由省级环境保护部门审批。”依据职权法定的原则，行政机关实施行政管理，应当依照法律、法规、规章的规定进行。上述法律法规及规章并未授予被告作出停电、停产通知的权力。本案中，原告未依法报批环境影响评价文件擅自开工建设并投入生产使用，应当由有权审批该项目的环境保护行政主管部门河南省环保局进行相应处罚。被告在无法律授权、无法律依据的情况下于2009年5月18日致函靳岗电管所要求其对原告进行断电并通知该厂停产的行为违法。（2）《中华人民共和国国家赔偿法》第2条第1款规定：“国家机关和国家机关工作人员违法行使职权侵犯公民、法人和其他组织合法权益造成损害的，受害人有依照本法取得国家赔偿的权利。”合法权益是法律规定或确认或不禁止的公民合法人身、财产和其他权益，据该条规定，非法利益不应受保护。本案中，原告作为化学原料生产企业，依《中华人民共和国环境影响评价法》第16条第2款第（1）项：“可能造成重大环境影响的，应当编制环境影响报告书，对产生的环境影响进行全面评价”；第（2）项：“可能造成轻度环境影响的，应当编制环境影响报告表，对产生的环境影响进行全面评价；”依《河南省建设项目环境保护管理条例》第9条规定：“建设单位应当在开工建设前报批建设项目环境影响评价文件。首先应当取得环保审批”。原告在未办理环评的情况下违法建设、生产，其利益是非法的，不应受到法律保护。依据《最高人民法院关于执行若干问题解释》第57条第2款第（2）项、《中华人民共和国国家赔偿法》第2条、《最高人民法院关于执行若干问题解释》第56条第（4）项之规定，判决确认被告2009年5月18日致函靳岗电管所要求其对原告进行断电并于同日通知原告停产的行为违法；驳回原告要求被告赔偿的诉讼请求；诉讼费50元由原告承担。

附录7

《某市刑事被害人救助条例》（节选）

第三条　被害人或者其近亲属无法及时获得赔偿，确有生活困难，给予一次性经济救助。

本条例所称办案机关是指办理刑事案件的公安机关、检察机关和审判机关。

第四条　刑事被害人救助应当遵循以下原则：

（一）与经济社会发展水平相适应；

（二）与社会保障和其他社会救济相结合；

（三）公正、公开、及时、便捷。

第五条　市和区人民政府应当将刑事被害人困难救助资金列入本级年度财政预算，分级筹集、专项管理、专款专用。

财政部门负责刑事被害人救助资金的审核、管理、拨付和监督。

审计部门负责监督同级刑事被害人困难救助资金的使用、管理。

第六条　提倡和鼓励国家机关、企业事业单位、社会团体和公民开展刑事被害人捐助活动。

第七条　办案机关负责刑事被害人困难救助申请的受理、审查和救助金的发放。民政、人力资源和社会保障、卫生、金融保险等部门，各村村民委员会、居民委员会等基层组织应当配合办案机关的调查核实工作。

第八条　刑事被害人或者其近亲属申请救助应当具备以下条件：

（一）刑事案件属于本市管辖；

（二）刑事被害人因犯罪行为侵害造成重伤害或者死亡，近亲属与其共同生活或者依靠其收入作为主要生活来源；

（三）犯罪行为非由刑事被害人实施不法行为直接导致；

（四）未放弃提起刑事附带民事诉讼的权利；

（五）无法通过诉讼获得赔偿；

（六）无法获得工伤赔偿、保险赔付；

（七）未接受过涉法涉诉和社会救助；

（八）因犯罪行为造成刑事被害人家庭生活水平低于本市最低生活保障线；

（九）在刑事诉讼期间内。

第九条 申请救助应当向下列办案机关提出：

（一）刑事案件处于立案侦查阶段，无法移送检察机关追究刑事责任或者正在侦办尚未抓获犯罪嫌疑人的，向公安机关提出；

（二）刑事案件处于审查起诉阶段不起诉的，向检察机关提出；

（三）刑事案件处于审判阶段或者刑事附带民事诉讼案件处于执行阶段，被告人及其他赔偿义务人无力履行赔偿义务或者因证据不足宣告被告人无罪的，向审理案件的审判机关提出。

第十条 申请救助应当采用书面形式，特殊情况也可以口头申请。口头申请的，受理申请的办案机关应当记录在案。

第十一条 申请救助应当提交下列材料：

（一）救助申请书；

（二）有效身份证明；

（三）刑事被害人的医疗救治材料、司法鉴定结论或者死亡证明；

（四）由刑事被害人居住地村民委员会或者居民委员会出具的家庭生活困难证明；

（五）其他与申请救助有关的材料。

第十二条 刑事被害人或者其近亲属在办案机关受理其救助申请期间或者已经获得本条例规定的一次性救助的，不得再提出救助申请。

第十三条 救助申请属于本办案机关受理，申请材料齐全，符合要求的，办案机关应当受理。申请材料不齐全或者不符合要求的，办案机关应当在收到救助申请材料的当日，告知申请人补正。

第十四条 办案机关应当对救助申请及时审查，并在受理救助申请之日起十个工作日内，作出给予救助或不予救助的决定并告知申请人，对疑难复杂的救助案件，至迟不得超过三十日。决定不予救助的，办案机关应当向申请人说明理由。

办案机关决定给予救助的，同级人民政府财政部门应当在决定之日起七个工作日内，向办案机关拨付救助金。办案机关在收到救助金之日起五个工作日内，应当将救助金一次性发放给刑事被害人或者其近亲属。

第十五条 刑事被害人或者其近亲属不服不予受理、不予救助决定或者对救助金额有异议，可以向办案机关申请复议一次。办案机关应当自收到复议申请之日起十个工作日内答复申请人。

第十六条 救助金额应当根据刑事被害人遭受犯罪侵害所造成的实际损害后果和犯罪嫌疑人、被告人及其他赔偿义务人实际赔偿情况、刑事被害人家庭经济收入状况和维持最低生活水平所必须的支出等情况确定。

救助金额一般不超过决定给予救助时本市上一年度职工月平均工资十二个月的总额。

有下列特殊困难情形之一的，可以适当增加救助金额，但是一次性救助的金额不超过决定给予救助时本市上一年度职工月平均工资的三十六个月的总额：

（一）刑事被害人医疗救治费用为家庭年收入三倍以上的；

（二）刑事被害人完全丧失劳动能力的；

（三）刑事被害人死亡，救助申请人无劳动能力或者患有严重疾病且没有其他经济来源的。

第十七条 符合本条例规定的救助条件，由于刑事被害人或者其近亲属因无民事行为能力、限制行为能力或者其他原因没有提出救助申请的，办案机关可以根据案件的具体情况，决定给予救助。

第十八条 刑事被害人或者其近亲属获得救助后，办案机关发现犯罪嫌疑人、被告人或者其他赔偿义务人有能力履行民事赔偿义务的，应当依法向犯罪嫌疑人、被告人或者其他赔偿义务人追偿。追偿的资金应当扣除救助资金。

第十九条 救助申请人以隐瞒家庭财产、经济收入等有关情况或者提供虚假材料等欺骗手段获得救助金的，由办案机关予以追缴；构成犯罪的，依法追究刑事责任。

第二十条 办案机关应当将刑事被害人救助情况的材料随案移送，已经结案的应当归档。

第二十一条 办案机关应当在年终向财政部门报送当年救助资金的发放明细，并接受审计部门的审计。

第二十二条 办案机关和有关部门及其工作人员违反本条例规定有下列行为之一的，由主管部门给予行政处分；构成犯罪的，依法追究刑事责任：

（一）滥用职权，为不符合条件的刑事被害人及其近亲属审批、发放救助金；

（二）虚报、克扣刑事被害人及其近亲属的救助金；

（三）贪污、挪用救助资金的；

（四）违反本条例规定的其他行为。

附录 8

《云南省涉诉特困人员救助办法》（节选）

第三条　各州（市）、县（市、区）应当建立由人民法院牵头，政府有关部门参加的涉诉特困人员救助协调管理机构，研究和解决救助工作中的重大事项。

第四条　涉诉特困人员救助坚持以人为本，遵循公开、公正、及时，救助对象特定，保护申请执行人诉权的原则。

第五条　各州（市）及其所辖的县（市、区）财政部门应将救助资金列入年度预算。

救助经费应当专款专用，接受财政、审计部门的监督。

第六条　提倡、支持和鼓励社会团体、企事业单位等社会组织、公民个人为涉诉特困人员提供捐助。

第七条　救助对象为执行案件中，人民法院穷尽执行措施、被执行人确无履行能力导致案件不能执行、依法被裁定终结执行的申请执行人，以及有特殊困难的刑事被害人，家庭年人均收入处于当地最低生活保障标准以下或处于最低生活保障标准边缘的涉诉人员。

第八条　涉诉特困人员救助采用涉诉临时特困救助与现有社会保障制度相衔接的方式进行。救助对象享受现有社会保障政策，由相应的政府部门负责审批、组织实施。按现有社会保障政策规定实施后仍有特殊困难的救助对象，实施专项救助。社会保障措施的内容包括：

（一）低保救助。符合条件的救助对象家庭，由民政部门按规定纳入低保救助范围。

(二) 基本医疗保障。救助对象应参加新型农村合作医疗或城镇居民基本医疗保险，按规定享受相应的医疗待遇。确有困难无力缴纳新型农村合作医疗参合费和城镇居民基本医疗保险参保费的救助对象，符合民政资助条件的，由民政资助参合参保。

(三) 大病救助。救助对象因患大病（恶性肿瘤、慢性肾功能衰竭、器官移植、再生障碍性贫血、系统红斑狼疮），在新型农村合作医疗或城镇居民基本医疗保险报销的基础上，家庭承担自付费用确有困难的，由民政部门按规定实施医疗救助。

(四) 大灾补充救助。救助对象遇到火灾、泥石流、地震等灾害致使房屋需要搬迁或生活窘困的，由民政部门进行大灾救助。

(五) 公益性岗位就业援助。凡符合《省人民政府关于印发某省贯彻中华人民共和国就业促进法实施办法的通知》（省政发〔2008〕233 号）有关公益性岗位安置条件的涉诉特困人员，给予公益性岗位安排。

(六) 住房保障救助。符合廉租住房申请条件的涉诉特困低保及低保边缘家庭，经救助管理机构批准，报涉诉特困人员所在州、市、县住房和城乡建设行政主管部门审查，对符合条件的，可由住房和城乡建设主管部门为其提供廉租住房租住，或发放廉租住房补贴。

第九条 涉诉临时特困救助。对于不符合相关保障措施享受条件或保障措施实施后仍不足以解决问题，特别是因伤病致残、丧失劳动能力且无生活来源的救助对象，可以进行涉诉临时特困救助。

第十条 涉诉临时特困救助，以一次性救助为原则，且救助金最高限额为人民币 5000 元。特殊情况需要两次以上救助或超过最高限额的，由救助管理机构讨论决定。

第十一条 救助对象属于其他辖区户口的，在给予涉诉临时特困救助的同时，建议其户口所在地相关部门实施低保、医保等保障措施。

第十二条 涉诉临时特困救助资金的来源：

(一) 每年财政预算拨付的专项资金；

(二) 社会各界捐助的资金；

(三) 救助资金孳息。

人民法院和政府有关部门应采取措施推动救助资金的筹集工作。

第十三条 捐赠实物的，除有明确用途用于救助外，其余实物可通过中介机构变现，纳入同级财政预算。

第十四条 各州（市）、县（市、区）民政局具体负责资金管理和发放，向救助协调管理机构报告资金使用情况。

第十五条 涉诉特困人员应向救助协调管理机构书面申请救助，申请享受现有社会保障措施的，由救助协调管理机构交民政、人力资源和社会保障等相关政府部门办理；申请涉诉临时特困救助的，由救助协调管理机构审批后交承办机构实施。

第十六条 救助机构及其工作人员有下列情形之一的，对直接责任人以及其他责任人员依法予以纪律处分，限期追缴救助经费；情节严重，构成犯罪的，依法追究刑事责任：

（一）为不符合救助条件的人员提供救助，或者拒绝为符合救助条件的人员提供救助的；

（二）办理救助事项时收取财物的；

（三）侵占、私分、挪用救助经费的；

（四）弄虚作假获得其他救助的。

第十七条 严禁“以救助代执行”，未穷尽执行措施、被执行人确有履行能力而裁定终结执行，对案件申请人进行救助的，由救助管理机构取消救助，并依法追究相关人员的责任。

附录9

《关于环境保护行政主管部门移送涉嫌环境犯罪案件的若干规定》（节选）

二、此规定所称环境犯罪案件，主要是指涉及以下罪名的案件：

（一）走私废物罪（刑法第152条）；

（二）重大环境污染事故罪（刑法第338条）；

（三）非法处置进口的固体废物罪（刑法第339条第一款）；

（四）擅自进口固体废物罪（刑法第339条第二款）；

（五）滥用职权罪（刑法第397条）；

（六）玩忽职守罪（刑法第397条）；

（七）环境监管失职罪（刑法第408条）；

（八）其他涉及环境的犯罪。

三、县级以上环境保护行政主管部门在依法查处环境违法行为过程中，发现违法事实涉及的公私财产损失数额、人身伤亡和危害人体健康的后果、走私废物的数量、造成环境破坏的后果及其他违法情节等，涉嫌构成犯罪，依法需要追究刑事责任的，应当依法向公安机关移送。

县级以上环境保护行政主管部门在依法查处环境违法行为过程中，认为本部门工作人员触犯《刑法》第九章有关条款规定，涉嫌渎职等职务犯罪，依法需要追究刑事责任的，应当依法向人民检察院移送；发现其他国家机关工作人员涉嫌有关环境保护渎职等职务犯罪线索的，也应当将有关材料移送相应的人民检察院。

四、环境保护行政主管部门在查处环境违法行为的过程中，应当收集并妥善保存下列有关证据资料：

（一）环境违法行为调查报告；

（二）调查记录或询问笔录；

（三）环境监测报告或者鉴定结论；

（四）现场检查时的音像资料；

（五）其他可以保存的实物证据和其他证据资料。

对环境违法行为已经作出行政处罚决定的，应当同时移送行政处罚决定书和作出行政处罚决定的证据资料。

五、环境保护行政主管部门在查处环境违法行为的过程中，发现有符合移送条件的案件，应当立即指定两名或者两名以上行政执法人员组成专案组专门负责，核实情况后提出移送案件的书面报告，报经本部门正职负责人或者主持工作的负责人审批。

收到报告的负责人应当自接到报告之日起三个工作日内作出是否批准移送的决定。决定批准的，法制工作机构应当在二个工作日内办理向同级公安机关或者人民检察院移送手续；决定不批准的，应当将不予批准的理由记录在案。

对涉嫌环境犯罪的案件，依法应当给予暂扣或吊销许可证、责令停产停业等行政处罚的，环境保护行政主管部门应当依法给予行政处罚或者提请人民政府给予行政处罚。但是，不得以行政处罚代替案件移送。

六、环境保护行政主管部门向公安机关或者人民检察院移送涉嫌环境犯罪案件，应当附有下列材料：

（一）涉嫌环境犯罪案件移送书；

（二）涉嫌环境犯罪案件情况的调查报告；

（三）涉案物品清单；

（四）有关监测报告或者鉴定结论；

（五）其他有关涉嫌犯罪的材料。

七、公安机关应当在环境保护行政主管部门移送的涉嫌环境犯罪案件移送书的回执上签字。其中，对不属于本机关管辖的，应当在24小时内转送有管辖权的机关，并书面通知移送案件的环境保护行政主管部门。

公安机关应当自接受移送案件之日起三日内，依法对所移送的案件进行审查，作出立案或者不予立案决定，书面通知移送案件的环境保护行政主管部门；决定不予立案的，应当说明理由并同时退回案卷材料。

公安机关违反国家有关规定，不接受环境保护行政主管部门移送的涉嫌环境犯罪案件，或者逾期不作出立案或者不予立案决定的，环境保护行政主管部门可以报告本级或者上级人民政府依法责令改正。

八、环境保护行政主管部门应当在向公安机关移送案件后的十日内向公安机关查询立案情况。对公安机关不予立案通知书有异议的，环境保护行政主管部门应当自收到不予立案通知书之日起的三日内，提请作出不予立案决定的公安机关复议，也可以建议人民检察院依法进行立案监督。

作出不予立案决定的公安机关应当自收到环境保护行政主管部门提请复议申请之日起三日内作出复议决定并书面通知提出行政复议申请的环境保护行政主管部门；环境保护行政主管部门对公安机关不予立案的复议决定仍有异议的，应当自收到复议决定通知书之日起三日内建议人民检察院依法进行立案监督。

九、环境保护行政主管部门对公安机关决定不予立案的案件，应当依法作出处理。其中，依照有关法律、法规或者规章的规定应当给予行政处罚的，应当依法实施行政处罚；被退回的移送案件的有关责任人员属于国家行政机关任命的人员的，应当将案件移送有管辖权的监察部门处理。

十、人民检察院对环境保护行政主管部门移送的涉嫌环境监管失职等有关环境保护渎职等职务犯罪的案件或者案件线索，应当及时进行审查，决定是否立案。对决定立案的，应当及时将立案情况通知移送单位；对决定不予立案的，应当制作不予立案通知书，写明不予立案的原因和法律依据，送达移送案件的环境保护行政主管部门，并退还有关材料。

十一、环境保护行政主管部门对人民检察院不予立案的决定有异议的，可以在收到不予立案通知之日起五日内，要求作出不予立案决定的人民检察院复议，人民检察院应当自收到复议申请之日起三十日内作出复议决定。

人民检察院决定不立案，或者在立案后经侦查认为不需要追究刑事责任，作出撤销或不起诉决定的案件，认为应当追究党纪政纪责任的，应当提出检察建议连同有关材料一起移送相应单位的纪检监察部门处理，并通知移送案件的环境保护行政主管部门。

十二、环境保护行政主管部门对公安机关或者人民检察院已经立案的涉嫌环境犯罪案件，应当予以配合，支持公安机关或者人民检察院的侦查和调查工作，根据需要提供必要的监测数据和其他证据材料。

对环境保护行政主管部门正在办理的涉嫌环境犯罪的案件，必要时，环境保护行政主管部门可以邀请公安机关、人民检察院派员参加相关调查工作。

公安机关、人民检察院对环境保护行政主管部门正在办理的涉嫌环境犯罪的案件要求提前介入调查和侦查或者要求参加案件讨论的，环境保护行政主管部门应当给予支持和配合。

十三、环境保护行政主管部门违反本规定，对涉嫌环境犯罪的案件应当移送公安机关或者人民检察院而不移送，或者以行政处罚代替移送的，上级环境保护行政主管部门应当向当地人民政府通报，建议有关人民政府责令改正，通报批评，并对其正职负责人或者主持工作的负责人根据情节轻重，给予记过以上的行政处分；构成犯罪的，依法追究刑事责任。

附录10

《最高人民法院、最高人民检察院关于办理环境污染刑事案件适用法律若干问题的解释》

为依法惩治有关环境污染犯罪，根据《中华人民共和国刑法》《中华人民共和国刑事诉讼法》的有关规定，现就办理此类刑事案件适用法律的若干问题解释如下：

第一条 实施刑法第三百三十八条规定的行为，具有下列情形之一的，应当认定为“严重污染环境”：

（一）在饮用水水源一级保护区、自然保护区核心区排放、倾倒、处置有放射性的废物、含传染病病原体的废物、有毒物质的；

（二）非法排放、倾倒、处置危险废物三吨以上的；

（三）排放、倾倒、处置含铅、汞、镉、铬、砷、铊、锑的污染物，超过国家或者地方污染物排放标准三倍以上的；

（四）排放、倾倒、处置含镍、铜、锌、银、钒、锰、钴的污染物，超过国家或者地方污染物排放标准十倍以上的；

（五）通过暗管、渗井、渗坑、裂隙、溶洞、灌注等逃避监管的方式排放、倾倒、处置有放射性的废物、含传染病病原体的废物、有毒物质的；

（六）二年内曾因违反国家规定，排放、倾倒、处置有放射性的废物、含传染病病原体的废物、有毒物质受过两次以上行政处罚，又实施前列行为的；

（七）重点排污单位篡改、伪造自动监测数据或者干扰自动监测设施，排放化学需氧量、氨氮、二氧化硫、氮氧化物等污染物的；

（八）违法减少防治污染设施运行支出一百万元以上的；

（九）违法所得或者致使公私财产损失三十万元以上的；

（十）造成生态环境严重损害的；

（十一）致使乡镇以上集中式饮用水水源取水中断十二小时以上的；

（十二）致使基本农田、防护林地、特种用途林地五亩以上，其他农用地十亩以上，其他土地二十亩以上基本功能丧失或者遭受永久性破坏的；

（十三）致使森林或者其他林木死亡五十立方米以上，或者幼树死亡二千五百株以上的；

（十四）致使疏散、转移群众五千人以上的；

（十五）致使三十人以上中毒的；

（十六）致使三人以上轻伤、轻度残疾或者器官组织损伤导致一般功能障碍的；

（十七）致使一人以上重伤、中度残疾或者器官组织损伤导致严重功能障碍的；

（十八）其他严重污染环境的情形。

第二条 实施刑法第三百三十九条、第四百零八条规定的行为，致使公私财产损失三十万元以上，或者具有本解释第一条第十项至第十七项规定情形之一的，应当认定为“致使公私财产遭受重大损失或者严重危害人体健康”或者“致使公私财产遭受重大损失或者造成人身伤亡的严重后果”。

第三条 实施刑法第三百三十八条、第三百三十九条规定的行为，具有下列情形之一的，应当认定为“后果特别严重”：

（一）致使县级以上城区集中式饮用水水源取水中断十二小时以上的；

（二）非法排放、倾倒、处置危险废物一百吨以上的；

（三）致使基本农田、防护林地、特种用途林地十五亩以上，其他农用地三十亩以上，其他土地六十亩以上基本功能丧失或者遭受永久性破坏的；

（四）致使森林或者其他林木死亡一百五十立方米以上，或者幼树死亡七千五百株以上的；

（五）致使公私财产损失一百万元以上的；

（六）造成生态环境特别严重损害的；

（七）致使疏散、转移群众一万五千人以上的；

（八）致使一百人以上中毒的；

（九）致使十人以上轻伤、轻度残疾或者器官组织损伤导致一般功能障碍的；

（十）致使三人以上重伤、中度残疾或者器官组织损伤导致严重功能障碍的；

（十一）致使一人以上重伤、中度残疾或者器官组织损伤导致严重功能障碍，并致使五人以上轻伤、轻度残疾或者器官组织损伤导致一般功能障碍的；

（十二）致使一人以上死亡或者重度残疾的；

（十三）其他后果特别严重的情形。

第四条 实施刑法第三百三十八条、第三百三十九条规定的犯罪行为，具有下列情形之一的，应当从重处罚：

（一）阻挠环境监督检查或者突发环境事件调查，尚不构成妨害公务等犯罪的；

（二）在医院、学校、居民区等人口集中地区及其附近，违反国家规定排放、倾倒、处置有放射性的废物、含传染病病原体的废物、有毒物质或者其他有害物质的；

（三）在重污染天气预警期间、突发环境事件处置期间或者被责令限期整改期间，违反国家规定排放、倾倒、处置有放射性的废物、含传染病病原体的废物、有毒物质或者其他有害物质的；

（四）具有危险废物经营许可证的企业违反国家规定排放、倾倒、处置有放射性的废物、含传染病病原体的废物、有毒物质或者其他有害物质的。

第五条 实施刑法第三百三十八条、第三百三十九条规定的行为，刚达到应当追究刑事责任的标准，但行为人及时采取措施，防止损失扩大、消除污染，全部赔偿损失，积极修复生态环境，且系初犯，确有悔罪表现的，可以认定为情节轻微，不起诉或者免予刑事处罚；确有必要判处刑罚的，应当从宽处罚。

第六条 无危险废物经营许可证从事收集、贮存、利用、处置危险废物经营活动，严重污染环境的，按照污染环境罪定罪处罚；同时构成非法经营罪的，依照处罚较重的规定定罪处罚。

实施前款规定的行为，不具有超标排放污染物、非法倾倒污染物或者其他违法造成环境污染的情形的，可以认定为非法经营情节显著轻微危害不大，不认为是犯罪；构成生产、销售伪劣产品等其他犯罪的，以其他犯罪论处。

第七条 明知他人无危险废物经营许可证，向其提供或者委托其收集、贮存、利用、处置危险废物，严重污染环境的，以共同犯罪论处。

第八条 违反国家规定，排放、倾倒、处置含有毒害性、放射性、传染病病原体等物质的污染物，同时构成污染环境罪、非法处置进口的固体废物罪、投放危险物质罪等犯罪的，依照处罚较重的规定定罪处罚。

第九条 环境影响评价机构或其人员，故意提供虚假环境影响评价文件，情节严重的，或者严重不负责任，出具的环境影响评价文件存在重大失实，造成严重后果的，应当依照刑法第二百二十九条、第二百三十一条的规定，以提供虚假证明文件罪或者出具证明文件重大失实罪定罪处罚。

第十条 违反国家规定，针对环境质量监测系统实施下列行为，或者强令、指使、授意他人实施下列行为的，应当依照刑法第二百八十六条的规定，以破坏计算机信息系统罪论处：

（一）修改参数或者监测数据的；

（二）干扰采样，致使监测数据严重失真的；

（三）其他破坏环境质量监测系统的行为。

重点排污单位篡改、伪造自动监测数据或者干扰自动监测设施，排放化学需氧量、氨氮、二氧化硫、氮氧化物等污染物，同时构成污染环境罪和破坏计算机信息系统罪的，依照处罚较重的规定定罪处罚。

从事环境监测设施维护、运营的人员实施或者参与实施篡改、伪造自动监测数据、干扰自动监测设施、破坏环境质量监测系统等行为的，应当从重处罚。

第十一条 单位实施本解释规定的犯罪的，依照本解释规定的定罪量刑标准，对直接负责的主管人员和其他直接责任人员定罪处罚，并对单位判处罚金。

第十二条 环境保护主管部门及其所属监测机构在行政执法过程中收集的监测数据，在刑事诉讼中可以作为证据使用。

公安机关单独或者会同环境保护主管部门，提取污染物样品进行检测获取的数据，在刑事诉讼中可以作为证据使用。

第十三条 对国家危险废物名录所列的废物，可以依据涉案物质的来源、产生过程、被告人供述、证人证言以及经批准或者备案的环境影响评价文件等证据，结合环境保护主管部门、公安机关等出具的书面意见作出认定。

对于危险废物的数量，可以综合被告人供述，涉案企业的生产工艺、物耗、能耗情况，以及经批准或者备案的环境影响评价文件等证据作出认定。

第十四条 对案件所涉的环境污染专门性问题难以确定的，依据司法鉴定机构出具的鉴定意见，或者国务院环境保护主管部门、公安部门指定的机构出具的报告，结合其他证据作出认定。

第十五条 下列物质应当认定为刑法第三百三十八条规定的“有毒物质”：

（一）危险废物，是指列入国家危险废物名录，或者根据国家规定的危险废物鉴别标准和鉴别方法认定的，具有危险特性的废物；

（二）《关于持久性有机污染物的斯德哥尔摩公约》附件所列物质；

（三）含重金属的污染物；

（四）其他具有毒性，可能污染环境的物质。

第十六条 无危险废物经营许可证，以营利为目的，从危险废物中提取物质作为原材料或者燃料，并具有超标排放污染物、非法倾倒污染物或者其他违法造成环境污染的情形的行为，应当认定为“非法处置危险废物”。

第十七条 本解释所称“二年内”，以第一次违法行为受到行政处罚的生效之日与又实施相应行为之日的时间间隔计算确定。

本解释所称“重点排污单位”，是指设区的市级以上人民政府环境保护主管部门依法确定的应当安装、使用污染物排放自动监测设备的重点监控企业及其他单位。

本解释所称“违法所得”，是指实施刑法第三百三十八条、第三百三十九条规定的行为所得和可得的全部违法收入。

本解释所称“公私财产损失”，包括实施刑法第三百三十八条、第三百三十九条规定的行为直接造成财产损毁、减少的实际价值，为防止污染扩大、消除污染而采取必要合理措施所产生的费用，以及处置突发环境事件的应急监测费用。

本解释所称“生态环境损害”，包括生态环境修复费用，生态环境修复期间服务功能的损失和生态环境功能永久性损害造成的损失，以及其他必要合理费用。

本解释所称“无危险废物经营许可证”，是指未取得危险废物经营许可证，或者超出危险废物经营许可证的经营范围。

第十八条 本解释自2017年1月1日起施行。本解释施行后，《最高人民法院、最高人民检察院关于办理环境污染刑事案件适用法律若干问题的解释》（法释〔2013〕15号）同时废止；之前发布的司法解释与本解释不一致的，以本解释为准。

附录 11

《最高人民法院、最高人民检察院关于办理危害生产安全刑事案件适用法律若干问题的解释》

为依法惩治危害生产安全犯罪，根据刑法有关规定，现就办理此类刑事案件适用法律的若干问题解释如下：

第一条 刑法第一百三十四条第一款规定的犯罪主体，包括对生产、作业负有组织、指挥或者管理职责的负责人、管理人员、实际控制人、投资人等人员，以及直接从事生产、作业的人员。

第二条 刑法第一百三十四条第二款规定的犯罪主体，包括对生产、作业负有组织、指挥或者管理职责的负责人、管理人员、实际控制人、投资人等人员。

第三条 刑法第一百三十五条规定的“直接负责的主管人员和其他直接责任人员”，是指对安全生产设施或者安全生产条件不符合国家规定负有直接责任的生产经营单位负责人、管理人员、实际控制人、投资人，以及其他对安全生产设施或者安全生产条件负有管理、维护职责的人员。

第四条 刑法第一百三十九条之一规定的“负有报告职责的人员”，是指负有组织、指挥或者管理职责的负责人、管理人员、实际控制人、投资人，以及其他负有报告职责的人员。

第五条 明知存在事故隐患、继续作业存在危险，仍然违反有关安全管理的规定，实施下列行为之一的，应当认定为刑法第一百三十四条第二款规定的“强令他人违章冒险作业”：

（一）利用组织、指挥、管理职权，强制他人违章作业的；

（二）采取威逼、胁迫、恐吓等手段，强制他人违章作业的；

（三）故意掩盖事故隐患，组织他人违章作业的；

（四）其他强令他人违章作业的行为。

第六条 实施刑法第一百三十二条、第一百三十四条第一款、第一百三十五条、第一百三十五条之一、第一百三十六条、第一百三十九条规定的行为，因而发生安全事故，具有下列情形之一的，应当认定为“造成严重后果”或者“发生重大伤亡事故或者造成其他严重后果”，对相关责任人员，处三年以下有期徒刑或者拘役：

（一）造成死亡一人以上，或者重伤三人以上的；

（二）造成直接经济损失一百万元以上的；

（三）其他造成严重后果或者重大安全事故的情形。

实施刑法第一百三十四条第二款规定的行为，因而发生安全事故，具有本条第一款规定情形的，应当认定为“发生重大伤亡事故或者造成其他严重后果”，对相关责任人员，处五年以下有期徒刑或者拘役。

实施刑法第一百三十七条规定的行为，因而发生安全事故，具有本条第一款规定情形的，应当认定为“造成重大安全事故”，对直接责任人员，处五年以下有期徒刑或者拘役，并处罚金。

实施刑法第一百三十八条规定的行为，因而发生安全事故，具有本条第一款第一项规定情形的，应当认定为“发生重大伤亡事故”，对直接责任人员，处三年以下有期徒刑或者拘役。

第七条 实施刑法第一百三十二条、第一百三十四条第一款、第一百三十五条、第一百三十五条之一、第一百三十六条、第一百三十九条规定的行为，因而发生安全事故，具有下列情形之一的，对相关责任人员，处三年以上七年以下有期徒刑：

（一）造成死亡三人以上或者重伤十人以上，负事故主要责任的；

（二）造成直接经济损失五百万元以上，负事故主要责任的；

（三）其他造成特别严重后果、情节特别恶劣或者后果特别严重的情形。

实施刑法第一百三十四条第二款规定的行为，因而发生安全事故，具有本条第一款规定情形的，对相关责任人员，处五年以上有期徒刑。

实施刑法第一百三十七条规定的行为，因而发生安全事故，具有本条第一款规定情形的，对直接责任人员，处五年以上十年以下有期徒刑，并处罚金。

实施刑法第一百三十八条规定的行为，因而发生安全事故，具有下列情形之一的，对直接责任人员，处三年以上七年以下有期徒刑：

（一）造成死亡三人以上或者重伤十人以上，负事故主要责任的；

（二）具有本解释第六条第一款第一项规定情形，同时造成直接经济损失五百万元以上并负事故主要责任的，或者同时造成恶劣社会影响的。

第八条 在安全事故发生后，负有报告职责的人员不报或者谎报事故情况，贻误事故抢救，具有下列情形之一的，应当认定为刑法第一百三十九条之一规定的“情节严重”：

（一）导致事故后果扩大，增加死亡一人以上，或者增加重伤三人以上，或者增加直接经济损失一百万元以上的；

（二）实施下列行为之一，致使不能及时有效开展事故抢救的：

1. 决定不报、迟报、谎报事故情况或者指使、串通有关人员不报、迟报、谎报事故情况的；

2. 在事故抢救期间擅离职守或者逃匿的；

3. 伪造、破坏事故现场，或者转移、藏匿、毁灭遇难人员尸体，或者转移、藏匿受伤人员的；

4. 毁灭、伪造、隐匿与事故有关的图纸、记录、计算机数据等资料以及其他证据的；

（三）其他情节严重的情形。

具有下列情形之一的，应当认定为刑法第一百三十九条之一规定的“情节特别严重”：

（一）导致事故后果扩大，增加死亡三人以上，或者增加重伤十人以上，或者增加直接经济损失五百万元以上的；

（二）采用暴力、胁迫、命令等方式阻止他人报告事故情况，导致事故后果扩大的；

（三）其他情节特别严重的情形。

第九条 在安全事故发生后，与负有报告职责的人员串通，不报或者谎报事故情况，贻误事故抢救，情节严重的，依照刑法第一百三十九条之一的规定，以共犯论处。

第十条 在安全事故发生后，直接负责的主管人员和其他直接责任人员故意阻挠开展抢救，导致人员死亡或者重伤，或者为了逃避法律追究，对被害人进行隐藏、遗弃，致使被害人因无法得到救助而死亡或者重度残疾的，分别依照刑法第二百三十二条、第二百三十四条的规定，以故意杀人罪或者故意伤害罪定罪处罚。

第十一条 生产不符合保障人身、财产安全的国家标准、行业标准的安全设备，或者明知安全设备不符合保障人身、财产安全的国家标准、行业标准而进行销售，致使发生安全事故，造成严重后果的，依照刑法第一百四十六条的规定，以生产、销售不符合安全标准的产品罪定罪处罚。

第十二条 实施刑法第一百三十二条、第一百三十四条至第一百三十九条之一规定的犯罪行为，具有下列情形之一的，从重处罚：

（一）未依法取得安全许可证件或者安全许可证件过期、被暂扣、吊销、注销后从事生产经营活动的；

（二）关闭、破坏必要的安全监控和报警设备的；

（三）已经发现事故隐患，经有关部门或者个人提出后，仍不采取措施的；

（四）一年内曾因危害生产安全违法犯罪活动受过行政处罚或者刑事处罚的；

（五）采取弄虚作假、行贿等手段，故意逃避、阻挠负有安全监督管理职责的部门实施监督检查的；

（六）安全事故发生后转移财产意图逃避承担责任的；

（七）其他从重处罚的情形。

实施前款第五项规定的行为，同时构成刑法第三百八十九条规定的犯罪的，依照数罪并罚的规定处罚。

第十三条 实施刑法第一百三十二条、第一百三十四条至第一百三十九条之一规定的犯罪行为，在安全事故发生后积极组织、参与事故抢救，或者积极配合调查、主动赔偿损失的，可以酌情从轻处罚。

第十四条 国家工作人员违反规定投资入股生产经营，构成本解释规定的有关犯罪的，或者国家工作人员的贪污、受贿犯罪行为与安全事故发生存在关联性的，从重处罚；同时构成贪污、受贿犯罪和危害生产安全犯罪的，依照数罪并罚的规定处罚。

第十五条 国家机关工作人员在履行安全监督管理职责时滥用职权、玩忽职守，致使公共财产、国家和人民利益遭受重大损失的，或者徇私舞弊，对发现的刑事案件依法应当移交司法机关追究刑事责任而不移交，情节严重的，分别依照刑法第三百九十七条、第四百零二条的规定，以滥用职权罪、玩忽职守罪或者徇私舞弊不移交刑事案件罪定罪处罚。

公司、企业、事业单位的工作人员在依法或者受委托行使安全监督管理职责时滥用职权或者玩忽职守，构成犯罪的，应当依照《全国人民代表大会常务委员会关于〈中华人民共和国刑法〉第九章渎职罪主体适用问题的解释》的规定，适用渎职罪的规定追究刑事责任。

第十六条 对于实施危害生产安全犯罪适用缓刑的犯罪分子，可以根据犯罪情况，禁止其在缓刑考验期限内从事与安全生产相关联的特定活动；对于被判处刑罚的犯罪分子，可以根据犯罪情况和预防再犯罪的需要，禁止其自刑罚执行完毕之日或者假释之日起三年至五年内从事与安全生产相关的职业。

第十七条 本解释自2015年12月16日起施行。本解释施行后，《最高人民法院、最高人民检察院关于办理危害矿山生产安全刑事案件具体应用法律若干问题的解释》（法释〔2007〕5号）同时废止。最高人民法院、最高人民检察院此前发布的司法解释和规范性文件与本解释不一致的，以本解释为准。